W0085552

## Jetzt diesen Titel zusätzlich als E-Book downloaden und 70 % sparen!

Als Käufer dieses Buchtitels haben Sie Anspruch auf ein besonderes Kombi-Angebot: Sie können den Titel zusätzlich zum Ihnen vorliegenden gedruckten Exemplar für nur 30 % des Normalpreises als E-Book beziehen.

**Der BESONDERE VORTEIL:** Im E-Book recherchieren Sie in Sekundenschnelle die gewünschten Themen und Textpassagen. Denn die E-Book-Variante ist mit einer komfortablen Volltextsuche ausgestattet!

**Deshalb: Zögern Sie nicht. Laden Sie sich am besten gleich Ihre persönliche E-Book-Ausgabe dieses Titels herunter.**

### In 3 einfachen Schritten zum E-Book:

❶ Rufen Sie die Website **www.beuth.de/e-book** auf.

❷ Geben Sie hier Ihren persönlichen, nur einmal verwendbaren E-Book-Code ein:

**243085A8273AF4K**

❸ Klicken Sie das „Download-Feld" an und gehen dann weiter zum Warenkorb. Führen Sie den normalen Bestellprozess aus.

Hinweis: Der E-Book-Code wurde individuell für Sie als Erwerber dieses Buches erzeugt und darf nicht an Dritte weitergegeben werden. Mit Zurückziehung dieses Buches wird auch der damit verbundene E-Book-Code für den Download ungültig.

Prof. Dr.-Ing. Dr. E. h. Gerhard Drees
Dr.-Ing. Wolfgang Paul

# Kalkulation von Baupreisen

## Hochbau
## Tiefbau
## Schlüsselfertiges Bauen

## Mit kompletten
## Berechnungsbeispielen

## 12., aktualisierte und erweiterte Auflage

Beuth Verlag GmbH · Berlin · Wien · Zürich

Mitarbeiter der 1. Auflage waren Dr.-Ing. Peter Haller und Prof. Dr.-Ing. Bernd Kochendörfer,
Mitarbeiter der 2. bis 4. Auflage war Dr.-Ing. Anton Bahner.

1. Auflage 1977
2., völlig neu bearbeitete Auflage 1988
3., neu bearbeitete Auflage1993
4., durchgesehene Auflage 1996
5., vollständig überarbeitete Auflage 1998
6., erweiterte Auflage 2000
7., erweiterte Auflage 2002
8., erweiterte Auflage 2005
9., erweiterte Auflage 2006
10., erweiterte Auflage 2008
11., erweiterte Auflage 2011
12., erweiterte Auflage 2014

**Bauwerk**

**© 2015 Beuth Verlag GmbH**
**Berlin · Wien · Zürich**
Am DIN-Platz
Burggrafenstraße 6
10787 Berlin

Telefon:     +49 30 2601-0
Telefax:     +49 30 2601-1260
Internet:    www.beuth.de
E-Mail:      kundenservice@beuth.de

Druck und Bindung:
Media-Print, Paderborn

Gedruckt auf säurefreiem, alterungsbeständigem Papier nach DIN EN ISO 9706.

ISBN 978-3-410-24308-3
ISBN (E-Book) 978-3-410-24309-0

# Vorwort zur 12. Auflage

Die 11. Auflage des Werkes war schnell vergriffen. Nun warten viele Kunden bereits auf eine Neuauflage, die Tarifverhandlungen 2014 führten zu einer schnellen Einigung, und der Erscheinungstermin für eine neue überarbeitete VOB ist noch nicht bekannt: also fiel die Entscheidung für eine zügige Überarbeitung des Buches.

Unser herzlicher Dank gilt Herrn Professor Kapellmann für die Überprüfung des Textes auf juristische Aktualität. Wir freuen uns darüber sehr.

Die vorliegende 12. Auflage wurde vollständig überarbeitet. Neu gestaltet wurde das Schlussblatt, allerdings nur moderat, da der Gewöhnungs- und Beharrungseffekt der Leserschaft nicht unterschätzt werden darf. Im Formular wurde die umständliche Umrechnung der AGK auf die Herstellkosten herausgenommen. Die heutigen Unternehmen beziehen ihre AGK, W+G-Sätze schon lange auf die Herstellkosten. Das Verfahren der Umrechnungen wird ausführlich im Textteil behandelt.

Seit vielen Auflagen wird darauf hingewiesen, die „restlichen" Gemeinkosten der Baustelle (BGK) im Leistungsverzeichnis als Positionen auszuschreiben. Unternehmen sehen zu Recht die nicht gedeckten Umlageanteile für BGK, weil die LV-Mengen in der Ausschreibung grundsätzlich höher angesetzt werden. Auftraggeber schreiben häufig auch die Baustelleneinrichtung nicht aus, weil die Erfahrung zeigt, dass immer wieder Unternehmen die Kosten für nicht ausgeschriebene Leistungen zu niedrig oder gar nicht kalkulieren. Die VOB verlangt eine korrekte Ausschreibung (§ 7 Abs. 1 Nr. 1 VOB/A). BIM, Lean, partnerschaftliche Verträge setzen ein Miteinander voraus. Aber in der Praxis finden sich immer Unternehmen, die noch viel größere Risiken als nicht gedeckte Gemeinkosten eingehen.

Vielen Dank für die zahlreichen Verbesserungsvorschläge unserer Leser/-innen.

Besonderer Dank für Unterstützung und Motivation gilt Fr. Klein und Fr. Wanke, Mitarbeiterinnen des Instituts für Baubetriebslehre der Universität Stuttgart, und Herrn Gräser, Herrn Merk und Fr. Sygula, studentische Hilfskräfte des Instituts, und den Mitarbeiter/-innen des Beuth Verlags.

Stuttgart, August 2014

Gerhard Drees
Wolfgang Paul

## Vorwort zur fünften Auflage

Seit Erscheinen der 3. Auflage hat nur noch eine mäßige Zunahme der Lohnkosten stattgefunden. Hierdurch erhöhte sich der Mittellohn ASL in den Kalkulationsbeispielen von 46,50 DM/h auf 52,70 DM/h (Anfang 1998). Außerdem wurden die Baustoffpreise aktualisiert.

Notwendig wurde auch die Überarbeitung des Kapitels, das dem EDV-Einsatz in der Kalkulation gewidmet ist, um die Weiterentwicklung der DV-Programme zu berücksichtigen. Das am Institut für Baubetriebslehre der Universität Stuttgart entwickelte Programm KABA wurde dementsprechend aktualisiert. Aufgenommen wurden ein Kapitel über den Datenträgeraustausch bei der Bauauftragsrechnung sowie als weitere Kapitel die Kalkulation im Stahlbau und die Kalkulation im Schlüsselfertigbau, da insbesondere Letzterer seit dem Erscheinen der 3. Auflage erheblich an Bedeutung zugenommen hat. Auch das Literaturverzeichnis wurde auf den neuesten Stand gebracht.

Auf einen Überblick der zahlreichen inzwischen auf dem Markt befindlichen DV-Programme wurde verzichtet; stattdessen wird auf die Software-Information des Zentralverbandes des Deutschen Baugewerbes verwiesen.

Die Verfasser danken allen, die die Bearbeitung der 5. Auflage durch Hinweise, Mitteilungen betrieblicher Erfahrungen und Mitarbeit unterstützten und bei der Überarbeitung der Zeichnungen und den notwendigen Korrekturen und Berechnungen halfen, insbesondere Herrn Kober, wissenschaftliche Hilfskraft am Institut für Baubetriebslehre. Der bisherige Mitverfasser Herr Dr.-Ing. Anton Bahner nahm aus Altersgründen nicht mehr an der Fortschreibung des Buchs teil. Stattdessen wurde Herr Dr.-Ing. Wolfgang Paul gewonnen, der nunmehr als Mitverfasser genannt wird.

Die Verfasser hoffen, dass auch die 5. Auflage ein gutes Echo bei allen am Bau Beteiligten findet und zu einem größeren Verständnis der bei der Kalkulation und Bauausführung auftretenden Probleme führt.

Die Verfasser

## Vorwort zur ersten Auflage

Die in der Bauwirtschaft herrschende Konkurrenzsituation hat den Unternehmen mehr als früher bewusst gemacht, dass eine sorgfältig durchgeführte Kostenermittlung für Bauleistungen eine unabdingbare Voraussetzung für die Existenz eines Unternehmens ist. Nicht richtig eingeschätzte Kostenfaktoren und nachlässig ausgeführte Kalkulationen haben schon viele Unternehmen in äußerste Bedrängnis gebracht.

Die Verfasser entschlossen sich deshalb im Jahr 1975, die am Institut für Baubetriebslehre der Universität Stuttgart (TH) vorhandenen Vorlesungsunterlagen, wissenschaftlichen Arbeiten und Gutachten sowie das umfangreiche, im Laufe der Jahre gesammelte Kalkulationsmaterial auszuwerten und zu einem grundlegenden Buch zusammenzufassen, das dem neuesten Stand der Erkenntnisse auf dem Gebiet der Kalkulation entspricht. Auf Grund seiner langen Tätigkeit in der Bauindustrie und wegen seiner wissenschaftlichen Arbeiten auf dem Gebiet der Kostenermittlung war der Hauptverfasser außerdem im Rahmen von Gutachten an der Aufstellung der Richtlinien für die Kosten- und Leistungsrechnung (KLR-Bau) beteiligt, die vom Hauptverband der Deutschen Bauindustrie zz. noch bearbeitet werden. Diese Gutachten bilden die wesentliche Grundlage für den Teil der Richtlinien, der die Bauauftragsrechnung betrifft.

Das Ziel der Verfasser war es, sowohl ein systematisch aufgebautes Lehrbuch zu schaffen als auch zahlreiche Sonderprobleme der Kalkulation, wie z. B. Deckungsbeitragsrechnung, Kalkulation von maschinenintensiven Arbeiten, Änderung von Kalkulationsgrundlagen, Baupreisrecht, in leicht verständlicher, aber doch exakter Form zu behandeln. Die zahlreich eingefügten Beispiele aus der Praxis sollen den Leser in die Lage versetzen, ähnliche Probleme anhand der vorgestellten Beispiele zu lösen. In ihrer Zielsetzung wurden die Verfasser bestärkt durch die Erfahrungen, die in Gesprächen mit den Teilnehmern an zahlreich durchgeführten Kalkulationsseminaren gewonnen wurden.

Dieses Werk war nur deshalb in so kurzer Zeit durchzuführen, weil die Verfasser von zahlreichen Seiten Unterstützung erhielten. An dieser Stelle sei vor allem den Unternehmen der Bauwirtschaft gedankt für Unterlagen und Auskünfte sowie Herrn Dipl.-Ing. Dressel für seine wertvollen Hinweise zur Kalkulation im Erd- und Straßenbau. Zu danken ist auch Frau Wolff sowie den studentischen Mitarbeitern Fräulein Loosen, Herrn Drück und Herrn Spitzbart für das Anfertigen der Zeichnungen.

Die Verfasser hoffen, dass ihr gemeinsames Werk in allen am Bauen beteiligten Kreisen Interesse und Anerkennung findet und zu einem größeren Verständnis für Probleme der Kalkulation führt.

Die Verfasser

# Inhaltsverzeichnis

# Abschnitt A: Grundlagen der Kalkulation

## 1 Stellung der Kalkulation im baubetrieblichen Rechnungswesen

In der Kalkulation werden die durch die Erstellung der Bauleistung entstehenden oder entstandenen Kosten berechnet. Hierfür ist es erforderlich, die mengen- oder wertmäßig erfassbaren Vorgänge in einem Unternehmen abzubilden. Die Zusammenstellung und systematische Ordnung der Vielzahl von zahlenmäßig erfassbaren Vorgängen geschieht mit Hilfe des Rechnungswesens, von dem die Kalkulation einen Teil bindet. Die wichtigsten Zweige des baubetrieblichen Rechnungswesens sind in Abbildung 1 dargestellt. Ihre Aufgaben sollen im Folgenden erläutert werden.

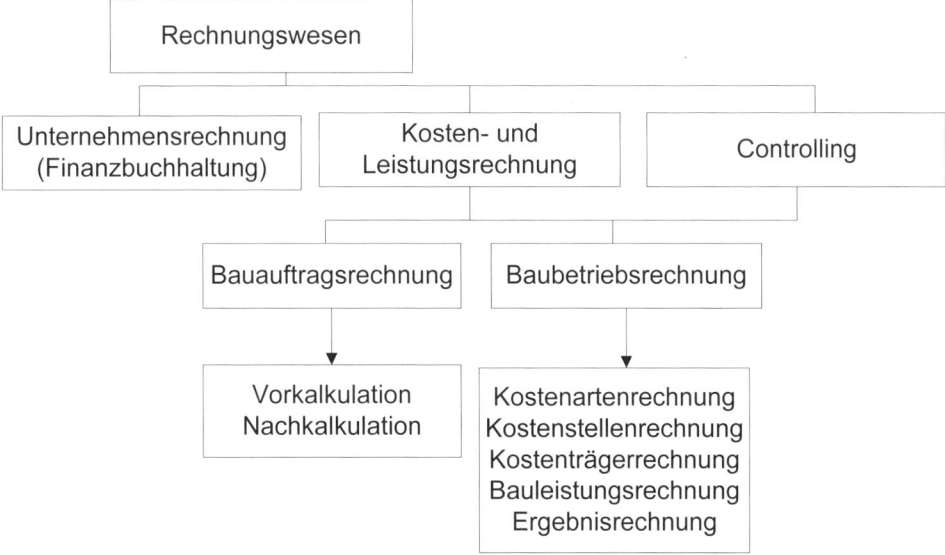

Abbildung 1:    Wichtigste Bereiche des Rechnungswesens im Bauunternehmen

**Unternehmensrechnung**[1]
Die Unternehmensrechnung, auch als Finanzbuchhaltung bezeichnet, erfasst den außerbetrieblichen Werteverzehr einer Unternehmung (den äußeren Kreis) aus den Geschäftsbeziehungen zur Umwelt (Kunden, Lieferanten, Schuldner, Gläubiger) und die dadurch bedingten Veränderungen der Vermögens- und Kapitalverhältnisse.

Die Unternehmensrechnung liefert das Zahlenmaterial zur Erstellung der Bilanz und der Gewinn- und Verlustrechnung, aus denen sich Lage und Gesamterfolg des Unternehmens erkennen lassen.

---

[1]    Kosten- und Leistungsrechnung der Bauunternehmen – KLR-Bau, 2001.

In der Bilanz werden Vermögen und Kapital zu einem Stichtag gegenübergestellt; der Bilanzsaldo bringt den Unternehmenserfolg zum Ausdruck.

Die Gewinn- und Verlustrechnung ermittelt den Erfolg als Unterschied zwischen Aufwendungen und Erträgen. Sie zeigt das Zustandekommen des Erfolges nach seinen Erfolgsquellen und seiner Zusammensetzung auf.

### Kosten- und Leistungsrechnung

Die Kosten- und Leistungsrechnung dient zur Abbildung der innerbetrieblichen Vorgänge bei der Erstellung von Leistungen innerhalb des Unternehmens. Der in Geldeinheiten bewertete Verbrauch von Gütern wird als Kosten bezeichnet. Die in Geldeinheiten bewertete Erstellung von Leistungen wird als Leistung bezeichnet. Die Differenz aus Kosten und Leistung gibt den Betriebserfolg wieder. Die Erstellung und Berechnung der Kosten- und Leistungsrechnung unterliegt keinen gesetzlichen Regeln und Vorschriften. Sie ist eine „freiwillige" Berechnung und kann daher von der Unternehmung nach eigenen Bedürfnissen gestaltet werden.

Die Kosten- und Leistungsrechnung der Bauunternehmung gliedert sich in die Bereiche

- Bauauftragsrechnung, in der die Kosten für auszuführende Bauleistungen geplant werden,
- Baubetriebsrechnung, in der die Kosten und Leistungen von erstellten Bauleistungen erfasst werden.

### Bauauftragsrechnung

Die Bauauftragsrechnung der Bauunternehmen unterscheidet sich stark von der Auftragsrechnung eines stationären Industriebetriebs. Die auftragsbezogene Einzelfertigung, die besondere Form des Preiswettbewerbes und die Vergabe von Bauleistungen bedingen in der Bauwirtschaft andere Kalkulationsverfahren als im stationären Industriebetrieb.

Gegenstand der Bauauftragsrechnung ist die Kostenplanung (Kalkulation) der Bauausführung. Die Bauauftragsrechnung besteht aus der **Vor**kalkulation, d. h. der Ermittlung der bei der Erstellung eines Bauwerks zu erwartenden Kosten, und der **Nach**kalkulation, d. h. der Ermittlung der tatsächlich entstandenen Kosten zur Überprüfung der in der Vorkalkulation getroffenen Annahmen.

**Baubetriebsrechnung**

Ziel der Baubetriebsrechnung ist u. a. die Erfassung der Kosten und Leistungen zur Planung und Kontrolle des baubetrieblichen Geschehens. Sie gliedert sich in die Bereiche:

– **Kostenartenrechnung**  zur Erfassung einzelner Kostenarten (z. B. Kosten für Löhne, Baustoffe oder Geräte);

– **Kostenstellenrechnung**  zur Ermittlung der auf die einzelnen Kostenstellen (z. B. Baustellen, Hilfsbetriebe, Verwaltung) entfallenden Kosten;

– **Kostenträgerrechnung**  zur Verrechnung der Kosten auf die betrieblichen Leistungen (im Bauwesen i. Allg. Kostenstelle „Baustelle" = Kostenträger „Bauwerk");

– **Bauleistungsrechnung**  zur Erfassung der erstellten Bauleistung unter Bewertung zu Verkaufspreisen, z. B. Einheitspreisen;

– **Ergebnisrechnung**  als Gegenüberstellung von Baukosten und Bauleistung für verschiedene Zeiträume, z. B. Jahr, Monat, und verschiedene Objekte, z. B. Gesamtunternehmen, Sparte, Baustelle;

– **Controlling**  als ständiges Werkzeug zur Überwachung der Einhaltung der Planung und (im Abweichungsfall) zur Ergreifung von Maßnahmen, die die Abweichung korrigieren oder neue realistische Planwerte vorgeben. In folgenden Stufen ist vorzugehen:

  – Messbare Formulierung des Unternehmensziels,
  – Auswahl von Handlungsalternativen und Planung der Ergebnisse,
  – Überwachung der Einhaltung der Unternehmensziele,
  – Ergreifung von Maßnahmen im Abweichungsfall.

  Controlling muss sicherstellen, dass das System der Personalführung zur Organisation passt und ein effizientes Informationssystem vorhanden ist, das auf die Organisation abgestimmt ist. Controlling hat auch das Finanz-Management-System zu umfassen, dem bei der Bauproduktion wegen der langen Vorfinanzierung besondere Bedeutung zukommt. Der Aufbau des Rechnungswesens hat sich den Aufgaben des Controllings anzupassen.

  Der Controller hat dafür zu sorgen, dass die Erkenntnisse des Controllings auch in die Unternehmensrealität umgesetzt werden. Das gilt vor allem für das Baustellen-Controlling, das ein schnelles Eingreifen erfordert (Gefahr nicht erkannter Baustellenverluste). Neben der unzureichenden Risikoanalyse liegen hier vielfach die größten Defizite im Bauunternehmen vor. Der Kalkulation kommt im Controlling besondere Bedeutung zu, da in ihr die Planungsvorgaben, insbesondere das geplante Baustellenergebnis, erarbeitet werden. Das erfordert eine exakte und realistische Auftragskalkulation.

# 2 Bauauftragsrechnung und Kalkulation

## 2.1 Gliederung der Bauauftragsrechnung

Die auftragsbezogene Kostenermittlung (Kalkulation) von Bauleistungen umfasst – in Abhängigkeit vom Abwicklungsstadium des Bauauftrages – die in Abbildung 2 dargestellten Kalkulationsarten.

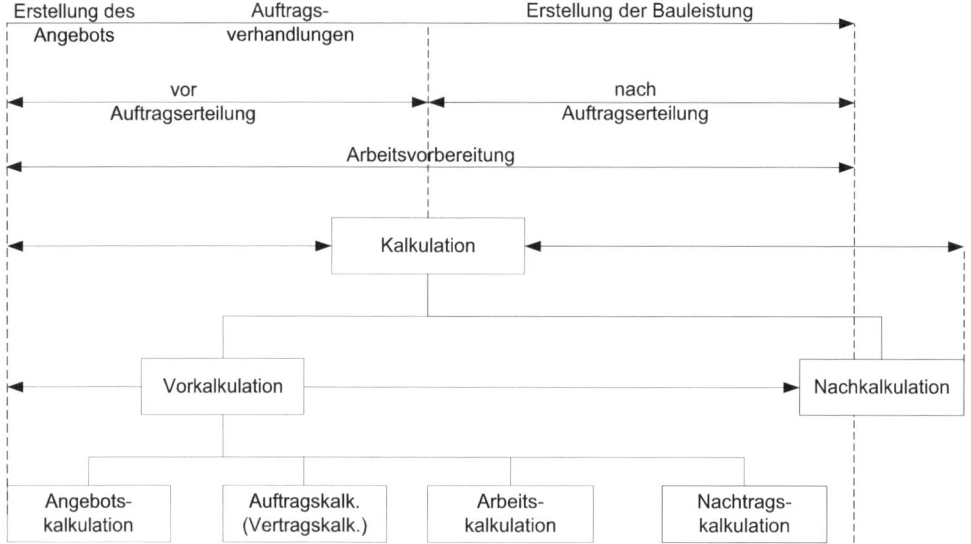

Abbildung 2: Arten der Kalkulation in Abhängigkeit vom Stand der Auftragsabwicklung

## 2.1.1 Vorkalkulation

Die Vorkalkulation ist der Oberbegriff für alle Arten der Kostenermittlung vor der eigentlichen Bauausführung. Sie besteht aus der

- Angebotskalkulation,
- Auftragskalkulation,
- Arbeitskalkulation,
- Nachtragskalkulation.

**Angebotskalkulation**

Aufgabe der Angebotskalkulation ist die Kostenplanung von Bauleistungen zur Erstellung des Angebotes. Ausgegangen wird dabei von einem Leistungsverzeichnis, in dem die auszuführenden Bauleistungen im Einzelnen beschrieben sind (Positionen), oder von einer Leistungsbeschreibung mit Leistungsprogramm (s. hierzu Abschnitt 2.4; S. 28). Im Sprachgebrauch werden die Begriffe „Angebotskalkulation" und „Kalkulation" gleichgesetzt.

**Auftrags- und Vertragskalkulation**

Üblicherweise gehen der Auftragserteilung Auftragsverhandlungen voraus. In diesen werden sämtliche offene Fragen aus der Ausschreibung und der Weiterführung der Projektplanung während der Vergabephase behandelt. Die Auftragsverhandlungen haben den Abschluss eines Bauvertrages zum Ziel. Die sich aus dem Bauvertrag ergebenden Abweichungen gegenüber den Verdingungsunterlagen müssen in ihren Kosten durch die Auftragskalkulation überprüft und mit der Angebotskalkulation verglichen werden. Dadurch werden die Auswirkungen auf das kalkulierte Ergebnis erkannt.

Die aus den Auftragsverhandlungen resultierenden Änderungen betreffen z. B. Veränderungen von Preisen, Fortfall oder Hinzufügen von Positionen, Mengenänderungen. Bei öffentlichen Auftraggebern sind Verhandlungen über die Preise unstatthaft.

**Arbeitskalkulation**

Nach der Auftragserteilung beginnt die Arbeitsvorbereitung für das Bauvorhaben. Ihr Ziel ist die Erstellung des Bauwerks mit maximaler Wirtschaftlichkeit unter den vorgegebenen Bedingungen. Da sich hieraus in vielen Fällen andere Vorgehensweisen ergeben als in der Angebotskalkulation angenommen, sind die Kostenauswirkungen in der Arbeitskalkulation zu ermitteln. Die Arbeitskalkulation stellt also eine Weiterentwicklung der Angebots- und der Auftragskalkulation unter Berücksichtigung einer optimalen Bauausführung dar. Die in der Arbeitskalkulation ermittelten Kosten bilden für den Soll-Ist-Vergleich die Kostenvorgabe der Bauausführung („Soll-Kosten") und die Grundlage für die Nachkalkulation.

**Nachtragskalkulation**

Die Nachtragskalkulation ist notwendig für die Kosten- und Einheitspreisermittlung solcher Bauleistungen, die nicht vertraglich vereinbart wurden oder für die sich die Grundlagen der Preisermittlung geändert haben, wie z. B. gemäß § 2 Abs. 3 bis 9 VOB/B. Ziel der Nachtragskalkulation ist die Ermittlung der Kosten, die die Grundlage des Nachtragsangebotes bilden. Nach den Bestimmungen des § 2 Abs. 5 VOB/B soll bei geänderten Leistungen dieser Preis vor Ausführung der Bauleistung festgelegt werden, nach § 2 Abs. 6 VOB/B ist dieser Preis bei zusätzlichen Leistungen vor Ausführung festzulegen. Er hat sich am Preis vergleichbarer Positionen zu orientieren. Vielfach muss jedoch die Nachtragskalkulation auf den tatsächlichen Kosten aufbauen, die sich bei der Ausführung ergeben, so dass die Kostenermittlung erst nach der Durchführung der betreffenden Arbeiten aufgestellt werden kann. Obwohl die Nachtragskalkulation nicht zum eigentlichen Bereich der Kalkulation von Bauleistungen vor der Bauausführung zählt, gehört sie zum Bereich der Vorkalkulation.

## 2.1.2 Nachkalkulation

In der Nachkalkulation werden die bei der Ausführung tatsächlich entstandenen Kosten- und Aufwandswerte ermittelt, so dass die Ansätze der Vorkalkulation überprüft werden können. Darüber hinaus soll sie Richtwerte für die Angebotskalkulation ähnlicher Bauvorhaben ermitteln. Im Gegensatz zum Soll-Ist-Vergleich, der den Kostenartenvergleich zum Gegenstand hat, bezieht sich die Nachkalkulation auf die Positionen des Leistungsverzeichnisses. Sie geht von der Arbeitskalkulation aus, gliedert jedoch die Positionen nach Erfassungsgesichtspunkten, z. B. nach einem Bauarbeitsschlüssel (BAS), auf. Am häufigsten ist die Nachkalkulation der Lohnkosten, da sich hier i. d. R. die größten Abweichungen ergeben. Die Grundsätze der Nachkalkulation sind im Abschnitt E ausführlicher dargestellt.

## 2.2 Wichtige Begriffe der Bauauftragsrechnung

### 2.2.1 Kosten – Aufwendungen – Ausgaben

**Kosten** sind der in der Kosten- und Leistungsrechnung (internes Rechnungswesen) erfasste bewertete Verzehr von Gütern und Dienstleistungen. Dazu zählen z. B. die Kosten für Arbeitsstunden, Baustoffe oder Geräte. Das Unternehmen muss beim Ansatz der Kosten keine Gesetze und Vorschriften beachten.

Zum Wesen der Kosten gehört Folgendes:

- sie müssen in Werteinheiten [z. B. EURO] ausgedrückt werden;
- sie müssen für betriebseigene Zwecke aufgewendet werden;
- sie stellen nur den betriebsbedingten Normalverbrauch dar. Alle Aufwendungen, die nicht im Zusammenhang mit der Erstellung der Bauleistung stehen, haben keinen Kostencharakter.

Kosten sind nicht identisch mit Aufwendungen oder Ausgaben.

**Aufwendungen** ist ein Begriff aus der Gewinn- und Verlustrechnung der Unternehmensrechnung für den Verbrauch von Gütern und Dienstleistungen während einer bestimmten Abrechnungsperiode. Die Erfassung und Berechnung erfolgt nach dem Handels- oder Steuerrecht.

**Ausgaben** sind alle periodenbezogenen Zahlungsausgänge einer Unternehmung. Zahlungsausgänge können durch reine finanzwirtschaftliche Vorgänge, z. B. Tilgung eines Kredites, oder aber durch den Verbrauch von Gütern ausgelöst werden, z. B. Bezahlung einer Lieferantenrechnung für Baustoffe.

## 2.2.2    Abschreibung

Abschreibung ist eine Methode zur Ermittlung und Verteilung der Kosten für Wirtschaftsgüter, deren Nutzung sich über mehrere Geschäftsjahre erstreckt. Ein Hydraulikbagger wird z. B. nicht vollständig und unmittelbar bei einem einzigen Einsatz verbraucht, sondern mehrfach über mehrere Jahre genutzt. Die Kosten der Abnutzung werden auf die Dauer oder Anzahl der Nutzung verteilt. Die auf mehrere Zeiträume oder Einsätze verteilten Kosten der Abnutzung werden Abschreibungen genannt.

Zu unterscheiden sind die bilanzielle Abschreibung in der Unternehmensrechnung und die kalkulatorische Abschreibung (gleichmäßiger Wertverzehr) in der Bauauftragsrechnung.

Die **bilanzielle Abschreibung** ist ein Begriff aus der Unternehmensrechnung. Sie wird nach den Vorschriften und Gesetzen des Handels- und Steuerrechts (AfA-Tabelle) ermittelt und bei der Ermittlung des handelsrechtlichen und steuerrechtlichen Gewinns für die Abnutzung von Maschinen, Gebäuden usw. angesetzt. Die Summe der bilanziellen Abschreibungen muss dem Preis, der bei der Beschaffung z. B. der Maschine bezahlt wurde, entsprechen (Abschreibung vom Anschaffungspreis). Der Ansatz bilanzieller Abschreibung in der Unternehmensrechnung wird im Rahmen des steuer- und handelsrechtlichen Gestaltungsspielraums stark von finanz- und bilanzpolitischen Überlegungen beeinflusst. Für die bilanzielle Abschreibung wird meist ein degressiver Verlauf angewendet.

Die **kalkulatorische Abschreibung** ist ein Begriff aus der Kosten- und Leistungsrechnung. Der Ansatz von kalkulatorischen Abschreibungen unterliegt keinen Vorschriften und Gesetzen. Er soll der tatsächlichen Abnutzung entsprechen und dient dem Unternehmen nur für interne Zwecke bei der Planung und Erfassung von Kosten. In der Bauauftragsrechnung (Kalkulation) wird die Abschreibung in der Praxis vielfach linear auf die gesamte Nutzungsdauer, d. h. mit periodengleichen Beträgen, angesetzt. Sie ist also am Anfang niedriger und am Ende der Nutzungsdauer höher als die bilanzielle Abschreibung. Die Summe der gesamten kalkulatorischen Abschreibung sollte dem Preis entsprechen, der am Ende der Nutzung für die Wiederbeschaffung der Maschine etc. bezahlt werden muss (Abschreibung vom Wiederbeschaffungswert). Der Restwert ist zu beachten.

## 2.2.3 Leistungen – Erträge – Einnahmen

**Leistungen** ist ein Begriff der Kosten- und Leistungsrechnung. Sie sind die mit Geldeinheiten bewerteten von einer Unternehmung erstellten Güter (Bauleistungen). Die Leistungen werden entweder für innerbetriebliche Zwecke erbracht (eigene Reparaturwerkstatt) oder auf dem Markt verkauft (Absatz). Sie verursachen den Kostenverzehr. Leistung ist nicht identisch mit Erlös.[1]

**Ertrag** ist ein Begriff aus der Gewinn- und Verlustrechnung (Unternehmensrechnung). Unter Ertrag wird die Wertentstehung im Betrieb verstanden, d. h. das bewertete produktive Ergebnis (Absatz) an Sachgütern und Dienstleistungen (Realgütern), soweit dadurch Einnahmen entstehen. Die Bewertung des Ertrages erfolgt zum Einnahmenwert, d. h., der mengenmäßige Absatz wird zu den erzielten Einnahmen (Verkaufspreisen) angesetzt. Die Erträge werden den Aufwendungen gegenübergestellt.

**Einnahmen** sind sämtliche Geldeingänge einer Unternehmung. Dabei wird zwischen Bar- und Verrechnungseinnahmen unterschieden.

# 2.3 Kostenverläufe in der Kalkulation

Die in der Kalkulation zu erfassenden Kosten zeigen je nach Art ihrer Abhängigkeit unterschiedliche Kostenverläufe. Unter Kostenverlauf ist die Darstellung des Zusammenhangs zwischen einer Kosteneinflussgröße, z. B. der hergestellten Mengen $m^3$ Mauerwerk oder $m^2$ Schalung, und den hierdurch entstandenen Kosten zu verstehen.

Die Gesamtkosten setzen sich aus den fixen (von der Kosteneinflussgröße unabhängigen) und den variablen (von der Kosteneinflussgröße abhängigen) Kosten zusammen. Der richtige Ansatz dieser Bestandteile ist für die Ermittlung des Kostenverlaufs und der Stückkosten (Kosten je Mengeneinheit) von großer Bedeutung.

## 2.3.1 Kosteneinflussgrößen

Als Kosteneinflussgröße bezeichnet man die Größe, in deren Abhängigkeit der Kostenverlauf zu bestimmen ist. Kosteneinflussgrößen sind z. B. die Bauzeit, Kalendermonate, einzubauender Beton in $m^3$, einzuschalende Fläche. Eine häufig betrachtete Kosteneinflussgröße ist der Beschäftigungsgrad, z. B. Arbeitsstunden. Im Diagramm des Kostenverlaufs ist die Abszisse die Kosteneinflussgröße.

## 2.3.2 Fixe Kosten

Fixe Kosten entstehen unabhängig von der betrachteten Kosteneinflussgröße. Eine mengenmäßige Veränderung der Kosteneinflussgröße wirkt sich nicht auf die Höhe der fixen Kosten aus.

Wird beim Kostenverlauf eine andere Kosteneinflussgröße betrachtet, können fixe Kosten zu variablen Kosten werden und umgekehrt. So sind z. B. bei einem Transportbetonwerk die Personalkosten in Abhängigkeit von der zu mischenden Menge Beton fixe Kosten, da das Personal unabhängig von der zu mischenden Menge vorgehalten werden muss. Wird als Kosteneinflussgröße jedoch der Kalendermonat gewählt, dann sind die Personalkosten des Transportbetonwerks variable Kosten, da mit jedem zusätzlichen Monat zusätzliche Personalkosten entstehen.

Fixe Kosten können sich beim Über- oder Unterschreiten eines bestimmten Beschäftigungsgrades sprunghaft ändern. Im Beispiel des Transportbetonwerks ist es bei der Betrachtung der zu mischenden Menge Beton möglich, dass sich die Personalkosten in Intervallen von 20.000 $m^3$

---

[1] Anders nach Gabler-Wirtschafts-Lexikon (2013), S. 940: Hier wird Erlös als Gegenbegriff der Kosten gesehen. Es wird angeführt, dass diese Begriffsfassung sich zunehmend durchsetzt.

Beton ändern, weil dann zusätzlicher Personaleinsatz notwendig wird. Diese intervallfixen Kosten bleiben daher nur für bestimmte Beschäftigungsintervalle konstant und steigen sprunghaft an, sobald eine Erhöhung der Produktion den Einsatz zusätzlicher Betriebsmittel verlangt (sprungfixe Kosten).

Im folgenden Beispiel (s. Abbildung 3) ist ein sprunghaftes Ansteigen der Gesamtkosten K während eines Zeitabschnittes durch Zunahme der Anzahl der Produktionseinheiten gezeigt. Die minimalen Stückkosten werden nur erreicht, wenn auch die zuletzt hinzugekommene Produktionseinheit in ihrer Kapazität voll ausgenutzt wird. Werden z. B. bei einem Baugrubenaushub vier LKW mit 14 t Ladefähigkeit, einer Schichtleistung von 100 m$^3$ und einem Verrechnungssatz von 400,00 €/Tag bei einer 10-h-Schicht eingesetzt, so betragen bei voller Ausnutzung der vier LKW die Transportkosten

$$\frac{4 \times 400,00\ €}{4 \times 100\ m^3} = 4,00\ €/m^3$$

Kommt ein fünfter LKW hinzu, so steigen die Kosten auf

$$\frac{5 \times 400,00\ €}{4 \times 100\ m^3} = 5,00\ €/m^3$$

an und fallen erst wieder auf 4,00 €/m$^3$, wenn auch der zuletzt hinzugekommene LKW seine Transportkapazität voll ausnutzen kann.

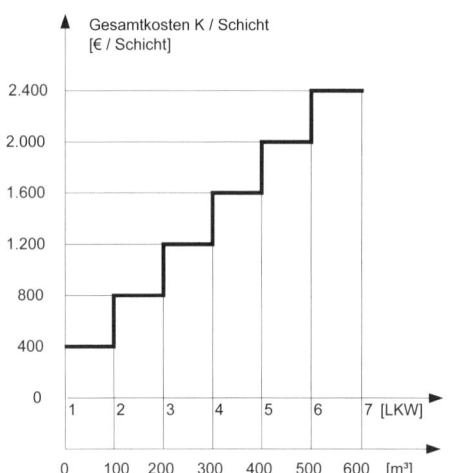
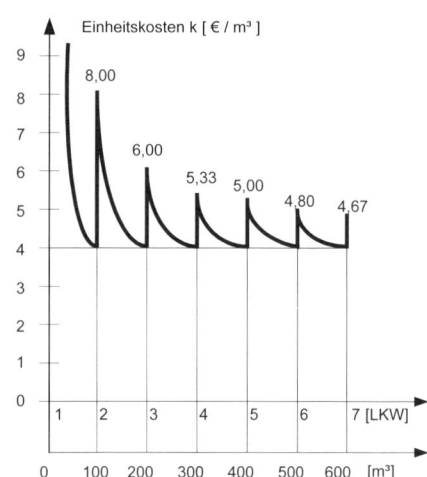

Abbildung 3: Auswirkung von intervallfixen Gesamtkosten auf die Einheitskosten

Fixe Kosten treten bei der Kalkulation von Bauleistungen auf, wenn z. B. lt. Bauvertrag Leistungen erbracht werden müssen, die nicht separat vergütet werden und daher in die Einheitspreise (vereinbarter Preis für eine Einheit der Bauleistung) einzukalkulieren sind. So werden z. B. die Kosten für den An- und Abtransport und den Auf- und Abbau eines Bohrgerätes i. d. R. nicht separat vergütet. Vereinbart wird nur ein Preis je m$^2$ Baugrubenverbau. Diese von der zu verbauenden Fläche unabhängigen Kosten müssen auf die zu verbauende Fläche umgelegt werden, damit die Kosten mit dem Einheitspreis je m$^2$ Baugrubenverbau abgedeckt sind.

Treten im Kostenverlauf Fixkosten auf, nimmt bei zunehmenden Erzeugniseinheiten der Anteil der fixen Kosten an den gesamten Kosten pro Einheit ständig ab (Fixkostendegression). Die Stückkosten sinken in der Regel mit zunehmender Produktionsmenge.

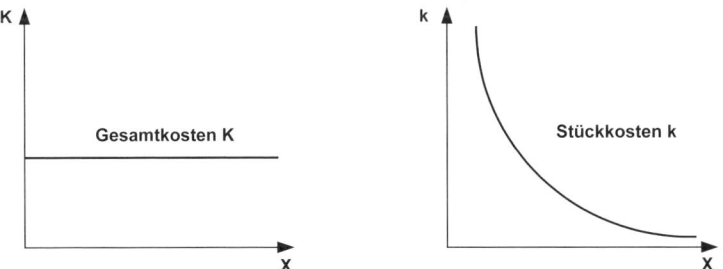

Abbildung 4:   Zusammenhang zwischen Kosten und erzeugter Menge bei fixen Kosten

## 2.3.3   Variable Kosten

Variable Kosten bilden denjenigen Teil der Gesamtkosten, der sich in Abhängigkeit vom Beschäftigungsgrad ändert. Dabei sind zu unterscheiden:

- proportionale Kosten und
- nicht proportionale Kosten.

**Proportionale Kosten**

Proportionale Kosten steigen im gleichen Verhältnis wie die erzeugte Menge an. Typische proportionale Kosten sind z. B. die Lohn- und Baustoffkosten der einzelnen Teilleistungen. So nehmen die Kosten für Löhne, Mauerziegel und Mörtel proportional zur hergestellten Mauerwerksmenge zu. Eine Verdoppelung der hergestellten $m^3$ Mauerwerk ergibt also auch eine Verdoppelung der Kosten für Löhne, Mauerziegel und Mörtel, eine Verdreifachung der Menge entsprechend eine Verdreifachung der Kosten usw. Wegen ihrer Abhängigkeit von der erzeugten Menge werden diese Kosten nach der Kosteneinflussgröße „erstellte Menge" auch mengenabhängige Kosten genannt. Ändern sich die Kosten z. B. proportional zur Zeit, so werden sie als zeitabhängige Kosten bezeichnet. Dazu gehören z. B. Gehälter der Baustelle oder die Vorhaltekosten der Geräte.

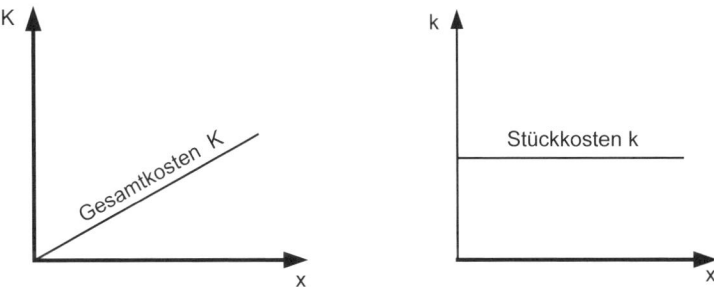

Abbildung 5:   Zusammenhang  zwischen  Kosten  und  erzeugter  Menge  (bzw.  Zeit) bei proportionalen Kosten

**Nicht proportionale Kosten**

Nicht proportionale Kosten steigen nicht im selben Verhältnis wie die Kosteneinflussgröße, z. B. in geringerem (degressive Kosten) oder größerem Maße (progressive Kosten). Degressive Kosten treten z. B. während der Einarbeitungszeit bei mehrfacher Wiederholung von Arbeitstakten auf, da die Lohnkosten mit der Häufigkeit der Wiederholung gleicher Arbeiten abnehmen.

Progressive Kosten ergeben sich, wenn z. B. die optimale Kapazität überschritten wird oder wenn bei zu kurzen Ausführungszeiten eine zu große Anzahl von Überstunden oder Nachtarbeit geleistet werden muss. Hier steigen die Kosten, insbesondere Lohn- und Gerätekosten, in größerem Maße als die Produktion.

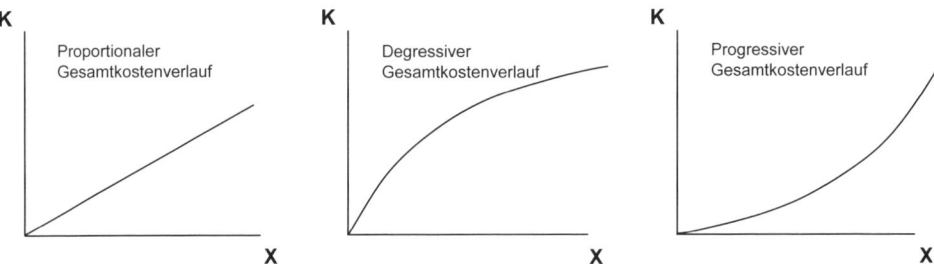

Abbildung 6:  Zusammenhang zwischen Kosten und erzeugter Menge bei degressiven bzw. progressiven Kosten

## 2.3.4 Fixe und variable Kosten

Setzen sich die Gesamtkosten aus fixen und variablen Kosten zusammen, so ergibt sich der Kostenverlauf aus der Überlagerung beider Kosten. Als Beispiele seien die Kosten des Einsatzes von Baumaschinen oder von Rüst- und Schalgeräten in Abhängigkeit von der erstellten Produktionsmenge genannt, z. B. $m^3$ Erdaushub oder $m^2$ geschalte Fläche. Die Transport-, Montagekosten und die monatlichen Abschreibungen sind hier fixe Kosten. Variable Kosten sind hier z. B. die Betriebsstoffe, die einsatzabhängigen Abschreibungen, Reparaturkosten und Lohnkosten.

Hohe Fixkosten zwingen zu einer möglichst großen Produktionsmenge, um den Fixkostenanteil bei den Stückkosten so gering wie möglich zu halten. Bei kleinen Mengen wird man also eher ein Verfahren anwenden, das kleine fixe und größere variable Kosten hat, während man bei großen erzeugten Mengen aus Gründen der Wirtschaftlichkeit umgekehrt verfährt, also ein Verfahren mit höheren fixen und geringeren variablen Kosten gewählt wird.

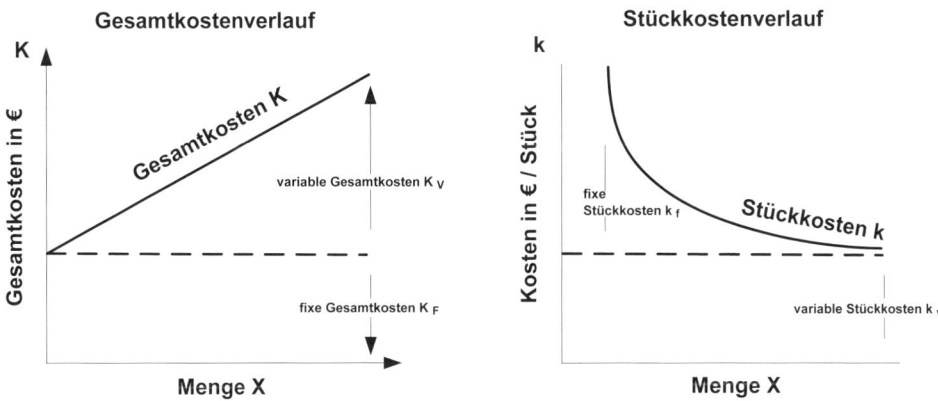

Abbildung 7:  Zusammenhang zwischen Kosten und erzeugter Menge bei fixen und variablen Kosten

**Beispiel:**

Bei der Erstellung eines Bürogebäudes werden für die Herstellung der Decken Deckenschaltische verwendet. Es ist der Verlauf der Gesamtkosten K [€] und der Einheitskosten k [€/m² Schalung] in Abhängigkeit von der Leistung anzugeben.

Dabei ist von folgenden Angaben auszugehen:

Fixe Kosten:        für An- und Abtransport sowie für Auf- und Abbau 8.000 € für insgesamt 500 m² Schalfläche

Variable Kosten:    aus Abschreibung, Reparaturkosten, Lohnkosten 14,00 €/m²

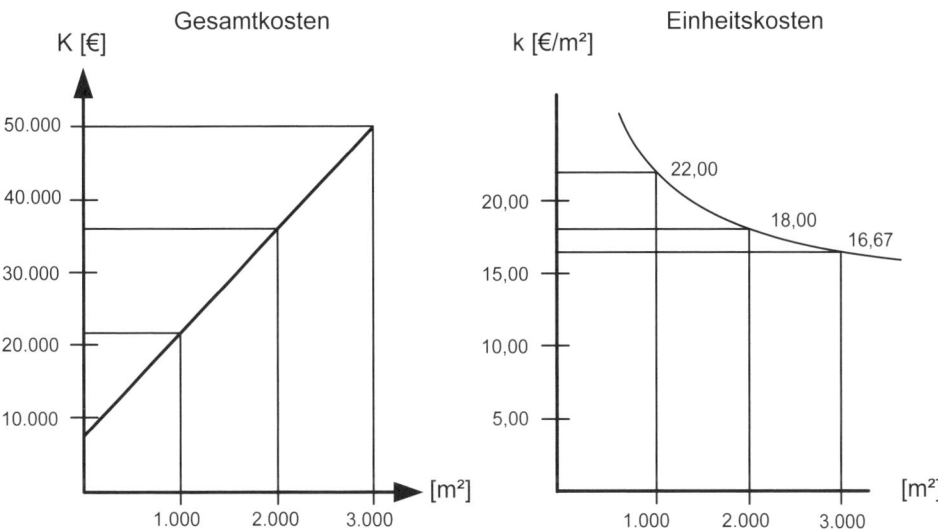

Abbildung 8:  Gesamt- und Einheitskosten in Abhängigkeit von der Leistung

# 2.4 Leistungsbeschreibung

Die Leistungsbeschreibung bildet die Grundlage des Bauvertrags. Ein Auftragnehmer ist nach dem so genannten „Werkvertragsrecht" (§ 631 BGB) zu der Leistung verpflichtet, die er bei Angebotsabgabe oder Vertragsabschluss klar erkennen und deren Kosten er berechnen kann. Die Leistungsbeschreibung ist daher der Kern des Bauvertrags. Die Anforderungen an die Leistungsbeschreibung sind in § 7 VOB/A 2012 erläutert; diese Anforderungen sind vergaberechtlich für öffentliche Auftraggeber verpflichtend. Für private Auftraggeber ist § 7 VOB/A 2012 nur ein Musterbeispiel für richtige Ausschreibungen. Zusätzlich enthalten auch die Allgemeinen Technischen Vertragsbedingungen für Bauleistungen (ATV) in der VOB Teil C in Abschnitt 0 Hinweise für das Aufstellen der Leistungsbeschreibung. § 7 VOB/A unterscheidet zwei Formen der Leistungsbeschreibung:

- Leistungsbeschreibung mit Leistungsverzeichnis,
- Leistungsbeschreibung mit Leistungsprogramm.

Dabei soll die Beschreibung mit Leistungsverzeichnis (LV) das Regelverfahren darstellen. § 7 Abs. 1–8 VOB/A gilt für alle Ausschreibungsarten, also auch für die Leistungsbeschreibung mit Leistungsprogramm. Sonderregeln gibt es in § 7 Abs. 9–12 VOB/A für die Leistungsbeschreibung mit Leistungsverzeichnis, in § 7 Nr. 13–15 VOB/A für die Ausschreibung mit Leistungsprogramm, wobei aber nach § 7 Abs. 14 (2) VOB/A selbst für die Ausschreibung mit Leistungsprogramm die Abs. 10–12 sinngemäß gelten.

## 2.4.1 Leistungsbeschreibung mit Leistungsverzeichnis (LV)

Bei einer Leistungsbeschreibung mit Leistungsverzeichnis wird die Leistung durch eine allgemeine Darstellung der Bauaufgabe (Baubeschreibung) und ein in Teilleistungen gegliedertes Leistungsverzeichnis beschrieben.

Für die Beschreibung der Leistung nach § 7 Abs. 1 VOB/A gilt:

1. Die Leistung ist eindeutig und so erschöpfend zu beschreiben, dass alle Bewerber die Beschreibung im gleichen Sinne verstehen müssen und ihre Preise sicher und ohne umfangreiche Vorarbeiten berechnen können.
2. Um eine einwandfreie Preisermittlung zu ermöglichen, sind alle sie beeinflussenden Umstände festzustellen und in den Verdingungsunterlagen anzugeben.
3. Dem Auftragnehmer darf kein ungewöhnliches Wagnis aufgebürdet werden für Umstände und Ereignisse, auf die er keinen Einfluss hat und deren Einwirkung auf die Preise und Fristen er nicht im Voraus schätzen kann.
4. Bedarfspositionen sind grundsätzlich nicht in die Leistungsbeschreibung aufzunehmen. Angehängte Stundenlohnarbeiten dürfen nur im unbedingt erforderlichen Umfang aufgenommen werden.
5. Erforderlichenfalls sind auch der Zweck und die vorgesehene Beanspruchung der fertigen Leistung anzugeben.
6. Die für die Ausführung der Leistung wesentlichen Verhältnisse der Baustelle, z. B. Boden- und Wasserverhältnisse, sind so zu beschreiben, dass der Bewerber ihre Auswirkungen auf die bauliche Anlage und die Bauausführung hinreichend beurteilen kann.
7. Die „Hinweise für das Aufstellen der Leistungsbeschreibung" in Abschnitt 0 der Allgemeinen Technischen Vertragsbedingungen für Bauleistungen, DIN 18299 ff., sind zu beachten.

Nach § 7 Abs. 2 VOB/A sind bei der Beschreibung der Leistung die verkehrsüblichen Bezeichnungen zu beachten.

**Baubeschreibung**

Die Baubeschreibung ist eine allgemeine Darstellung der Bauaufgabe mit einem Überblick über die geforderte Leistung. Zur Baubeschreibung gehören z. B. auch die Ausschreibungspläne, Angaben über vorhandene Ver- und Entsorgungsleistungen, das Baugelände, die

Zufahrt und andere Angaben, die für die Ermittlung der Kosten der Bauleistungen von Bedeutung sind. Die Ausführungstermine werden im Allgemeinen in den Besonderen Vertragsbedingungen aufgeführt.

**Leistungsverzeichnis**

Im Leistungsverzeichnis wird die Bauleistung in Teilleistungen (Positionen) aufgegliedert. Die einzelnen Teilleistungen werden im LV mit einer fortlaufenden Nummerierung (Ordnungszahl „OZ" oder Positionsnummer „Pos.-Nr.") versehen.

### Gliederung des Leistungsverzeichnisses nach GAEB[1]

Die Ordnungszahl (OZ) ist die genaue Kennzeichnung jeder einzelnen Teilleistung im Leistungsverzeichnis. Sie muss eindeutig und aufsteigend sein.

Die OZ umfasst höchstens 14 Stellen und besteht aus

- ggf. den Stellen der Hierarchiestufen,
- den Stellen der Positionsnummer,
- ggf. dem einstelligen Positionsindex.

Die Beschreibung der Bauleistung geht von Leistungsbereichen aus, in denen zugehörige Teilleistungen zusammengefasst sind. Gleichzeitig kann eine Untergliederung in Lose, Ausführungsabschnitte und Bauteile vorgenommen werden. Ein Leistungsverzeichnis kann bis zu fünf Hierarchieebenen haben. Unterhalb der niedrigsten Hierarchieebene stehen Positionen, d. h. die Leistungen, für die ein Einheitspreis vereinbart wird.

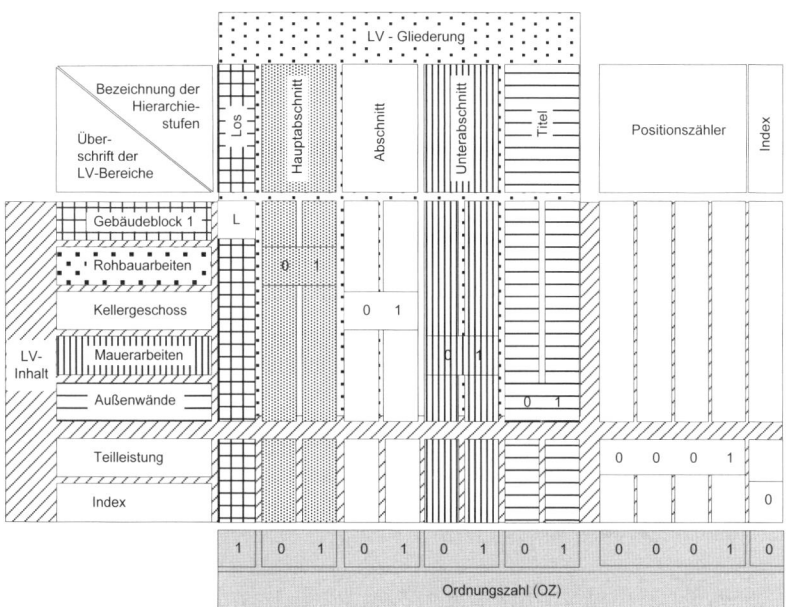

Abbildung 9:    Beispiel einer LV-Gliederung nach GAEB

---

[1]    Gemeinsamer Ausschuss Elektronik im Bauwesen

Nach § 7 Abs. 12 VOB/A sollen unter einer Ordnungszahl nur solche Leistungen aufgeführt werden „…die nach ihrer technischen Beschaffenheit und für die Preisbildung als in sich gleichartig anzusehen sind". So kann z. B. der Leistungsbereich 013 Betonarbeiten in die Bauteile aufgeteilt werden:

- Sauberkeitsschicht
- Fundament, Bodenplatte
- Wand
- Stütze
- Unterzug Balken
- Decke
- Treppe

Bei den Betonarbeiten ist eine Unterteilung nach

- Schalung     (Abrechnungseinheit m²)
- Bewehrung    (Abrechnungseinheit t)
- Beton       (Abrechnungseinheit m³)

sinnvoll. Außerdem müssen Art und Qualität der Baustoffe angegeben werden, z. B. Stahlbeton C30/37. In Tabelle 1 ist ein Beispiel für eine Position dargestellt.

Tabelle 1:   Beispiel eines Positionstextes

| Bauvorhaben: | | | | | |
|---|---|---|---|---|---|
| Pos. Nr. | Leistungsbeschreibung | Menge | Einheit | EP | GP |
| 1 | Betonstabstahl DIN 488, IV S<br>Durchmesser von 10 bis 16 mm.<br>Längen bis 14,00 m. | | | | |
| | | 11 | t | | |
| | | | | ............. | ................ |

Das Leistungsverzeichnis (LV) bildet zusammen mit der Baubeschreibung für den Bieter die Grundlage der Angebotskalkulation. Für jede Teilleistung ist der Einheitspreis (Preis je Abrechnungseinheit) zu ermitteln. Außerdem ist der Gesamtpreis (GP) als Produkt aus Einheitspreis und ausgeschriebener Menge zu berechnen und je Position anzugeben. Die Summe der Gesamtpreise der einzelnen Teilleistungen ergibt die Angebotssumme, die die Grundlage für die Auftragsvergabe bildet. Oftmals wird die Summe der Gesamtpreise eines Leistungsbereiches auch als Titelsumme bezeichnet.

## 2.4.2    Standardleistungsbuch Bau und Standardleistungskataloge

Die Standardleistungsbücher und -kataloge sind folgenden Bereichen zugeordnet:

000 – 999   Standardleistungsbuch Bau – Dynamische BauDaten (STLB-Bau)

100 – 199   Standardleistungskatalog für den Straßen- und Brückenbau (STLK)

200 – 299   Standardleistungskatalog für den Wasserbau (STLK-W)

600 – 699 Standardleistungsbuch für Zeitvertragsarbeiten – Dynamische BauDaten (STLB-BauZ)

800 – 899 Entwurfsstände (Gelbdrucke) des STLK für Straßen- und Brückenbau

900 – 999 Regionale Leistungskataloge (RLK)

Der Aufbau des Standardleistungsbuches unterscheidet sich vom Aufbau der Standardleistungskataloge.

### 2.4.2.1 Standardleistungsbuch Bau – Dynamische BauDaten (STLB-Bau)

Für die Leistungsbereiche (LB) werden meist die Bezeichnungen der ATV (Allgemeine Technischen Vertragsbedingungen) verwendet, die in der VOB/C zusammengefasst sind. Zu den Leistungsbereichen (LB) 000 bis 099 des STLB-Bau gehören beispielsweise:

| DIN 18300 | Erdarbeiten | LB 002 |
| DIN 18306 | Entwässerungskanalarbeiten | LB 009 |
| DIN 18330 | Mauerarbeiten | LB 012 |
| DIN 18331 | Betonarbeiten | LB 013 |

Die Gliederung des Leistungsverzeichnisses wird auf Seite 29 beschrieben.

### STLB-Bau – Dynamische BauDaten

STLB-Bau – Dynamische BauDaten ist eine Datenbank mit Ausschreibungstexten für Bauleistungen. Die Inhalte werden von Experten aus Wirtschaft und Verwaltung in den Facharbeitskreisen des GAEB (Gemeinsamer Ausschuss Elektronik im Bauwesen) erarbeitet und vom Deutschen Institut für Normung mit der aktuellen nationalen und europäischen Normung abgeglichen.

### Programmbeschreibung

STLB-Bau – Dynamische BauDaten ist ein Expertensystem für das Zusammenstellen von Texten zur Beschreibung von Bauleistungen. Es enthält Textbausteine zur Beschreibung standardisierter Bauleistungen im Sinne der VOB und ist grundsätzlich in die Gewerke der VOB/C gegliedert. Außerdem bietet es die Einbindung in andere Fachanwendungen, wie Kostenplanung, CAD, AVA etc. durch eine standardisierte Schnittstelle zur Anwendersoftware. An die Anwendersoftware werden zur gewählten Bauleistung eine Schlüsselnummer, der Leistungsbereich, ein Langtext als Fließtext, ein Kurztext, die Einheit und eine wahlweise Textergänzung übergeben. Die Schlüsselnummer ist von der STLB-Bau-Version unabhängig, eindeutig, unveränderbar, automateninterpretierbar und beliebig auswertbar durch andere Fachanwendungen. Durch eine intelligente Benutzungsführung erhält der Anwender weitgehend fachlich richtige Ausprägungen zu bereits festgelegten Angaben.

Die Texterstellung beginnt mit der Auswahl eines Leistungsbereichs (LB), eines Schlagwortes (SW) oder einer Norm, was dann zu einer Anzahl von Teilleistungsgruppen (TLG) führt. Nach Auswahl der gewünschten TLG werden nacheinander die kalkulationsrelevanten Beschreibungsmerkmale (BM) angezeigt, wobei dann vom Benutzer aus vorgegebenen Listen eine Ausprägung gewählt wird.

### Eingabebeispiel

| Leistungsbereich | 013 Betonarbeiten |
| Teilleistungsgruppe | Stabstähle – Bewehrung |

Tabelle 2: Eingabebeispiel STLB-Bau 2013-10 013

| Ausgabe | |
|---|---|
| Kurztext (KT) | Betonstabstahl B500A Durchm. 10 bis 16 mm |
| Langtext (LT) | Betonstabstahl DIN 488-1, DIN 488-2, B500A, Durchmesser über 10 bis 16 mm, Längen bis 14 m, Bewehrungsbauteil Deckenplatte |
| | |
| Abrechnungseinheit | t |
| | |
| **Beschreibungsmerkmale** | **Ausgewählte Ausprägungen** |
| Betonstabstahlsorte | B500A DIN 488-1, DIN 488-2 |
| Durchmesserbereich [mm] Betonstahl | von 10 bis 16 |
| Längenbereich [m] Betonstahl | bis 14 |
| Bewehrung Hochbau | Betonstabstahl |
| Abrechnungseinheit | t |
| Bauteil, Ortbeton | Deckenplatte |

## 2.4.2.2 Standardleistungskataloge

Der Standardleistungskatalog für den Straßen- und Brückenbau, der Standardleistungskatalog für den Wasserbau und die Regionalleistungskataloge sind im Aufbau identisch.

### Standardleistungskatalog (STLK) für den Straßen- und Brückenbau

Für die Bauvorhaben des Straßen- und Brückenbaus wird der Standardleistungskatalog von der Forschungsgesellschaft für Straßen- und Verkehrswesen herausgegeben. Der STLK ist eine nach Leistungsbereichen (LB 101 bis 135) gegliederte Sammlung standardisierter Texte zur Beschreibung von Standardleistungen im Straßen- und Brückenbau. Beispiele für Leistungsbereiche sind:

106 Erdbau

110 Entwässerung für Straßen

111 Entwässerung für Kunstbauten

112 Tragschichten

113 Bituminöse Decken

114 Betondecken

115 Pflaster, Platten, Borde, Rinnen

Die Online-Version ermöglicht das Erstellen von Ausschreibungstexten und den Download erstellter Leistungsbeschreibungen, einschließlich der relevanten STLK-Schlüsselnummern. Auch der STLK setzt die Leistung aus Textteilen zusammen, die mit einer STLK-Nr. verschlüsselt werden; der Leistungsbereich wird wie beim STLB-Bau mit einer dreistelligen Nummer gekennzeichnet.

### Eingabebeispiel

Leistungsbereich 115 Pflaster, Platten, Borde, Rinnen

Grundtext 310 Bordsteine aus Beton setzen

Folgetext 1 bis 8

Tabelle 3:  Eingabebeispiel STLK-Nr. 14 115 / 310 10.00.00.00

| Ausgabe |
| --- |
| Bordsteine aus Beton setzen. |
| Bordsteine DIN EN 1340 H 18 x 30 (180/300 mm) |
| Einheit: m |

| Grundtext | 310 Bordsteine aus Beton setzen |
| --- | --- |
| Folgetext 1 | 1 Bordsteine DIN EN 1340 H 18 x 30 (180/300 mm) |
| Folgetext 2 | 0 ohne Angabe |
| Folgetext 3 | 0 ohne Angabe |
| Folgetext 4 | 0 ohne Angabe |
| Folgetext 5 | 0 ohne Angabe |
| Folgetext 6 | 0 ohne Angabe |
| Folgetext 7 | 0 ohne Angabe |
| Folgetext 8 | 0 ohne Angabe |

Im Grundtext wird die Leistung in ihren wesentlichen Elementen angesprochen. In den Folgetexten werden die zur genauen Leistungsbeschreibung notwendigen Ergänzungen hinzugefügt.

**Standardleistungskatalog für den Wasserbau (STLK-W)**

Der STLK-W ist eine nach Leistungsbereichen (LB 202 bis 230) gegliederte Sammlung standardisierter Texte zur Beschreibung von Standardleistungen im Wasserbau. Beispiele für Leistungsbereiche sind:

214 Spundwände, Pfähle, Verankerungen

215 Wasserbauwerke aus Beton und Stahlbeton

216 Stahlwasserbau

217 Ausrüstung von Wasserbauwerken

## 2.4.3 Leistungsbeschreibung mit Leistungsprogramm

Im Gegensatz zur herkömmlichen Leistungsbeschreibung mit Leistungsverzeichnis sieht § 7 VOB/A auch die Möglichkeit vor, neben der eigentlichen Bauausführung auch den Entwurf dem Wettbewerb zu unterwerfen, „... um die technisch, wirtschaftlich und gestalterisch beste sowie funktionsgerechteste Lösung der Bauaufgabe zu ermitteln".

Der Unternehmer hat in einem solchen Fall innerhalb der vorgegebenen baurechtlichen und städteplanerischen Randbedingungen das Bauwerk zu liefern. Falls er sämtliche Leistungen, also die gesamte Planung und Bauausführung, weitervergibt, wird er als **Generalübernehmer** bezeichnet. Dem Generalübernehmer verbleiben damit die Finanzierung, die Ablauforganisation und die Gewährleistung. Der **Generalunternehmer** erbringt die Gesamtleistung ohne Planung, er führt wesentliche Leistungen selbst aus.

## 2.4.4 Schlüsselfertiges Bauen, Pauschalvorträge

Beim schlüsselfertigen Bauen wird dem Unternehmer die gestalterische und funktionsgerechte Lösung der Bauaufgabe vorgegeben. Ihm verbleibt jedoch die Möglichkeit, die technisch und wirtschaftlich beste Lösung der Bauaufgabe anzubieten. Gemäß § 4 Abs. 1 Nr. 2 VOB/A als Vergabevorschrift für den öffentlichen Auftraggeber, wenn die Leistung nach Ausführungsart und Umfang genau bestimmt ist und mit einer Änderung bei der Ausführung nicht zu rechnen ist, als **Pauschalvertrag**. Auch beim schlüsselfertigen Bau kann der Unternehmer Generalübernehmer oder Generalunternehmer sein.

Oft wird zunächst eine Ausschreibung mit dem Leistungsverzeichnis nach Einheitspreisen vorgenommen und erst – nachdem der Bieter die Mengen überprüft hat – ein Pauschalpreis vereinbart. Jedoch steht es dem Auftraggeber frei, hiervon abzuweichen und eine Planung ohne ein zugehöriges Leistungsverzeichnis vorzulegen und einen Pauschalpreis zu vereinbaren.

Bei Pauschalverträgen übernimmt der Auftragnehmer neben dem Kosten- auch das Mengenrisiko. Der Auftraggeber muss Unterlagen bereitstellen, aus denen sich die zu erbringende Leistung bestimmen lässt. Ein zusätzlicher Vergütungsanspruch besteht lediglich, wenn der Auftraggeber die auszuführende Leistung ändert oder zusätzliche Leistungen wünscht. Da die Vergütung auch bei Mengenabweichungen gemäß § 2 Abs. 7 Nr. 1 Satz 1 VOB/B unverändert bleibt, kommt der vor Auftragserteilung auszuführenden Mengenermittlung besondere Bedeutung zu. Fehler bei der Mengenermittlung kommen dann vor, wenn nicht systematisch aufgemessen wird.

Erfolgt die Pauschalierung erst bei der Vergabe auf der Grundlage einer Ausschreibung nach Einheitspreisen, wobei die Mengen vom Auftragnehmer zu überprüfen oder selbst zu bestimmen sind, so wird diese Art von Pauschalvertrag Detail-Pauschalvertrag[1] genannt. In der Praxis wird jedoch immer häufiger nicht nur der Preis, sondern auch die Leistung pauschaliert. Diese Art von Pauschalvertrag wird Global-Pauschalvertrag genannt.

Beim Detail-Pauschalvertrag werden nur die Leistungen geschuldet, die in den Positionen beschrieben sind, beim Global-Pauschalvertrag hingegen alle Leistungen, die zur Erfüllung des geforderten Leistungsziels gehören.

## 2.5 Zurechnungsgrundsätze der Kalkulation

Nach dem Kostenverursachungsprinzip müssen einem Produkt diejenigen Kosten zugerechnet werden, die von ihm verursacht sind. Dieses Prinzip hat für die Kalkulation von Bauleistungen besondere Bedeutung, da die im LV ausgeschriebenen Mengen nur selten den Abrechnungsmengen entsprechen. Eine nicht verursachungsgerechte Zurechnung kann deshalb bei Minderleistungen zu Kostenunterdeckungen führen (s. Abschnitt D 21.3.3, S. 234).

Nach ihrer Zurechenbarkeit sind zu unterscheiden:

- – Einzelkosten,
- – Gemeinkosten.

**Einzelkosten – Gemeinkosten**

| | |
|---|---|
| Einzelkosten | können einem Erzeugnis **direkt** zugerechnet werden. Bei Bauleistungen besteht das Erzeugnis aus mehreren Teilleistungen. Die Einzelkosten werden deshalb als Einzelkosten der Teilleistungen bezeichnet; dies sind z. B. Lohnkosten, Baustoffkosten, Kosten der Rüst-, Schal- und Verbaustoffe, Gerätekosten und Kosten für Fremdleistungen. |
| Gemeinkosten | können einem Erzeugnis **nicht direkt und ausschließlich** zugerechnet werden, sondern nur mehreren Erzeugnissen gemeinsam. Für die Kalkulation im Bauwesen bedeutet dies, dass sie nicht bei der einzelnen Teilleistung (Position) erfasst, sondern getrennt kalkuliert und den Teilleistungen über einen Verteilungsschlüssel als Zuschlag zugerechnet werden. Die Gemeinkosten setzen sich im Bauunternehmen zusammen aus |

---

[1]  Kapellmann/Schiffers (2011 b), S. 3 ff.

    – Gemeinkosten der Baustelle und
    – Allgemeinen Geschäftskosten.

## – Gemeinkosten der Baustelle

Gemeinkosten der Baustelle sind Kosten, die nicht einer einzelnen Teilleistung (Position des Leistungsverzeichnisses) zurechenbar sind, aber ausschließlich und direkt <u>einer</u> Baustelle zugerechnet werden können. Gemeinkosten der Baustelle sind daher alle Kosten auf der Baustelle, die aufgrund von Leistungen entstehen, die nach dem Leistungsverzeichnis nicht als separate Teilleistung vergütet werden, jedoch als so genannte Nebenleistungen vom Unternehmen zu erstellen sind, z. B. Baustelleneinrichtung, Gehaltskosten des Bauleiters (vgl. VOB/C DIN 18299 Nr. 4). Es sind jedoch Bestrebungen im Gang, die Gemeinkosten der Baustelle ebenfalls als separate Teilleistung auszuschreiben.

## – Allgemeine Geschäftskosten

Allgemeine Geschäftskosten (oft auch als Verwaltungsgemeinkosten bezeichnet) sind Kosten, die nicht einem bestimmten Bauauftrag zugerechnet werden können, sondern durch den Betrieb als Ganzes entstehen (z. B. Verwaltung). Sie können daher auch nicht einer Teilleistung im Leistungsverzeichnis direkt zugerechnet werden.

In der Kalkulation werden für die in den Positionen beschriebenen Teilleistungen Preise je Einheit (Einheitspreis) berechnet, die alle Kosten abzudecken haben. Die direkt zurechenbaren Kosten werden als Einzelkosten der Teilleistung (EKT) angesetzt. Mit Hilfe eines Gemeinkostenumlageverfahrens werden den EKT dann die nicht direkt zurechenbaren Gemeinkosten der Baustelle, Allgemeine Geschäftskosten und ein Ansatz für Wagnis und Gewinn zugeschlagen. Die Beiträge für Wagnis und Gewinn, die ihrem Wesen nach keine Kosten darstellen, werden aus Vereinfachungsgründen ebenfalls in den Zuschlag eingerechnet. Diese Zurechnung von Gemeinkosten, Wagnis und Gewinn in Form eines Zuschlags wird als Umlage bezeichnet.

Abbildung 10 verdeutlicht, wie der **Umlagebetrag**, der sich zusammensetzt aus

    – Gemeinkosten der Baustelle,
    – Allgemeinen Geschäftskosten,
    – Wagnis und Gewinn,

mit Hilfe von prozentualen Umlagesätzen den Einzelkosten der Teilleistungen zugerechnet wird.

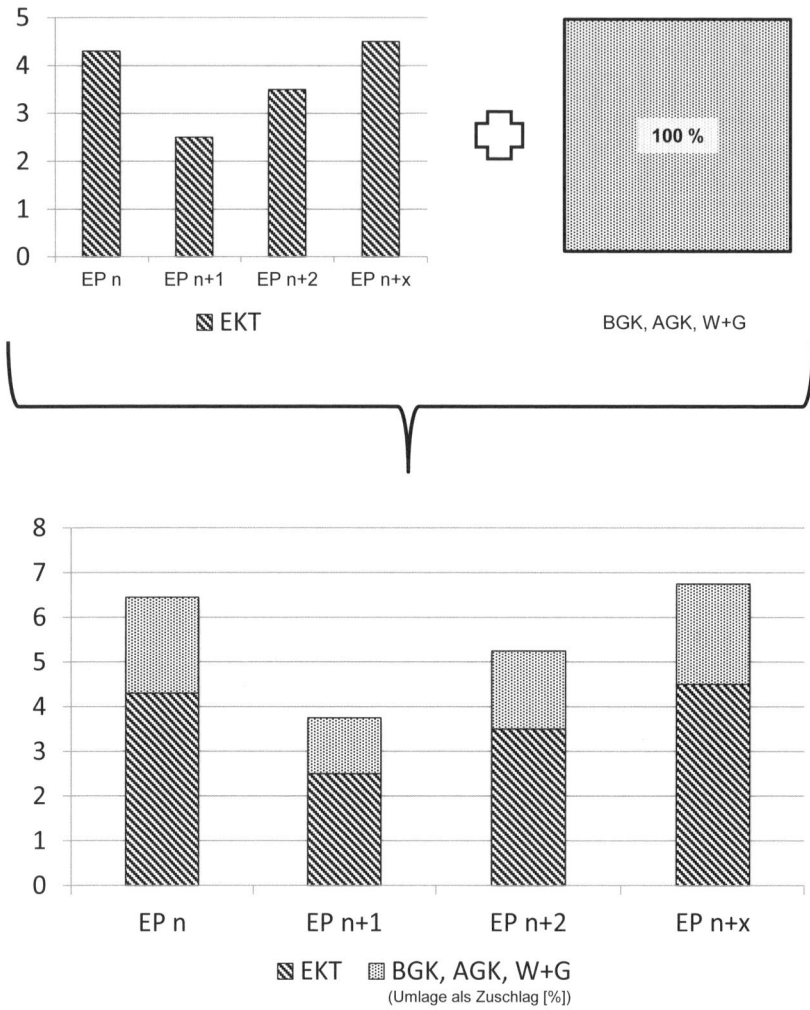

Abbildung 10: Verteilung des Umlagebetrags auf die Einzelkosten

**Einzelkosten – Gemeinkosten im Schlüsselfertigbau (SF-Bau)**

Auch im Schlüsselfertigbau bleibt die Zurechenbarkeit der Kosten so bestehen, wie vorstehend definiert. Jedoch verschieben sich die Kostenanteile der Kostenarten und die Zusammensetzung der Gemeinkosten der Baustelle. Diese setzen sich im SF-Bau zusammen aus den Gemeinkosten der Eigenleistung und den übergeordneten Gemeinkosten der Gesamtleistung einschließlich der Leistungen der Nachunternehmer.

# 2.6 Kosten- und Mengenansätze in der Kalkulation

Um die Einzelkosten je Teilleistung berechnen zu können, sind zunächst die Einzelkosten je Mengeneinheit zu kalkulieren. Der erste Schritt ist die Ermittlung der Anzahl der Lohn- und Gerätestunden, die für die Herstellung einer Mengeneinheit benötigt werden. Die Menge wird stets auf die Mengeneinheit der Teilleistungen bezogen. Die Berechnung der Lohn- bzw. Gerätekosten erfolgt mit Hilfe der so genannten Aufwands- bzw. Leistungswerte (s. Abschnitte A 2.6.1 und A 2.6.2).

Für die Kostenermittlung sind dann im zweiten Schritt diejenigen Preise einzusetzen, die vermutlich zum Zeitpunkt der Bauausführung zu bezahlen sein werden. Der Kalkulator muss also die wirtschaftliche Entwicklung abschätzen, um einen zutreffenden Preis einsetzen zu können. Soweit keine Preisgleitklauseln (s. Abschnitt D 21.7, S. 260) vorgesehen sind, muss das hieraus entstehende wirtschaftliche Risiko vom Bieter allein getragen werden. Bei der Anwendung von Preisgleitklauseln wird das Risiko teilweise auf den Auftraggeber übertragen.

## 2.6.1    Aufwandswerte

Die für die Ausführung benötigten Arbeitsstunden werden mit Hilfe der Aufwandswerte berechnet, die auf die Menge bezogen sind:

$$\text{Aufwandswert} \; = \; \frac{\text{Arbeitsstunden (h)}}{\text{Mengeneinheit (z. B. m}^3\text{, t, m}^2\text{)}}$$

In der Kalkulation werden die Aufwandswerte oft auch als Stundenansätze bezeichnet.

**Beispiel 1:**

| | |
|---|---|
| Betonieren von feingliedrigen Bauteilen | $0,8 - 1,5$ h/m$^3$ |
| Betonieren von Massenbeton | $0,3 - 0,8$ h/m$^3$ |
| Mauern von Wänden, d = 24 cm, je nach Steinsorte | $3,5 - 4,5$ h/m$^3$ |
| Schalen von Wänden | $0,4 - 1,0$ h/m$^2$ |
| Schalen von Decken normaler Bauhöhe | $0,5 - 0,8$ h/m$^2$ |
| Verlegen von geschnittenem und gebogenem Stahl | $10 - 20$ h/t |

Bei den angegebenen Aufwandswerten handelt es sich um ungefähre Richtwerte, die je nach Art des Bauwerks oder der Teilleistung und der Ausführungsbedingungen erheblich streuen. Bei der Übernahme von Werten aus Tabellen, wie z. B. Richtwerttabellen für Leistungslohn oder Akkordtarifsätzen, ist zu berücksichtigen, dass diese keinen Anteil für Randstunden, wie z. B. für Lade-, Transport-, Aufräum- oder Ausbesserungsarbeiten, enthalten und deshalb um 10 bis 20 % erhöht werden müssen. Bei der Anwendung von Richtwert-Tabellen ist zu überprüfen, ob diese der heutigen Bautechnik entsprechen. Zusammenstellungen von Aufwandswerten finden sich in der einschlägigen Fachliteratur. Vor der Anwendung solcher Ansätze ist jedoch zu prüfen, ob die gleichen Ausführungsbedingungen vorliegen und die Werte übertragbar sind. Bei Auslandsangeboten geht man oft von den Aufwandswerten aus, die für Arbeiten im Inland zutreffen und wendet einen landesspezifischen Korrekturfaktor an.

**Beispiel 2:**

Ermittlung der Lohnstunden für die Teilleistung „Betonstabstahl 500 S, geschnitten und gebogen, Durchmesser über 10 bis 20 mm, abladen und verlegen 150 t". Die Verteilung des Gesamtgewichts auf die einzelnen Durchmesser wird wie folgt angenommen:

| | |
|---|---|
| d = 12 mm | 25 t |
| d = 14 mm | 30 t |
| d = 16 mm | 30 t |
| d = 20 mm | 65 t |
| insgesamt | 150 t |

– Gebogenen Stahl abladen (mit Kran) und stapeln: 150 t x 0,6 h/t =          90,0 h
– Verlegen:

| d = 12 mm: | 25 t x 12,0 h/t = 300,0 h | |
|---|---|---|
| d = 14 mm: | 30 t x 11,0 h/t = | 330,0 h |
| d = 16 mm: | 30 t x 10,0 h/t = | 300,0 h |
| d = 20 mm: | 65 t x  8,5 h/t = | 552,5 h |
| | insgesamt | 1.572,5 h |

Für dieses Beispiel ergibt sich ein Mittelwert von 1.572,5 h/150 t = 10,5 h/t.

## 2.6.2     Leistungswerte

Bei geräteintensiven Arbeiten werden die für die Ausführung benötigten Maschinenstunden mit Hilfe des Leistungswerts berechnet, der wie folgt definiert ist:

$$\text{Leistungswert} \; = \; \frac{\text{ausgeführte Menge (z. B. m}^3\text{, t, m}^2\text{)}}{\text{Zeiteinheit (z. B. h, d)}}$$

**Beispiel 1:**

Aushub mit Schaufellader, Schaufelinhalt 1,5 m$^3$ ..................................................................... 1.200 m$^3$/d

Aushub mit Hydraulikbagger, Löffelinhalt 0,8 m$^3$ ..................................................................... 80 m$^3$/h

Grabenaushub mit Hydraulikbagger, Tieflöffel 0,4 m$^3$ .............................................................. 15 m$^3$/h

Einbau von Schwarzmischgut ................................................................................................. 800 t/d

Einbau einer Asphaltdeckschicht 0/8 bei einer Einbaubreite von 4 m, d = 4 cm .................................. 3 m/min

Auch die Leistungswerte können wie die Aufwandswerte in Abhängigkeit von den Ausführungsbedingungen (Witterung, Bodenverhältnisse, Losgröße, Lage der Baustelle) in weiten Grenzen streuen. Bei der Übernahme von Leistungswerten aus der Fachliteratur ist zu überprüfen, ob kleinere Störungen, Warte- und Verlustzeiten, die als normal anzusehen sind, darin enthalten sind.

Wird die Leistung von einer ganzen Maschinengruppe erbracht, z. B. Fertiger und Verdichtungsgeräte beim Straßendeckenbau oder Scraper und Schubraupe beim Erdbau, so sind Leistung und Kosten für die ganze Maschinengruppe je Zeiteinheit zu berechnen. Das in der Gruppe leistungsschwächste Gerät bestimmt die Gruppenleistung. An ihm orientieren sich die notwendigen Leistungswerte der übrigen beteiligten Geräte.

**Beispiel 2: Einbau einer bituminösen Tragschicht 10 cm**

Leistung der Maschinengruppe (Fertiger, Walzen, Wasserwagen):      300 m²/h

Kosten der Maschinengruppe (ohne Lohnkosten):      120,00 €/h

Einbaukosten ohne Lohnkosten: $\dfrac{120\ [\text{€/h}]}{300\ [\text{m}^2/\text{h}]} = 0{,}40\ \text{€/m}^2$

**Beispiel 3: Bestimmung Aufwandswert aus angenommenem Leistungswert**

Leistung Bagger:      50 m³/h

Kolonnenstärke einschließlich Baggerführer:      2 Mann

Aufwandswert: $\dfrac{2\ \text{Mann}\ [\text{h/h}]}{50\ [\text{m}^3/\text{h}]} = 0{,}04\ \text{h/m}^3$

**Merkregel: Kolonnenstärke durch Leistungswert ergibt Aufwandswert.**

# 3 Verfahren der Kalkulation

Es gibt zwei grundsätzlich verschiedene Formen der Kalkulation:

- Divisionskalkulation,
- Umlagekalkulation.

## 3.1 Divisionskalkulation

Bei der Divisionskalkulation werden die Gesamtkosten eines Unternehmens (Einzel- und Gemeinkosten) auf die Produkte gleichmäßig verteilt, wie z. B.:

$$\frac{\text{Gesamtkosten}}{\text{Produktionsmenge}} = \frac{240.000\ €}{3.000\ \text{Stück}} = 80,00\ €/\text{Stück}$$

Dies ist nur möglich bei so genannten „Einproduktbetrieben", die es im Bauwesen nicht gibt. In Sonderfällen, wie z. B. bei der Herstellung von Mischgut, lässt sich eine Sonderform der Divisionskalkulation, die so genannte „Äquivalenzziffernkalkulation", auch für Bauleistungen anwenden. Hierbei wird eine bestimmte Eigenschaft eines Produktes, wie z. B. die Länge der Mischzeit oder die Stoffkosten als Vergleichsmaßstab gewählt. Setzt man diese Eigenschaft für ein bestimmtes Produkt gleich „1", so kann man für ähnliche Produkte Äquivalenzziffern bilden. Die Summe der gewichteten Eigenschaften ergibt die Äquivalenzmenge. Die Kosten werden dann durch die Äquivalenzmenge geteilt und man erhält so die Kosten einer Äquivalenzeinheit. Die Stückkosten eines Produktes errechnen sich dann aus dem Produkt der Äquivalenzziffer und der Kosten je Äquivalenzeinheit.

**Beispiel:**
Ermittlung der Mischkosten einer stationären Schwarzmischgut-Anlage unter Berücksichtigung der verschiedenen Mischgutarten.

| Mischgutart und Leistung [t/h] | Mischzeit [min/t] | Menge [t] | Äquivalenzziffer | Äquivalenzmenge [t] | Stückkosten [€/t] |
|---|---|---|---|---|---|
| | a | b | c = a : 0,4 | d = c × b | e = c × 6,24 |
| Bit.-Tragschicht (150 t/h) | 0,4 | 65.000 | 1,000 | 65.000 | 6,24 |
| Asphaltbinder (125 t/h) | 0,48 | 17.000 | 1,200 | 20.400 | 7,49 |
| Asphaltbeton (90 t/h) | 0,67 | 10.000 | 1,675 | 16.750 | 10,45 |
| Sonderbeläge (60 t/h) | 1,00 | 4.000 | 2,500 | 10.000 | 15,60 |
| | | 96.000 | | 112.150 | |

Da die Mischkosten von der Mischzeit abhängen, wird diese als Grundlage für die Bildung der Äquivalenzziffern benutzt. Die Mischgutart „Bit.-Tragschicht" hat den größten Produktionsanteil und wird deshalb als Bezugsgröße (mit der Äquivalenzziffer 1,000) gewählt.

Die Äquivalenzkosten ergeben sich zu:

$$\frac{\text{Kosten der Mischanlage/Jahr}}{\text{Äquivalenzmenge}} = \frac{700.000\ \text{€}}{112.150\ \text{t}} = 6{,}24\ \text{t}$$

# 3.2 Umlagekalkulation

Werden heterogene Produkte mit stark unterschiedlichen Fertigungsgängen gefertigt, so sind die einfachen Verfahren der Divisionskalkulation und der Äquivalenzziffernkalkulation für eine verursachungsgerechte Berechnung der Kosten nicht mehr anwendbar.

Bei der Umlagekalkulation werden die Gesamtkosten in Einzel- und Gemeinkosten unterteilt. Die Einzelkosten werden dem zu kalkulierenden Produkt direkt zugeordnet. Die Gemeinkosten werden den einzelnen Produkten über einen Umlagesatz zugerechnet.

Bei der Kalkulation von Bauleistungen auf der Grundlage eines Leistungsverzeichnisses mit Positionen werden die Einzelkosten der Teilleistungen den Positionen direkt zugeordnet. Die Gemeinkosten der Baustelle, Allgemeine Geschäftskosten, Wagnis und Gewinn werden mit Hilfe eines Umlagesatzes (in %) den Positionen zugeschlagen. Aus der Summe der Einzelkosten der Teilleistungen und der umgelegten Gemeinkosten errechnet sich der kalkulierte Einheitspreis einer Position.

Das von Opitz für die Belange der Bauwirtschaft systematisierte Verfahren der Umlagekalkulation wird nach der Berechnung der Umlagen unterschieden in:

– Kalkulation über die Angebotssumme,
– Kalkulation mit vorberechneten Umlagen.

**Kalkulation über die Angebotssumme**

Innerhalb der Umlagekalkulation stellt die Kalkulation über die Angebotssumme das Regelverfahren dar. Bei diesem Verfahren werden zunächst die Einzelkosten der Teilleistungen ermittelt. Die Beträge für:

– Gemeinkosten der Baustelle,
– Allgemeine Geschäftskosten,
– Wagnis und Gewinn

werden zusammengefasst und nach Ermittlung der Angebotssumme in Form eines Umlagesatzes auf die Einzelkosten der Teilleistungen verteilt. Die Gemeinkosten der Baustelle, Allgemeine Geschäftskosten, Wagnis und Gewinn werden für jedes Bauvorhaben von neuem berechnet (Durchführung s. Abschnitt B).

**Kalkulation mit vorberechneten Umlagen**

Bei der Kalkulation mit vorberechneten Umlagen (in der KLR-Bau als vorbestimmte Zuschläge bezeichnet) werden die sich aus dem gesamten Unternehmen oder aus einem ähnlichen Bauvorhaben ergebenden Umlagen auf das zur Kalkulation anstehende Angebot übertragen. Hierbei wird vorausgesetzt, dass sich die Kosten in ihrem Verhältnis zueinander überhaupt nicht oder nur unwesentlich ändern. Es wird somit auf eine genaue Berechnung der Gemeinkosten verzichtet. Die Kalkulation über die Angebotssumme ermöglicht eine genaue, die Kalkulation mit vorberechneten Umlagen nur eine angenäherte Kostenermittlung; sie stellt oft die Ursache für erhebliche Kalkulationsfehler dar.

## 3.3 Verrechnungssatzkalkulation

In der Verrechnungssatzkalkulation werden die für alle Baustellen im Durchschnitt gültigen Kosten für die Einsatzzeit von Maschinen und Geräten berechnet. Die Berechnungen bilden die Grundlage für weitergehende Überlegungen bei der Kalkulation von Bauleistungen einer bestimmten Baustelle. Hier fließen dann weitere, für die zu kalkulierende Baustelle spezifische Faktoren ein, wie z. B. Zahl der Einsätze, erzielbare Leistung usw.

Die Verrechnungssatzkalkulation bildet auch die Grundlage für die Belastung der Baustellen mit den Kosten der tatsächlich in Anspruch genommenen Maschinen und Geräte in der Baubetriebsrechnung.

Tabelle 4: Beispiel für eine Verrechnungssatzkalkulation

| |
|---|
| **AVR für Hydraulikbagger mit Raupenfahrwerk, Kaufdatum 01.2014** |
| BGL Nr. D.1.00.0160 |
| Abschreibung + Verzinsung |
| $1,242^1$ x 5.150,00 €/Mon = 6.396,30 €/Mon |
| Reparatur *(50 % des BGL-Satzes)* |
| 0,5 x $1,242^1$ x 3.680 €/Mon =  2.285,28 €/Mon |
| Summe    8.681,58 €/Mon |
| $^1$Erzeugerpreisindex von 01.2014. Es wird mit einer durchschnittlichen Geräte-Einsatzzeit von 150 Eh/Mon gerechnet. |
| A+V+R pro Stunde: |
| 8.681,58 €/Mon 150 Eh/Mon =   57,88 €/Eh |
| **Kosten für Betriebsstoffe:** |
| 0,15 €/KW x Eh x 160 KW x 1,30 €/l x $1,10^2$ =   34,32 €/Eh |
| $^2$ 10 % Zuschlag für Schmierstoffe |
| **Lohnkosten Maschinist:** |
| GTL LG 4 *(Stand 01.06.2014)*    18,17 €/h |
| + Sozialkosten 79,04 %    14,36 €/h |
| + Lohnnebenkosten    2,47 €/h |
| Summe    35,00 €/h |
| **Wartung und Pflege:** |
| 10 % Zuschlag auf Lohnkosten |
| 0,1 x 34,53 €/h =    3,50 €/h |
| **Verrechnungssatz im Unternehmen** |
| AVR    57,88 €/h |
| + Betriebsstoffe    34,32 €/h |
| + Lohnkosten    35,00 €/h |
| + Wartung und Pflege    3,50 €/h |
| Summe    130,70€/h |
| Dieser Verrechnungssatz kann für die Kalkulation oder das Controlling auf verschiedene Leistungswerte bezogen werden. Nicht beachtet wurden hier verschiedene Verbrauchswerte sowie der An-/Abtransport. |
| Aushub Rohrleitung im innerstädtischen Bereich: 30 m³/h |
| 130,70 €/h/30 m³/h =   **4,36 €/m³** |
| Aushub Fundament:    85 m³/h |
| 130,70 €/h/85 m³/h =   **1,54 €/m³** |

# 4 Aufbau der Kalkulation

## 4.1 Allgemeines

Die Kalkulation ist so zu gliedern, dass sich eine klare Abgrenzung der Einzel- und Gemeinkosten ergibt. Die Gliederung entspricht gleichzeitig dem Ablauf der einzelnen Phasen der Kalkulation und bildet somit auch eine Arbeitsanleitung für die Kostenermittlung von Bauleistungen.

| | |
|---|---|
| | 1 Einzelkosten der Teilleistungen |
| + | 2 Gemeinkosten der Baustelle |
| = | **Herstellkosten** |
| + | 3 Allgemeine Geschäftskosten |
| = | **Selbstkosten** |
| + | 4 Wagnis und Gewinn |
| = | **Angebotssumme ohne Mehrwertsteuer** |
| + | 5 Mehrwertsteuer |
| = | **Angebotssumme mit Mehrwertsteuer** |

Abbildung 11: Gliederung der Kalkulation

In den Einzel- und Gemeinkosten werden auch kalkulierbare Wagnisse erfasst, die mit der Bauausführung verbunden sind, so dass die Selbstkosten bereits Wagnisse enthalten. Der zu den Selbstkosten hinzugefügte Zuschlag für Wagnis und Gewinn deckt im Wagnisanteil das nicht kalkulierbare Unternehmenswagnis ab; der Gewinnanteil stellt den Anreiz und die Belohnung für das unternehmerische Tätigwerden dar. Bei der Kalkulation werden sämtliche Preise ohne Mehrwertsteuer eingesetzt. Die Mehrwertsteuer wird am Schluss als Gesamtbetrag hinzugefügt.

## 4.2 Kostenartengliederung

### 4.2.1 Allgemeines

Bei der Untergliederung der Kosten nach Kostenarten sind folgende Kriterien zu berücksichtigen:

- Kostenarten, die bei der Umlage unterschiedlich beaufschlagt werden sollen, müssen getrennt ausgewiesen werden;
- Kostenarten, die Gegenstand eines Vergleichs zwischen Soll- und Ist-Kosten sind, müssen (spätestens bei der Arbeitskalkulation) getrennt ausgewiesen werden;
- Kostenarten, die vor der Abgabe des Angebots einer Überprüfung auf ihren Anteil an den Gesamtkosten unterzogen werden, müssen gesondert erkennbar sein.

Unter Berücksichtigung dieser Kriterien haben sich folgende Kostenartengliederungen in der Praxis als vorteilhaft herausgestellt. Dabei gilt die Gliederung in zwei, drei und vier Kostenarten für sämtliche Arten von Bauarbeiten. Bei der Verwendung von fünf und sechs Kostenarten sind die Besonderheiten der jeweiligen Bausparte zu beachten. Die Abschnitte A 4.2.5 und A 4.2.6 gelten für Beton- und Mauerarbeiten, der Abschnitt A 4.2.9 für Erd- und Straßenbauarbeiten.

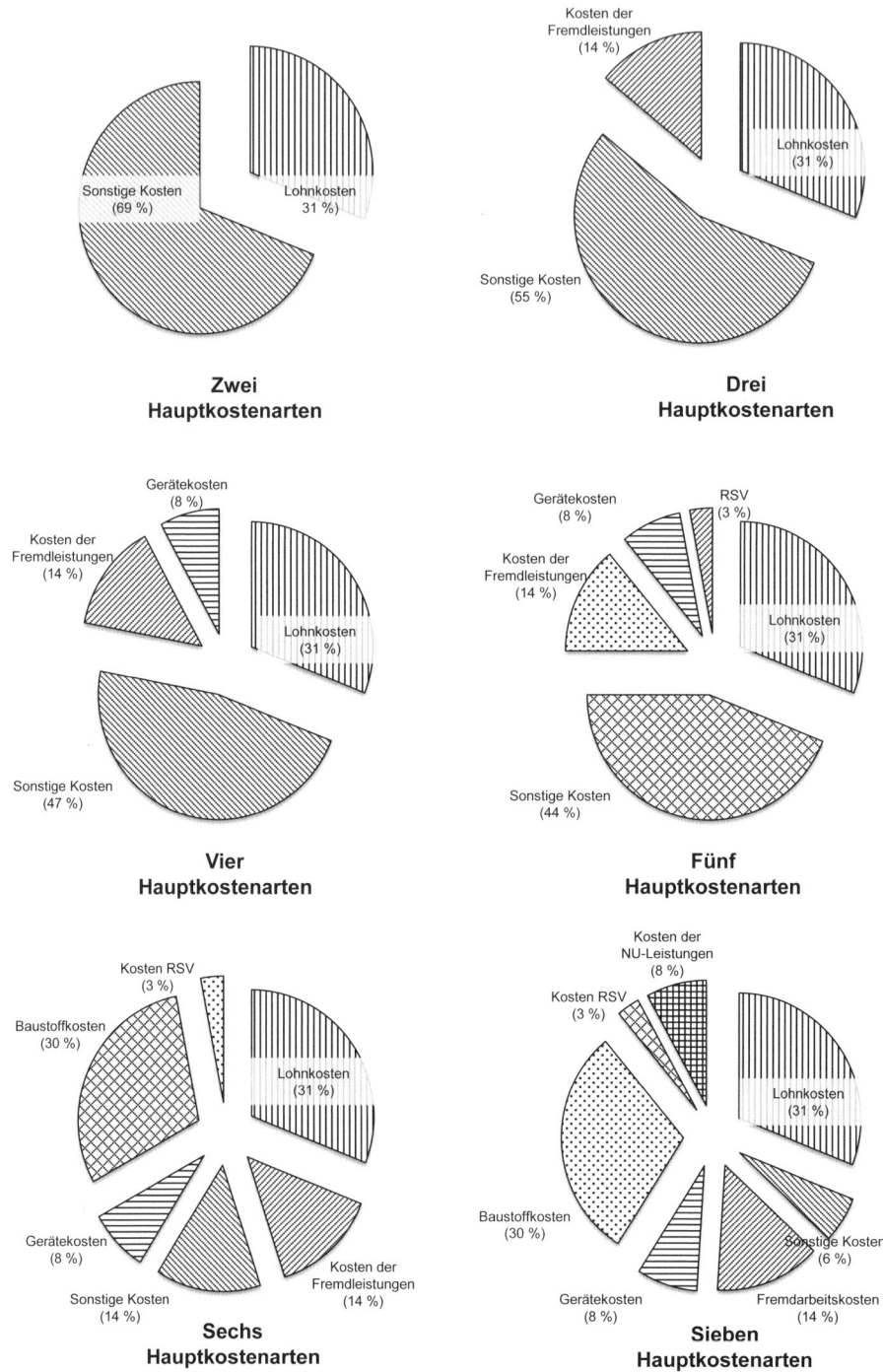

Abbildung 12: Mögliche Kostenartengliederung (prozentuale Verteilung Stützwandbeispiel)

## 4.2.2 Zwei Kostenarten

Eine Aufteilung nach zwei Kostenarten

– Lohnkosten und
– Sonstige Kosten (Soko)

stellt die unterste Stufe einer Kostenartengliederung dar. Unter den Sonstigen Kosten werden alle Kosten außer den Lohnkosten zusammengefasst, also auch Gerätekosten, Kosten der Rüst-, Schal- und Verbaumaterialien und Kosten der Fremdleistungen. Als „Fremdleistungen" bezeichnet man alle Leistungen, die zwar Bestandteil des Bauauftrages sind, jedoch zur Ausführung fremden Unternehmen übergeben werden, wie z. B. Erdarbeiten, Bewehrungsarbeiten oder Ausbauarbeiten bei schlüsselfertigen Bauaufträgen.

## 4.2.3 Drei Kostenarten

Bei der Aufgliederung in drei Kostenarten werden die Kosten der Fremdleistungen aus den Sonstigen Kosten herausgenommen. Damit ergibt sich eine Trennung in

– Lohnkosten,
– Sonstige Kosten,
– Kosten der Fremdleistungen,

wobei die Gerätekosten und die Kosten der Rüst-, Schal- und Verbaustoffe in den Sonstigen Kosten enthalten bleiben.

## 4.2.4 Vier Kostenarten

Da die Gerätekosten bei vielen Bauaufträgen, insbesondere des Tief-, Erd- und Straßendeckenbaus, infolge der Industrialisierung der Bauausführung einen relativ hohen Anteil an den Gesamtkosten haben, werden sie oft aus den Sonstigen Kosten herausgenommen und als vierte Kostenart getrennt ausgewiesen. Damit ergibt sich eine Unterscheidung in

– Lohnkosten,
– Sonstige Kosten,
– Gerätekosten,
– Kosten der Fremdleistungen,

wobei die Sonstigen Kosten jetzt nur noch die Kosten für Bau-, Rüst-, Schal- und Verbaustoffe umfassen. Bei den meisten Hochbauarbeiten werden die Gerätekosten jedoch in den Gemeinkosten der Baustelle erfasst (z. B. der Turmdrehkran) und, sofern vorhanden, in der oder den Positionen der Baustelleneinrichtung.

## 4.2.5 Fünf Kostenarten

Da die Rüst-, Schal- und Verbaustoffe (RSV) heute nicht mehr billige Verbrauchsstoffe sind, wie z. B. Schalbretter und Kanthölzer, sondern langlebige Baugeräte, die den Baustellen mit Mietsätzen für Abschreibung, Verzinsung und Reparatur in Rechnung gestellt werden, wird oft eine Kontrolle dieser Kosten verlangt, so dass die RSV getrennt ausgewiesen werden müssen. Dann ergeben sich folgende fünf Kostenarten:

– Lohnkosten,
– Sonstige Kosten,
– Gerätekosten,
– Rüst-, Schal- und Verbaustoffkosten,
– Kosten der Fremdleistungen.

## 4.2.6 Sechs Kostenarten

Häufig werden Baustoffkosten ebenfalls als Kostenart ausgewiesen. Allein die Betonstoffkosten betragen bei den Rohbauarbeiten ca. 15 % der Angebotssumme. Dann ergeben sich folgende sechs Kostenarten:

- – Lohnkosten,
- – Sonstige Kosten,
- – Baustoffkosten
- – Gerätekosten,
- – Rüst-, Schal- und Verbaustoffkosten,
- – Kosten der Fremdleistungen.

## 4.2.7 Mehr als sechs Kostenarten

Fremdleistungen sind zu unterscheiden nach

- – nicht in sich abgeschlossene Leistungen und
- – in sich abgeschlossene Leistungen.

Abgeschlossene Leistungen können direkt in die Abrechnung übernommen werden und sind hinsichtlich der Gewährleistung abgrenzbar. Zu den nicht in sich abgeschlossenen Leistungen, oft auch als „Fremdarbeit" oder fremde Bauhilfsleistung bezeichnet, gehören z. B. Bewehrungsarbeiten, Montagearbeiten bei Fertigteilen, Herstellung von Schalungen und Rüstungen. In sich abgeschlossene Leistungen, auch „Nachunternehmerleistung" genannt, sind z. B. Isolier-, Erdund Ausbauarbeiten. Mit dieser Trennung werden bei Beton- und Mauerarbeiten die Kostenarten gegliedert in:

- – Lohnkosten,
- – Sonstige Kosten,
- – Baustoffkosten,
- – Kosten der Rüst-, Schal- und Verbaustoffe,
- – Gerätekosten,
- – Fremdarbeitskosten und
- – Kosten der Nachunternehmerleistungen.

Soll eine noch weitere Aufgliederung der Kostenarten vorgenommen werden, so können z. B. Fremdtransporte oder Mieten für Fremdgeräte getrennt ausgewiesen werden. Es ist nicht möglich, die Gliederung der Kostenarten allgemein verbindlich festzulegen, da die einzelnen Unternehmen naturgemäß sehr unterschiedliche Ziele bei der Kostenartengliederung verfolgen.

## 4.2.8 Kostenart „Arbeitskosten"

Bei einigen Unternehmen wird zwar zur Ermittlung der Kosten eine breit aufgefächerte Kostenartengliederung verwendet, bei der Gemeinkostenverteilung werden jedoch einige Kostenarten wieder zusammengefasst und erhalten eine einheitliche Umlage. So ist z. B. eine Zusammenfassung von

- – Lohnkosten,
- – Rüst-, Schal- und Verbaustoffkosten oder Betriebsstoffkosten,
- – Gerätekosten,
- – Fremdarbeitskosten

zu so genannten „Arbeitskosten" mit einheitlichem Umlagesatz bei der Gemeinkostenverteilung gebräuchlich.

## 4.2.9 Kostenartengliederung für den Erd- und Straßenbau

Beim Bau von Straßendecken werden kombinierte Maschinen-Arbeiter-Gruppen eingesetzt, die als eine Einheit zu betrachten sind. Die wichtigsten Kostenarten sind hier:

- Lohnkosten,
- Baustoffkosten,
- Abschreibung, Verzinsung und Reparatur der Geräte,
- Betriebs- und Schmierstoffe,
- Fremdleistungen.

Diese Kosten werden je Stunde oder je Schicht ermittelt und auf die betreffende Einbauleistung bezogen. Weitergehend kann z. B. unterteilt werden in:

- Lohnkosten,
- Kolonnenstunden,
- Bedienungsstunden für Geräte,
- Miete für eigene Geräte,
- Betriebsstoffkosten der Geräte,
- Miete für fremde Geräte,
- Baustoffe,
- Transporte,
- Fremdleistungen.

Werden Geräte mit Bedienung gemietet, so ist der gesamte Verrechnungssatz bei den Fremdgerätemieten aufzuführen. Eine so weitgehende Untergliederung der Kostenarten ermöglicht einen detaillierten Soll-Ist-Vergleich und erleichtert die Kalkulation bei unterschiedlich gestalteten Leistungsverzeichnissen.

## 4.2.10 Kostenartengliederung nach KLR-Bau

Diese Kostenartengliederung unterscheidet sich nur geringfügig von der Gliederung unter Punkt 4.2.6, indem hier die Kosten der Hilfsstoffe und die Betriebsstoffkosten den Kosten der Rüst-, Schal- und Verbaustoffe zugeordnet werden:[1]

- Lohn- und Gehaltskosten für Arbeiter und Poliere (AP),
- Kosten der Baustoffe und Fertigungsstoffe,
- Kosten der Rüst-, Schal- und Verbaustoffe einschl. der Hilfsstoffe,
- Kosten der Geräte und der Betriebsstoffe,
- Kosten der Geschäfts-, Betriebs- und Baustellenausstattung,
- Allgemeine Kosten,
- Fremdarbeitskosten,
- Kosten der Nachunternehmerleistungen.

---

[1] KLR-Bau (2001), S. 32

## 4.2.11 Einfluss der Leistungsverzeichnisse auf die Kostenartengliederung

Obwohl Bemühungen unternommen werden, die Ausschreibungen zu vereinheitlichen – z. B. mit dem „Standardleistungskatalog für den Straßen-und Brückenbau" (STLK) –, unterscheiden sich die Leistungsverzeichnisse oft in folgenden Punkten:

| | |
|---|---|
| – Lohnnebenkosten | sind teilweise getrennt auszuweisen; |
| – Stoffkosten | sind teilweise in der zugehörigen Leistung, teilweise in besonderen Teilleistungen als reine Lieferung ausgeschrieben. Manchmal werden wesentliche Stoffe vom Auftraggeber geliefert. |
| – Gerätekosten | sind teilweise zu trennen in Kosten für das Einrichten und Räumen der Baustelle, die über gesonderte Positionen vergütet werden, und in die Vorhalte- und Betriebsstoffkosten der Geräte, die in die Einheitspreise der zugehörigen Teilleistungen einzurechnen sind. |
| | Manchmal sind die Kosten für Vorhalten und Betrieb der Geräte auch in einer gesonderten Position ausgeschrieben. In beiden Fällen ist es von Vorteil, wenn Abschreibung, Verzinsung und Reparatur der Geräte als besondere Kostenart getrennt von den Betriebsstoffkosten und den Lohnkosten des Geräteführers und der Beihilfe aufgeführt werden. |
| – Baustelleneinrichtung | Die Kosten der Baustelleneinrichtung sind in einer ausgeschriebenen Position zu kalkulieren oder in den Gemeinkosten der Baustelle zu berücksichtigen, da sie eine Nebenleistung sind (s. Abschnitt B 6). |

## 4.2.12 Kostenartengliederung im Schlüsselfertigbau

Der Schlüsselfertigbau unterscheidet sich in der Kostenartengliederung nicht von den vorstehend aufgeführten Kostenarten. Jedoch gewinnt die Kostenart „Nachunternehmerleistung" eine überragende Bedeutung gegenüber der Eigenleistung, so dass die Nachunternehmerleistungen nach Leistungsbereichen untergliedert werden, soweit diese einheitlich an Nachunternehmer vergeben werden, z. B. die Leistungsbereiche der Gebäudetechnik:

- Aufzugsanlagen,
- Nieder- und Mittelspannungsanlagen,
- Blitzschutzanlagen,
- Heizungs- und zentrale Warmwassererwärmungsanlagen,
- Gebäudeautomation,
- Raumlufttechnische Anlagen.

# 4.3 Kalkulationsgliederung

Bei der Verwendung einer Kostenartengliederung mit den vier Kostenarten

- Lohnkosten,
- Sonstige Kosten,
- Gerätekosten,
- Kosten der Fremdleistungen

wird die Kalkulation wie folgt gegliedert:

| | | |
|---|---|---|
| **1** | **Einzelkosten der Teilleistungen** | |
| 1.1 | Lohnkosten | |
| 1.2 | Sonstige Kosten (Soko) | |
| 1.3 | Gerätekosten | |
| 1.4 | Kosten der Fremdleistungen | |
| **+ 2** | **Gemeinkosten der Baustelle** | |
| 2.1 | Zeitunabhängige Kosten | |
| 2.2 | Zeitabhängige Kosten | |
| = | **Herstellkosten** | |
| + 3 | Allgemeine Geschäftskosten | |
| = | **Selbstkosten** | |
| + 4 | Wagnis und Gewinn | |
| = | **Angebotssumme ohne Mehrwertsteuer** | |
| + 5 | Mehrwertsteuer | |
| = | **Angebotssumme mit Mehrwertsteuer** | |

Abbildung 13: Vereinfachte Gliederung der Kalkulation

Im Schlüsselfertigbau sieht die vereinfachte Gliederung der Kalkulation wie folgt aus:

| |
|---|
| 1 Eigenleistung<br>  1.1 Einzelkosten<br>  1.2 Gemeinkosten der Eigenleistung<br><br>2 Fremdleistung<br>  untergliedert nach Leistungsbereichen<br><br>3 Übergeordnete Gemeinkosten der Baustelle<br><br>4 Kosten der Planung<br><br>5 Kosten der Gewährleistung und Mängelbeseitigung<br><br>6 Allgemeine Geschäftskosten<br><br>7 Wagnis und Gewinn |
|   Angebotssumme (o. MwSt.) |

Abbildung 14: Vereinfachte Gliederung der Kalkulation im Schlüsselfertigbau

Die Eigenleistung bezieht sich auf den Rohbau; wird dieser weitervergeben, so entfällt die Eigenleistung vollständig. Wenn der Nachunternehmer des Rohbaus nur Arbeitskräfte zur Verfügung stellt, umfasst die Eigenleistung noch die Kostenarten

- Baustoffe,
- Gerätekosten,
- Gerüst- und Schalmaterial.

# Abschnitt B: Durchführung der Kalkulation

# 5 Einzelkosten

## 5.1 Lohnkosten

Die Lohnkosten umfassen sämtliche Kosten, die sich aus der Beschäftigung von gewerblichen Arbeitnehmern bei der Erstellung der Bauleistungen ergeben. Sie beinhalten somit nicht nur die tariflichen Löhne, sondern auch Zulagen, Zuschläge, Sozialkosten, Lohnnebenkosten sowie sonstige Zuwendungen, wie z. B. die Vermögensbildung. Maßgebend ist also, ob diese Kosten auf Grund von Gesetzen, Verträgen oder Vereinbarungen entstehen. Gewinnbeteiligungen gehören nicht dazu, da diese nur dann gezahlt werden, wenn ein Gewinn erwirtschaftet worden ist.

Die Lohnkosten werden in der Kalkulation in Form des Mittellohns erfasst. Hierunter ist das arithmetische Mittel sämtlicher auf der Baustelle oder Teilen einer Baustelle entstehenden Lohnkosten je Arbeitsstunde zu verstehen. Liegen auf den Baustellen eines Unternehmens gleichartige Verhältnisse vor, so kann der gleiche Mittellohn für das gesamte Unternehmen oder nur für einzelne Ausführungsbereiche (z. B. Hochbau, Straßenbau, Erdbau, Kanalisationsarbeiten, Spezialtiefbau) angewendet werden.

### 5.1.1 Mittellohn

Die Mittellohnberechnung ist auf den in der Baubetriebsrechnung ermittelten Lohnkosten aufzubauen, wobei die sich aus neu vereinbarten Lohn-Tarifverträgen und aus der Wirtschaftslage ergebenden Änderungen zu berücksichtigen sind. Bei der Berechnung des Mittellohns ergeben sich Mittellöhne verschiedener Höhe, die von den unterschiedlichen Lohnzusatzkosten abhängen.

Die Lohnzusatzkosten umfassen

- – Sozialkosten und die
- – Lohnnebenkosten.

Sozialkosten und Lohnnebenkosten sind stets Bestandteil der Lohnkosten. Die sonstigen Kosten werden meist in den Gemeinkosten der Baustelle erfasst. Seltener werden sie dem Mittellohn hinzugefügt. Die unterschiedlichen Bestandteile der Lohnzusatzkosten werden beim Mittellohn durch unterschiedliche Kennungen definiert.

### 5.1.2 Arbeiterlöhne

Sie umfassen die tariflichen Löhne der gewerblichen Arbeitnehmer sowie alle Zulagen und Zuschläge für

- – längere Zugehörigkeit zum Betrieb (Stammarbeiterzulage),
- – besondere Leistungen (Leistungszulage),
- – Überstunden, Nacht-, Sonntags- und Feiertagsarbeit,
- – übertarifliche Bezahlung,
- – Vermögensbildung (Arbeitgeberanteil),
- – Arbeitserschwernisse.

Beziehen sich die Zulagen für Arbeitserschwernisse nur auf wenige Teilleistungen, so können die Erschwerniszulagen auch direkt bei den einzelnen Positionen durch eine entsprechende Erhöhung des Mittellohns erfasst werden.

Der Mittellohn für die gewerblichen Arbeitnehmer wird bezeichnet als

$$\boxed{\text{Mittellohn A}}$$

Die tarifvertraglichen Grundlagen sind in den Anlagen „Tarifverträge" und „Sozialkosten" zusammengestellt.

## 5.1.3 Sozialkosten (Lohnzusatzkosten)

Hierunter sind sämtliche Sozialkosten zusammengefasst, die sich auf Grund von Gesetzen, Tarifverträgen, Betriebs- und Einzelvereinbarungen ergeben. Teilweise werden diese Sozialkosten auch als Lohnzusatzkosten oder Personalzusatzkosten bezeichnet. Zu den Sozialkosten gehören:

Sozialkosten auf Grund gesetzlicher Vorschriften:

- Bezahlung von Feiertagen,
- Arbeitgeberanteile zur Arbeiterrenten-, Kranken-, Arbeitslosen- und Unfallversicherung,
- Schwerbehindertenausgleichsabgabe,
- Lohnfortzahlung im Krankheitsfall,
- Arbeitsschutz, Arbeitssicherheit, Arbeitsmedizinischer Dienst.

Sozialkosten auf Grund tariflicher Vereinbarungen:

- Bezahlung von Ausfalltagen,
- Beiträge für die Sozialkassen des Baugewerbes (Lohnausgleichs- und Urlaubskasse, Zusatzversorgungskasse).

Sozialkosten auf Grund freiwilliger Verpflichtungen, wie z. B.

- Beihilfen im Krankheits- oder Todesfall,
- Jubiläumsgeschenke,
- besondere Aufwendungen für Betriebsfeste,
- zusätzliche Altersversorgung.

Die Höhe der gesetzlichen und tariflichen Sozialkosten ist von der Gesetzgebung und der Gestaltung der Tarifverträge abhängig. Die Sozialkosten hatten eine stark steigende Tendenz und trugen in erheblichem Maße zur Steigerung der Lohnkosten bei. Die Sozialkosten sind weitaus stärker als die Lohnkosten gestiegen. Ihr Anteil an den Personalkosten hat sich in den letzten 25 Jahren mehr als verdreifacht. In den letzten Jahren sind die Sozialkosten moderat gestiegen.

Die Grundlagen zur Ermittlung der Sozialkosten sind in der Anlage zusammengestellt. Das dort enthaltene Berechnungsbeispiel weist einen Zuschlagssatz für die Sozialkosten von ca. 79,04 % auf die produktiven Löhne aus (Stand 01.04.2014).

Durch die Einrechnung der Sozialkosten in den Mittellohn A ergibt sich der

$$\boxed{\text{Mittellohn AS}}$$

## 5.1.4 Lohnnebenkosten

Die Lohnnebenkosten entstehen hauptsächlich für solche Arbeitnehmer, die auf eine Arbeitsstelle außerhalb des Betriebs entsandt werden. Die Lohnnebenkosten umfassen:

- Auslösung,
- Reisegeld- und Reisezeitvergütung,
- Kosten für Wochenend-Heimfahrten,
- Fahrtkostenabgeltung,
- Verpflegungszuschuss,
- Kosten des Wohnlagers (sofern nicht in den Kosten für die Baustelleneinrichtung erfasst).

Die für die Lohnnebenkosten geltenden Tarifvereinbarungen, die einer laufenden Anpassung an die Lohnentwicklung unterliegen, sind in der Anlage zusammengestellt.

Durch die Einbeziehung der Lohnnebenkosten in den Mittellohn AS ergibt sich der

$$\boxed{\text{Mittellohn ASL}}$$

Je nach Lage der Baustelle können die Lohnnebenkosten sehr unterschiedlich sein, so dass der Mittellohn ASL im gleichen Unternehmen sehr stark variieren kann.

## 5.1.5 Mittellohn unter Einschluss der Aufsichtsgehälter

Werden die Gehälter des aufsichtführenden Personals, wie z. B. der Poliere, in den Mittellohn einbezogen, so ergeben sich folgende Arten des Mittellohns:

| | | | |
|---|---|---|---|
| Mittellohn A | | Anteil | = Mittellohn AP |
| Mittellohn AS | + | des | = Mittellohn APS |
| Mittellohn ASL | | Poliers | = Mittellohn APSL |

Wird das aufsichtführende Personal nicht im Mittellohn erfasst, so sind die Kosten hierfür in den Gemeinkosten der Baustelle zu kalkulieren.

Beim Mittellohn AP ist zu beachten, dass er sich während der Bauausführung meist in sehr viel stärkerem Maße ändert als der Mittellohn A. Dies ist durch die wechselnde Anzahl der auf eine Aufsichtsperson entfallenden Arbeitskräfte bedingt. Der Mittellohn mit anteiligen Aufsichtsgehältern ist oft am Anfang und Ende der Bauarbeiten höher als während der Hauptphase der Ausführung, da die Anzahl der von einem Polier beaufsichtigten Arbeiter einer Arbeitsgruppe (Kolonne) während dieser Zeiten kleiner ist als während der Hauptbauzeit (s. Abbildung 15).

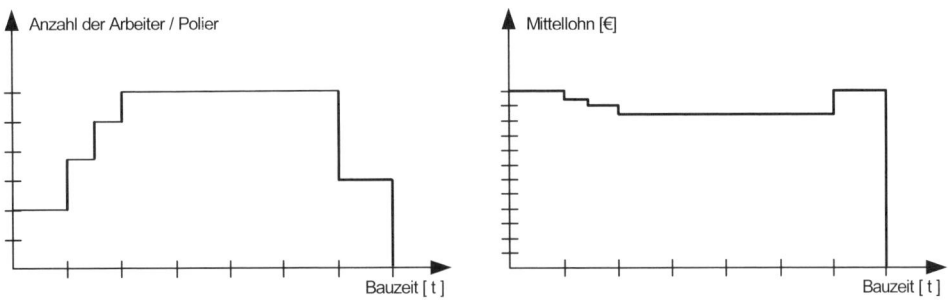

Abbildung 15: Änderungen des Mittellohns AP während der Bauzeit

Bei der Einbeziehung der Aufsichtsgehälter in den Mittellohn ist weiterhin zu beachten, dass der Polier meist mehr Arbeitsstunden leistet als der gewerbliche Arbeitnehmer und er auch in den Auslösungssätzen höher eingestuft ist. Da der Polier Gehalt bezieht, ist der Stundenlohn auf der Basis von 172,7 h/Monat (s. hierzu Anlage 1, S. 331) zu berechnen. Die Sozialkosten fallen bei Angestellten und gewerblichen Arbeitnehmern, mit Ausnahme der Beiträge zur Berufsgenossenschaft, fast in gleicher Höhe an, jedoch ist die Berechnungsweise unterschiedlich (s. Anlage 2). Beim Mittellohn der gewerblichen Arbeitnehmer werden nur die produktiven Arbeitsstunden berücksichtigt und die Bezahlung für Krankheits-, Urlaubs-, Ausfall- und Feiertage gesondert als Sozialkosten in Ansatz gebracht. Bei den Angestellten sind dagegen viele Bestandteile der Sozialkosten, wie z. B. bezahlte Krankheits-, Urlaubs-, Ausfall- und Feiertage, bereits im Gehalt enthalten.

## 5.1.6    Beispiele zur Mittellohnberechnung

Die verschiedenen Möglichkeiten zur Berechnung des Mittellohns sollen an den drei folgenden Beispielen gezeigt werden:

Beispiel 1:    Berechnung des Mittellohns A, AS und ASL.

Beispiel 2:    Berechnung des Stundensatzes eines Poliers (auf Basis des Arbeitszeitvolumens pro Kalendermonat) und des Mittellohns APSL.

Beispiel 3:    Berechnung des Stundensatzes eines Poliers (auf Basis seiner tatsächlichen Arbeitszeit) und des Mittellohns APSL.

**Beispielhafte Ermittlung der Lohnnebenkosten**

Für die Berechnung der Lohnnebenkosten werden die in der Anlage zusammengestellten tarifvertraglich vereinbarten Sätze verwendet.

Die beruflich bedingte Auswärtstätigkeit liegt vor, wenn der Arbeitnehmer vorübergehend außerhalb seiner Wohnung und nicht an einer seiner ersten Tätigkeitsstätte tätig wird. Die betriebliche Einrichtung gilt als erste Tätigkeitsstätte, wenn sie der Arbeitnehmer durchschnittlich an mindestens zwei Arbeitstagen je Arbeitswoche aufsucht (dies entspricht 92 Tagen im Kalenderjahr).

Verpflegungsmehraufwendungen dürfen nur mit festen Pauschalbeträgen angesetzt werden. Mit Wirkung zum 01.01.2014 wurde das Reisekostengesetz erheblich geändert. Bei doppelter Haushaltsführung können im Inland in den ersten drei Monaten 24,00 €/Tag abgerechnet werden. Ersetzt der Arbeitgeber mehr als die steuerlichen Pauschalen (bis zum maximal doppelten Betrag der Pauschale), darf er den Mehrbetrag mit 25 % pauschal versteuern.

Die Lohnnebenkosten werden zunächst als Gesamtbetrag/Arbeitstag errechnet und anschließend auf die Arbeitsstunden umgelegt.

Die Lohnnebenkosten streuen sehr stark, so dass im Sinne einer sachgerechten Kalkulation dringend eine baustellenabhängige Kalkulation der Lohnnebenkosten zu empfehlen ist. So erhöhen sich bei einer geänderten Zusammensetzung der Belegschaft (alle erhalten Auslösung (34,50 €/Kalendertag) anstatt Verpflegungszuschuss (4,09 €/je Arbeitstag)) die Lohnnebenkosten um 34,50 €/Kd x 7Kd/(5 Ad x 9 h/Ad) − 4,09 €/Ad/9 h/Ad = 5,37 €/h − 0,45 €/h = 4,91 €/h.

Für Beispiel 1 wird von folgender Verteilung ausgegangen:

45 % der Belegschaft erhalten Auslösung, 55 % der Belegschaft einen Verpflegungszuschuss. Hieraus ergeben sich näherungsweise folgende Lohnnebenkosten:

0,45 x 5,37 €/h + 0,55 x 0,45 €/h = 2,66 €/h.

**Beispiel 1:**

Berechnung des Mittellohns A, AS, ASL (Stand 01.06.2014).

| | Lohngruppe | GTL | | Basis: 01.06.2014 | Basis:[1] |
|---|---|---|---|---|---|
| 1 Werkpolier | 6 | 1 × 20,87 €/h | = | 20,87 €/h | |
| 2 Bauvorarbeiter | 5 | 2 × 19,07 €/h | = | 38,14 €/h | |
| 3 Spezialbaufacharbeiter | 4 | 3 × 18,17 €/h | = | 54,51 €/h | |
| 7 Baufacharbeiter | 3 | 7 × 16,64 €/h | = | 116,48 €/h | |
| 13 Arbeiter | | Summe = | | 230,00 €/h | |
| durchschnittlicher Tariflohn: | | $\dfrac{230,00\ €/h}{13\ \text{Arbeiter}}$ | = | 17,69 €/h | |
| Anteil aktuelle Lohnperiode: | 12/12 | | | | |
| Anteil folgende Lohnperiode: | 0/12 | | | | |
| Angenommene Erhöhung: | 0,0 % | 100,00 % 17,69 €/h | | 17,69 €/h | |
| + Zulagen: | | | | | |
| *angenommene Stammarbeiterzulage* | | | | | |
| *von 0,50 €/h für 8 Arbeiter* | | $\dfrac{0,5\ €/h \times 8}{13}$ | = | 0,31 €/h | |
| | | Summe = | | 18,00 €/h | |

+ Überstundenzuschlag *(nur auf Tariflohn)*

*bei einer wöchentlichen Arbeitszeit von 45 h und der tariflichen Arbeitszeit*
*Winterarbeitszeit (38 h/Wo.) und Sommerarbeitszeit (41 h/Wo.)*
*mit dem Überstundenzuschlag von 25 % zu bezahlen:*

$$\left(\frac{45-38}{45}\times 4 + \frac{45-41}{45}\times 8\right)\div 12\times 0,25\times 17,69\ €/h \quad = \quad 0,49\ €/h$$

+ Vermögensbildung *(für 100 % der Belegschaft)*

| | | | | | |
|---|---|---|---|---|---|
| | | 1,0 x 0,13 €/h | = | 0,13 €/h | |

| **Mittellohn A** | **18,62 €/h** |
|---|---|

+ Sozialkosten *(angenommener Wert: 79,04 %[2] )*
79,04 % von Mittellohn A: 0,7904 x 18,62 €/h = 14,72 €/h

| **Mittellohn AS** | **33,34 €/h** |
|---|---|

+ Lohnnebenkosten *(angenommener Satz)[3]*: = 2,66 €/h

| **Mittellohn ASL** | **36,00 €/h** |
|---|---|

Hinweis: Seit dieser Auflage wird der Überstundenzuschlag wie tariflich vereinbart nur noch auf den Tariflohn angesetzt.

---

[1] Raum für eigene Eintragungen.
[2] Berechnung der Sozialkosten siehe Anlage 2, S. 344.
[3] siehe Ermittlung der Lohnnebenkosten auf S. 54.

**Beispiel 2:**

Berechnung des Stundensatzes eines Poliers auf Basis des Arbeitszeitvolumens pro Kalendermonat und des Mittellohns APSL.

| | Basis 01.06.2014 | Basis:[1] |
|---|---|---|
| 1 Polier  Monatsgehalt[2]   4.170,00 €<br> Zulage[3] (10 %)   417,00 €<br>                 4.587,00 €<br><br>*bei tatsächlichen 206 AT*[4] *und 53 bezahlten arbeitsfreien AT*<br>ergibt sich folgende monatliche Stundenzahl:<br>$$\frac{(206 + 53)\ AT \times 8\ h/AT}{12\ Mon} = 172{,}7\ h/Mon \qquad =$$<br>*Alternativ kann dieser Wert aus der Aufstellung von*<br>*Anlage 1 Tabelle 34 entnommen werden.* | 26,56 €/h | |
| + Sozialkosten in Höhe von 69,47 %[5]<br>*Bei der Rechnung mit (206+53) AT sind die bezahlten arbeitsfreien*   =<br>*Tage noch nicht berücksichtigt und müssen daher im Sozialkostensatz*<br>*berücksichtigt werden.* | 18,45 €/h | |
| + Lohnnebenkosten<br>Auslösung (kalendertägl.):   30 d/Mon. × 34,50 €/d/172,7 h/Mon.   = | 5,99 €/h | |
| **Stundensatz Polier** | **51,00 €/h** | |
| Berechnung Mittellohn APSL:<br><br>Mittellohn ASL aus Beispiel 1 | 36,00 €/h | |
| + Der Stundensatz des Poliers wird auf die 13 Arbeiter verteilt.<br>*Der Polier führt nur Aufsicht.*                 51 €/h /13    = | 3,92 €/h | |
| **Mittellohn APSL** | **39,92 €/h** | |

---

[1]  Raum für eigene Eintragungen.

[2]  Gehalt lt. Tarifvertrag, Gehaltsgruppe A VII, gültig seit 01.06.2014.

[3]  Überstunden- und Leistungszulage.

[4]  siehe Anlage 2, S. 346.

[5]  siehe Anlage 2, S. 347.

**Beispiel 3:**

Berechnung des Stundensatzes eines Poliers auf Basis seiner tatsächlichen Arbeitszeit und des Mittellohns APSL.

| | Basis 01.06.2014 | Basis:[1] |
|---|---|---|
| 1 Polier   Monatsgehalt[2]   4.170,00 €<br>Zulage[3] (10 %)   417,00 €<br>4.587,00 €<br><br>*Bei 206 AT[4] tatsächliche Arbeitszeit ergibt sich*<br>*folgende monatliche Stundenzahl:*<br><br>$\dfrac{206 \text{ AT} \times 8 \text{ h/AT}}{12 \text{ Mon}} = 137,33 \text{ h/Mon}$   = | 33,40 €/h | |
| + Sozialkosten in Höhe von 36,56 %[5]   =<br>*Bei der Rechnung mit 206 AT sind die bezahlten arbeitsfreien Tage*<br>*bereits in diesem Wert enthalten und müssen daher nicht mehr*<br>*im Sozialkostensatz berücksichtigt werden* | 12,21 €/h | |
| + Lohnnebenkosten<br>Auslösung (kalendertägl.):   30 d/Mon × 34,50 €/d/172,7 h/Mon   = | 5,99 €/h | |
| **Stundensatz** | **51,60 €/h** | |
| Berechnung Mittellohn APSL:<br><br>Mittellohn ASL aus Beispiel 1 | 36,00 €/h | |
| + Der Stundensatz des Poliers wird auf die 13 Arbeiter verteilt.<br>*Der Polier führt nur Aufsicht.*   51,6 €/h /13   = | 3,97 €/h | |
| **Mittellohn APSL** | **39,97 €/h** | |

**Hinweis zu den Beispielen:**

Die angegebenen Sätze sind als Muster für die Berechnung von Mittellöhnen anzusehen. Bei Verwendung des vorstehend aufgeführten Schemas ist die Gültigkeit der eingesetzten Werte zu überprüfen.

Für die Kalkulation muss gegebenenfalls eine Annahme über die Lohnhöhe während der ausgeschriebenen Ausführungszeit getroffen werden.

---

[1]   Raum für eigene Eintragungen.

[2]   Gehalt lt. Tarifvertrag , Gehaltsgruppe A VII, gültig seit 01.06.2014.

[3]   Überstunden- und Leistungszulage.

[4]   siehe Anlage 2, S. 346.

[5]   siehe Anlage 2, S. 348.

# 5.2 Sonstige Kosten

Bei der vorgegebenen Kostenartengliederung mit vier Kostenarten setzen sich die Sonstigen Kosten vor allem aus folgenden Bestandteilen zusammen:

- Baustoffkosten,
- Kosten der Rüst-, Schal- und Verbaustoffe (RSV),
- Kosten des Mauerwerks,
- Betriebsstoffkosten.

## 5.2.1 Baustoffkosten

Als Baustoffe bezeichnet man diejenigen Stoffe, die Bestandteil des Bauwerks werden, wie z. B. Transportbeton, Betonstahl, Mauersteine, Profilstahl, Fertigteile. Soweit Baustoffe vor ihrem Einbau zunächst aufbereitet werden müssen, wie z. B. Beton oder Schwarzmischgut, sind die Kosten hierfür in einer gesonderten Berechnung vorweg zu ermitteln.

Die Baustoffkosten setzen sich aus folgenden Bestandteilen zusammen:

- Einkaufspreis nach Abzug aller Rabatte,
- Frachtkosten für die Anlieferung zur Baustelle,
- Baustoffverluste (z. B. Bruch, Verschnitt, Streuverluste).

Es ist darauf zu achten, ob die Baustoffe „frei Baustelle" geliefert werden – d. h. die Kosten für die Anlieferung sind bereits im Einkaufspreis enthalten – oder ob gesonderte Transportkosten zu berücksichtigen sind. Üblich ist die Lieferung frei Baustelle. Die Lohnkosten für das Abladen, Stapeln und Transportieren auf der Baustelle sind von der Baustelle zu tragen und müssen deshalb in die Aufwandswerte für die betroffenen Teilleistungen eingerechnet werden.

**Beispiel Baustoffkosten:**

Berechnungen der Baustoffkosten für 1 m³ Beton C 20/25 (verdichtet)

Sieblinie im Bereich A-B (DIN 1045)

Gewicht der Zuschlagstoffe 2,0 t/m³ verdichteter Beton

Tabelle 5: Berechnung der reinen Baustoffkosten für einen m³ Beton C20/25 (verdichtet)

| Baustoffe | Anteil je m³ verd. Beton | | Preis je Einh. | Preis/m³ verd. Beton |
|---|---|---|---|---|
| | [%] | [t/m³] | [€/t] | [€/m³] |
| Sand 0 – 2 mm | 20,0 | 0,40 | | |
| Kies 2 – 8 mm | 28,0 | 0,56 | | |
| Kies 8 – 16 mm | 23,0 | 0,46 | 2,00 | 9,50 | 19,00 |
| Kies 16 – 32 mm | 29,0 | 0,58 | | |
| CEMI 32,5 R | | 0,31 | 85,00 | 26,35 |
| Wasser | | 0,10 | 2,50 | 0,25 |
| Summe | | | | 45,60 |
| Verlust: ca. 1 % 0,01 x 45,60 | | | | 0,46 |
| Baustoffkosten für 1 m³ verdichteten Beton C 20/25 | | | | 46,06 |

## 5.2.2 Kosten der Rüst-, Schal- und Verbaustoffe (RSV)

Hierzu gehören Schalholz, Kant- und Rundholz sowie genormte Rüst-, Schal- und Verbauteile aus Stahl oder Holz. Die genormten RSV werden den Baustellen meist nach monatlichen Mietsätzen in Rechnung gestellt. Normale Schal- und Verbaustoffe, wie z. B. Bretter, Bohlen, Kant- und Rundhölzer, werden meist als Verbrauchsstoffe behandelt.

Zu den genormten Rüst- und Schalteilen gehören z. B. Schal- und Rüststützen, Schalungs- und Rüstträger, Rüsttürme, Großflächenschalungen, Rahmen- und Modulschalungen usw., zu den Verbaustoffen Spundbohlen, Kanaldielen, Stahlträger (z. B. für Berliner Verbau) und Kanalrüstungen.

In der Kalkulation wird oft kein Unterschied zwischen genormten Rüst-, Schal- und Verbauteilen oder Schalholz gemacht, sondern ein gemeinsamer Verrechnungssatz gebildet, der sich auf die Einheit der Teilleistung, wie z. B. €/m², bezieht. Es wird auch nicht zwischen neuem und gebrauchtem Material unterschieden. Für das Schalholz wird kein Restwert angesetzt. Eine Einzelermittlung der Kosten findet nur bei Sonderschalungen, Rüstungen oder Lehrgerüsten für große Ingenieurbauwerke und Hochbauten statt, wie z. B. Brücken, Schleusen oder Hochhäuser.

Außer der Ermittlung der Kosten für Rüst-, Schal- und Verbaustoffe mit monatlichen Mietsätzen besteht noch die Möglichkeit der Verrechnung über die Einsatzhäufigkeit. Hierbei wird der Baustelle der Anteil am Neuwert der Stoffe belastet, der der Anzahl der Einsätze, bezogen auf die insgesamt möglichen Einsätze, entspricht.

Für eine ordnungsgemäße Kalkulation ist es von großer Bedeutung, entsprechende Überlegungen zur Einsatzhäufigkeit von Schalelementen, Fläche des vorzuhaltenden Schalsatzes und zur voraussichtlichen Vorhaltezeit auf der Baustelle anzustellen. Um die Zusammenhänge erkennbar zu machen, empfiehlt es sich, die Schalungskosten entsprechend der unten abgebildeten Übersicht aufzugliedern.

Abbildung 16:  Abhängigkeit der Schalungskosten

Bei Betonwänden mit Fenster- und Türöffnungen oder Decken mit Aussparungen ist Folgendes zu beachten. Bei der Abrechnung der Schalung werden entsprechend VOB/C, Auflage 2012, DIN 18331 – Betonarbeiten –, Nr. 5.1.2.2 und 5.2.2, Flächen bis zu 2,5 m² Einzelgröße übermessen. Größere Flächen werden dagegen abgezogen. Zwischen abrechenbarer zu schalender Betonfläche und tatsächlich einzuschalenden Flächen können deswegen oftmals größere Unterschiede bestehen. Beispielsweise können viele größere Fensteröffnungen in Wänden die zu erstellende Schalfläche um 20–30 % gegenüber der abzurechnenden Fläche erhöhen, weil aus fertigungstechnischen Gründen die Fenster „überschalt" werden. Hierdurch muss wesentlich mehr Schalungsfläche je Fertigungsabschnitt vorgehalten werden, und der kalkulatorische Aufwandswert je m² ist um den nicht abrechenbaren Teil der Schalfläche zu erhöhen.

**Beispiel:**

Ermittlung des in die Kalkulation einzusetzenden Aufwandswerts für die Schalung von Außenwänden

| Aufwandswert je m² einzuschalende Fläche | 0,6 h/m² |
| --- | --- |
| ausgeschriebene und abrechenbare Wandschalung | 10.000 m² |
| Anteil der Öffnungen über 2,5 m² | ca. 2.500 m² |
| Auszuführende Schalungsfläche | 12.500 m² |
| Anteil der Öffnungsfläche $\frac{2.500\ m²}{12.500\ m²} =$ | 20 % |
| In die Kalkulation einzusetzender Aufwandswert: $\frac{0,6\ h/m² \times 12.500}{10.000} =$ | 0,75 h/m² |

**Beispiel: Überschlägige Kostenermittlung für eine Wandschalung**

Gegeben sind der Neupreis der Wandschalung zu 400 €/m² und die monatliche Miete (A + V + R) zu 5 %/Mon. Hieraus ergibt sich eine monatliche Miete von 20 €/(m² x Mon). Bei geplanten vier Einsätzen/Monat ergeben sich 5 €/(m² x Mon).

Neupreis der Wandschalung:  400,00 €/m²

Monatliche Miete (A + V + R):  5 %/Mon

=> Monatliche Miete:  20,00 €/(m² x Mon)

Anzahl Einsätze/Monat:  4

=> Kosten je m² und Einsatz:  5,00 €/(m² x Mon)

Werden in der Bauausführung nur 3 Einsätze/Monat erreicht, so erhöhen sich die Kosten auf 6,67 €/(m² x Mon).

**Beispiel: Kostenermittlung für eine Stützwandschalung**

In Abbildung 17 ist die Schalung für eine 200 m lange Stützwand dargestellt. Die aufgehende Wand wird in drei Monaten hergestellt (zwei Wochen An- und Auslauf, zehn Wochen Fertigung). Um einen reibungslosen Fertigungsablauf bei zwei Takten pro Woche zu ermöglichen, werden zwei Schalungen für die Rückseite und eine Schalung für die Vorderseite der Stützwand vorgehalten. Die Stützwandabschnitte sind jeweils zehn Meter lang.

Die Berechnung der Schalungskosten pro m² geschalte Betonfläche geht von der Kostenberechnung pro Abschnitt aus. Pro Stützwandabschnitt sind 110 m² Betonfläche zu schalen.

Die angegebenen Abmessungen, Preise und Einsatzzahlen sind als beispielhafte Werte anzusehen. Bei einer Kostenermittlung für Schalungen anhand der hier gezeigten Vorgehensweise sind die entsprechenden Werte für das jeweils verwendete Fabrikat einzusetzen.

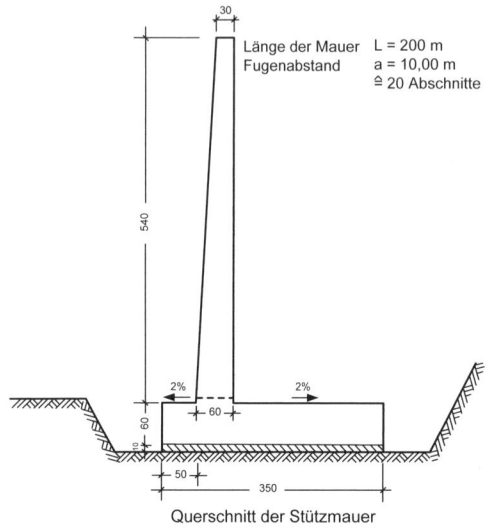

Länge der Mauer L = 200 m
Fugenabstand a = 10,00 m
≙ 20 Abschnitte

Querschnitt der Stützmauer

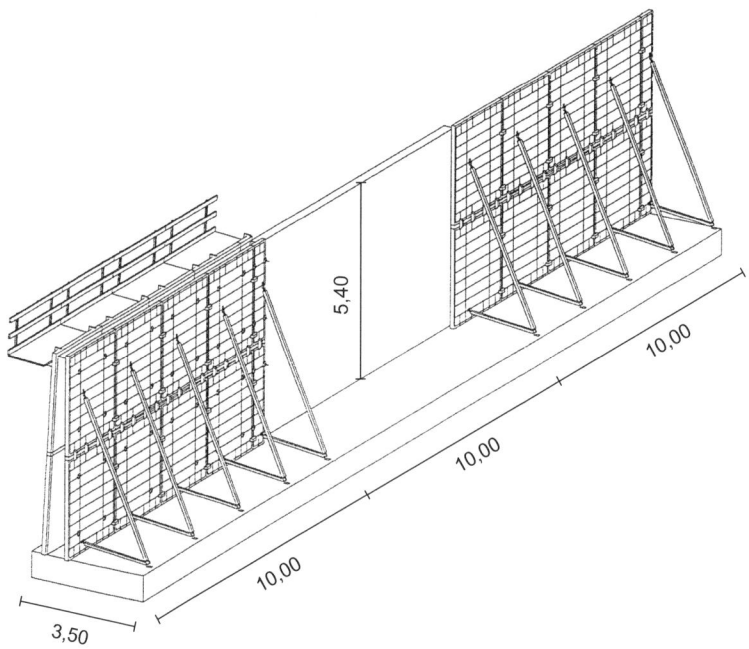

Abbildung 17: Schalung der Stützwand

## Zeitabhängige Kosten der Schalung

**(monatliche Mietsätze der Schalelemente für zwei Rückseiten und eine Vorderseite)**

| Bezeichnung | Menge | Einzel- | Gesamt- | Gerätemiete | |
| --- | --- | --- | --- | --- | --- |
| | Einheit | preis | neupreis | A+V+R | A+V+R |
| | | € | € | %/Mon | €/Mon |
| **Trio-Elemente:** | | | | | |
| TRIO-Element TR 270/240 | 24 Stck | 1112,00 | 26.688,00 | 6,33 | 1.689,35 |
| TRIO-Element TR 270/60 | 6 Stck | 360,50 | 2.163,00 | 6,33 | 136,92 |
| | | | | | |
| **Zubehör für Trio-Schalung:** | | | | | |
| TRIO-Betonierbühne 120 x 270 | 4 Stck | 430,50 | 1.722,00 | 6,33 | 109,00 |
| TRIO-Richtschloss BFD | 99 Stck | 30,40 | 3.009,60 | 6,33 | 190,51 |
| Klemmkopf-2. komplett | 20 Stck | 32,30 | 646,00 | 6,33 | 40,89 |
| Richtstütze RSS 3 | 10 Stck | 161,00 | 1.610,00 | 6,33 | 101,91 |
| Fußplatte f. Richtstütze | 10 Stck | 9,30 | 93,00 | 6,33 | 5,89 |
| Ausleger f. Richtstütze | 10 Stck | 85,00 | 850,00 | 6,33 | 53,81 |
| Spannstahl 0,85 mtr DW15 | 20 Stck | 2,30 | 46,00 | 6,33 | 2,91 |
| Spannstahl 1,00 mtr DW15 | 20 Stck | 2,60 | 52,00 | 6,33 | 3,29 |
| Muttergelenkplatte | 80 Stck | 5,20 | 416,00 | 6,33 | 26,33 |
| **Summe** | | | 37.295,60 | | 2.360,81 |

**Berechnung Abschreibung, Verzinsung und Reparatur (A + V + R):**

| | |
| --- | --- |
| Kalkulatorischer Zinssatz: | 6,5 % p. a. |
| Vorhaltezeit: | 40 Monate |
| Nutzungsdauer: | 4 Jahre |
| Reparatur laut BGL: | 3,5 %/Monat |

A + V + R pro Vorhaltemonat:

$$\frac{100\ \% + \frac{1}{2} \times 6{,}5\ \%\ \text{p. a.} \times 4\ \text{Jahre}}{40\ \text{Monate}} + 3{,}5\ \%/\text{Monat} = 6{,}33\ \%/\text{Monat}$$

**Hinweis:**

Unter Abschnitt B 5.3.5, S. 76 ff. sind die Begriffe Abschreibung (A), Verzinsung (V) und Reparatur (R) ausführlich erläutert sowie Berechnungsbeispiele angegeben.

## Zeitunabhängige Kosten der Schalung

### a) vom Einsatz unabhängige Kosten

#### Lohnstunden der Montage und Demontage der Schalung

| Bezeichnung | | Gesamt-aufwand [h] |
|---|---|---|
| Montage der Schalelemente | 30 Elemente × (0,25 h × 3 Mann) = | 22,5 h |
| Demontage der Schalelemente | 30 Elemente × (0,25 h × 3 Mann) = | 22,5 h |
| **Summe Lohnstunden** | | **45,0 h** |

#### Sonstige Kosten (Verbrauchsstoffe)

| Bezeichnung | | Gesamt-neupreis [€] |
|---|---|---|
| Kantholz | 30,6 m × 0,10 m × 0,12 m × 200 €/m³ | 73,44 € |
| Bohlen | 0,5 m³ × 200 €/m³ = | 100,00 € |
| Bretter | 2,0 m³ × 130 €/m³ = | 260,00 € |
| Verbrauchsstoffe beim Montieren | pauschal = | 100,00 € |
| **Summe** | | **533,44 €** |

### b) vom Einsatz abhängige Kosten

#### Lohnstunden

Lohnstunden je $m^2$ und Einsatz          0,32 h/$m^2$
  Ein-, Ausschalen der Wände und Stirnabschalung,
  Richtstützen einsetzen und andübeln,
  Ankerlöcher schließen usw.

#### Sonstige Kosten (Verbrauchsstoffe)

Verbrauchsstoffe je Einsatz          72,00 €/Abschnitt
  Abstandhalter, Richtstützen andübeln,
  Ankerlöcher schließen usw.

### Hinweis:

Für Ungeübte ist es i. d. R. einfacher, die Gesamtkosten zu bestimmen und diese dann durch die ausgeschriebene Menge zu dividieren.

**Zusammenstellung der Einzelkosten der Teilleistung „Schalung"**

| Einzelkostenentwicklung | | Lohn | Sonst. Kosten |
|---|---|---|---|
| | | h/m² × Einsatz | €/m² × Einsatz |
| **Zeitabhängige Kosten** | | | |
| Soko (A + V + R): = | $\dfrac{2.360,81\ \text{€/Mon} \times 3\ \text{Mon}}{2.160\ \text{m}^2}$ | | 3,28 |
| **Zeitunabhängige Kosten** | | | |
| Einsatz**un**abhängige Kosten: | | | |
| Lohn: = | $\dfrac{45\ \text{h}}{2.160\ \text{m}^2}$ | 0,02 | |
| Soko: = | $\dfrac{533,44\ \text{€}}{2.160\ \text{m}^2}$ | | 0,25 |
| Einsatz**ab**hängige Kosten: | | | |
| Lohn: | | 0,32 | |
| Soko: = | $\dfrac{72\ \text{€}}{108\ \text{m}^2}$ | | 0,67 |
| **Einzelkosten** **je m² zu schalende Betonfläche und Einsatz** | | 0,34 | 4,20 |

## 5.2.3 Kosten des Mauerwerks

Die Kosten des Mauerwerks setzen sich zusammen aus

- Lohnaufwand,
- Kosten der Mauerwerkssteine (häufig je Stück) einschließlich Bruch,
- Kosten des Mörtels,
- evtl. Kosten des Gerüsts.

Die Kosten des Mauerwerks werden maßgeblich beeinflusst von der Art des Mauerwerks (Steinart und Steingröße), der Grundrissgestaltung, den Transportmöglichkeiten und der Bereitstellung des Mörtels.

Ausgeschrieben wird das Mauerwerk nach Flächenmaß (m²) oder Raummaß (m³); ab 24 cm Mauerwerksdicke soll gemäß VOB/C nach m³ ausgeschrieben werden.

Einige Unternehmen setzen auch einen Anteil für die Gerüstkosten mit an.

In der folgenden Abbildung sind für verschiedene Steinformate Aufwandswerte, die benötigte Steinzahl und der notwendige Mörtelbedarf je Einheit angegeben.

## Tabelle für Steine mit glatten, vermörtelten Stoßfugen

| Format | Maße in [mm] | | | Dicke Mauerwerk [cm] | Einheit | Aufwandswert je Einheit | je m² Wand | | je m³ Mauerwerk | |
|---|---|---|---|---|---|---|---|---|---|---|
| | l | b | h | | | | Steine: | Mörtel in [l] | Steine: | Mörtel in [l] |
| DF | 240 | 115 | 52 | 11,5 | m² | 0,9 - 1,2 | 64 - 66 | 26 - 35 | 557 - 573 | 226 - 300 |
| DF | 240 | 115 | 52 | 24 | m³ | 5,4 - 7,8 | 128 - 132 | 62 - 68 | 534 - 550 | 258 - 284 |
| DF | 240 | 115 | 52 | 36,5 | m³ | 5,4 - 7,8 | 192 - 198 | 98 - 109 | 526 - 541 | 268 - 300 |
| NF | 240 | 115 | 71 | 11,5 | m² | 1,0 - 1,3 | 48 - 50 | 24 - 30 | 418 - 430 | 203 - 260 |
| NF | 240 | 115 | 71 | 24 | m³ | 5,0 - 7,3 | 96 - 100 | 57 - 70 | 400 - 415 | 237 - 290 |
| NF | 240 | 115 | 71 | 36,5 | m³ | 5,0 - 7,0 | 144 - 148 | 90 - 101 | 395 - 406 | 247 - 276 |
| 2 DF | 240 | 115 | 113 | 11,5 | m² | 0,70 - 1,08 | 32 - 33 | 17 - 22 | 279 - 286 | 146 - 175 |
| 2 DF | 240 | 115 | 113 | 24 | m³ | 4,0 - 6,0 | 64 - 66 | 44 - 55 | 267 - 275 | 182 - 230 |
| 2 DF | 240 | 115 | 113 | 36,5 | m³ | 4,8 - 5,0 | 96 - 99 | 71 - 95 | 263 - 271 | 193 - 260 |
| 3 DF | 240 | 175 | 113 | 17,5 | m² | 0,8 - 1,1 | 32 - 33 | 26 - 30 | 183 - 188 | 146 - 175 |
| 3 DF | 240 | 175 | 113 | 24 | m³ | 3,5 - 5,4 | 44 - 45 | 38 - 50 | 183 - 189 | 159 - 210 |
| 4 DF | 240 | 240 | 113 | 24 | m³ | 4,8 - 5,6 | 32 - 33 | 36 - 39 | 128 - 137 | 150 - 164 |
| 5 DF | 240 | 300 | 113 | 24 | m³ | 3,2 - 4,8 | 26 | 34 - 40 | 108 - 110 | 140 - 170 |
| 5 DF | 240 | 300 | 113 | 30 | m³ | 3,2 - 4,8 | 32 - 33 | 44 - 55 | 107 - 110 | 146 - 185 |
| 6 DF | 240 | 365 | 113 | 24 | m³ | 3,2 - 4,5 | 22 | 32 - 40 | 88 - 92 | 125 - 170 |
| 6 DF | 240 | 365 | 113 | 36,5 | m³ | 3,2 - 4,2 | 32 - 33 | 60 - 65 | 90 | 180 |
| 10 DF | 240 | 300 | 238 | 24 | m³ | 3,0 - 4,0 | 13,5 | 25 | 55 | 105 |
| 10 DF | 240 | 300 | 238 | 30 | m³ | 3,2 | 16 - 16,5 | 33 - 44 | 54 - 55 | 110 - 150 |
| 12 DF | 240 | 365 | 238 | 24 | m³ | 3 | 11 | 23 - 34 | 45 - 45 | 95 - 140 |
| 12 DF | 240 | 365 | 238 | 36,5 | m³ | 3 | 16 - 16,5 | 38 - 54 | 45 | 105 - 150 |

Der Mörtelbedarf bei Lochsteinen ist ca. 25 % höher als bei Vollsteinen.

## Tabelle für Steine mit Nut und Feder und unvermörtelten Stoßfugen

| Format | Maße in [mm] | | | Dicke Mauerwerk [cm] | Einheit | Aufwandswert je Einheit | je m² Wand | | je m³ Mauerwerk | |
|---|---|---|---|---|---|---|---|---|---|---|
| | l | b | h | | | | Steine: | Mörtel in [l] | Steine: | Mörtel in [l] |
| 6 DF | 373 | 115 | 238 | 11,5 | m³ | 3,5 - 4,1 | 11 | 8,00 | 96 | 70 |
| 8 DF | 498 | 115 | 238 | 11,5 | m² | 0,5 - 0,8 | 8 - 8,3 | 8,00 - 10,00 | 72 | 70 |
| 7,5 DF | 308 | 175 | 238 | 17,5 | m³ | 3,5 - 4,1 | 13,5 | 12,00 | 77 | 70 |
| 9 DF | 373 | 175 | 238 | 17,5 | m³ | 3,5 - 4,1 | 11 | 12,00 | 63 | 70 |
| 12 DF | 498 | 175 | 238 | 17,5 | m³ | 3 | 8 - 8,3 | 12,00 - 17,00 | 45 - 48 | 70 |
| 10 DF | 308 | 240 | 238 | 24 | m³ | 2,5 - 3,8 | 13,5 | 17,00 | 55 | 70 |
| 12 DF | 373 | 240 | 238 | 24 | m³ | 2,5 - 3,8 | 11 | 17,00 | 45 - 46 | 70 |
| 16 DF | 498 | 240 | 238 | 24 | m³ | 2,4 | 8 - 8,3 | 17,00 | 32 - 35 | 70 |
| 10 DF | 248 | 300 | 238 | 30 | m³ | 2,7 | 16 - 16,5 | 22,00 | 54 - 55 | 70 |
| 12 DF | 308 | 300 | 238 | 30 | m³ | 2,4 - 3,1 | 13,5 | 22,00 | 45 | 70 |
| 20 DF | 498 | 300 | 238 | 30 | m³ | 2,3 | 8 - 8,3 | 22,00 | 26 - 28 | 70 |
| 12 DF | 248 | 365 | 238 | 36,5 | m³ | 2,4 - 3,1 | 16,5 | 26,00 | 45 | 70 |
| 24 DF | 498 | 365 | 238 | 36,5 | m³ | 2,4 - 3,1 | 8,3 | 26,00 | 23 | 70 |
| 14 DF | 248 | 425 | 238 | 42,5 | m³ | 2,3 - 3,0 | 16,5 | 30,00 | 39 | 70 |
| 16 DF | 248 | 490 | 238 | 49 | m³ | 2,25 | 16 - 16,5 | 35,00 | 32 - 33 | 70 |

Abbildung 18: Zusammenstellung der Aufwandswerte und des Stein- und Mörtelbedarfs für verschiedene Steinformate

**Beispiel: Bestimmung der Einzelkosten einer Mauerwerksposition**

Formblatt 2

| Pos. Nr. | Kurztext Mengenangabe Einzelkostenentwicklung | Kostenarten ohne Umlagen je Einheit | | | |
|---|---|---|---|---|---|
| | | Lohn [h] | Soko [€] | Geräte [€] | Fremdl. [€] |
| 11 | 1.500 m² | | | | |
| | **Innenwand KS L SFK 12 RDK 1,4 D 17,5cm** | | | | |
| | DIN V 106, KS L, Festigkeitsklasse 12, | | | | |
| | Rohdichteklasse 1,4, Mauerwerksdicke 17,5 cm, | | | | |
| | Mauermörtel MG II a, 3 DF (240/175/113) | | | | |
| | | | | | |
| | 33 Steine/m² Wand    Stückpreis: 0,26 € | | 8,58 | | |
| | 30 l Mörtel/m² Wand   1l Mörtel: 0,13 € | | 3,90 | | |
| | Aufwandswert: 1,0 h/m² Wand | 1,00 | | | |
| | | | | | |
| | | | | | |
| | Summe: [ pro m² Wand] | 1,00 | 12,48 | | |

# 5.2.4 Betriebsstoffkosten

Zu den Kosten für die Betriebsstoffe, die für das Betreiben der auf der Baustelle eingesetzten Maschinen und Geräte benötigt werden, gehören:

- Benzin, Dieselkraftstoff, Heizöl,
- Schmierstoffe (Öle, Fette),
- Elektrische Energie,
- Reinigungsmittel.

Eine Erfassung der Betriebsstoffkosten innerhalb der Einzelkosten der Teilleistungen ist nur dann möglich, wenn die Maschinen einer Teilleistung zugeordnet werden können. Die Betriebsstoffkosten können dabei außer der Kostenart „Sonstige Kosten" auch der Kostenart „Geräte" oder – bei besonderer Kostenartengliederung – auch einer gesonderten Kostenart „Betriebsstoffkosten" zugerechnet werden.

Wenn dagegen die Zurechnung zu einzelnen Teilleistungen nicht oder nur mit größerem Aufwand (z. B. wegen Abgrenzungsschwierigkeiten bei elektrischer Energie) möglich ist, werden die Kosten der Betriebsstoffe in den Gemeinkosten der Baustelle verrechnet. Gleiches gilt für Heizöl und Flaschengas, die zur Beheizung der Behelfsbauten und zur Erwärmung von Brauchwasser verwendet werden.

Der **Verbrauch von Treibstoff** bei Geräten mit Verbrennungsmotor richtet sich nach der Motorleistung und der Einsatzart. Z. B. hat ein Bagger beim Kanalisationsbau einen geringeren Verbrauch als bei Aushubarbeiten einer großen Baugrube. Der Treibstoffverbrauch wird in l/kW × Eh berechnet (Eh = Einsatzstunde). Er wird in der Regel zwischen **0,06 und 0,24 l/kW × Eh** angenommen (s. a. Abschnitt B 5.3.3.3, S. 73 f.).

Tabelle 6: Ermittlung des Dieselverbrauchs ausgewählter Baumaschinen (Beispiel aus der Praxis)

**Dieselverbrauch Baumaschinen**

| Planierraupe PR 724, ca. 19 t | | | 118 kW | | | | |
|---|---|---|---|---|---|---|---|
| Datum Tankung | Baustelle | Tankung Liter | Betriebsstundenzähler EB | AB | h | Verbrauch l/h | Verbrauch l/(kW x Eh) |
| Durchschnitt aus 23 Messungen: | | 4.735 | | | 260 | 18,2 | 0,15 |
| | | | | | max. | 25,0 | 0,21 |
| | | | | | min. | 7,9 | 0,07 |

| Bagger R924, ca. 28 t | | | 127 kW | | | | |
|---|---|---|---|---|---|---|---|
| Datum Tankung | Baustelle | Tankung Liter | Betriebsstundenzähler EB | AB | h | Verbrauch l/h | Verbrauch l/(kW x Eh) |
| Durchschnitt aus 25 Messungen: | | 6.281 | | | 452 | 13,9 | 0,11 |
| | | | | | max. | 17,69 | 0,14 |
| | | | | | min. | 9,72 | 0,08 |

| Bagger R944, ca. 41 t | | | 190 kW | | | | |
|---|---|---|---|---|---|---|---|
| Datum Tankung | Baustelle | Tankung Liter | Betriebsstundenzähler EB | AB | h | Verbrauch l/h | Verbrauch l/(kW x Eh) |
| Durchschnitt aus 25 Messungen: | | 12.345 | | | 503 | 24,5 | 0,13 |
| | | | | | max. | 43,27 | 0,23 |
| | | | | | min. | 11,49 | 0,06 |

| Radlader L554, ca. 18 t | | | 145 kW | | | | |
|---|---|---|---|---|---|---|---|
| Datum Tankung | Baustelle | Tankung Liter | Betriebsstundenzähler EB | AB | h | Verbrauch l/h | Verbrauch l/(kW x Eh) |
| Durchschnitt aus 33 Messungen: | | 6.042 | | | 467 | 12,9 | 0,09 |
| | | | | | max. | 17,73 | 0,12 |
| | | | | | min. | 8,50 | 0,06 |

Der **Verbrauch an Schmierstoffen** und **Ölen** (Motoröl, Getriebeöl, Hydrauliköl) richtet sich nach der Geräte- und Antriebsart. Geräte mit Elektromotor haben einen sehr geringen Verbrauch (ca. 3 % der Treibstoffkosten); Geräte mit Verbrennungsmotor und Hydraulikeinrichtungen haben einen sehr hohen Verbrauch (ca. 10 bis 20 % der Treibstoffkosten, s. a. Abschnitt B 5.3.3.3, S. 73 f.).

Die **Kosten der elektrischen Energie** richten sich nach der installierten Leistung der auf der Baustelle eingesetzten Geräte, der Betriebszeit und dem Tarif. Üblicherweise kann der Verbrauch an elektrischer Energie mit etwa **3 bis 4 % der Lohnkosten (ASL)** angenommen werden. Wird im Winter mit elektrischen Strahlern oder Heizlüftern geheizt, erhöht sich der Verbrauch.

**Beispiel: Ermittlung der Betriebsstoffkosten für eine Planierraupe (82 kW)**

Treibstoffverbrauch/Einsatzstunde:      0,18 l/kW × Eh

Treibstoffkosten:      1,14 €/l

| | | | €/Eh |
|---|---|---|---|
| Treibstoffkosten/Einsatzstunde: | $82 \times 0{,}18 \times 1{,}14 =$ | $\dfrac{kW \times l \times €}{kW \times Eh \times l}$ | 16,83 |
| Schmierstoffkosten/Einsatzstunde: 8 % der Treibstoffkosten   = | | | 1,35 |
| Betriebsstoffkosten/Einsatzstunde | | | 18,18 |

*(handschriftliche Notiz: Elektromotor 3%, Benzin/Diesel 10-)*

# 5.3 Gerätekosten

## 5.3.1 Vorbemerkungen

Unter Gerätekosten sind alle Kosten zu verstehen, die sich aus der Vorhaltung, dem Betrieb und der Bereitstellung des Geräts ergeben. Im Einzelnen sind dies:

Kosten der Gerätevorhaltung

- – kalkulatorische Abschreibung (abgekürzt A)
- – kalkulatorische Verzinsung (abgekürzt V)
- – Reparaturkosten (abgekürzt R)

Kosten des Gerätebetriebs

- – Treib- und Schmierstoffkosten
- – Wartungs- und Pflegekosten
- – Bedienungskosten

Kosten der Gerätebereitstellung

- – Kosten des An- und Abtransportes
- – Kosten für Auf-, Um- und Abladen
- – Kosten für Auf-, Um- und Abbau

Allgemeine Kosten

- – Kosten der Lagerung
- – Kosten der Geräteverwaltung
- – Kosten für Geräteversicherungen und Kfz-Steuern.

In der Kalkulation werden unter den Gerätekosten jedoch nur die folgenden Kosten erfasst:

- – Kosten für Abschreibung und Verzinsung (A+V) (teilweise auch als Kapitaldienst oder Gerätemiete bezeichnet)
- – Kosten der Reparatur (R).

Die Kosten für die Bedienung der Geräte werden meist unter den Lohnkosten erfasst (s. Abschnitt B 5.1, S. 51). Um die Einsatzbereitschaft eines Geräts während der normalen Arbeitszeit auf der Baustelle zu erhalten, müssen die Wartungs- und Pflegearbeiten oftmals außerhalb der baustellenüblichen Arbeitszeit durchgeführt werden. Für die Gerätepflege und -wartung wird deshalb in diesen Fällen ein 10%iger Zuschlag auf die baustellenübliche Arbeitszeit berücksichtigt.

**Zusammenfassung:**
**Übliche Kostenartenzuordnung bei der Kalkulation von Gerätekosten**

| | Lohn | Soko | Geräte | Fremd | GkdB | AGK |
|---|---|---|---|---|---|---|
| Gerätevorhaltung (A+V+R) | | | x | | | |
| Gerätebetrieb: | | | | | | |
| - Treib- und Schmierstoffe | | x | | | | |
| - Wartung und Pflege | 10 % Zuschlag | | | | | |
| - Bedienung | x | | | | | |
| Gerätebereitstellung | | | | | x | |
| Allgemeine Kosten (Lagerung, Verwaltung, Versicherungen, Steuern) | | | | | | x |
| | | | | | | |
| Mietgeräte | | | | x | | |

Die Kosten der Gerätebereitstellung werden in den Gemeinkosten der Baustelle, Treib- und Schmierstoffkosten in der Kostenart „Sonstige Kosten" und die Allgemeinen Kosten in den Allgemeinen Geschäftskosten in der Kalkulation verrechnet.

## 5.3.2 Zuordnung der Gerätekosten im Leistungsverzeichnis

Es bestehen drei Möglichkeiten der Zuordnung der Gerätekosten im Leistungsverzeichnis:

– als Leistungsgerät in den Einzelkosten als Bestandteil einer Teilleistung (Position),
– als Leistungsgerät in den Einzelkosten als eigene Teilleistung (Position),
– als Vorhaltegerät (Bereitschaftsgerät) in den Gemeinkosten der Baustelle.

### 5.3.2.1 Gerätekosten als Bestandteil einer Teilleistung

Dies gilt nur für Geräte oder Gerätegruppen, die sich ohne Schwierigkeiten der in der Teilleistung beschriebenen Arbeit zuordnen lassen. Als Beispiele seien genannt:

– Autokran zum Versetzen von Fertigteilen,
– Bagger für den Erdaushub,
– Lastkraftwagen für den Abtransport des Aushubs,
– Betonpumpe.

Hierfür sind alle Kosten zu ermitteln, also Kosten für Transport, Auf- und Abbau, Vorhalten, Betriebsstoffe usw. Oft werden Verrechnungssätze in €/h angewendet, die Abschreibung, Verzinsung, Reparaturkosten, Wartung und Pflege, Treib- und Schmierstoffkosten enthalten, manchmal auch die Löhne der Geräteführer. Gleiches gilt für die Kosten von Leihgeräten, wie z. B. Betonpumpen, die je $m^3$ eingebautem Beton mit einem Verrechnungssatz einschließlich Bedienung den Betonpositionen zugeordnet werden.

### 5.3.2.2 Gerätekosten als eigene Teilleistung

Die Gerätekosten werden oft als eigene Teilleistung unter dem Sammelbegriff der „Baustelleneinrichtung" zusammengefasst.

Nach DIN 18299 „Allgemeine Regelungen für Bauarbeiten jeder Art" der VOB/C, Abschnitt 4, sind das Einrichten und Räumen der Baustelle sowie das Vorhalten der Baustelleneinrichtung einschließlich der Geräte und dergleichen Nebenleistungen, die auch ohne Erwähnung im Vertrag zur vertraglichen Leistung gehören. Im Abschnitt 0.4 wird jedoch gesagt: „Eine ausdrückliche Erwähnung ist geboten, wenn die Kosten der Nebenleistung von erheblicher Bedeutung für die Preisbildung sind; in diesen Fällen sind besondere Ordnungszahlen (Positionen) vorzusehen. Dies kommt insbesondere für das Einrichten und Räumen der Baustelle in Betracht."[1]

Die Teilleistung „Baustelleneinrichtung" ist im Leistungsverzeichnis meist als „Einrichten und Räumen der Baustelle" ausgeschrieben. Das Vorhalten der Baustelleneinrichtung ist dann in der Gemeinkostenumlage den Positionen zuzurechnen. Oft wird auch das Vorhalten als gesonderte Position ausgeführt. Werden zusätzlich Einrichten und Räumen getrennt ausgeschrieben, so wird in folgende Positionen untergliedert:

– Einrichten der Baustelle,
– Räumen der Baustelle,
– Vorhalten der Baustelleneinrichtung.

Bei den Vorhaltekosten der Baustelleneinrichtung werden nur solche Geräte erfasst, die sich nicht direkt als Bestandteil einer bestimmten Teilleistung zuordnen lassen, wie z. B. alle Betonbaugeräte und Hebezeuge im Hochbau, Unterkünfte, Büros und Magazine. Straßen- und Erd-

---

[1] Gemäß VOB/C (Allgemeine Technische Vertragsbedingungen für Bauleistungen), Allgemeine Regelungen für Bauarbeiten jeder Art – DIN 18299, Abschnitt 4.1, sind Nebenleistungen „Leistungen, die auch ohne Erwähnung im Vertrag zur vertraglichen Leistung gehören" (§ 2 Abs. 1 VOB/B). Nebenleistungen sind demnach insbesondere:
4.1.1 Einrichten und Räumen der Baustelle einschließlich der Geräte und dergleichen.
4.1.2 Vorhalten der Baustelleneinrichtung einschließlich der Geräte und dergleichen.

baugeräte oder sonstige schwere Tiefbaugeräte lassen sich jedoch einer Teilleistung zuordnen. Deshalb schreibt z. B. das Musterleistungsverzeichnis des Landes Baden-Württemberg für Straßenbauarbeiten eine direkte Zuordnung der Gerätekosten zu den zugehörigen Positionen vor. Nur die Kosten für Einrichten und Räumen der Baustelle werden in gesonderten Positionen erfasst.

### 5.3.2.3 Gerätekosten als Gemeinkosten der Baustelle

Können die Geräte keiner Teilleistung zugeordnet werden und ist für sie auch keine besondere Position ausgeschrieben, da sie nach VOB/C als Nebenleistungen behandelt werden können, so müssen sie als Bestandteile der Gemeinkosten der Baustelle (s. Abschnitt B 6, S. 87 ff.) erfasst und in der Umlage den Einzelkosten der Teilleistungen zugerechnet werden.

## 5.3.3 Baugeräteliste 2007 (BGL) als Grundlage für die Ermittlung der Kosten der Gerätevorhaltung

### 5.3.3.1 Allgemeines

Die Baugeräteliste[1] ist ein Nachschlagewerk, in dem die Neuwerte, die Nutzungsdauern und die monatlichen Abschreibungs- und Verzinsungsbeträge der in der Bauwirtschaft eingesetzten Geräte aufgezeichnet sind. Die BGL ermöglicht unter Heranziehung der betrieblichen Erfahrungswerte die Ermittlung der Kostenansätze für die Geräte. Bei ihrer Zusammenstellung wurde darauf verzichtet, bestimmte Erzeugnisse, Fabrikate oder Typenbezeichnungen einzeln aufzuführen; stattdessen werden die Gerätetypen durch bestimmte Kenngrößen charakterisiert, wie z. B. Fassungsvermögen (Mischer), Löffelinhalt (Bagger), Motorleistung (Planierraupe), Lastmoment (Krane) und es werden hierfür Motorleistung, Gewicht und mittlerer Neuwert angegeben.

Die in der BGL enthaltenen Angaben stellen Durchschnittswerte dar, die auf den Einzelfall nicht zuzutreffen brauchen; Abweichungen gegenüber den Angaben der BGL können sich vor allem beim Neuwert, der Nutzungsdauer und den Reparaturkosten ergeben. Viele Unternehmen verwenden wegen abweichender Betriebserfahrungen eigene Werte. Die wesentlichen Anwendungsgebiete der Baugeräteliste sind:

- Hilfsmittel für die Betriebsplanung im Baubetrieb und für die Arbeitsvorbereitung zur Auswahl von Geräten,
- Beurteilung von Gerätekosten, insbesondere bei Wirtschaftlichkeitsvergleichen,
- Grundlage für die Gerätenummerierung,
- Hilfsmittel für die Investitionsplanung,
- Grundlage für die Verrechnung von Gerätevorhaltekosten, z. B. zwischen Hauptverwaltung, Niederlassung und Baustelle oder zwischen Gesellschaftern von Arbeitsgemeinschaften,
- Hilfsmittel für die Bewertung bei Versicherungsfällen und für Sachverständigengutachten.

### 5.3.3.2 Gliederung und Nummerierung der BGL 2007

Bereits mit der BGL 2001 wurde von vorher neun einstelligen Hauptgruppen auf 24 alphabetisch geordnete Gerätehauptgruppen umgestellt, mit dem Ziel, eine neue mit den europäischen Ländern abgestimmte Struktur zu erhalten, die sich an der so genannten „EUROLISTE" orientiert. Die EUROLISTE hat folgende Gerätehauptgruppen:

---

[1] Baugeräteliste 2007 (BGL), Hrsg.: Hauptverband der Deutschen Bauindustrie; Bauverlag, Wiesbaden-Berlin, 2007.

---

**Gerätehauptgruppen**

A Geräte zur Materialaufbereitung

B Geräte zur Herstellung, zum Transport und zur Verteilung von Beton, Mörtel und Putz

C Hebezeuge

D Geräte zur Erdbewegung und Bodenverdichtung

E Straßenbaugeräte

F Gleisoberbaugeräte

G Schwimmende Geräte

H Geräte für Tunnel- und Stollenbau

I nicht belegt

J Ramm- und Ziehgeräte, Geräte für Injektionsarbeiten

K Bohrgeräte, Schlitzwandgeräte

L Geräte für horizontalen Rohrvortrieb und Geräte für Pipelinebau

M Geräte und Anlagen zur Dekontamination und zum Umweltschutz

N nicht belegt

O nicht belegt

P Transportfahrzeuge

Q Druckluftgeräte, Druckluftwerkzeuge

R Geräte zur Energieerzeugung, Energieumwandlung und Energieverteilung

S Hydraulikzylinder und Hydraulikaggregate

T Kreisel- und Kolbenpumpen, Rohrleitungen

U Schalungen und Rüstungen

V nicht belegt

W Maschinen und Geräte für Werkstattbetrieb

X Baustellenunterkünfte, Container

Y Vermessungsgeräte, Laborgeräte, Büromaschinen, Kommunikationsgeräte

Z nicht belegt

---

Der Aufbau des Geräteschlüssels der BGL 2007 wird am Beispiel eines Turmdrehkrans gezeigt:

| Bezeichnung | Gliederung | Bezeichnung |
|---|---|---|
| Gerätehauptgruppe | **C** | Hebezeuge |
| Gerätegruppe | C.**0** | Turmdrehkrane und Zubehör |
| Geräteuntergruppe | C.0.**1** | Turmdrehkrane, oben drehend, stationär oder fahrbar |
| Geräteart | C.0.1**0** | Turmdrehkran mit Laufkatzausleger |
| | (EDV-Kurztext) | TURMKRAN LAUFKATZ |
| Gerätegröße | C.010.0**100** | Turmdrehkran mit Laufkatzausleger und 100 tm Nennlastmoment |

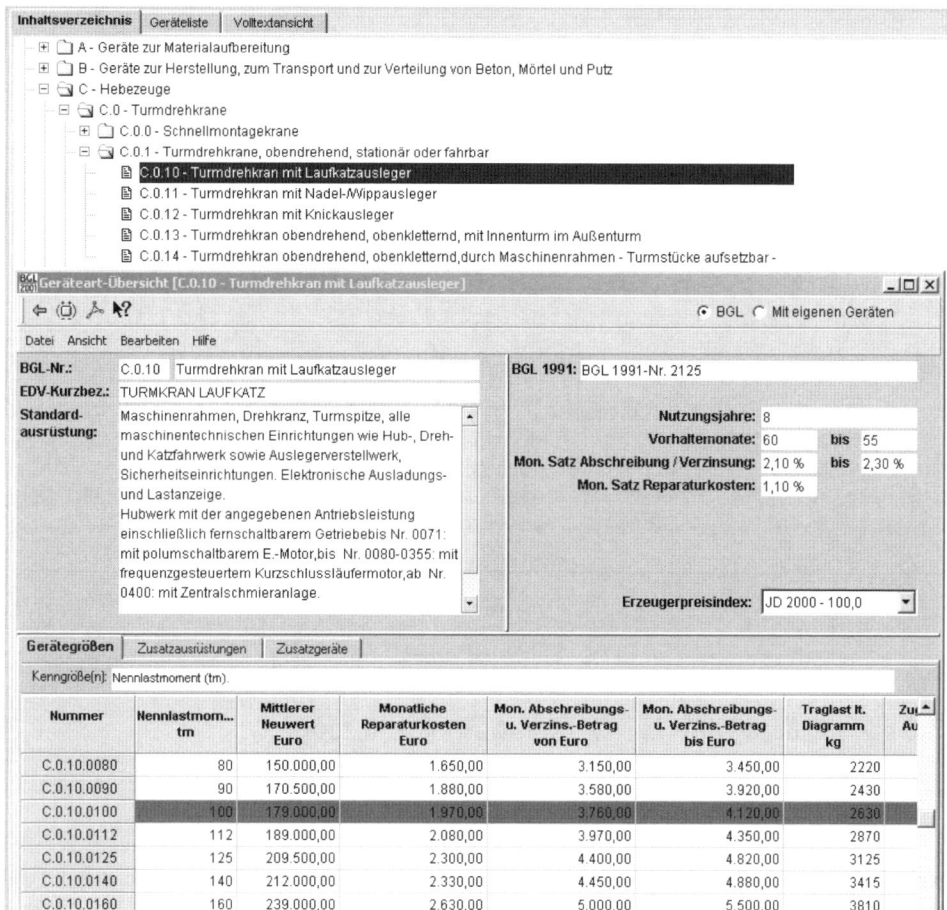

Abbildung 19: Aufbau des Geräteschlüssels nach der elektronischen Version der BGL 2001

### 5.3.3.3 Technische Daten

**Allgemeines**

Von sämtlichen Gerätegrößen sind die charakteristischen technischen Angaben aufgeführt, die zur Beurteilung der Größe und Leistungsfähigkeit notwendig sind. Je nach Geräteart sind diese Angaben unterschiedlich. Grundsätzlich sind die Konstruktionsgewichte – ohne Ballast oder Gegengewichte – aufgenommen, da gerade diese Werte häufig benötigt werden, unter anderem für die Ermittlung von Transport- und Verladekosten und für die Tragfähigkeitsberechnungen von Hilfskonstruktionen, die von Geräten belastet werden, teilweise auch als Kenngröße für die Einstufung.

**Motorleistung und Betriebsstoffverbrauch**

Für Antriebsmotoren ist die Motorleistung in Kilowatt (kW) die Kenngröße.

Für **Baumaschinen** ist die Motorleistung definiert gemäß ISO 3046-1 und ISO 9249 als „Blockierte ISO-Nutzleistung (IFN)".

Für **Kraftfahrzeuge** ist die Motorleistung definiert nach der ISO 1585 oder der EG-Richtlinie 97/21/EG.

Die Motorleistungen von Elektromotoren werden in kW angegeben. Der Betriebsstoffverbrauch ist abhängig von der Art des Geräts und dessen Einsatzbedingungen. Nach amerikanischen Angaben kann für mittlere Betriebsbedingungen etwa mit folgendem Treibstoffverbrauch gerechnet werden:

– Bagger
Einsatz in bindigen Böden, Betriebsstunden etwa 60 – 85 %
der Einsatzstunden: 0,10 – 0,18 l/kW, Eh
– Planierraupe
Mittlere Einsatzbedingungen, z. B. Abschieben von
schwerem Boden als Schubraupe: 0,15 – 0,20 l/kW, Eh
– Erdtransportwagen (Hinterkipper): 0,08 – 0,10 l/kW, Eh

Der Öl- und Schmierstoffverbrauch (Filter, Motoren- und Getriebeöl, Hydrauliköl, Schmierfett) hängt ebenfalls von der Art des Geräts und dessen Einsatz ab. Bei der Berechnung der Öl- und Schmierstoffkosten als %-Satz der Treibstoffkosten ist deshalb zu beachten, dass dieser %-Satz z. B. bei Hydraulikbaggern wegen der großen Ölmenge des Hydrauliksystems wesentlich höher ist als bei Planierraupen, Schaufelladern oder Erdtransportgeräten.

Nach amerikanischen Angaben kann etwa mit folgenden Werten gerechnet werden:

– Bagger: Öl- und Schmierstoffkosten 20 – 25 % der Treibstoffkosten
– Planierraupen: Öl- und Schmierstoffkosten 6 – 8 % der Treibstoffkosten
– Erdtransportwagen: Öl- und Schmierstoffkosten 8 – 10 % der Treibstoffkosten

## 5.3.4 Zeitbegriffe zur Gerätekostenermittlung

**Lebensdauer**

Zeitdauer zwischen Herstellung und Verschrottung.

**Nutzungsdauer (s. a. Abbildung 20, S. 75)**

Zeitdauer, in der ein Gerät erfahrungsgemäß wirtschaftlich und mit technischem Erfolg eingesetzt werden kann. Die Nutzungsdauer wird entweder in Nutzungsjahren oder in Vorhaltemonaten ausgedrückt. Die Nutzungsdauer ist festgelegt durch die AfA-Tabelle (AfA = Absetzung für Abnutzung) des Bundesministers für Finanzen, hierbei definiert als betriebsgewöhnliche Nutzungsdauer (ND). Ist die Nutzung wegen besonders schwerer Einsatzbedingungen nicht mehr betriebsgewöhnlich und wird hierfür ein Nachweis erbracht, so kann von den Festlegungen der AfA-Tabelle abgewichen werden.

**Vorhaltezeit**

Zeit, in der ein Gerät einer Baustelle zur Verfügung steht und in der anderweitig nicht darüber verfügt werden kann.

Die Vorhaltezeit umfasst:

– Zeiten für An- und gegebenenfalls für Rücktransport,
– Zeiten für Auf- und Abbau (Einrichtung und Räumung),
– Einsatzzeiten,
– Zeiten für Umsetzen auf der Baustelle,
– Stillliegezeiten auf der Baustelle,
– Zeiten für Wartung und Pflege,
– Reparaturzeiten während des Einsatzes.

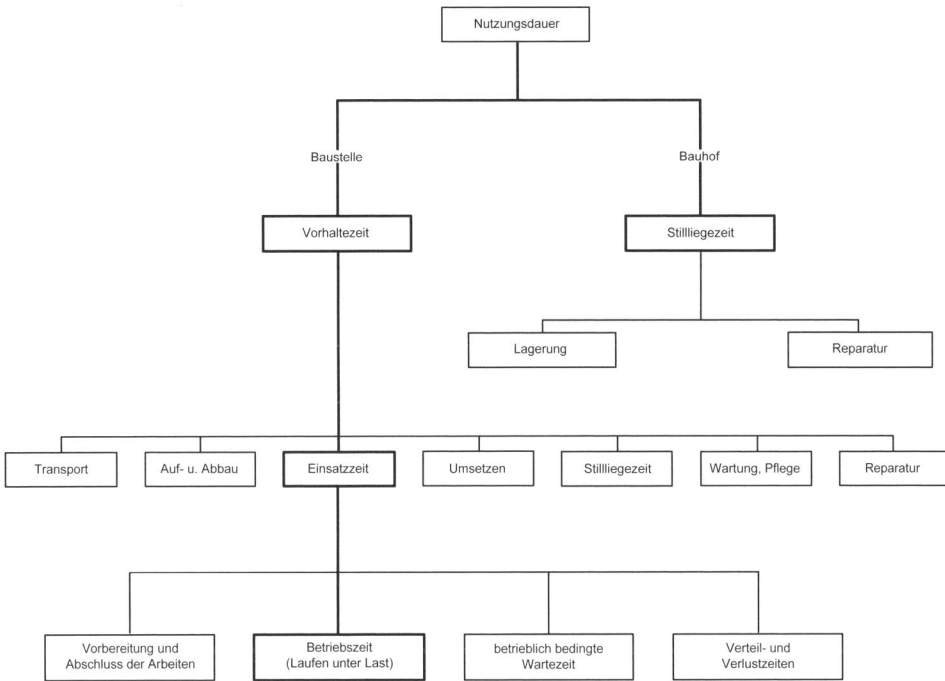

Abbildung 20:   Zeitbegriffe bei der Gerätekostenermittlung nach BGL

**Einsatzzeit**

Zeit, in der ein Gerät für die Durchführung einer Bauleistung eingesetzt ist.

Die Einsatzzeit umfasst:

- Zeit für Vorbereitung und Abschluss der Arbeit,
- Betriebszeit (Laufen unter Last),
- baubetrieblich bedingte Wartezeiten,
- Verteil- und Verlustzeiten, z. B. Einholen von Arbeitsanweisungen.

Baubetrieblich bedingte Wartezeiten sind z. B. Warten des Baggers auf Transportfahrzeuge oder Arbeitsunterbrechungen infolge Sprengungen.

Die Zeit für Vorbereitung und Abschluss der Arbeit umfasst z. B. das Auswechseln eines Arbeitswerkzeugs, soweit es sich um einen kurzzeitigen Vorgang handelt. Andernfalls ist es eine Umbauzeit.

Verteil- und Verlustzeiten treten regelmäßig während des Arbeitsablaufs auf. Sie umfassen z. B. persönliche Bedürfnisse des Geräteführers, Einholung von Anweisungen, Auftanken des Gerätes. Sie können als Verlustzeiten nur dann bezeichnet werden, wenn sie objektiv vermeidbar sind und nicht zur Erholung des Geräteführers benötigt werden.

**Stillliegezeit**

Zeiten innerhalb einer Vorhaltezeit, die ein Gerät stillliegt.

# 5.3.5 Kostenbegriffe zur Gerätekostenermittlung

## Mittlerer Neuwert

Die angegebenen Neuwerte der Baugeräteliste 2007 sind Mittelwerte der Listen-Preise der gebräuchlichsten Fabrikate auf der Preisbasis 2000 einschließlich Bezugskosten (Nettopreis ohne Steuern).

Unter Bezugskosten fallen Frachten, Verpackung und Zölle.

Die mittleren Neuwerte gelten für die komplett ausgerüsteten, betriebsbereiten Geräte ohne Ersatzteile.

Bei sämtlichen Gerätearten ist anzugeben, welche Ausrüstungsteile in den Neuwerten erfasst bzw. nicht enthalten sind.

Die Fortschreibung der mittleren Neuwerte erfolgt mit Hilfe des Erzeugerpreisindex für Baumaschinen (s. S. 243).

## Abschreibung

Wertverzehr eines Geräts während seiner Nutzungsdauer, soweit dieser nutzungsbedingt ist. Die Abschreibung umfasst nicht den Wertverzehr infolge Zerstörung oder Verkürzung der Nutzungsdauer durch Unfall oder unsachgemäße Bedienung.

Der in der Kalkulation angesetzte Wertverzehr wird als kalkulatorische Abschreibung bezeichnet. Dabei wird ein Wertverzehr angenommen, der sich gleichmäßig über die gesamte Nutzungsdauer verteilt, so dass am Ende der Nutzungsdauer der Restwert des Geräts null beträgt. Man spricht dann von einer linearen (kalkulatorischen) Abschreibung.

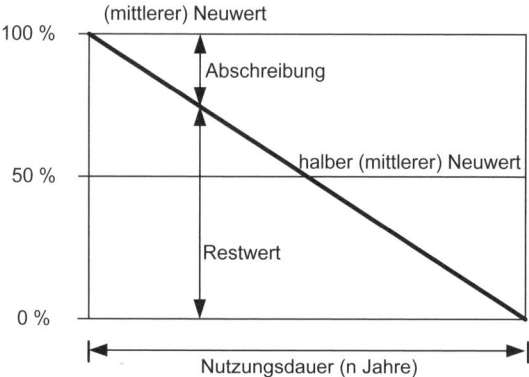

Abbildung 21: Abschreibung und Restwert von Geräten bei linearer Abschreibung

## Verzinsung

Betrag, der sich durch die rechnerische Verzinsung des im Gerät investierten, durchschnittlich gebundenen Kapitals ergibt. Die BGL 2007 verwendet einen kalkulatorischen Zinsfuß von 6,5 %.

Obwohl sich bei der Berechnung der Verzinsung auf der Grundlage der linearen Abschreibung linear abnehmende Zinsbeträge ergeben, wird bei der kalkulatorischen Verzinsung aus Gründen der praktischen Anwendbarkeit mit einem gleichbleibenden durchschnittlichen Verzinsungsbetrag gerechnet. Als durchschnittliches gebundenes Kapital wird der halbe mittlere Neuwert über die gesamte Nutzungsdauer angesetzt.

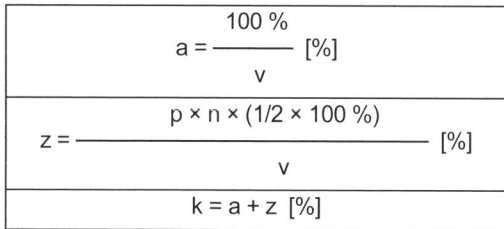

$$a = \frac{100\ \%}{v}\ [\%]$$

$$z = \frac{p \times n \times (1/2 \times 100\ \%)}{v}\ [\%]$$

$$k = a + z\ [\%]$$

**Erläuterung der Ansätze für Abschreibung und Verzinsung nach BGL**

a = Anteil für Abschreibung je Monat in Prozent vom mittleren Neuwert

z = Verzinsung je Monat in Prozent vom mittleren Neuwert

k = Abschreibung und Verzinsung in Prozent vom mittleren Neuwert

v = Vorhaltemonate

n = Nutzungsjahre

p = kalkulatorischer Zinsfuß von 6,5 %

Alle in der Baupraxis üblicherweise vorkommenden Werte k sind in der nachstehenden Tabelle wiedergegeben. Die in der Baugeräteliste aufgeführten monatlichen Abschreibungs- und Verzinsungsbeträge in Euro ergeben sich zu:

K = Monatlicher Abschreibungs- und Verzinsungsbetrag in €

A = Mittlerer Neuwert in €

$$K = k \times A\ [\text{€}]$$

Da die Vorhaltemonate v in der Baugeräteliste in von-bis-Werten angegeben sind, ergeben sich für die monatlichen Abschreibungs- und Verzinsungsbeträge in jedem Fall ebenfalls von-bis-Werte.

Der in der Kalkulation angesetzte Betrag für Gerätemiete liegt im Allgemeinen unter den Werten der Baugeräteliste, da die Nutzungsdauer und damit auch die Vorhaltezeit meist höher sind als in der Baugeräteliste angegeben und oft die Anschaffungskosten unter den Listenpreisen liegen. Außerdem wird vielfach keine Verzinsung berücksichtigt.

**Beispiel: Berechnung des monatlichen Abschreibungs- und Verzinsungsbetrags für einen Muldenkipper mit 12,3 t Nutzlast und 230 kW (BGL-Nr. D.6.00.1223)**

| | | | |
|---|---|---|---|
| Mittlerer Neuwert: | 157.000,00 € | Vorhaltezeit: | 45 bis 40 Monate |
| Nutzungszeit: | 4 Jahre | Zinssatz: | 6,5 %/Jahr |

| | |
|---|---|
| Abschreibung A: $\dfrac{157.000,00\ \text{€}}{45\ \text{bis}\ 40\ \text{Mon}} =$ | 3.489 bis 3.925 €/Mon |
| Verzinsung (V): $\dfrac{157.000,00\ \text{€} \times 4\ a \times 0,065\ \%/a}{2 \times (45\ \text{bis}\ 40)\ \text{Mon}} =$ | 454 bis 510 €/Mon |
| Summe A + V | 3.943 bis 4.435 €/Mon |
| A + V nach BGL 2007 (2,5 bis 2,8 %/Mon) | 3.930 bis 4.400 €/Mon |

## D.6 Muldenkipper

▶ **D.6.0**  **Muldenkipper mit starrem Rahmen**

| | Nutzungsjahre | Vorhaltemonate | Monatlicher Satz für Abschreibung und Verzinsung | Monatlicher Satz für Reparaturkosten |
|---|---|---|---|---|
| D.6.00-D.6.03 | 4 | 45–40 | 2,5%-2,8% | 2,2% |

Muldenkipper für Tunnel- und Stollenbau siehe H.5.6.

**D**

**D.6.00**  **Muldenhinterkipper starr, 6×4**  2963
MULDHIKIPP STARR 6×4

**Standardausrüstung:**
Starrer Rahmen, dreiachsig 6×4, ohne Allradantrieb.
Grundgerät mit Mulde, Fahrerkabine ROPS, Pneumatisch-hydraulisch betätigte
Trommel- oder Scheibenbremsen, Planetenlastschaltgetriebe, Hinterkippeinrichtung,
Beleuchtungsanlage.
Mit: Standardbereifung.
Ohne: Reservereifen.

**Kenngröße(n):** Nutzlast (t) und Motorleistung (kW).

| Nr. | Nutzlast | Motorleistung | Muldeninhalt gestrichen voll | Gewicht | Mittlerer Neuwert | Monatliche Reparatur- kosten | Monatlicher Abschreibungs- und Verzinsungsbetrag | |
|---|---|---|---|---|---|---|---|---|
| | t | kW | m³ | kg | Euro | Euro | von Euro bis | |
| D.6.00.1023 | 10,2 | 230 | 5,5 | 13500 | 138500,00 | 3050,00 | 3460,00 | 3880,00 |
| D.6.00.1223 | 12,3 | 230 | 6,5 | 14000 | 157000,00 | 3450,00 | 3930,00 | 4400,00 |
| D.6.00.1625 | 16,4 | 250 | 8,5 | 17000 | 163000,00 | 3590,00 | 4080,00 | 4560,00 |
| D.6.00.1629 | 16,4 | 290 | 8,5 | 17000 | 171500,00 | 3770,00 | 4290,00 | 4800,00 |
| D.6.00.2027 | 20,1 | 270 | 10,5 | 18000 | 186500,00 | 4100,00 | 4660,00 | 5200,00 |
| D.6.00.2031 | 20,1 | 310 | 10,5 | 18000 | 203000,00 | 4470,00 | 5100,00 | 5700,00 |

**Zusatzausrüstung(en) für D.6.00-D.6.03:**

| D.6.0*.****-AA | Felsmulde oder verstärkter Muldenboden FELSMULDE | | | | |
|---|---|---|---|---|---|
| | Werterhöhung  mittl. Neuwert 3% | | | | |
| D.6.0*.****-AB | Klimaanlage KLIMAANLAGE | | | | |
| | Werterhöhung | | 4600,00 | 101,00 | 115,00 | 129,00 |
| D.6.0*.****-AC | Muldenheckklappe MULDENHECKKLAPPE | | | | |
| | Werterhöhung  mittl. Neuwert 1% | | | | |

Abbildung 22:  Auszug aus der Baugeräteliste 2007 (Quelle: BGL 2007, S. D 43)

**Reparaturkosten**

Die Reparaturkosten der Geräte steigen mit wachsendem Gerätealter. Vereinfachend sind sie jedoch als Durchschnittswerte über die gesamte Nutzungsdauer (Vorhaltemonate) angegeben, und zwar in Form von monatlichen Beträgen R (€) für jede Gerätegröße oder in Prozent des mittleren Neuwerts für jeden Gerätetyp als monatliche Sätze r. Es gilt:

$$R = r \times A \text{ [€/Monat]}$$

r  = monatliche Sätze in Prozent vom mittleren Neuwert für jede Geräteart

A  = mittlerer Neuwert in €

R  = monatliche Beträge in € für jede Gerätegröße

Nicht zu den Reparaturkosten gehören die Wartung und Pflege (z. B. Ölwechsel, Abschmieren, Reinigen von Verschmutzung durch Baustoffe und Boden) sowie die Beseitigung von Gewaltschäden.

Die in der Baugeräteliste angegebenen Reparaturkosten gelten unter der Voraussetzung mittelschwerer Betriebsbedingungen bei überwiegend normaler Arbeitszeit und angemessener Wartung und Pflege. Sie gliedern sich wie folgt auf:

60 % Lohnkosten (Bruttolöhne), ohne Sozial- u. Lohnnebenkosten,

40 % Stoffkosten frei Reparaturstelle ohne MwSt.

Wegen der sich häufig ändernden Sozial- und Lohnnebenkosten wurden diese Kosten nicht in die Reparaturkostensätze der BGL 2007 einbezogen. Nicht enthalten sind auch Reparaturgemeinkosten, z. B. Kosten aus der Vorhaltung der Reparaturwerkstätteneinrichtung. Die Reparaturkostenansätze sind daher nach der BGL 2007 noch um die Sozial-, Lohnnebenkosten und Reparaturgemeinkosten zu erhöhen. Die sich hieraus ergebenden Reparaturkostensätze sind jedoch nach den Erfahrungen der Praxis überhöht. Häufig werden in der Kalkulation die unteren Werte der BGL-Reparaturkosten ohne Sozial-, Lohnnebenkosten und Reparaturgemeinkosten mit einem Abschlag von bis zu 40 % angesetzt.

**Beispiel: Berechnung des monatlichen Reparaturkostenbetrags für einen Muldenkipper mit 12,3 t Nutzlast und 230 kW (BGL-Nr. D.6.00.1223)**

| | |
|---|---:|
| Mittlerer Neuwert: | 157.000 € |
| Monatlicher Satz für Reparaturkosten (s. Abbildung 22) | 2,2 %/Mon |
| | |
| Monatliche Reparaturkosten nach BGL 2007 | |
| BGL-Satz %/Mon × Mittlerer Neuwert € | |
| 2,2 %/Mon × 157.000 € = | 3.450 €/Mon |

## 5.3.6 Gerätekostenermittlung in Abhängigkeit von den Zeitarten

Gerätekosten sind wie die Lohnkosten abhängig von der Zeit. Für die Ermittlung der Gerätekosten sind deshalb vier Zeitarten zu unterscheiden:

– Vorhaltezeit,

– Einsatzzeit,

– Betriebszeit,

– Stillliegezeit.

### 5.3.6.1 Gerätekostenermittlung für die Vorhaltezeit

Diese Art der Kostenermittlung wird überwiegend für Geräte angewendet, die während längerer Zeit auf der Baustelle vorgehalten werden müssen, ohne jedoch immer in Betrieb zu sein. Das trifft vor allem auf Geräte des Hoch- und Ingenieurbaus, also Geräte zur Herstellung und Verarbeitung von Beton, Hebezeuge und Baustellenausstattungen zu. Die Sätze für Abschreibung, Verzinsung und Reparatur (A + V + R) werden dabei als Beträge je Vorhaltemonat der Baugeräteliste oder eigenen Unterlagen entnommen und mit der Anzahl der Vorhaltemonate multipliziert.

Soweit in der Vorhaltezeit Stillliegezeiten über 10 Tage enthalten sind, werden verminderte Sätze für Abschreibung und Verzinsung verwendet. Reparaturkosten und Kosten der Betriebsstoffe entfallen.

In der BGL wird bei der Berechnung der Gerätevorhaltekosten von folgenden Zeitbegriffen ausgegangen:

– 1 Vorhaltemonat = 30 Kalendertage = 170 Vorhaltestunden = 170/8 Vorhaltetage

– 1 Vorhaltetag = 8 Vorhaltestunden.

Für die Vorhaltekosten werden folgende Definitionen verwendet:

– Gesamtvorhaltekosten = Vorhaltezeit × Vorhaltekosten je Zeiteinheit

– Vorhaltekosten je Kalendertag = 1/30 des Monatsbetrags

– Vorhaltekosten je Vorhaltetag = 8/170 des Monatsbetrags

– Vorhaltekosten je Vorhaltestunde = 1/170 des Monatsbetrags.

**Beispiel: Berechnung der Gesamtgerätekosten eines Krans mit Laufkatzenausleger, Nennlastmoment 100 tm, BGL-Nr. C.0.10.0100**

| Vorhaltezeit: 18 Monate | |
|---|---|
| Ermittlung der Gerätekosten/Monat: | €/Monat |
| – Monatl. Abschreibungs- und Verzinsungsbetrag (als Mittelwert der in der BGL angegebenen „von-bis"-Werte) 1/2 × (3.760 + 4.120) = | 3.940,00 |
| – Monatlicher Reparaturbetrag nach BGL = | 1.970,00 |
| – Monatliche Betriebsstoffkosten Motorleistung 36 kW durchschnittl. Betriebsstunden 100 Bh/Mon, Kosten 0,25 €/kWh Schmierstoffkosten 3,0 % der Betriebsstoffkosten 36 × 100 × 0,25 × 1,03 = | 927,00 |
| Monatliche Gerätekosten = | 6.837,00 |
| Gesamtgerätekosten = Vorhaltezeit × $\frac{\text{Gerätekosten}}{\text{Zeiteinheit}}$ = 18 [Mon] × 6.837,00 [€/Mon] = | 123.066,00 |

Wenn die Gerätekosten nicht in den Gemeinkosten der Baustelle (als so genannte „Vorhaltegeräte"), sondern in den Einzelkosten der Teilleistungen (als so genannte „Leistungsgeräte") erfasst werden, müssen sie auf die Einheit der während der Vorhaltezeit erbrachten Leistung bezogen werden, z. B. bei einem Bagger als €/m³ Aushub.

### 5.3.6.2 Gerätekostenermittlung über die Einsatz- oder Betriebszeit

Bei der Einsatzzeit werden gegenüber der Vorhaltezeit folgende Zeitanteile nicht berücksichtigt:

– Transportzeiten zu und von der Baustelle,
– Auf- und Abbauzeiten,
– Zeit für Umbau und Umsetzen,
– Stillliegezeiten,
– Reparaturzeiten.

Bei der Betriebszeit entfallen zusätzlich:

– Zeit für Vorbereitung und Abschluss der Arbeit,
– baubetrieblich bedingte Wartezeiten,
– Verteil- und Verlustzeiten.

Die Anzahl der Einsatzstunden ist also wesentlich geringer als die Anzahl der Vorhaltestunden. Ebenso ist die Anzahl der Betriebsstunden geringer als die Anzahl der Einsatzstunden.

Soweit die Kalkulation von der Gerätestunde als Bezugsgröße ausgeht, ist bei der Festlegung der Geräteleistung auf die Berechnungsgrundlage zu achten, d. h., ob diese auf der Vorhalte-, Einsatz- oder Betriebszeit aufbaut. Im Allgemeinen wird die Kalkulation auf der Grundlage von Geräteeinsatz- oder Gerätebetriebsstunden nur für so genannte Leistungsgeräte durchgeführt. Hierunter sind solche Geräte zu verstehen, die bestimmten Teilleistungen zugeordnet werden, manchmal nur kurzfristig auf der Baustelle sind und bei maschinenintensiven Arbeiten verwendet werden. Zu den Leistungsgeräten gehören z. B. Erdbaugeräte, Geräte für Straßenbau, Rammen, Schlitzwandgreifer und Bohrgeräte.

Beim Ansatz der Geräteleistung in der Kalkulation ist sowohl bei der Übernahme von betriebsintern ermittelten Werten als auch bei der Berücksichtigung von Leistungswerten aus der einschlägigen Fachliteratur zu beachten, dass die Leistungswerte sowohl von der Stundenart (Vorhalte-, Einsatz- oder Betriebsstunde) als auch von weiteren Einflussgrößen, wie z. B. Lage der Baustelle, Jahreszeit, Niederschlagsmengen und Können des Bedienungspersonals, abhängen.

Meist wird jedoch bei Leistungsgeräten mit Tagessätzen kalkuliert, die zu 1/20 des Monatssatzes berechnet werden. Hierdurch vermeidet man die Unterscheidung nach Einsatz- und Betriebsstunden. Es muss aber eine mittlere Tagesleistung angenommen werden.

### 5.3.6.3 Gerätekostenermittlung für Stillliegezeiten

Treten innerhalb einer Vorhaltezeit Stillliegezeiten mit einer Dauer von mehr als 10 Tagen auf, sieht die BGL 2007 folgende Vorhaltekosten als angemessen an:[1]

– für die ersten 10 Kalendertage volle Abschreibung und Verzinsung (A + V) sowie die vollen Reparaturkosten (R),

– vom 11. Kalendertag an 75 % von (A + V) zuzüglich 8 % von (A + V) für Wartung und Pflege; Reparaturkosten entfallen.

**Beispiel: Ermittlung der Gerätekosten für einen Muldenkipper mit 12,3 t Nutzlast und 230 kW, BGL-Nr. D.6.00.1223**

Ermittlung der Gerätekosten auf Basis von

– Vorhaltestunden [Vh],

– Einsatzstunden [Eh],

– Betriebsstunden [Bh]

sowie für eine Stillliegezeit von 21 Tagen.

---

[1]  Dieser in der BGL 2007 enthaltene Vorschlag ist bereits in der BGL 1952 unter Hinweis auf § 6 der Baupreisverordnung (BPVO) 1951 enthalten. Die BPVO hatte seinerzeit diesen Vorschlag als Richtlinie für die Beurteilung der Angemessenheit übernommen (BGL 1952, Anhang 1, Nr. 5.112).

Ausgangswerte:

– Monatl. Abschreibungs- und Verzinsungsbetrag nach BGL
  Satz der BGL: 2,5 - 2,8 % i. M. 2,65 %
  = (3.390,00 + 4.400,00) €/Mon/2             4.165,00 €/Mon

– Monatl. Reparaturkostenbetrag
  Satz der BGL: 2,2 % (ohne Zuschlag für Sozialkosten)   =   3.450,00 €/Mon

– Treibstoffkostenverbrauch/Einsatzstunde           0,10 l/kW, Eh

– Schmierstoffkosten                     8 % der Treibstoffkosten

– Kosten des Dieselkraftstoffes            1,30 €/l

– Vorhaltestunden                       170 Vh/Mon

– Vorhaltezeit                         30 KT/Mon

– Einsatzzeit                         20 KT/Mon

– Einsatzstunden 20 d/Mon × 8 Eh/d    =    160 Eh/Vorhaltemonat bei 8 Eh/d

– Betriebsstunden 0,75 × 160 Eh/Mon    =    120 Bh/Vorhaltemonat

   (25 %iger Abzug von den Einsatzstunden für Rüst-, Warte- und Verteilzeiten)

**Gerätekosten/Monat**

– Abschreibung und Verzinsung (A + V)         4.165,00 €/Mon

– Reparaturkosten (R) 3.450,00 €/Mon         3.450,00 €/Mon

– Treibstoffkosten 230 × 0,10 × 160 × 1,30 €/Mon   =   4.784,00 €/Mon

– Schmierstoffkosten 0,08 × 4.784,00 €/Mon    =    382,72 €/Mon

Gerätekosten/Monat                 12.781,72 €/Mon

Gerätekosten/Kalendertag $\dfrac{12.781,72}{30}$ €/Mon = 426,06 €/Mon

Gerätekosten/Vorhaltestunde $\dfrac{12.781,72}{170}$ €/Mon = 75,19 €/Mon

Gerätekosten/Einsatzstunde $\dfrac{12.781,72}{160}$ €/Mon = 79,89 €/Mon

Gerätekosten/Betriebsstunde $\dfrac{12.781,72}{120}$ €/Mon = 106,51 €/Mon

**Vorhaltekosten für Stillliegezeiten:**

1.–10. Kalendertag: 100 % von A + V + R
ab 11. Kalendertag: 75 % + 8 % von A + V

1.–10. Kalendertag:      $\dfrac{(4.165,00 + 3.450,00)}{30}$    x 10 €/Mon = 2.538,33 €/Mon

11.–21. Kalendertag      $\dfrac{4.165,00}{30}$    x 0,83 x 11 €/Mon = 1.267,55 €/Mon

Vorhaltekosten (für 21 Tage Stillliegezeit) 3.805,88 €/Mon       3.805,88 €/Mon

## 5.3.7 Unternehmensinterne Verrechnungssätze für die Gerätevorhaltung

Zins ist der Preis für die Überlassung von Kapital. In der Gewinn- und Verlustrechnung wird zwischen Aufwandszinsen und Ertragszinsen unterschieden. In der Kostenrechnung werden jedoch die tatsächlichen Zinsaufwendungen durch kalkulatorische Zinsen ersetzt, die auf das gesamte für die Leistungserstellung eingesetzte betriebsnotwendige Kapital zu beziehen sind. Dabei ist der auf die Geräte entfallende Anteil verhältnismäßig gering im Vergleich zum Kapital, das für die Finanzierung der Produktion, der Sicherheitseinbehalte und des sonstigen Anlagevermögens und der Vorräte notwendig ist.

Da aber steuerlich die Verzinsung des Kapitals einen steuerpflichtigen Gewinn darstellt, dessen Erzielung von den Verhältnissen am Baumarkt abhängig ist, bilden sich die Unternehmen meist ihre eigenen Ansätze für die Gerätevorhaltung, die nur den Wertverzehr für die tatsächliche Nutzungsdauer und die tatsächlichen Reparaturkosten enthalten und somit auch von der BGL abweichende Neupreise einbeziehen. Sie betrachten also die kalkulatorische Verzinsung des betriebsnotwendigen Kapitals als einen Bestandteil des Ansatzes für Wagnis und Gewinn und lassen diesen Anteil aus den Verrechnungssätzen für die Gerätevorhaltung heraus. Die unternehmensinternen Verrechnungssätze für die Gerätevorhaltung liegen somit meist unter den Sätzen für Abschreibung, Verzinsung und Reparaturkosten (A + V + R) der Baugeräteliste.

Die Verrechnungssätze können bezogen werden auf

- die Einsatzstunde,
- den Einsatztag,
- den Kalendertag.

Wird der Kalendertag gewählt, so beginnt die Belastung der Baustelle mit dem Tag des Aufladens zum Antransport und endet mit der Abfuhr von der Baustelle oder der Ankunft auf dem Lagerplatz. Aus Vereinfachungsgründen werden oft keine geräteindividuellen Verrechnungssätze gebildet, sondern es wird ein Abschlag auf die Beträge der Baugeräteliste vorgenommen.

**Berechnung der Vorhaltekosten auf der Grundlage von Betriebsstunden**

Eine von der Baugeräteliste abweichende Vorgehensweise für die Ermittlung der Vorhaltekosten von Erd- und Straßenbaugeräten beschreibt die amerikanische Firma Caterpillar in der englischen Ausgabe ihres „Caterpillar-Performance-Handbook"[1]. Ausgangspunkt für die Berechnung ist eine realitätsbezogene Schätzung des Vorhaltezeitraums, dem nicht die steuerliche Abschreibungsdauer, sondern die voraussichtliche Nutzungsdauer des Geräts auf der Basis von Betriebsstunden zugrunde gelegt wird. Hierzu werden einem „Leitfaden zum Feststellen der Nutzungsdauer aufgrund von Einsatz und Arbeitsbedingungen" für das betreffende Gerät die Betriebsstunden in Abhängigkeit von den zu erwartenden Arbeitsbedingungen (Zuordnung zur Gruppe A, B oder C) entnommen. Dabei ist jedoch zu beachten, dass auch andere Faktoren als nur die Einsatzbedingungen die Abschreibungsdauer eines Geräts beeinflussen können, z. B.: Wunsch nach schnellerer Amortisierung des eingesetzten Kapitals, ein bereits bei Anschaffung bekannter, zeitlich begrenzter Einsatz des Geräts, regionale Gepflogenheiten und örtliche wirtschaftliche Bedingungen und andere Einflüsse, die möglichst realistisch zu beurteilen und zu bewerten sind.

---

[1] Caterpillar-Performance-Handbook, edition 31, Selbstverlag der Fa. Caterpillar, 2000. In neueren Auflagen fehlen diese Angaben.

Einen maßgeblichen, in den Angaben des Leitfadens nicht berücksichtigten Einfluss auf die Nutzungsdauer von Baumaschinen haben Pflege und Wartung. So kann eine schlechte Wartung eine vorgesehene Nutzungsdauer von z. B. 12.000 Betriebsstunden bereits nach 10.000 Betriebsstunden unwirtschaftlich werden lassen.

**Beispiel: Ermittlung der Vorhaltekosten für einen Bagger**

<u>Annahmen zum Beispiel</u>

Hydraulikbagger auf Raupen 86 kW (z. B. Typ Caterpillar 318B L),

Anschaffungspreis 143.000,00 €, Finanzierung mittels Fremdkapital

Gesamtnutzungsdauer in Betriebsstunden lt. Leitfaden:

| | |
|---|---|
| 12.000 h | bei Aushub von leichtem, nicht bindigem Material |
| 10.000 h | bei Mengenaushub in natürlich gewachsenem Ton, ständiger Vollgasbetrieb |
| 8.000 h | Laden von geschossenem Fels, dauernd hoher Lastfaktor auf felsigem Boden und hohe Stoßbelastungen. |

Vorgesehener Einsatz:

30 % Aushub in leichtem, nicht bindigem Boden,

50 % Aushub in gewachsenem, bindigem Boden,

20 % Arbeiten auf felsigem Boden, Laden von Fels.

Mittlere Betriebsstundenzahl:

$0,3 \times 12.000$ h $+ 0,5 \times 10.000$ h $+ 0,2 \times 8.000$ h $= 10.200$ h

Angenommene Nutzungsdauer 8 Jahre

Verkauf des Baggers nach 5 Jahren, erwarteter Restwert:

35 % des Anschaffungspreises $= 0,35 \times 143.000,00$ € $= 50.050,00$ €

Betriebsstunden nach 5 Jahren: $^5/_8 \times 10.200$ Std. $= 6.375$ h

Geschätzter Wiederbeschaffungspreis eines neuen Baggers nach 5 Jahren: 165.000,00 €

<u>Abschreibung (A):</u>

Durch Abschreibung zu erwirtschaftender Betrag:

165.000 € − 50.050 € = 114.950 €

Abschreibungsbetrag je Betriebsstunde: 114.950 €/6.375 h =                                18,03 €/h

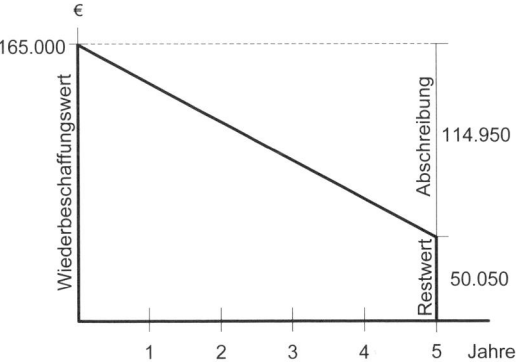

Verzinsung (V):

Angenommene Nutzungsdauer: 5 Jahre

Zinssatz: 9 % (Fremdkapital)

$$\frac{1/2 \times (143.000 + 50.050) \ € \times 9 \ \% \times 5}{6.375 \ h} = \qquad 6,81 \ €/h$$

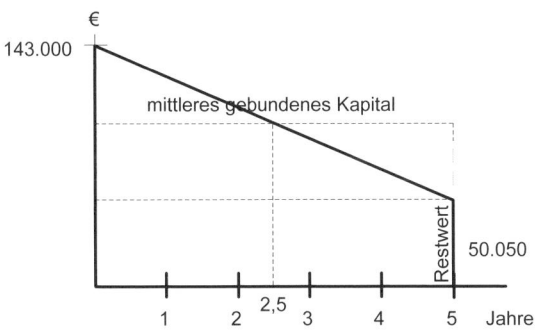

Reparatur (R):

Geschätzte Reparaturkosten während der gesamten Betriebsstunden von 8 Jahren:

60 % des Anschaffungspreises = 60 % × 143.000 € = 85.800 €

Durchschnittlicher Reparatursatz je Betriebsstunde: 85.800 €/10.200 h = 8,41 €/h

Da erfahrungsgemäß bei derartigen Geräten in den ersten Nutzungsjahren kaum oder nur geringe Reparaturkosten anfallen und die Gesamtnutzungsdauer von 8 Jahren auf 5 Jahre herabgesetzt ist, wird der oben errechnete durchschnittliche Reparaturansatz mit einem geschätzten Faktor von 0,7 abgemindert:

R = 0,7 × 8,41 €/h = 5,89 €/h

Gesamtvorhaltekosten A + V + R

Die Vorhaltekosten für eine Betriebsstunde errechnen sich somit zu: **A + V + R = 30,73 €/h**

# 5.4 Kosten der Fremdleistungen

Dies sind Kosten, die bei der Ausführung von Bauleistungen durch fremde Unternehmen anfallen. Fremdleistungen betreffen also solche Leistungen, die zwar Bestandteil der vertraglich zu erbringenden Bauleistung sind, jedoch nicht selbst ausgeführt werden, sondern einem fremden Unternehmen (oft als Subunternehmer oder Nachunternehmer bezeichnet) zur Ausführung übergeben werden. Da Fremdleistungen sowohl Bestandteil von Hauptunternehmerleistungen sein können als auch in sich abgeschlossene, abrechnungsfähige Leistungen, für die vom Fremdunternehmer die Gewährleistung übernommen werden muss, ist in der Kalkulation entsprechend zu untergliedern nach:

- Fremdarbeitskosten,
- Kosten der Nachunternehmerleistungen.

## 5.4.1 Fremdarbeitskosten

Hierunter werden die Kosten für solche Leistungen verstanden, die an andere Unternehmen zur Ausführung weitervergeben werden. Sie bilden einen Bestandteil der Leistungen des Hauptunternehmers und lassen sich in Bezug auf die Gewährleistung meist nicht von diesen abgrenzen. Typische Fremdarbeiten sind z. B.

- Verkleidung von Baugruben und Verankerung von Baugrubenverkleidungen,
- Auf- und Abbau von Geräten durch fremde Montagekolonnen,
- Montage von Fertigteilen,
- Schal- und Bewehrungsarbeiten.

Die hierauf entfallenden Geschäftskosten werden sich in ihrer Höhe nicht oder nur wenig von denen unterscheiden, die durch selbst ausgeführte Leistungen entstehen. Auch die Höhe der Baustellengemeinkosten wird dadurch meist nicht berührt, da alle wesentlichen Bestandteile der Baustellengemeinkosten, insbesondere Bauleitung, Aufsicht und die Kosten der Vorhaltegeräte, unverändert bleiben. Das Lohnüberschreitungsrisiko wird jedoch vermindert, so dass hier eine gewisse Verringerung der Risikoansätze berechtigt sein kann.

## 5.4.2 Nachunternehmerleistungen

Als Nachunternehmerleistungen werden in sich abgeschlossene gewährleistungsfähige Leistungen bezeichnet.

Im Allgemeinen werden die Leistungen vom Nachunternehmer zu den gleichen Vertragsbedingungen ausgeführt, wie sie auch für den Hauptunternehmer gelten. Die Abrechnungen werden bereits in einer Form aufgestellt, so dass sie vom Hauptunternehmer ohne Änderung in seine Bauleistungsabrechnung übernommen werden können. Typische Nachunternehmerleistungen sind vor allem bei schlüsselfertigen Bauten Arbeiten des Ausbaus, der Gebäudetechnik, der Fassade, der Abdichtung (s. a. Abschnitt D 24, S. 286).

Der Hauptunternehmer übernimmt im Wesentlichen Aufgaben der Bauleitung sowie die Risiken der Gewährleistung und des Ausfalls des Nachunternehmers, so dass höhere Zuschläge gerechtfertigt sind.

Die Erfahrung beim schlüsselfertigen Bauen zeigt auch, dass in dem großen Anteil der Nachunternehmerleistungen ein erhebliches Risiko für den Bieter liegen kann, das vor allem auf den Ausfall des Nachunternehmers oder dessen schleppende Mängelbeseitigung zurückgeht, so dass der Hauptunternehmer noch Beihilfearbeiten durchführen und manchmal Teile der Nachunternehmerleistungen selbst ausführen muss. Das bedingt einen hohen Risikozuschlag.

# 6 Gemeinkosten der Baustelle

## 6.1 Vorbemerkungen

Gemeinkosten der Baustelle (GkdB, auch Baustellengemeinkosten (BGK) genannt) sind die Kosten, die durch das Betreiben einer Baustelle entstehen, sich aber keiner Teilleistung (Position des Leistungsverzeichnisses) direkt zurechnen lassen. Die Gemeinkosten der Baustelle werden in einer gesonderten Berechnung erfasst und bei der Bildung der Einheitspreise den Teilleistungen als Bestandteil der Kalkulationsumlage zugerechnet.

Ist im Leistungsverzeichnis dagegen eine besondere Position für die Gemeinkosten der Baustelle oder Teile davon vorhanden, z. B. Einrichten und Räumen der Baustelle, Vorhalten der Baustelleneinrichtung, so sind die Kosten hierfür wie Einzelkosten von Teilleistungen im Sinne des Leistungsverzeichnisses zu behandeln.

Um den Zusammenhang zwischen Bauzeit und Baukosten (s. Abbildung 23) erkennbar zu machen, empfiehlt sich eine Trennung der Baustellengemeinkosten in die Bestandteile

– zeitunabhängige Kosten,
– zeitabhängige Kosten.

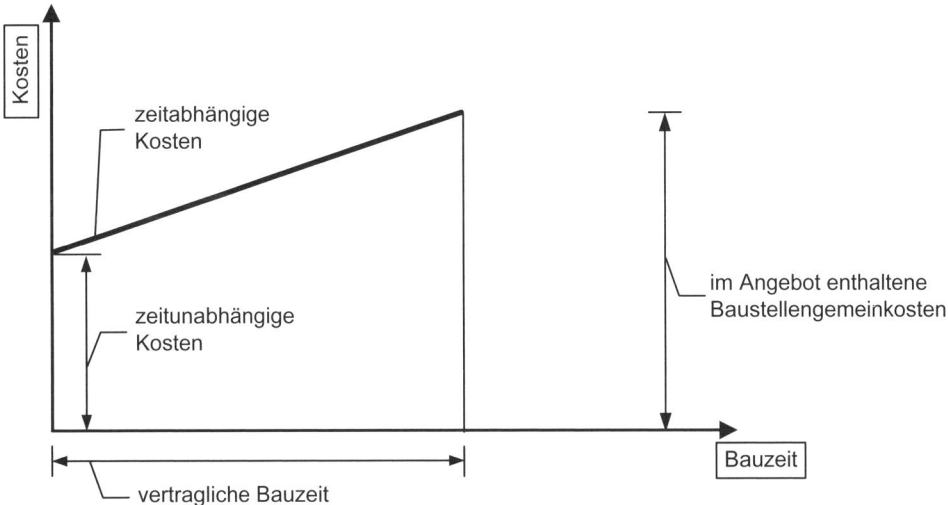

Abbildung 23: Schematische Darstellung des Zusammenhangs der Gemeinkosten der Baustelle zwischen Bauzeit und zeitab- und zeitunabhängigen Kosten

Abbildung 23 ist eine schematische Darstellung, die nicht der Wirklichkeit entspricht. Tatsächlich sind die Gemeinkosten der Baustelle geringer bei Beginn und Auslauf der Baustelle als während der Hauptbauzeit, da die Vorhaltegeräte mit ihrem Bedienungspersonal sowie die Führungskräfte der Baustelle nach und nach erhöht werden und während der Hauptbauzeit ihr Maximum erreichen. Beim Auslauf der Baustelle nach Beendigung der Hauptbauzeit werden die Vorhaltegeräte mit ihrem Bedienungspersonal sowie die Führungskräfte zurückgezogen, so dass sich die periodenbezogenen Gemeinkosten der Baustelle reduzieren und bei Baustellenende nur noch einen geringen Betrag erreichen.

Aus Abbildung 24 und Abbildung 25 ist zu entnehmen, dass die Kosten einer Bauzeitverlängerung vom Zeitpunkt ihres Auftretens abhängig sind. Sie sind am höchsten während der Hauptbauzeit und bei Anlauf und Auslauf der Baustelle wesentlich geringer.

[€/Monat]

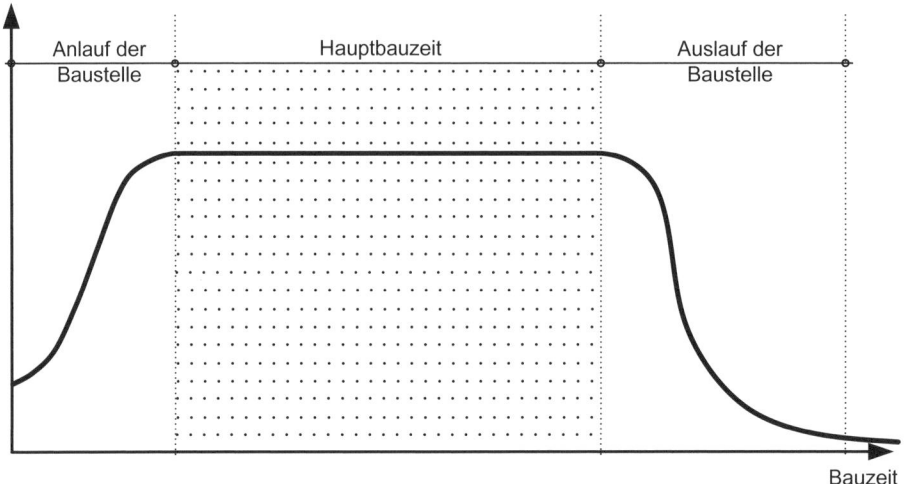

Abbildung 24: Gemeinkosten der Baustelle je Zeiteinheit

[€]

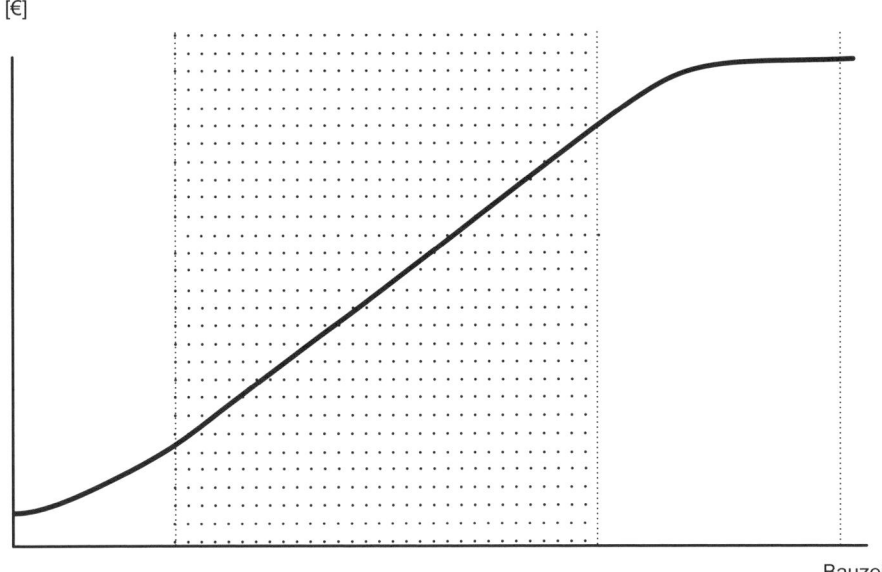

Abbildung 25: Summenkurve der Gemeinkosten der Baustelle

Die Gemeinkosten der Baustelle lassen sich in vielen Fällen nicht in einer Einzelentwicklung berechnen, sondern müssen oft in Form von Verrechnungssätzen, z. B. auf Arbeiterlöhne,

Gewicht oder installierte Motorleistung bezogen, ermittelt werden. Das trifft vor allem auf folgende Kostenarten zu:

- – Ladekosten,
- – Transportkosten,
- – Hilfsstoffe,
- – Werkzeug und Kleingerät,
- – Betriebsstoffkosten (vor allem Kosten der elektrischen Energie),
- – Kosten der Wohnlager.

Tabelle 7:  Gliederung der Gemeinkosten der Baustelle

| Gemeinkosten der Baustelle | |
| --- | --- |
| **2.1    Zeitunabhängige Kosten** | **2.2         Zeitabhängige Kosten** |
| *2.1.1*   Kosten der Baustelleneinrichtung<br>·   Ladekosten<br>·   Frachtkosten<br>·   Auf-, Um- und Abbaukosten für<br>  - Geräte<br>  - Unterkünfte, Container<br>  - Wasser, Abwasser, (elektr.) Energie, Telefon<br>  - Zufahrten, Wege, Zäune, Lager- und Werkplätze<br>  - Sicherungseinrichtungen | *2.2.1*   Vorhaltekosten<br>·   Geräte<br>·   besondere Anlagen<br>·   Unterkünfte und Container<br>·   Fahrzeuge<br>·   Einrichtungsgegenstände, Büroausstattung<br>·   Rüst-, Schal- und Verbaustoffe<br>·   Sicherungseinrichtungen und Verkehrssignalanlagen |
| *2.1.2*   Kosten der Baustellenausstattung<br>·   Hilfsstoffe<br>·   Werkzeuge und Kleingeräte<br>·   Ausstattung für Büros, Unterkünfte, Sanitärinstallationen soweit nicht unter 2.2.1 | *2.2.2*   Betriebskosten<br>·   Geräte<br>·   besondere Anlagen<br>·   Unterkünfte und Container<br>·   Fahrzeuge |
| *2.1.3*   Beseitigung Bauabfälle | *2.2.3*   Kosten der örtlichen Bauleitung<br>·   Gehälter<br>·   Telefon, Porto, Büromaterial<br>·   PKW- und Reisekosten, Spesen<br>·   Werbung |
| *2.1.4*   Technische Bearbeitung und Kontrolle<br>·   konstruktive Bearbeitung<br>·   Arbeitsvorbereitung<br>·   Baustoffprüfung, Bodenuntersuchung | |
| | *2.2.4*   Lohn- und Gehaltskosten aus Gerätevorhaltung<br>·   Gerätebedienung, z. B. Kranführer<br>·   Wartung, Reparatur |
| *2.1.5*   Bauwagnisse<br>·   Sonderwagnisse der Bauausführung<br>·   Versicherungen | *2.2.5*   Allgemeine Baukosten<br>·   Hilfslöhne<br>·   Transportkosten zur Versorgung der Baustelle (falls nicht unter *2.2.1* oder *2.2.2*)<br>·   Instandhaltungskosten der Wege, Plätze, Straßen und Zäune<br>·   Pachten und Mieten<br>·   Werkzeug und Kleingerät<br>·   sonstige zeitabhängige Kosten |
| *2.1.6*   Sonderkosten<br>·   außerordentliche Bauzinsen<br>·   Lizenzgebühren<br>·   Arge-Kosten<br>·   Winterbaumaßnahmen<br>·   sonstige einmalige Kosten | |

# 6.2 Zeitunabhängige Kosten

## 6.2.1 Kosten der Baustelleneinrichtung

**Ladekosten**

Die Ladekosten umfassen das Auf- und Abladen auf der Baustelle und auf dem Bauhof. Sie sind abhängig von Gewicht und Art der Ladegüter. Das Gewicht ist in einer getrennten Berechnung mit Hilfe der Geräteliste zu ermitteln oder für alle Ladegüter, die nicht in der Geräteliste enthalten sind, auf Grund von Erfahrungswerten festzulegen. Die Ladekosten beziehen sich auf:

- Geräte,
- Baracken, Raumzellen, Bauwagen, Boxen, Container,
- Werkzeug und Kleingerät,
- Einrichtungsgegenstände für die Baustellenbelegschaft,
- Rüst- und Schalmaterial,
- Verbaustoffe, wie z. B. Spundbohlen, Verbauholz, Profilträger für Baugrubenverbau,
- Hilfsstoffe (s. Abschnitt B 6.2.2, S. 98).

Bei den Geräten ist zu unterscheiden zwischen selbstfahrenden und nicht selbstfahrenden Geräten, da hierfür unterschiedliche Ladekosten entstehen. Soweit Hebezeuge für das Verladen herangezogen werden, sind entsprechende Verrechnungssätze einzusetzen.

Für sämtliche Ladegüter, die vom Bauhof versandt werden und nach Beendigung der Baustelle dorthin zurückgesandt werden, fällt der Ladevorgang viermal zu Lasten der Baustelle an; werden die Ladegüter direkt der nächsten Baustelle zugestellt, ohne den Bauhof zu berühren, so entstehen nur zwei Ladevorgänge zu Lasten der entsendenden Baustelle.

**Frachtkosten**

Die Frachtkosten betreffen Transporte der zuvor genannten Güter. Bei der Kostenermittlung ist darauf zu achten, ob die Transportfahrzeuge wegen der Sperrigkeit der Güter voll ausgelastet werden können. Ferner sind die Standzeiten für Auf- und Abladen einzubeziehen. Unter den Frachtkosten sind auch die so genannten Nebenfrachten einzubeziehen, die für die Transporte der Hilfsstoffe anfallen. Während die Transportkosten für Einrichten und Räumen der Baustelle zu den einmaligen Kosten gehören, sind die Kosten für die laufenden Versorgungsfahrten unter den zeitabhängigen Kosten aufzuführen.

Werden die Transporte nicht mit eigenen Fahrzeugen durchgeführt, so sind die Transportkosten mit den entsprechenden Frachttarifen zu berechnen. Dazu gehören z. B.:

KURT = Kostenorientierte Unverbindliche Richtpreis-Tabellen (Stand 1998) für innerdeutsche Transporte,

GNT = Güternahverkehrstarif (seit 31.12.1993 nicht mehr gültig),

RKT = Reichskraftwagentarif: für Transporte im Güterfernverkehr, d. h. außerhalb der Nahverkehrszone,

DEGT = Deutscher Eisenbahn-Gütertarif für Bahntransporte.

Seit 01.01.1994 gelten die Tarife im innerdeutschen Güterkraftverkehr nicht mehr. Deshalb wurden vom Bundesverband Wirtschaftsverkehr und Entsorgung (BWE) Kostenorientierte Unverbindliche Richtsatz-Tabellen (KURT) herausgegeben. Die angegebenen Kostensätze sind Richtsätze, die je nach Markt- und Kostensituation unter- oder überschritten werden dürfen.

**Beispiel:**

Ermittlung der Lade- und Transportkosten für Geräte mit einem Gesamtgewicht von 10 t. Die Geräte sind vom Bauhof zu einer Baustelle in 50 km Entfernung zu versenden; nach Fertigstellung des Bauwerks werden sie wieder zum Bauhof zurückgesandt.

| Annahmen: | Verrechnungssatz für Ladearbeiten auf dem Bauhof: | je Vorgang | 20,00 €/t |
|---|---|---|---|
| | Aufwandswert für Ladearbeiten auf der Baustelle: | je Vorgang | 0,5 h/t |
| | Standzeit: | für jeden Ladevorgang | 1,5 h |
| | Fahrzeit: | für jede Strecke | 1,0 h |
| | Innerbetrieblicher Verrechnungssatz | für LKW mit Fahrer | 60 €/h |

| Ermittlung der Lade- und Transportkosten | | | h | € |
|---|---|---|---|---|
| Ladekosten: Bauhof | 2 × 10 t × 20,00 €/t | | | 400,00 |
| Baustelle | 2 × 10 t × 0,5 h/t | | 10,0 | |
| Fahrtkosten: | 4 × (1,0 h + 1,5 h) × 60,00 €/h | | | 600,00 |
| | | | 10,0 | 1.000,00 |

## Auf-, Um- und Abbaukosten der Baustelleneinrichtung

Diese Kosten betreffen den Auf-, Um- und Abbau folgender Bestandteile der Baustelleneinrichtung:

- Geräte,
- Baracken, Raumzellen, Bauwagen, Container,
- Wasserversorgung,
- Energieversorgung,
- Zufahrten, Werkplätze, Zäune,
- Rüstungen.

## Auf-, Um- und Abbau der Geräte

Zu den Auf- und Abbaukosten der Geräte gehören auch die notwendigen Fundamente und Gleisanlagen für Krane, einschließlich der Kosten für die Beseitigung. Auf- und Abbau der Geräte werden oft von spezialisierten Montagekolonnen als Fremdleistung übernommen, da das Vorhalten eigener Montagekolonnen unwirtschaftlich ist.

**Beispiel:**

Auf- und Abbaukosten für einen Turmkran Form 56 (Schnellmontagekran mit Laufkatzausleger, unten drehend, Turm teleskopierbar), BGL-Nr. C.0.06.0056, Zufahrt nicht möglich.

| | Lohn | Soko |
|---|---|---|
| | h | € |
| – Montagekolonne für Auf- und Abbau des Krans: | | |
| 2 × 2 [Arb.] × 8 [h/Arb.] | 32,0 | |
| – Miete für Hebezeuge: | | |
| 2 × 5 [h] × 120 [€/h] | | 1.200,00 |

**Beispiel:**

Auf- und Abbaukosten für einen Turmkran Form 90 (stationär, oben drehend, Laufkatzausleger) BGL-Nr. C.0.10.0090; Hakenhöhe 50 m; Auslegerlänge 50 m.

a) Aufbau auf Unterwagen stationär mit Zentralballast und Abstützplatten (BGL-Nr. C.0.41.0090):

| | Lohn | Soko |
|---|---|---|
| | h | € |
| – Vorbereiten des Planums:<br>  2 [Arb.] × 5 [h/Arb.]<br>  (entfällt z. T. bei befestigtem Untergrund) | 10,0 | |
| – Antransport mit Sattelauflieger (je nach Entfernung):<br>  15 Sattelzüge × 4 [h/Fahrt] × 60,00 [€/h] | | 3.600,00 |
| – Montagekolonne für Auf- und Abbau des Krans:<br>  2 × 6 [Arb.] × 9 [h/Arb.] | 108,0 | |
| – Miete des Autokrans:<br>  2 × 1 [d] × 2.200,00 [€/d] | | 4.400,00 |
| | 118,0 | 8.000,00 |

b) Aufbau auf Kranfundament mit Fundamentanker
 (zusätzlich zu den oben genannten Kosten für Auf- und Abbau) Unterwagen nicht notwendig:

| | Lohn | Soko |
|---|---|---|
| | h | € |
| – Herstellung und Beseitigen des Kranfundaments:<br>  5,0 [m] × 5,0 [m] × 1,30 [m] [l × b × h] = 32,5 [m$^3$]<br>  32,5 [m$^3$] × 260,00 [€/m$^3$] | | 8.450,00 |
| – Fundamentanker zur einmaligen Verwendung:<br>  4 [Stück] × 500,00 [€/Stück]<br>  (Alternativ: teilweises Einbetonieren eines alten Turmstücks) | | 2.000,00 |
| – Stundenaufwand für Herstellen und Beseitigen des Fundamentkörpers:<br>  32,5 [m$^3$] × [2,0 h/m$^3$] | 65,0 | |
| | 65,0 | 10.450,00 |

Gesamtkosten:

| | Lohn | Soko |
|---|---|---|
| | h | € |
| a) Aufbau Unterwagen | 118,0 | 8.000,00 |
| b) Aufbau Kranfundament | 65,0 | 10.450,00 |
| | 183,0 | 18.450,00 |

Die Kosten für die Vorhaltung während des Auf- und Abbaus werden in den Gemeinkosten der Baustelle erfasst. Werden dagegen die Kosten für den Auf-, Um- oder Abbau von solchen Geräten ermittelt, die als so genannte „Leistungsgeräte" in den Einzelkosten der Teilleistungen berücksichtigt werden, so sind an dieser Stelle zusätzlich noch die Abschreibungs-, Verzinsungs- und Reparaturbeträge für die Dauer des Auf-, Um- oder Abbaus einzurechnen.

**Auf- und Abbau von Baracken, Containern etc.**

Soweit diese Kosten Baracken betreffen, richtet sich der Aufwand nach der Grundfläche und Art der Baracken. Für die Raumzellen, Container, Transporthütten und Bauwagen wird der Aufwand meist nach Stück berechnet.

Nach § 47 der früheren Arbeitsstättenverordnung vom 10.03.1975 musste je eine Waschstelle für fünf Arbeitnehmer und eine Dusche je 20 Arbeitnehmer mit Kalt- und Warmwasser zur Verfügung gestellt werden, soweit diese nicht unmittelbar nach Beendigung der Arbeit in Unterkünfte mit Waschräumen zurückkehren. § 6 der aktuellen Arbeitsstättenverordnung vom 12.08.2004 enthält diese Angaben nicht mehr. Nach § 6 sind Waschräume vorzusehen, wenn es die Art der Tätigkeit oder gesundheitliche Gründe erfordern. Bei mehr als 50 Arbeitnehmern (Versicherten) muss nach der Unfallverhütungsvorschrift BGV A1 – Grundsätze der Prävention – ein leicht zu erreichender Sanitätsraum vorhanden sein.

Die Kosten umfassen auch die Fundamente und die Anschlüsse an ein Ver- oder Entsorgungsnetz. Die Aufwendungen für Anschlüsse können insbesondere für Wasch- und Sanitärbaracken oder -wagen recht beträchtlich sein, falls nicht Stahltanks verwendet werden, die laufend entleert werden.

Die Ermittlung der Kosten von Wohnlagern ist aufwendig, da es sich um Baumaßnahmen größeren Umfangs handelt. In vielen Fällen wird deshalb aus Vereinfachungsgründen ein Verrechnungssatz je Wohnplatz eingesetzt, der sämtliche einmaligen Kosten für Auf- und Abbau beinhaltet. Bei Wohnbaracken ist zu beachten, dass bei jedem Auf- und Abbau Kosten für Elektro- und Heizungsinstallationen sowie Anstricharbeiten anfallen.

| | Lohn | Soko |
|---|---:|---:|
| | h | € |
| **Beispiel:** | | |
| Auf- und Abbaukosten für die Baracken auf einer Baustelle | | |
| 1 Wohnbaracke 200 m$^2$ | | |
| Aufbau: 1,5 h/m$^2$ + 30,00 €/m$^2$ | 300,0 | 6.000,00 |
| Abbau: 1,0 h/m$^2$ | 200,0 | |
| 1 Bürobaracke 100 m$^2$ | | |
| Aufbau: 1,5 h/m$^2$ + 30,00 €/m$^2$ | 150,0 | 3.000,00 |
| Abbau: 1,0 h/m$^2$ | 100,0 | |
| 1 Wasch- und Toilettenwagen | | |
| Auf- und Abbau | 20,0 | |
| | 770,0 | 9.000,00 |

Die bei diesem Beispiel als Sonstige Kosten eingerechneten Beträge enthalten das Verbrauchsmaterial, wie z. B. Unterlagshölzer, Dachpappe, Fundamente oder Bodenbeläge, das beim Aufstellen der Baracken und Baubuden benötigt wird, sowie Heizungs- und Elektroinstallation und Anstricharbeiten.

**Auf- und Abbau von Tagesunterkünften und Baubüros aus Raumzellen bzw. Container**

Für Tagesunterkünfte und Baubüros:

pro m² Fläche ca. 1,0 h/m² für Auf- und Abbau (Aufstellen auf Kantholzrost),

d. h. ca. 5 h pro Container (2,4 × 5,0) Verbrauchsmaterial Kantholz ca. 15,00 €/m²

Miettoiletten:

Vorhaltung pro Woche ca. 22,00 €/Woche (als Fremdleistung, einschließlich Aufstellen, Abholen und Reinigen).

**Auf- und Abbau der Wasser- und Energieversorgung und des Telefonanschlusses**

Die hierfür entstehenden Kosten richten sich nach der Entfernung zum Anschluss an das öffentliche Netz und dem angenommenen Verbrauch. Insbesondere bei großen Baustellen werden zur Versorgung der Geräte mit elektrischer Energie erhebliche Vorberechnungen notwendig, um Länge und Querschnitt der notwendigen Kabel sowie Anzahl der Verteilerschränke zu ermitteln. Der Querschnitt der Kabel richtet sich nach der benötigten Stromstärke und der Länge der Leistungen (Spannungsabfall, Erwärmung).

**Beispiel:**

Auf- und Abbau eines Wasser-, Strom- und Telefonanschlusses.

Die Kosten der für verschiedene Arbeiten erforderlichen Geräte werden bei diesem Beispiel zur Vereinfachung unter Sonstige Kosten erfasst.

|  |  | Lohn | Soko |
|---|---|---|---|
|  |  | h | € |
| – Gebühr des Versorgungsunternehmens für den Anschluss des Wasserzählers |  |  | 400,00 |
| – Auf- und Abbau sowie Anschließen der Wasserleitung einschließlich der erforderlichen Gräben | 200 m |  |  |
| 20 h + 0,5 h/m + 5,00 €/m |  | 120,0 | 1.000,00 |
| – Anschlussgebühr für den Stromzähler |  |  | 150,00 |
| – Auf- und Abbau der Stromkabel auf dem Baustellengelände einschließlich der erforderlichen Gräben | 400 m |  |  |
| 0,3 h/m + 2,50 €/m |  | 120,0 | 1.000,00 |
| – Aufstellen und Anschließen von 4 Baustrom-Verteilerschränken 4 × (20,0 h/Stück + 25,00 €/Stück) |  | 80,0 | 100,00 |
| – Anschlussgebühr für Telefonanlage (1 Hauptanschluss + 3 Nebenstellen) |  |  | 150,00 |
|  |  | 320,0 | 2.800,00 |

**Auf- und Abbau der Zufahrten, Wege, Zäune, Werkplätze**

Bei Beginn der Baustelle sind zunächst Planierungs- und Befestigungsarbeiten für das Baugelände und die Zufahrten vorzunehmen. Die hierfür anfallenden Kosten hängen von der Art des Untergrundes, der Dauer der Baustelle, der Anzahl und Lasten der Transporte ab. Besondere Befestigungsmaßnahmen werden für die Baustofflager und die Werkplätze notwendig, wie z. B. Schalungsherstellung. In manchen Fällen werden hierfür Überdachungen benötigt, um von der Witterung unabhängig zu sein.

Die Instandhaltung der Zufahrtswege und des Einrichtungsgeländes ist unter den zeitabhängigen Kosten zu erfassen. Nach Ende der Baustelle sind sämtliche für die Herstellung des Bauwerks notwendigen Einrichtungen zu beseitigen, also auch Baustraßen und Befestigungen von Arbeitsplätzen; das Gelände ist in den ursprünglichen Zustand zu bringen (Rekultivierung).

**Beispiel:**

Auf- und Abbau der Zufahrten, Wege, Zäune und Werkplätze für eine Baustelleneinrichtungsfläche von 2.000 m$^2$.

Die Kosten der für verschiedene Arbeiten erforderlichen Geräte werden bei diesem Beispiel zur Vereinfachung unter Sonstige Kosten erfasst. Ein überdachter Zimmerplatz wird heute kaum mehr benötigt. In der Regel werden viele der o. g. Leistungen weitervergeben.

| | Ausgeschrieben: 1 psch | Lohn | SoKo |
|---|---|---|---|
| | | h | € |

**Mutterbodenabtrag**     2.000 m²

Tagesleistung (8 h) ca. 1.200 m²
Gerätekosten: Radlader 30,00 €/h
30,00 × 8 h/1.200 m² = 0,20     angesetzt: 0,20 €/m²
Lohnstd.: Geräteführer + 1 Beihilfe
2 Arb. × 8 h/1.200 m² = 0,0133     angesetzt: 0,02 h/m²     **40,0**     **400,00**

**Mutterbodenandeckung**     2.000 m²

Tagesleistung 500 m²
Gerätekosten: Radlader 30,00 €/h
30,00 × 8 h/500 m² = 0,48     angesetzt: 0,48 €/m²
Lohnstd.: 2 Arb. × 8h/500m² = 0,032     angesetzt: 0,04 h/m²     **80,0**     **960,00**

**Herstellen u. Verdichten des Planums**     2.000 m²

AT 2.000 Stundenleistung ca. 150 m²
Gerätekosten: 13,00 €/h; 13/150 m² = 0,087     angesetzt: 0,09 €/m²
Lohnstd.: 1 Beihilfe für Ausgleich der Unebenheiten
2,0 h/150 m² = 0,013     angesetzt: 0,015 h/m²     **30,0**     **180,00**

**Aufreißen u. Wiederherstellen der Fläche**     2.000 m²

Gerätekosten: Radlader 30,00 €/h
30,00 × 8 h/2.000 m² = 0,12     angesetzt: 0,12 €/m²
2 Arb. × 8 h/2.000 m² = 0,008     angesetzt: 0,01 h/m²     **20,0**     **240,00**

**Befestigung der Baustraßen mit Schotter**     300 m²

d = 0,35 m Siebschutt verdichtet, 16,00 €/m³
16,00 × 0,35 m = 5,60 €/m²
Filterflies bzw. Geotextil, 0,90 €/m², 0,01 h/m²
Radlader 30 €/h; AT 2000 Stundenleistung 50 m²
5,60 + 0,90 + (30 + 13)/50 = 7,36     angesetzt: 7,5 €/m²
2,0 h/50 m² = 0,04     gewählt: 0,05 h/m²     **15,0**     **2.250,00**

**Entfernen der Befestigung (d = 0,35 m)**     80 m²

Material wird als Arbeitsraumverfüllung verwendet
Stundenleistung mit Radlader: 70 m²/h (= 24,5 m³/h)
Gerätekosten: Radlader 30,00 €/h
1 LKW (6 m³) einschl. Fahrer: 65,00 €/h
(30 + 65)/70 = 1,357 €/m²     angesetzt: 1,40 €/m²
Lohnstd.: 8/70 = 0,114     angesetzt: 0,12 h/m²     **9,6**     **112,00**

**Auf- und Abbauen Bauzaun für das gesamte Gelände**     300 m

Bauzaun aus Elementen 3,50 m × 2,50 m auf Betonklötzen
Lohnstd.: 0,3 h/m; Sonst. Kosten: 2,00 €/m     **90,0**     **600,00**

**Herstellen, Ein- und Ausbau eines 2-flügeligen Tores**     pauschal

Holzkonstruktion, ausgefacht mit Betonstahlmatten,
Rahmen aus Kanthölzern;
Lohnstd.: ca. 10 h; Sonst. Kosten: 250,00 €     **10,0**     **250,00**

**Zwischensumme für Übertrag:**     **294,6**     **4.992,00**

|  | Lohn | SoKo |
|---|---|---|
|  | h | € |
| Übertrag: | 294,6 | 4.992,00 |

**Auf- und Abbau eines überdachten Zimmerplatzes** 20 m³
einschließl. der zugehörigen Lagerplätze

- Bodenplatte aus Beton,
  d = 0,18 m inkl. Randabschalung, unbewehrt:

| | Stunden | | Soko | | |
|---|---|---|---|---|---|
| Betoneinbau | 1,0 h | | 75,00 €/m³ Beton C 20/25 | | |
| Schalung | 0,6 h | | 2,50 €/m³ (0,4 m² Schalung/m³ Beton) | | |
| Abbruch | | | 17,50 €/m³ (Recycling 7,00 €/t) | | |
| | | | 26,00 €/m³ Meißelbagger 3 m³/h | | |
| je m³ Beton | 1,6 h | | 121,00 € Summe: | 32,0 | 2.420,00 |

- Überdachung, mit seitlichem Abschluss durch
  PVC-Folien, 60 m²
  Konstruktion aus einbetonierten Kanthölzern,
  horizontal ausgesteift mit Schalbrettern,
  Dielen für Dachkonstruktion, Firstpfette
  9 Kanthölzer 7/14, 10 Dielen,
  28 Bretter, 60 m² Folie,
  1 m³ Beton
  insgesamt ca. 800,00 €
  800,00 €/60 m² = 13,3333        angesetzt: 13,50 €/m²
  Lohnstd.: 4 Arbeiter × 8 h × (2 + 1) Tage = 96 h
  96 h/60 m² = 1,60 h/m²          angesetzt: 1,60 h/m²        96,0    810,00

- Lagerflächen (Befestigung mit Schotter) 50 m²
  Schotterlage d = 0,15 m, verdichtet: 18,00 €/m³
  Geräte:
  Radlader: 30,00 €/h; LKW: 45,00 €/h; AT 2000: 13,00 €/h;
  Leistung: ca. 50 m²/h, jeweils beim Ein- und Ausbau
  Lohnstd.: 2 × 3 Arb. × 1 h/50 m² = 0,12 h/m²    angesetzt: 0,12 h/m²
  Sonstige Kosten:
  Material: 18,00 €/m³ × 0,15 m =        2,70 €/m²
  Einbau: 1 h × (30,00 + 13,00)/50 m² =  0,86 €/m²
  Ausbau: 1 h × 65,00/50 m² =            1,30 €/m² (inkl. Verfüllen)
  4,86 €/m² angesetzt: 4,90 €/m²        6,0    245,00

|  | 428,6 | 8.467,00 |
|---|---|---|

## Auf- und Abbau von Gerüsten aller Art

Nach VOB/C gehören diese Leistungen zu den Nebenleistungen, soweit diese für die eigene Leistung notwendig sind, so dass die Kosten hierfür in den Gemeinkosten der Baustelle zu erfassen sind; dies betrifft vor allem Arbeits- und Schutzgerüste. VOB/C sieht jedoch für einzelne Leistungsbereiche Höhenbeschränkungen vor, so dass z. B. bei Zimmer- und Holzbauarbeiten (DIN 18334) das Auf- und Abbauen sowie Vorhalten der Gerüste nur bis 2 m Höhe als Nebenleistung gelten. Werden dagegen Gerüste als selbstständige Leistung vergeben, so gilt DIN 18451 Gerüstarbeiten – Richtlinien für Vergabe und Abrechnung.

## Sicherheitseinrichtungen und Verkehrssignalanlagen

Zu diesen Leistungen, die nach VOB/C keine Nebenleistungen sind, gehören das Aufstellen, Vorhalten und Beseitigen von Bauzäunen, Blenden und Schutzgerüsten zur Sicherung des öffentlichen Verkehrs sowie von Einrichtungen außerhalb der Baustelle zur Umleitung und Regelung des öffentlichen Verkehrs. Dagegen zählen Schutz- und Sicherheitsmaßnahmen nach den Unfallverhütungsvorschriften und den behördlichen Bestimmungen zu den Nebenleistungen und gehören auch ohne Erwähnung im Leistungsverzeichnis zu den vertraglichen Leistungen.

**Koordinierung gemäß Baustellenverordnung**

Nach VOB/C DIN 18299 Nr. 4.2.3 sind das Erfüllen von Aufgaben des Auftraggebers (Bauherrn) hinsichtlich Planung der Ausführung des Bauvorhabens oder der Koordinierung gemäß Baustellenverordnung Besondere Leistungen.

# 6.2.2 Kosten der Baustellenausstattung

### Hilfsstoffe

Hierunter sind solche Baustoffe zu verstehen, die nicht Bestandteil des Bauwerks werden. In den meisten Fällen ist die Ermittlung der durch sie verursachten Kosten nur über Verrechnungssätze möglich, die meist auf den Lohn bezogen werden. Zu den Hilfsstoffen gehören:

| | | |
|---|---|---|
| Bindedraht | Schalungsöl | Verbandstoffe |
| Nägel | Leuchtstoffröhren | Medikamente |
| Schrauben | Folien | Handwaschmittel |
| Schalungsanker | Glühbirnen | Verpackungsmaterial |
| Abstandhalter | Mittel für Schutzanstriche | (soweit nicht in Stoff- oder |
| Bolzen, Muttern | Mittel zur Nachbehandlung von | Ladekosten enthalten) |
| (soweit nicht Reparaturmaterial) | Beton | |

Soweit Hilfsstoffe bei einzelnen Teilleistungen direkt erfassbar sind, wie z. B. Sprengstoffe, werden sie den Teilleistungen zugeordnet und wie Baustoffe behandelt.

Die Kosten für den Transport der Hilfsstoffe sind in den Frachtkosten aufzuführen, soweit es sich um die erstmalige Ausstattung und den Rücktransport handelt. Laufende Transportkosten (Versorgungsfahrten) gehören zu den zeitabhängigen Kosten.

### Werkzeug und Kleingerät

Hierbei handelt es sich um Handwerkszeuge (Hämmer, Zangen, Brecheisen, Schraubenschlüssel, Schraubendreher usw.) und um Handmaschinen (Bohrmaschinen, Handkreissägen, Schleifmaschinen, Stemmhämmer usw.). Die Abgrenzung zwischen den Handmaschinen, die mit einem Verrechnungssatz bezogen auf die Lohnkosten in der Kalkulation erfasst werden, und denjenigen Maschinen, die der Baustelle mit Mietbeträgen berechnet werden, wird nicht einheitlich gehandhabt. In vielen Fällen wird die Grenze für geringwertige Güter (410 €) als Kriterium gewählt.

Die Kosten fallen zunächst auf der Baustelle als größerer einmaliger Betrag für die Erstausstattung an. Daran schließt sich der Ersatzbedarf an, der geringere Kosten verursacht. In der Kalkulation werden die Kosten für Werkzeug und Kleingerät meist mit etwa 4 bis 7 % der Lohnkosten angesetzt.

### Ausstattung für Büros, Unterkünfte und Sanitäranlagen

Hierunter sind Schreibtische, Schränke, Stühle, Tische, Spinde, Betten, Beleuchtungskörper, Waschbecken, WC-Becken mit Armaturen usw. zu verstehen, soweit diese nicht fest eingebaut sind und zur Einrichtung der Behelfsbauten auf der Baustelle dienen. Werden diese Kosten in Form der monatlichen Miete belastet, so sind sie unter den Vorhaltekosten zu erfassen.

Für die Bereiche „Werkzeug und Kleingerät" sowie „Baustellenausstattung" wurde vom Hauptverband der Deutschen Bauindustrie als Ergänzung zur Baugeräteliste 2001 die Baustellenausstattungs- und Werkzeugliste 2001 – BAL – herausgegeben. Die BAL soll vor allem den Bereichen

- innerbetriebliche Verrechnung und
- zwischenbetriebliche Verrechnung

dienen. Der vom Hauptverband der Deutschen Bauindustrie und vom Zentralverband des Deutschen Baugewerbes gemeinsam herausgegebene Arbeitsgemeinschaftsvertrag sieht vor, dass die von den einzelnen Gesellschaftern gelieferten Gegenstände der Baustellenausstattung und Werkzeuge nach BAL bewertet werden.

## 6.2.3 Beseitigung der Bauabfälle (Baureststoffe)

Der allgemein übliche Begriff „Bauabfälle" wurde durch das am 01.10.1996 in Kraft getretene Bundesabfallgesetz durch den neuen Begriff „Baureststoffe" ersetzt. Hierunter sind zu verstehen:

- Erdaushub,
- Bauschutt,
- Baustellenabfälle,
- Straßenaufbruch.

Mit Ausnahme von Sonderabfällen stehen für die Entsorgung Erd- und Bauschuttdeponien zur Verfügung. Besonders kostenträchtig ist die Entsorgung solcher Abfälle, die in besonderem Maße den Menschen und die Umwelt gefährden (Sonderabfall). Der Sonderabfall muss vom nicht belasteten Baustellenabfall getrennt werden. Der auf der Baustelle entstehende Sonderabfall setzt sich im Wesentlichen zusammen aus:

- Farb- und Anstrichmitteln,
- Klebe- und Dichtungsstoffen mit zugehörigen Lösungsmitteln und Verpackungen,
- Mineralöl, Mineralölerzeugnissen,
- Hydrauliköl und Schalöl einschl. der zugehörigen Verpackungen,
- teerhaltigen Stoffen mit zugehörigen Verpackungen.

Der Anfall der Baureststoffe ist von der Art des Bauwerks, der in der Planung vorgesehenen Baustoffe und der von den Lieferanten vorgesehenen Verpackung abhängig. Das Verpackungsmaterial ist vom Lieferanten kostenlos zu entsorgen. Die Kosten der Deponierung werden außerdem von der Reinheit der angelieferten Stoffe beeinflusst. Hierfür gilt: Je reiner die zu entsorgenden Stoffe sind, desto geringer sind die Entsorgungskosten. Bei einer Deponierung im Raum Stuttgart schwankten die Kosten von 9,00 €/t reiner unbelasteter Erdaushub über 75,00 €/t unbelasteter Bauschutt mit Fremdanteilen bis zu 400,00 €/t für Sonderabfälle.

Bei einer Gebäudebeseitigung eines Mauerwerksbaus von 230.000 m³ BRI (0,43 t Baureststoffe/m³ BRI) ergab ein Kostenvergleich folgende Werte:

- Rückbau mit Aufbereitung auf der Baustelle:     0,75 €/m³ BRI
- Rückbau ohne baustelleneigene Aufbereitung:     1,60 €/m³ BRI
- Abbruch:                                         3,10 €/m³ BRI

## 6.2.4 Technische Bearbeitung und Kontrolle

### Konstruktive Bearbeitung

Hierfür sind Kosten nur insoweit einzusetzen, als es sich um Planbearbeitungen handelt, die sonst vom Auftraggeber durchgeführt werden.

Es sind die Kosten für Tragwerksplaner, Statiker, Konstrukteure, Zeichner nach Zeitaufwand oder aufgrund von Gebührenordnungen zu erfassen. Einzurechnen sind auch die Kosten der Prüfingenieure. Wird die konstruktive Bearbeitung durch Ingenieurbüros vorgenommen, so sind die Gebührensätze der Honorarordnung für Architekten und Ingenieure (HOAI) anzuwenden. Erfordert die Angebotsbearbeitung besonders hohe Aufwendungen, z. B. bei der so genannten funktionalen Leistungsbeschreibung, bei der kein Leistungsverzeichnis mit Mengenberechnungen vorliegt, so müssen diese Kosten hier aufgeführt werden. Die Kosten für die Anfertigung der Statik und der Schal- und Bewehrungspläne liegen je nach Art und Größe des Bauwerks etwa zwischen 3 und 6 % der Rohbaukosten. Die normalen Kosten der Angebotsbearbeitung werden bei den Allgemeinen Geschäftskosten erfasst.

### Erläuterungen zur Honorarberechnung für Leistungen bei der Tragwerksplanung nach HOAI 2013

Das Honorar für Leistungen bei der Tragwerksplanung wird nach § 3 HOAI verbindlich in Teil 4 Abschnitt 1 (§ 50 Besondere Grundlagen des Honorars, § 51 Leistungsbild Tragwerksplanung und § 52 Honorare für Grundleistungen bei Tragwerksplanungen) geregelt. Die Leistungen werden nach § 3 (2) HOAI in Leistungsbildern erfasst. Die Leistungsbilder werden in neun Leistungsphasen gegliedert. Die Tragwerksplanung umfasst nur die Leistungsphasen 1 bis 6 (§ 51 (1) HOAI). Die Tragwerksplanung wird den folgenden Honorarzonen nach § 5 (1) HOAI zugeordnet:

| | |
|---|---|
| Honorarzone I: | sehr geringe Planungsanforderungen |
| Honorarzone II: | geringe Planungsanforderungen |
| Honorarzone III: | durchschnittliche Planungsanforderungen |
| Honorarzone IV: | überdurchschnittliche Planungsanforderungen |
| Honorarzone V: | sehr hohe Planungsanforderungen |

Nach § 6 (1) HOAI richtet sich das Honorar für Leistungen bei der Tragwerksplanung nach den anrechenbaren Kosten (§§ 4 und 50 HOAI), nach dem Leistungsbild (§ 51 HOAI), nach der Honorarzone (§§ 5 (1) und insbesondere 52 (2) HOAI) und nach der dazugehörigen Honorartafel (§ 52 HOAI). § 51 HOAI gibt folgende Prozentsätze für die sechs Leistungsphasen des Leistungsbilds Tragwerksplanung (s. a. Anlage 14 HOAI) an:

| | | |
|---|---|---|
| Leistungsphase 1: | Grundlagenermittlung | 3 % |
| Leistungsphase 2: | Vorplanung (Projekt- und Planungsvorbereitung) | 10 % |
| Leistungsphase 3: | Entwurfsplanung (Erarbeiten von Tragwerkslösungen mit überschlägiger statischer Berechnung) | 15 % |
| Leistungsphase 4: | Genehmigungsplanung (Statische Berechnung, Positionspläne) | 30 % |
| Leistungsphase 5: | Ausführungsplanung (Anfertigen der Ausführungszeichnungen) | 40 % |
| Leistungsphase 6: | Vorbereitung der Vergabe | 2 % |
| | | 100 % |
| Leistungsphase 7: | Mitwirken bei der Vergabe | - |
| Leistungsphase 8: | Objektüberwachung | - |
| Leistungsphase 9: | Objektbetreuung | - |

Die Honorare für Besondere Leistungen, die in Anlage 14 der HOAI aufgeführt sind, können nach § 3 (3) frei vereinbart werden.

**Beispiel:**

Berechnung des Ingenieurhonorars für die Tragwerksplanung einer Spannbetonbrücke gemäß HOAI

Anrechenbare Kosten: 2.500.000,00 €, Honorarzone IV unten, § 52 (1) und (2) HOAI

| | |
|---|---|
| Honorarsatz: | 165.483,00 € + (227.389,00 € – 165.483,00 €) x (500.000/1.000.000) = 196.436,00 € |

| | | |
|---|---|---|
| Ingenieurleistung: | Genehmigungsplanung: | 30 % |
| | Ausführungsplanung: | 40 % |
| | gesamt | 70 % |
| Honorar: | 0,70 × 196.436,00 €   = | 137.505,20 € |

## Arbeitsvorbereitung

Meist sind die Kosten der Arbeitsvorbereitung in den Allgemeinen Geschäftskosten enthalten (häufig 0,2 bis 0,4 % der Angebotssumme). Eine gesonderte Erfassung kommt insbesondere für Großbaustellen und Arbeitsgemeinschaften in Frage, bei denen umfangreiche Arbeitsvorbereitungsmaßnahmen getroffen werden oder auf der Baustelle selbst eine Arbeitsvorbereitung eingerichtet wird. Zu berechnen ist der Zeitaufwand für Arbeitsvorbereiter und BIM-Manager sowie der durch Baustellenbesuche entstehende Zeitaufwand.

## Baustoff- und Bodenuntersuchungen

Hierunter sind nur spezielle Untersuchungen aufzuführen, die nicht zu den allgemeinen Erfordernissen gehören, wie sie sich z. B. für das Unternehmen aus der DIN 1045-3:2012-03 ergeben. Dort wird beispielsweise vorgeschrieben, dass „für jeden verwendeten Beton der Überwachungsklassen 2 und 3 mindestens 3 Proben zu entnehmen sind, und zwar:

- – bei Überwachungsklasse 2 jeweils für höchstens 300 m³ oder je 3 Betoniertage;
- – bei Überwachungsklasse 3 jeweils für 50 m³ oder je Betoniertag;

wobei diejenige Anforderung, welche die größte Anzahl von Proben ergibt, maßgebend ist."

**Soweit auf der Baustelle, insbesondere im Straßendeckenbau, eigene Laboratorien eingerichtet werden, sind sie hierunter ebenfalls aufzuführen.**

## 6.2.5 Bauwagnisse

### Sonderwagnisse der Bauausführung

Neben den allgemeinen Bauwagnissen, wie z. B. Gewährleistung oder Mehrkosten durch Überschreiten der Kalkulationsansätze, die nur durch einen pauschalen Erfahrungssatz erfasst werden können, treten bei einer Bauausführung möglicherweise Wagnisse auf, die nur auf das Bauobjekt beschränkt sind. Hierzu gehören z. B. Wagnisse aus

- – Schlechtwetter, das sich in besonderem Maße auf den Bauablauf auswirkt,
- – Hoch- und Niedrigwasser,
- – Personal- und Stoffkostenerhöhung bei langfristigen Festpreisverträgen,
- – Terminüberschreitung und Vertragsstrafe bei besonders kurzen Bauzeiten, z. B. bei gewerblichen Bauten,
- – neuen, noch nicht erprobten Bauverfahren,
- – Mengengarantien.

**Versicherungen**

Hierunter sind nur Versicherungen aufzuführen, die speziell für das Bauwerk abgeschlossen werden, also z. B. die Bauleistungsversicherung (Deckung des Risikos der Beschädigung oder Zerstörung der erstellten Bauleistung) oder Bau-Betriebshaftpflichtversicherung (Deckung von Schäden auf Grund gesetzlicher Haftpflichtbestimmungen). Die allgemein übliche Haftpflicht gehört dagegen zu den Allgemeinen Geschäftskosten. Für die Versicherungsprämien können keine allgemein gültigen Sätze angegeben werden. Sie sind im Einzelfall mit dem Versicherer zu vereinbaren.

## 6.2.6 Sonderkosten

**Außerordentliche Bauzinsen**

Hierunter sind nur solche Zinsen aufzuführen, die infolge außergewöhnlich langer Zahlungsfristen anfallen, insbesondere dann, wenn das ausführende Unternehmen die gesamte Zwischenfinanzierung übernimmt. Die Zinskosten hängen von den in Anspruch genommenen Zahlungszielen ab, und zwar sowohl für die Zahlungsfristen des Auftraggebers gegenüber dem Hauptunternehmer als auch des Hauptunternehmers gegenüber dem Subunternehmer.

Gemäß § 16 VOB/B sind Abschlagszahlungen innerhalb von 21 Werktagen nach Zugang der Abschlagsrechnung und die Schlusszahlung spätestens 2 Monate nach Zugang der Schlussrechnung zu leisten. Nach § 17 VOB/B darf der Auftraggeber die Zahlung um höchstens 10 % kürzen, bis die vereinbarte Sicherungssumme erreicht ist. Der dabei einbehaltene Betrag muss auf ein Sperrkonto eingezahlt werden. Diese vertraglich festgelegten Zahlungsfristen werden in der Wirklichkeit oft überschritten. Auch die Schlusszahlung zieht sich meist weit über den Endtermin hinaus, so dass der Unternehmer erhebliche Zwischenfinanzierungszinsen zu zahlen hat. Der Unternehmer entlastet sich in vielen Fällen durch Inanspruchnahme eines Lieferantenkredits; außerdem sind nicht alle Kosten ausgabenwirksam. Hieraus ergibt sich, dass die ausstehende Vergütung nur zu 70 bis 80 % einzusetzen ist. Unter Annahme eines linearen Anwachsens der Abrechnungssumme ergibt sich wie bei der Berechnung der Gerätemieten, dass bei Bauende die Abrechnungssumme einem nur zu 50 % gebundenen Kapital entspricht.

**Beispiel:**

Für ein schlüsselfertiges Bauvorhaben mit einer Angebotssumme von 10 Mio. € wird die gesamte Bauleistung erst 3 Monate nach Fertigstellung bezahlt; Abschlagszahlungen werden nicht gewährt.

| | |
|---|---|
| Bauzeit: | 30 Monate |
| Zeitraum für die Zwischenfinanzierung: | 30 + 3 = 33 Monate |
| Abminderungsfaktor: | 0,8 |
| Durchschnittlich gebundenes Kapital: | ½ × 0,8 × 10.000.000 € = 4.000.000 € |
| Kreditzins: | 9 % p. a. |

Überschlägige Berechnung der Zinskosten:

4.000.000 € × 0,09 p. a. × 33 Monate/12 Monate/Jahr = 990.000 €

**Lizenzgebühren**

Diese Kosten entstehen, wenn patentrechtlich geschützte Bauverfahren verwendet werden.

**ARGE-Kosten**

Die ARGE-Kosten entstehen durch die technischen und kaufmännischen Federführungsgebühren sowie durch die Tätigkeit der Aufsichtsstelle. Hierfür werden Sätze zwischen 1,2 und 1,5 % der Angebotssumme angesetzt (Aufteilung Technisch/Kaufmännisch ca. 60/40).

**Winterbaumaßnahmen**

Sämtliche Kosten, die durch den Winterbau entstehen, wie z. B. Beschaffung von Schutzbekleidung, Heizgeräte, Notverglasung, sind als Gemeinkosten der Baustelle zu kalkulieren, soweit sie nicht Bestandteil der Einzelkosten der Teilleistungen oder der Baustelleneinrichtung sind.

Zum 01.05.2006 wurde die Winterbau-Umlage durch die Winterbeschäftigungs-Umlage ersetzt. Bei Arbeitsausfall aus Witterungsgründen oder wegen Auftragsmangels in der Schlechtwetterzeit vom 01.12. (vorher 01.11.) bis 31.03. gewährt die Bundesagentur für Arbeit ein sog. Saison-Kurzarbeitergeld (Saison-Kug). Die Winterbeschäftigungs-Umlage beträgt 2 % der Bruttolohnsumme (1,2 % Arbeitgeber, 0,8 % Arbeitnehmer). Damit sollen die Beschäftigungsverhältnisse in der Schlechtwetterzeit stabilisiert und Winterarbeitslosigkeit vermieden werden. Für die Arbeitnehmer wirkt sich die Änderung positiv aus, da das Nettoentgelt deutlich höher ist und sie ein Zuschuss-Wintergeld (ZWG) in Höhe von 2,50 € für jede Ausfallstunde, für die Arbeitszeitguthaben eingesetzt wird, erhalten. In der Zeit zwischen Mitte Dezember und Ende Februar erhalten die Arbeitnehmer ein Mehraufwands-Wintergeld (MWG) in Höhe von 1,00 € für jede geleistete Arbeitsstunde. Im Dezember werden bis zu 90, im Januar und Februar bis zu 180 Arbeitsstunden berücksichtigt.

Die Neuregelung ist folglich dann für Arbeitnehmer attraktiv, wenn die tariflichen Möglichkeiten der Arbeitszeitflexibilisierung genutzt und Guthabenstunden für die Schlechtwetterzeit angespart werden. Näheres zu den Voraussetzungen ist den Rundschreiben der Verbände zu entnehmen.

# 6.3 Zeitabhängige Kosten

## 6.3.1 Vorhaltekosten

Hierunter sind die kalkulatorische Abschreibung und Verzinsung sowie die Reparaturkosten aufzuführen, soweit sie nicht den Einzelkosten zugerechnet wurden.

**Geräte**

Sämtliche für die Baudurchführung erforderlichen üblichen Geräte werden in einer Geräteliste aufgeführt. Die monatlichen Beträge für Abschreibung/Verzinsung und Reparatur sind getrennt auszuweisen und mit der Anzahl der Vorhaltemonate zu multiplizieren. Die Ermittlung von Gerätekosten auf der Grundlage der Baugeräteliste (BGL) ist in Abbildung 26 ausführlich dargestellt. In diesem Beispiel wurden die BGL-Werte zu 100 % angesetzt und nicht, wie in der Praxis üblich, abgeminderte Sätze für A + V und R verwendet.

| Menge | Bezeichnung | Gesamt-nenn-leistung [kW] | Nr. lt. BGL 2007 | Gewicht [t] einz. | Gewicht [t] ges. | Vorhalte-zeit [Mon] | BGL A + V [€/Mon] | BGL R [€/Mon] | Gesamtmiete [€] A + V | Gesamtmiete [€] R |
|---|---|---|---|---|---|---|---|---|---|---|
| 1 | Turmkran 90 | 34,00 | C.0.10.0090 | 17,600 | 17,600 | 8,00 | 3.580,00 | 1.880,00 | 28.640,00 | 15.040,00 |
| 1 | Unterwagen stationär | - | C.0.41.0090 | 6,500 | 6,500 | 8,00 | 1.225,00 | 615,00 | 9.800,00 | 4.920,00 |
| 1 | mit Abstützplatten | | C.041.0090AB | 3,320 | 3,320 | 8,00 | 73,00 | 36,50 | 584,00 | 292,00 |
| 1 | Anschlussvert.schrank Typ AVEV-250 | - | R.2.20.0250 | 0,150 | 0,150 | 8,00 | 162,00 | 108,00 | 1.296,00 | 864,00 |
| 1 | Gruppenverteiler-schrank, Typ HV-630 | - | R.2.30.0630 | 0,240 | 0,240 | 8,00 | 224,00 | 141,00 | 1.792,00 | 1.128,00 |
| 2 | Innenrüttler | 2,40 | B.9.30.0055 | 0,017 | 0,034 | 8,00 | 68,00 | 47,00 | 1.088,00 | 752,00 |
| 4 | Handbohrmaschinen | 1,05 | W.0.14.0016 | - | - | 8,00 | 15,25 | 8,60 | 488,00 | 275,20 |
| 1 | Autom. Baunivellier | - | Y.0.00.0030 | - | - | 8,00 | 23,50 | 15,00 | 188,00 | 120,00 |
| 1 | Tischkreissäge | 3,00 | W.4.21.0400 | 0,117 | 0,117 | 8,00 | 64,00 | 47,50 | 512,00 | 380,00 |
| 3 | Unterkunftscontainer | 1,50 | X.3.10.0006 | 2,500 | 7,500 | 8,00 | 108,00 | 92,50 | 2.592,00 | 2.220,00 |
| 1 | Magazincontainer | 0,50 | X.3.01.0006 | 2,200 | 2,200 | 8,00 | 113,50 | 97,00 | 908,00 | 776,00 |
| 2 | Bürocontainer | 1,00 | X.3.12.0006 | 2,890 | 5,780 | 8,00 | 150,00 | 128,00 | 2.400,00 | 2.048,00 |
| 1 | Betonierkübel | - | C.3.00.0750 | 0,230 | 0,230 | 8,00 | 25,00 | 18,00 | 200,00 | 144,00 |
| 12 | Gerüstkonsolen | - | | 0,100 | 1,200 | 8,00 | 4,00 | 2,50 | 384,00 | 240,00 |
| 1 | Kompressor 4,0 m³ | - | Q.0.00.0040 | 0,850 | 0,850 | 4,00 | 413,00 | 275,00 | 1.652,00 | 1.100,00 |
| | | **43,45** | | | **45,721** | | | | **52.524,00** | **30.299,20** |

Abbildung 26:  Beispiel einer Geräteliste auf der Basis der BGL 2007

## Besondere Anlagen

Unter besonderen Anlagen werden solche Geräte erfasst, die in sich geschlossene Anlagen, insbesondere zur Versorgung der Baustelle, befinden. Besondere Anlagen sind z. B.:

- Energieerzeugungsanlagen,
- Wasseraufbereitungsanlagen,
- Aufbereitungsanlagen für Zuschlagstoffe,
- Kompressorenstationen,
- Baubrücken,
- Umladeeinrichtungen.

Soweit sich die Kosten der besonderen Anlagen einzelnen Teilleistungen oder Produkten zuordnen lassen, sind sie aus den Gemeinkosten der Baustelle herauszunehmen und auf die Teilleistungen der Produkte zu verrechnen.

## Unterkünfte und Container

Hierunter sind Unterkünfte, Magazine, Bauleitungsbüros und Sanitärbaracken zu verstehen

## Fahrzeuge

Die Fahrzeuge sind hier nur insoweit aufzuführen, als sie der Baustelle mit monatlichen Gerätemieten (Abschreibung, Verzinsung, Reparatur) belastet werden.

## Einrichtungsgegenstände, Büroausstattung

Die Einrichtungsgegenstände werden wie die Geräte in einer Liste aufgeführt und die Beträge für Abschreibung, Verzinsung und Reparatur während der Bauzeit berechnet. Bei der Baubetriebsrechnung werden sie der Baustelle oft auch bei Anlieferung mit einem Pauschalbetrag belastet und nach Rücklieferung wieder gutgeschrieben. Wertangaben befinden sich in der Baustellenausstattungs- und Werkzeugliste – BAL.

## Rüst-, Schal- und Verbaustoffe

Im Allgemeinen werden Rüst-, Schal- und Verbaustoffe in den Einzelkosten der Teilleistungen (s. Abschnitt B 5.2.2, S. 59) aufgeführt. Es wird dabei meist ein Pauschalsatz verwendet, der sowohl Schalholz als auch Rüst- und Schalteile oder Verbaustoffe umfasst. Soweit sich Rüst-, Schal- und Verbaustoffe jedoch nicht den Einzelkosten zuordnen lassen, sind sie an dieser Stelle in den Gemeinkosten der Baustelle zu berücksichtigen. Dies gilt auch für

Arbeits- und Schutzgerüste, die nicht besonders ausgeschrieben sind und somit als Nebenleistungen in den Gemeinkosten zu verrechnen sind.

**Beispiel:**

Ein Hochhaus mit 10 Geschossen, einer Höhe von 30 m und einer Grundfläche von 60 × 20 m² ist während der Bauzeit mit einem Rahmengerüst aus Horizontal- und Vertikalrahmen (BGL-Nr. U2.10) einzurüsten. Das Gerüst bleibt zwei Monate nach Ende der Bauzeit stehen.

Fläche: $\qquad$ 2 × (60 + 20) × 30 = 4.800 m²

Bauzeit: $\qquad$ 20 Monate, von denen 10 Monate auf die im Erdreich befindlichen Geschosse entfallen, sowie 1,5 Monate für das Erdgeschoss. Während der Bauausführung der Obergeschosse wird das Gerüst geschossweise hochgeführt.

Kosten der Abschreibung, Verzinsung und Reparatur:

0,5 × (10 − 1,5) [Mon] × 4.800 [m²] × 2,00 [€/m², Mon]

+ 2 [Mon] × 4.800 [m²] × 2,00 [€/m², Mon] $\qquad$ = 60.000,00 €

Kosten für die Montage und Demontage:

4.800 [m²] × 0,20 [h/m²] × 30,00 [€/h] $\qquad$ = 28.800,00 €

$\qquad$ insgesamt $\qquad$ 88.800,00 €

Die Ermittlung für Rüst-, Schal- und Verbaustoffkosten ist auf S. 61 ff. an einem Beispiel erläutert.

**Betriebskosten**

Hierunter sind die Betriebsstoffe (flüssige, gasförmige und feste Betriebsstoffe), Heizöl, Schmierstoffe und elektrische Energie zu verstehen, die für den Betrieb der Baustelleneinrichtung verwendet werden, soweit diese nicht bereits in den Einzelkosten erfasst sind. Es gehören hierzu also auch Beleuchtung und Beheizung von Unterkünften, Büros und die Beleuchtungskosten der Baustelle.

**Beispiel: Ermittlung der monatlichen Stromkosten für eine mittlere Baustelle.**

Auf der Baustelle sind die im Folgenden aufgeführten Verbraucher vorhanden. Bei den Elektromotoren wird mit einem Wirkungsgrad von 0,85 gerechnet.

**Betoneinbau:**

| | | | |
|---|---|---|---|
| 4 Innenrüttler (4 × 1,2 kW) | 4,8 kW | | |
| Summe abgegebene Leistung | 4,8 kW | | |
| Aufgenommene Leistung | 4,8 / 0,85 kW | = | 5,6 kW |

**Hebezeuge:**

| | | | |
|---|---|---|---|
| 1 Turmdrehkran 60 HC | 33,0 kW | | |
| 1 Turmdrehkran 80 HC m. Fahrw. | 37,0 kW | | |
| Summe abgegebene Leistung | 70,0 kW | | |
| Aufgenommene Leistung | 70,0 / 0,85 kW | = | 82,4 kW |

**Sonstige Geräte:**

| | | | |
|---|---|---|---|
| 3 Handbohrmaschinen (3 × 3 kW) | 9,0 kW | | |
| 1 Handschleifmaschine | 0,7 kW | | |
| 2 Tischkreissägen (2 × 1,5 kW) | 3,0 kW | | |
| Summe abgegebene Leistung | 12,7 kW | | |
| Aufgenommene Leistung | 12,7 / 0,85 kW | = | 14,9 kW |

| | |
|---|---|
| Kraftstrom insgesamt: | 102,9 kW |
| Lichtstrom: | ca. 10,0 kW |

**Monatliche Betriebsstunden:**

| | |
|---|---|
| Betoneinbau | 25 h/Mon |
| Hebezeuge | 100 h/Mon, Gleichzeitigkeitsfaktor 0,6 |
| Sonstige Geräte | 60 h/Mon |
| Licht | 60 h/Mon |

**Monatlicher Stromverbrauch:**

| | | | |
|---|---|---|---|
| Kraftstrom: | 5,6 × 25 + 82,4 × 100 × 0,6 + 14,9 × 60 | = | 5.978 kWh |
| Lichtstrom: | 10,0 × 60 | = | 600 kWh |
| Summe | | | 6.578 kWh |

Bei einem Arbeitspreis von 0,25 €/kWh ergeben sich monatliche Stromkosten in Höhe von 6.578 kWh/Mon × 0,25 €/kWh = 1.644,50 €/Mon.

## 6.3.2 Kosten der örtlichen Bauleitung

Diese Kosten für Bauleiter, Bauführer und Oberpoliere werden nach Zeitaufwand (Monatsgehälter einschließlich Sozialkosten × Anwesenheitsdauer) erfasst. Soweit ein Bauführer mehrere Baustellen betreut, werden die Kosten anteilig eingesetzt. In vielen kleineren Unternehmen sind die Kosten der Bauleitung jedoch in den Allgemeinen Geschäftskosten enthalten, so dass eine gesonderte Erfassung entfällt.

### Gehälter

Die Gehälter umfassen neben den Sozialkosten auch Weihnachts- und besondere Urlaubszahlungen und Prämien, soweit diese vertraglich zugesichert oder betriebsüblich sind. Ebenfalls sind die Gehaltsnebenkosten einzuschließen. Der Sozialkostenzuschlag für Gehälter beträgt ungefähr 35 %.

Gehaltskosten fallen auf der Baustelle z. B. für folgende Angestellte an:

- Oberbauleiter und Bauleiter,
- Bauführer,
- Polier, soweit nicht im Mittellohn enthalten,
- Betoningenieur,
- Maschineningenieur,
- Vermessungsingenieur und -techniker,
- Abrechnungstechniker,
- Baukaufmann und Lohnbuchhalter,
- Schreibkraft.

Die Ermittlung der monatlichen Gehaltskosten einschließlich der Sozialkosten für die Angestellten auf einer größeren Baustelle wird in der Anlage durchgeführt.

**Porto, Telefon, Büromaterial, Bürokosten**

Soweit es sich um Fernsprechgebühren handelt, hängen diese u. a. von der Entfernung der Baustelle von der Zentrale ab. Gegebenenfalls sind auch die Kosten für den Mobilfunk anzusetzen. Das Büromaterial umschließt sämtliches Schreibmaterial, Zeitschriften, Fremdreparaturen von Büromaschinen, Drucksachen.

**PKW- und Reisekosten**

Üblicherweise werden die Kosten für Personenkraftfahrzeuge mit km-Verrechnungssätzen berechnet, die Abschreibung, Verzinsung, Reparatur, Wartung, Pflege, Reifenverbrauch, Betriebsstoffkosten, Steuer und Versicherung enthalten. Die Reisekosten betreffen nur Dienstreisen, also keine Familienheimfahrten. Werden einem Angestellten monatliche Pauschalbeträge für sein Kraftfahrzeug gewährt, so sind diese ebenfalls hier aufzuführen. Im Allgemeinen wird mit dem steuerlichen Satz von 0,30 €/km zu rechnen sein.

**Bewirtung und Werbung**

Hierzu gehören Einladungen, Geschenke, Anzeigen, Fotoarbeiten etc., soweit diese durch die Baustelle bedingt sind.

## 6.3.3 Lohn- und Gehaltskosten aus Gerätevorhaltung

Hierzu gehören die Kosten für die Bedienung der Vorhaltegeräte, insbesondere die Kosten für die Kranbedienung. Die früher übliche Art der Berücksichtigung der Kranführerstunden in den Aufwandswerten wird immer seltener durchgeführt.

## 6.3.4 Allgemeine Baukosten

**Hilfslöhne**

Unter Hilfslöhnen sind solche Löhne zu verstehen, die keiner Teilleistung zugerechnet werden können, jedoch für das Betreiben der Baustelle notwendig sind. Sie treten meist nur bei großen Baustellen auf und beziehen sich auf:

- Magaziner,
- Elektriker,
- Laborgehilfen,
- Vermessungsgehilfen,
- Boten,
- Fahrer,
- Barackenwärter,
- Wächter.

Die früher üblichen Baustellen-Reparaturwerkstätten sind fast vollständig verschwunden und durch Wartungsverträge mit den Herstellern oder Händlern ersetzt.

Die große Anzahl der Randstunden, z. B. für Ablade-, Transport-, Ausbesserungs- und Reinigungsarbeiten, ist in den Einzelkosten der Teilleistungen durch Zuschlag zu den Aufwandswerten abgedeckt. Werden die Aufwandswerte der Kalkulation als Grundlage für Akkordsätze (Vorgabezeiten) für Arbeiten im Leistungslohn herangezogen, so sind sie um 15 bis 20 % zu kürzen, um die Randstunden zu berücksichtigen.

### Transportkosten zur Versorgung der Baustelle

Diese Transportkosten entstehen durch laufende Versorgungsfahrten, und zwar meist durch Fahrten zwischen dem Bauhof und der Baustelle. Sie sind im Gegensatz zu den Transportkosten der Erstausstattung jedoch zeitabhängig.

### Beispiel:

Berechnung von Transportkosten zur Versorgung einer Baustelle, die 80 km vom Bauhof entfernt liegt.

Bauzeit: 15 Monate; pro Woche ist eine Fahrt erforderlich;

Verrechnungssatz für einen Kleintransporter: 0,40 €/km

Lohn für den Fahrer: 25,00 €/h (4 h/Fahrt)

| | | |
|---|---|---|
| Transportkosten: | 60 Wochen × 2 × 80 km × 0,40 €/km | = 3.840,00 € |
| Lohnkosten: | 60 Wochen × 4 h/Woche × 25,00 €/h | = 6.000,00 € |
| | insgesamt | 9.840,00 € |

### Instandhaltungskosten der Wege, Plätze, Straßen und Zäune

Die Instandhaltungskosten beziehen sich vor allem auf die Zufahrten und befestigten Lager- und Arbeitsplätze. Bei sehr lang andauernden Baustellen, insbesondere unter ungünstigen Witterungsbedingungen (Hochgebirge), sind Instandhaltungsarbeiten auch an der Baustelleneinrichtung, den Bauleitungsbaracken, Wohnlagern etc. auszuführen. Sie sind jedoch hier nur aufzuführen, falls sie nicht in den Reparaturbeträgen enthalten sind.

### Pachten und Mieten

Diese Kosten beziehen sich vor allem auf gemietete Unterkünfte, Büros und Gelände der Baustelleneinrichtung.

# 7 Allgemeine Geschäftskosten

## 7.1 Vorbemerkungen

Unter „Allgemeinen Geschäftskosten" (oft auch als Verwaltungsgemeinkosten bezeichnet) versteht man die Kosten, die dem Unternehmen nicht durch einen bestimmten Bauauftrag, sondern durch den Betrieb als Ganzes entstehen. Sie können den Baustellen nicht direkt zugeordnet werden. In der Kalkulation wird daher bei den umzulegenden Gemeinkosten ein Betrag zur Deckung der Allgemeinen Geschäftskosten angesetzt.

Zu den Allgemeinen Geschäftskosten zählen im Einzelnen:

- Personalkosten der Unternehmensleitung und -verwaltung, Gehälter und Löhne des dort beschäftigten Personals einschließlich der gesetzlichen und tariflichen Sozialkosten;
- Kosten für die Betriebsgebäude, Heizung, Beleuchtung, Reinigung;
- Kosten für Soft- und Hardware der betrieblichen Datenverarbeitung, EDV-Schulungskosten, fachliche Weiterbildungskosten, Büromaterial, Telefon- und Funkverkehrskosten;
- Kosten des Bauhofes, der Werkstatt, des Fuhrparkes, soweit diese Kosten den einzelnen Baustellen nicht mit Hilfe von innerbetrieblichen Verrechnungssätzen zugerechnet werden;
- freiwillige soziale Aufwendungen für die Belegschaft, z. B. Betriebspensionen, Unterstützungen;
- Steuern und öffentliche Abgaben, soweit diese nicht gewinnabhängig sind, z. B. Grundsteuer, Gewerbesteuer;
- Beiträge zu Verbänden, z. B. Wirtschaftsverband, Fachverband, Arbeitgeberverband, Betonverein, Handelskammer;
- Versicherungen, soweit sie nicht einzelne Baustellen betreffen, z. B. Betriebshaftpflichtversicherung;
- kalkulatorischer Unternehmerlohn;
- kalkulatorische Zinsen für das im Betrieb gebundene Kapital, z. B. Vorfinanzierung des Umsatzes, soweit diese nicht den einzelnen Baustellen zugerechnet werden können;
- sonstige Allgemeine Geschäftskosten, wie z. B. Werbung, Repräsentation, Rechtskosten, Reisekosten, Patent- und Lizenzgebühren, Kosten für die Entwicklung von neuen Bauverfahren.

**Verrechnungssatz für Allgemeine Geschäftskosten – Geschäftskostensatz**

Da die Allgemeinen Geschäftskosten bei der Vorkalkulation nicht wie die Herstellkosten detailliert ermittelt werden können, muss der durch die Baustelle verursachte Anteil mit Hilfe eines festzulegenden Verrechnungssatzes der Baustelle belastet werden.

Bei der Bestimmung des Geschäftskostensatzes treten folgende Probleme auf:

- Der Geschäftskostensatz wird im Allgemeinen auf der Grundlage eines angenommenen Jahresumsatzes für das kommende Jahr geplant. Wird das Umsatzziel nicht erreicht, decken die durch die einzelnen Baustellen erwirtschafteten Beträge nicht die tatsächlichen Allgemeinen Geschäftskosten. Es entsteht ein Gewinn oder Verlust aus Über- oder Unterbeschäftigung.
- Der für das kommende Jahr zu bestimmende Geschäftskostensatz wird für eine durchschnittliche Baustelle bestimmt. Bei den einzelnen Baustellen treten jedoch starke Abweichungen von der Struktur einer durchschnittlichen Baustelle auf, wie z. B.
  - o Größe des Bauvorhabens,
  - o Kostenstruktur der Baustelle (material- oder lohnintensive Baustelle, Subunternehmeranteil, Eigenleistung),
  - o Art und Schwierigkeitsgrad des Bauvorhabens,
  - o Auftraggeber,
  - o Bauzeit,
  - o Lage der Baustelle,
  - o Bauvertrag (Einheitspreis- oder Pauschalpreisvertrag).

Die tatsächlichen Auswirkungen auf die Höhe der Allgemeinen Geschäftskosten sind jedoch nur schwer zu bestimmen. Ein nach Bausparten und/oder nach Auftragsgrößen differenzierter Geschäftskostensatz trifft daher die tatsächlichen Gegebenheiten der einzelnen Baustellen besser.

# 7.2 Einheitlicher Verrechnungssatz für Allgemeine Geschäftskosten

Die Verwendung eines einheitlichen Geschäftskostensatzes für alle Angebote setzt voraus, dass sich die Struktur der einzelnen zu kalkulierenden Bauvorhaben nur gering unterscheidet. Ein einheitlicher Geschäftskostensatz kommt im Allgemeinen bei kleineren Unternehmen, die sich auf die Ausführung bestimmter Bauvorhaben, z. B. Wohnungsbau, spezialisiert haben, zur Anwendung. Der Geschäftskostensatz berechnet sich wie folgt:

a) Allgemeine Geschäftskosten (€) = $p_{AGK\,(AS)}$ × AS (€) × (1/100)

$$p_{AGK\,(AS)} = \frac{\text{Allgemeine Geschäftskosten/Periode}}{\text{Bauleistungen (netto)/Periode}} \times 100$$

b) Allgemeine Geschäftskosten (€) = $p_{AGK\,(HSK)}$ × HSK (€) × (1/100)

$$p_{AGK\,(HSK)} = \frac{\text{Allgemeine Geschäftskosten/Periode}}{\text{Herstellkosten/Periode}} \times 100$$

$p_{AGK}$ = Verrechnungssatz für Allgemeine Geschäftskosten (in % der AS oder der HSK)

AS (€) = Angebotssumme, Bauleistung

HSK (€) = Herstellkosten

Betriebswirtschaftlich gesehen sind die Herstellkosten die richtige Basis für die Ermittlung des Geschäftskostensatzes. Da jedoch die Bauleistung je Periode einfacher zu ermitteln ist, war die

Umlage auf Basis der Bauleistung bisher üblich. Die Angabe der AGK erfolgt bei den Unternehmen nunmehr meist bezogen auf die Herstellkosten (HSK). Deshalb werden ab dieser Auflage die Herstellkosten als Basis angesetzt.

Bei der Berechnung der Allgemeinen Geschäftskosten für das einzelne Angebot wird davon ausgegangen, dass der aus den abgerechneten Bauleistungen des gesamten Unternehmens ermittelte Verrechnungsatz auch für das einzelne Angebot gilt.

Damit ergibt sich folgende Methode zur Ermittlung des in der Angebotssumme enthaltenen Betrages für Allgemeine Geschäftskosten:

$$\text{Allgemeine Geschäftskosten (€)} = p_{AGK \, (HSK)} \times \text{HSK (€)} \times (1/100)$$

# 7.3 Differenzierte Verrechnungssätze für Allgemeine Geschäftskosten

Unterscheiden sich die von einem Bauunternehmen zu erstellenden Bauvorhaben in ihrer Struktur, dann sollten die Geschäftskostensätze nach den Strukturmerkmalen für die Kalkulation und Baubetriebsrechnung differenziert werden. Eine Differenzierung ist jedoch nur dann möglich, wenn der Zusammenhang zwischen einem Strukturmerkmal, z. B. Kostenstruktur, und den tatsächlichen Geschäftskosten erfasst und berechnet werden kann. Dies ist jedoch mit der laufenden Baubetriebsrechnung kaum möglich. Differenzierte Geschäftskostensätze können daher nur auf der Grundlage einer sorgfältigen Betriebsanalyse bestimmt werden.

## 7.3.1 Nach Kostenarten differenzierte Geschäftskostensätze

Durch einen nach den Kostenarten differenzierten Geschäftskostensatz soll der Zusammenhang zwischen der Kostenstruktur (z. B. hoher Subunternehmeranteil) des einzelnen Bauvorhabens und den verursachten Allgemeinen Geschäftskosten eine bessere Berücksichtigung finden. Der bei der Umlage zu berücksichtigende Betrag zur Deckung der Allgemeinen Geschäftskosten berechnet sich wie folgt:

$$\text{Allgemeine Geschäftskosten} = p_{AGK1} \times \text{HSK}_1 + p_{AGK2} \times \text{HSK}_2 + ....$$

| $p_{AGK1}$, $p_{AGK2}$, ......... | = | differenzierte Geschäftskostenansätze |
|---|---|---|
| $\text{HSK}_1$, $\text{HSK}_2$, ......... | = | Herstellkostensumme der Kostenarten, auf die die differenzierten Geschäftskostensätze bezogen werden |

Wird z. B. der Geschäftskostensatz für Fremdleistungen geringer angesetzt als für Eigenleistungen, so wird vorausgesetzt, dass sich die Allgemeinen Geschäftskosten mit wachsendem Anteil der Fremdleistungen an der Bauleistung verringern. Dies trifft allenfalls für Nachunternehmerleistungen zu, jedoch nicht oder nur geringfügig für Fremdarbeiten.

## 7.3.2 Nach Bausparten differenzierte Geschäftskostensätze

Mit nach Bausparten differenzierten Geschäftskostensätzen versucht man, die von den unterschiedlichen Bausparten tatsächlich verursachten Geschäftskosten zu verrechnen. Unterschiedliche Bausparten sind z. B. schlüsselfertiger Industriebau, Straßenbau, Wohnungsbau usw. Die Berechnung der Geschäftskostensätze erfolgt analog der Berechnung des einheitlichen Geschäftskostensatzes. Es werden jedoch nur die Werte der zu berechnenden Sparte berücksichtigt. Bei der Kalkulation wird das Bauvorhaben einer Sparte zugeordnet und dann mit dem entsprechenden Geschäftskostensatz der Sparte kalkuliert.

### 7.3.3 Nach Auftragsgröße differenzierte Geschäftskostensätze

Untersuchungen haben ergeben, dass die Geschäftskosten auch stark von der Auftragsgröße abhängig sein können. Nachfolgende Abbildung zeigt den der Kalkulation vorgegebenen geplanten Geschäftskostensatz in Abhängigkeit von der Auftragsgröße.

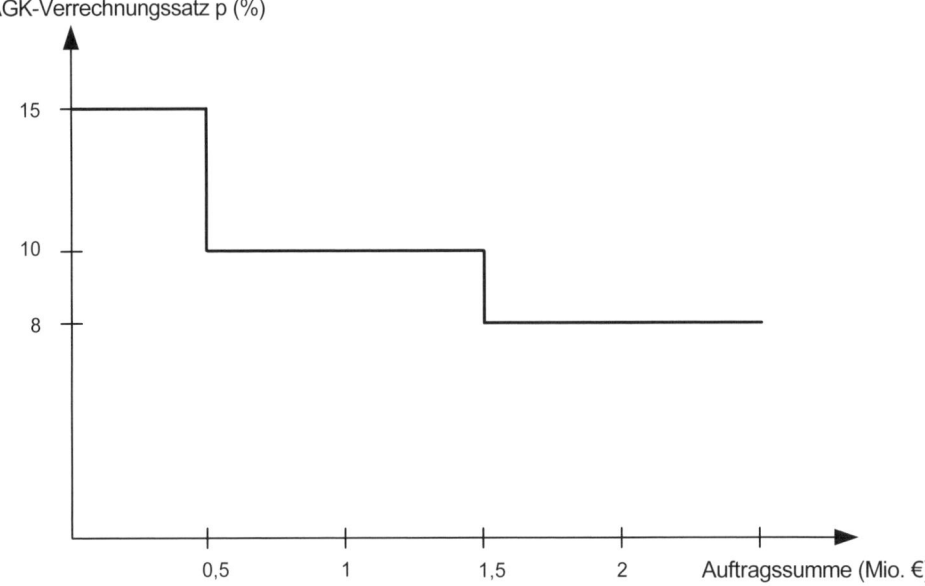

Abbildung 27: Differenzierter Verrechnungssatz für Allgemeine Geschäftskosten in Abhängigkeit von der Auftragsgröße

## 7.4 Erweiterte Allgemeine Geschäftskosten

In der Praxis werden, vor allem bei kleineren Unternehmungen, unter den Allgemeinen Geschäftskosten auch Baustellengemeinkosten, z. B. Kosten der Bauleitung, erfasst und verrechnet. Diese erweiterte Zuordnung erfordert jedoch in der Kalkulation differenzierte Geschäftskostensätze nach Bausparten und Auftragsgrößen. Bei einer sachgerechten Zuordnung der Allgemeinen Geschäftskosten sind differenzierte Geschäftskostensätze weitgehend nicht ermittelbar, da es kaum möglich ist, einen Zusammenhang z. B. zwischen den Kosten für die Lohnbuchhaltung und der Auftragsgröße zu ermitteln.

# 8 Wagnis und Gewinn

## 8.1 Wagnis

In der Betriebswirtschaftslehre kommt heute nach überwiegender Auffassung dem Wagnis keine eigenständige Bedeutung zu, sondern ist ein Bestandteil des Gewinns.

Die kalkulatorischen Wagnisse sind einzeln festzustellen und zu berücksichtigen. Nach Gablers Wirtschaftslexikon[1] sind Wagnisse „Verlustgefahren, die sich aus der Natur der Unternehmung ergeben, nämlich alle die wirtschaftlichen Handlungen der Unternehmung begleitenden Gefahren, Unsicherheits- und Zufälligkeitsfaktoren, häufig hervorgerufen durch allgemeine oder branchenbedingte Störungen des Marktes". Nach Gabler wird das allgemeine Unternehmerwagnis als Gesamtrisiko durch den Unternehmergewinn abgegolten.

Bei der Erstellung von Bauleistungen zeigt sich, dass häufig außer den kalkulierten Kosten weitere, unvorhergesehene Kosten entstehen, die die kalkulierten Selbstkosten erhöhen. Soweit solche möglichen Kostenerhöhungen sich auf das einzelne Bauobjekt beziehen, sind sie bereits in den Gemeinkosten der Baustelle als Sonderwagnisse der Bauausführung (s. Abschnitt B 6.2.5, S. 101) enthalten oder werden durch eine entsprechende Versicherung abgedeckt.

Darüber hinaus treten aber bei jeder Kalkulation Wagnisse auf, die sich auf Mehrkosten beziehen, die im Einzelnen nicht zu erfassen sind, wie z. B. Mehraufwand gegenüber den Kalkulationsansätzen oder Gewährleistungsarbeiten, die nur in Form eines allgemeinen Erfahrungssatzes abgedeckt werden können. Dieses Wagnis bildet als Allgemeines Ausführungswagnis einen Bestandteil der Selbstkosten (s. Abbildung 11, S. 43).

Hinzu tritt als weiterer Ansatz ein Betrag für das allgemeine Unternehmenswagnis. Hierunter sind solche Wagnisse zu verstehen, die sich aus dem Betrieb eines Bauunternehmens allgemein ergeben und sich nicht auf einen einzelnen Bauauftrag beziehen. So können sich z. B. aus einer Bausparte erhebliche, nicht vorhersehbare Wagnisse ergeben, wenn diese vollständig von Aufträgen der öffentlichen Hand abhängig ist und aus Gründen der Konjunkturdämpfung die Mittel gesperrt werden. Ähnliches kann sich bei Auslandsaufträgen ergeben, wenn ein Auftraggeber die Bezahlung verweigert. Soweit solche unternehmerischen Wagnisse durch Kreditversicherungen abgedeckt werden, verringert sich der entsprechende Ansatz für das Unternehmenswagnis; stattdessen ist die zu zahlende Versicherungsprämie einzusetzen.

## 8.2 Gewinn

Der Gewinn stellt den Anreiz dar, Kapital in einem Unternehmen zu investieren und somit eine angemessene Kapitalverzinsung zu erhalten. Es ist also bei der Ermittlung der Angebotssumme ein Betrag für Gewinn einzusetzen, dessen Höhe von den Marktverhältnissen abhängt. Die Erwirtschaftung eines Gewinnes ist außerdem notwendig, um die erforderlichen Investitionen vornehmen zu können, da die aus den Abschreibungen zurückfließenden Beträge im Allgemeinen nicht für die notwendigen Investitionen ausreichen.

Die Ansätze für Wagnis und Gewinn werden in der Kalkulation üblicherweise zusammengefasst und als gemeinsamer Prozentsatz in Abhängigkeit von der Angebotssumme bzw. der Bauleistung angegeben. Seit ein paar Jahren setzt sich eine getrennte Angabe der Wagnis-

---

[1] Springer Gabler Verlag (Herausgeber), Gabler Wirtschaftslexikon, Stichwort: Wagnisse, online im Internet: http://wirtschaftslexikon.gabler.de/Archiv/602/wagnisse-v6.html.

und Gewinnanteile durch. Die in der Kalkulation zu berücksichtigenden Beträge für Wagnis und Gewinn werden in der gleichen Weise berechnet, wie dies für die Allgemeinen Geschäftskosten gezeigt wurde:

$$\text{Wagnis + Gewinn [€]} = \frac{p_{(W+G)(AS)} \times AS \text{ [€]}}{100}$$

oder

$$\text{Wagnis + Gewinn [€]} = \frac{p_{(W+G)(HSK)} \times HSK \text{ [€]}}{100}$$

W + G [%]  =  Verrechnungssatz für Wagnis und Gewinn in % der AS oder HSK

# 8.3 Umrechnung auf Herstellkosten, wenn Angaben in % der AS

Da bei der Ermittlung der Angebotssumme zunächst nur die Herstellkosten (HSK) bekannt sind, müssen die Verrechnungssätze für AGK, W + G, die auf die Angebotssumme bezogen sind, auf die Herstellkosten umgerechnet werden. Dies geschieht nach folgender Formel:

$$p_{(HSK)} = \frac{p_{(AS)} \times 100}{100 - p_{(AS)}} \text{ [%]}$$

In einem Unternehmen werden folgende Verrechnungssätze (**in % vom Anteil der Angebotssumme**) verwendet:

| | | |
|---|---|---|
| Allgemeine Geschäftskosten: | für alle Kostenarten | 10 % |
| Wagnis und Gewinn: | für Lohnkosten, Sonstige Kosten, Gerätekosten | 3 % |
| | für Kosten der Fremdleistungen | 2 % |

Die auf die Herstellkostenanteile bezogenen Verrechnungssätze ergeben sich damit wie folgt:

**Zuschlag auf Herstellkosten der Kostenarten Lohnkosten, Sonstige Kosten, Gerätekosten (Eigenleistungen):**

$$p_{(HSK)} = \frac{(10 + 3) \times 100}{100 - (10 + 3)} = 14,94 \text{ %}$$

**Zuschlag auf Herstellkosten der Kostenart Fremdleistungen:**

$$p_{(HSK)} = \frac{(10 + 2) \times 100}{100 - (10 + 2)} = 13{,}64\ \%$$

**Berechnung der Anteile für AGK, W oder G je Kostenart**
Die Anteile für AGK sind wie folgt zu berechnen:

$$p_{AGK\ (HSK)} = \frac{p_{AGK\ (AS)} \times 100}{100 - p_{(AS)}}\ [\%]$$

Beispiel für AGK der Kostenart Lohn:

$$p_{AKG\ L\ (HSK)} = \frac{10 \times 100}{100 - (10 + 3)} = 14{,}94\ \%$$

Die Anteile für W+G sind analog zu berechnen:

$$p_{W+G\ (HSK)} = \frac{p_{W+G\ (AS)} \times 100}{100 - p_{(AS)}}\ [\%]$$

Beispiel für W+G der Kostenart Fremdleistungen:

$$p_{W+G\ F\ (HSK)} = \frac{3 \times 100}{100 - (10 + 3)} = 3{,}45\ \%$$

# 8.4 Rückrechnung der Prozentsätze für AGK, W und G, wenn nur die Summen angegeben sind

Der Berechnungsaufwand für die Umrechnungen der Prozentsätze (% AS in % HSK) ist unverhältnismäßig hoch. Viele Unternehmen berechnen ihre Prozentsätze auf Basis der Herstellkosten. Ab dieser Auflage werden deshalb im Formblatt 3 die Prozentsätze für AGK, W und G in % der Angebotssumme und die notwendigen Umrechnungen auf Herstellkosten nicht mehr abgefragt. Es sind nur noch die Summen einzutragen.

| KOA | L (h) | L (€) | S | G | F |
|---|---|---|---|---|---|
| EKT | 3.689,10 | 132.807,60 | 122.690,56 | 23.501,90 | 24.000,00 |
| BGK | 164,67 | 5.928,23 | 9.572,30 | | |
| HSK | 3.853,77 | 138.735,83 | 132.262,86 | 23.501,90 | 24.000,00 |
| AGK | | 15.765,44 | 15.029,87 | 2.670,67 | 1.565,22 |
| W | | 0,00 | 0,00 | 0,00 | 0,00 |
| G | | 3.153,09 | 3.005,97 | 534,13 | 521,74 |

Die Prozentsätze für AGK, W und G ergeben sich aus dem Quotienten der jeweiligen Summen bezogen auf die Herstellkosten (HSK) je Kostenart.

**Beispiel: Berechnung der Prozentsätze AGK in % der HSK je Kostenart**

$P_{AGK\ L\ (HSK)}$:    13.794,76/121.393,85    =    0,113636   ->   11,3636 % auf Lohn (L)

$P_{AGK\ S\ (HSK)}$:    14.954,41/131.598,83    =    0,113636   ->   11,3636 % auf Soko (S)

$P_{AGK\ G\ (HSK)}$:    2.670,67/23.501,90    =    0,113636   ->   11,3636 % auf Geräte (G)

$P_{AGK\ F\ (HSK)}$:    1.565,22/24.000,00    =    0,065217   ->   6,5217 % auf Fremdleistungen (F)

**Beispiel: Berechnung der Prozentsätze G in % der HSK je Kostenart**

$P_{AGK\ L\ (HSK)}$:    2.785,95/121.393,85    =    0,022727   ->   2,2727 %

$P_{AGK\ S\ (HSK)}$:    2.990,88/131.598,83    =    0,022727   ->   2,2727 %

$P_{AGK\ G\ (HSK)}$:    534,13/23.501,90    =    0,022727   ->   2,2727 %

$P_{AGK\ F\ (HSK)}$:    521,74/24.000,00    =    0,021739   ->   2,1739 %

**Umrechnung der Prozentsätze HSK in % der AS je Kostenart**

Obige Prozentsätze lassen sich wie folgt in % der AS umrechnen:

$p_{(AS)} = 100 \times p_{(HSK)}/(100 + p_{(HSK)})$

**Beispiel: Umrechnung der Prozentsätze HSK $_{AGK}$ in % der AS je Kostenart**

$p_{AGK\ L\ (AS)} = 100 \times 11{,}3636/(100 + 11{,}3636 + 0 + 2{,}2727)$    =    10,00 %

$p_{AGK\ G\ (AS)} = 100 \times 11{,}3636/(100 + 11{,}3636 + 0 + 2{,}2727)$    =    10,00 %

$p_{AGK\ S\ (AS)} = 100 \times 11{,}3636/(100 + 11{,}3636 + 0 + 2{,}2727)$    =    10,00 %

$p_{AGK\ F\ (AS)} = 100 \times 6{,}5217/(100 + 6{,}5217 + 0 + 2{,}1739)$    =    6,00 %

**Beispiel: Umrechnung der Prozentsätze HSK $_G$ in % der AS je Kostenart**

$p_{G\ L\ (AS)} = 100 \times 11{,}3636/(100 + 11{,}3636 + 0 + 2{,}2727)$    =    10,00 %

$p_{G\ G\ (AS)} = 100 \times 11{,}3636/(100 + 11{,}3636 + 0 + 2{,}2727)$    =    10,00 %

$p_{G\ S\ (AS)} = 100 \times 11{,}3636/(100 + 11{,}3636 + 0 + 2{,}2727)$    =    10,00 %

$p_{G\ F\ (AS)} = 100 \times 6{,}5217/(100 + 6{,}5217 + 0 + 2{,}1739)$    =    6,00 %

# 9 Ablauf der Kalkulation

Der Ablauf der Kostenermittlung nach der bereits beschriebenen Kalkulationsgliederung (s. Abbildung 13, S. 49) wird in drei Abschnitten erläutert:

- Vorarbeiten für die Kalkulation,
- Kalkulation über die Angebotssumme,
- Kalkulation mit vorberechneten Umlagen.

## 9.1 Vorarbeiten für die Kalkulation

Vor der eigentlichen Kostenermittlung sind alle Umstände zu erfassen, die sich u. U. kostenbeeinflussend auswirken können. Zu diesen Vorarbeiten gehören beispielsweise:

**Prüfung der Verdingungsunterlagen** zur Feststellung, ob z. B. in Vorbemerkungen, zusätzlichen und besonderen Vertragsbedingungen oder zusätzlichen technischen Vertragsbedingungen kostenwirksame Festlegungen getroffen sind, die bei der Kostenermittlung berücksichtigt werden müssen. Dazu gehören beispielsweise:

- Zahlungs- und Abrechnungsmodalitäten;
- Sicherheitseinbehalte;
- Änderungen von Bestimmungen der VOB/B und VOB/C, wie z. B. keine gesonderte Vergütung für Schlitze, Öffnungen, Nischen, Durchbrüche, Aussparungen;
- Erhöhung der Gewährleistungsfrist auf 5 Jahre;
- Nebenleistungen (z. B. Vergütung von Aussparungen);
- Gleitklauseln (Stoffpreis-, Lohngleitklausel, Selbstbeteiligung);
- Lieferung von Ausführungsunterlagen;
- Mitbenutzung des Wasser- und Energieanschlusses durch andere Unternehmer;
- Bereitstellung von Lager- und Aufenthaltsräumen für andere Unternehmer;
- Verkehrssicherungsmaßnahmen;
- Erhöhung der Ausschalfristen nach DIN 1045;
- Vorhalten von Gerüsten und Bauaufzügen über die eigene Benutzungsdauer hinaus.

Die Prüfungspflicht des Bieters hat eine entscheidende Bedeutung, da er nach Ingenstau/Korbion[1] z. B. aus einer lückenhaften Leistungsbeschreibung allein noch keinen Schadenersatzanspruch begründen kann, wenn die Lückenhaftigkeit erkennbar war. Diese verpflichtet den Bieter, bei einer Lückenhaftigkeit der Leistungsbeschreibung etwaige Zweifelsfragen vor Abgabe des Angebots zu klären.

---

[1] Ingenstau/Korbion (2013), VOB Teile A und B, 18. Auflage, Kommentar, B § 3 Nr. 3, Rdn. 4 ff., insbesondere Rdn. 10.

**Begehung der Baustelle** zur Informationsbeschaffung über

- Verkehrsverhältnisse, Zufahrten,
- Gelände für Baustelleneinrichtung und Baustellenunterkünfte,
- Bodenbeschaffenheit bei Erdbaustellen,
- Wasser- und Energieversorgung,
- Beseitigung des Aushubs,
- besondere Verhältnisse (z. B. Hochwassergefahr, Bau von Transportbrücken, Schneever- hältnisse, Grundwasserstand, Auflagen zum Umweltschutz u. Ä.).

**Einholung der Baustoffpreise und der Angebote der Fremdunternehmer;**

**Entwurf einer Baustelleneinrichtung,** um hiernach die Geräteliste aufstellen zu können.

**Erarbeitung eines Bauablaufplans** auf Grund der vorgegebenen Termine. Daraus müssen für die Kalkulation folgende Angaben zu entnehmen sein:

- Angaben über einzubauende oder zu bewegende Massen,
- Einsatzdauer der erforderlichen Geräte,
- Art, Anzahl und Einsatzdauer der benötigten Arbeitskräfte,
- Arbeitsunterbrechungen (z. B. Winterpause).

Die Aufstellung dieses Bauablaufplans sowie die Ermittlung der wirtschaftlichsten Arbeitsme- thoden sind u. a. Aufgaben der „Arbeitsvorbereitung", die in größeren Betrieben von einer besonderen Abteilung durchgeführt wird.

# 9.2 Kalkulation über die Angebotssumme

## 9.2.1 Ablauf der Kalkulation

Bei diesem Verfahren (auch „Kalkulation über die Endsumme" genannt) werden die Beträge für Gemeinkosten der Baustelle, Allgemeine Geschäftskosten, Wagnis und Gewinn für jeden zu kalkulierenden Bauauftrag gesondert ermittelt. Es ergeben sich daraus für jedes Bauobjekt Umlagesätze für die Einzelkosten der Teilleistungen in unterschiedlicher Höhe.

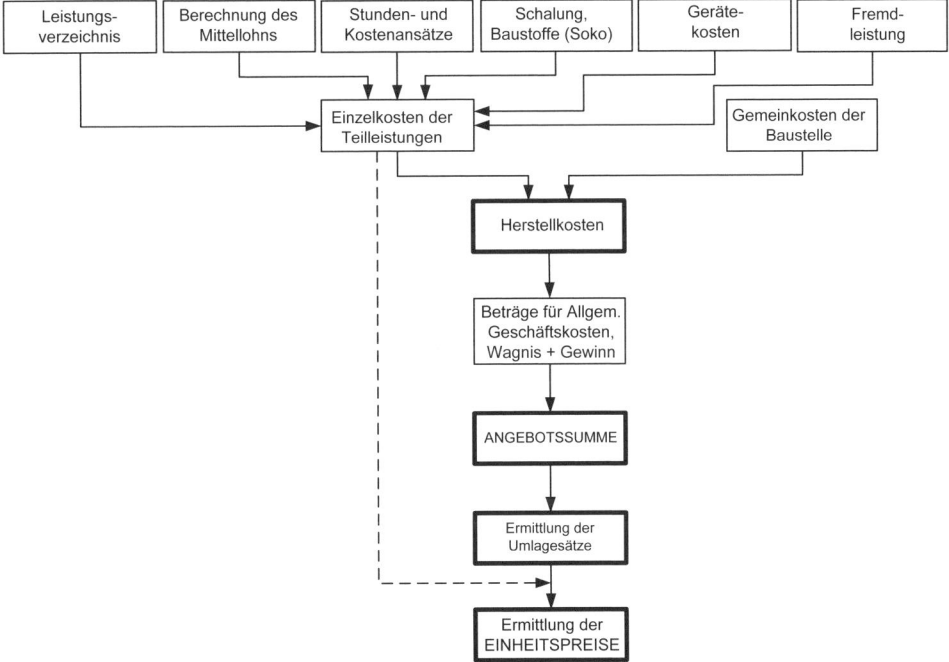

Abbildung 28: Ablauf der Kalkulation über die Angebotssumme

Die Kalkulation über die Angebotssumme wird in vier Schritten durchgeführt (s. vorherige Abbildung):

- Ermittlung der Herstellkosten,
- Ermittlung der Angebotssumme,
- Ermittlung der Umlagesätze,
- Ermittlung der Einheitspreise.

Der Ablauf einer Kalkulation wird an einem Beispiel erläutert, das einen Auszug aus einer Kostenermittlung für eine Stützwand darstellt. Zur Vereinfachung des Verfahrens wird die Kalkulation am zweckmäßigsten mit Hilfe von Formblättern durchgeführt.

## 9.2.2 Formblätter „Kalkulation über die Angebotssumme"

**Formblatt 1** zur Ermittlung der Einzelkosten und zur Berechnung der Einheitspreise. Dieses Formular besteht aus vier Teilen, die jeweils noch in Spalten untergliedert sind:

Teil 1: Nummer der Position, Spalte für Kurztext, Mengenangabe und Entwicklung der Einzelkosten der Teilleistungen (Positionen);

Teil 2: Kostenarten ohne Umlage;

Teil 3: Kostenarten mit Umlagen;

Teil 4: Preis je Einheit und je Teilleistung.

**Formblatt 2** zur Ermittlung der Einzelkosten je Einheit, wenn für verschiedene Teilleistungen umfangreiche Vorermittlungen notwendig sind (s. Beispiele im Abschnitt C). Dieses Formblatt besteht aus den Teilen 1 und 2 des Formblatts 1.

**Formblatt 3** zur Ermittlung der Angebotssumme. Dieses Formular, häufig auch als „Schlussblatt der Kalkulation" bezeichnet, ist in zwei Teile gegliedert.

Teil 1: Ermittlung der Angebotssumme mit den Zeilen für die Eintragung der Einzelkosten der Teilleistungen, der Gemeinkosten der Baustelle, der Herstellkosten und dem Bereich zur Berechnung der Beiträge für Allgemeine Geschäftskosten, Wagnis und Gewinn;

Teil 2: Ermittlung der Umlagesätze (Durchführung der Umlage) und Berechnung des **Verrechnungslohns**, in anderer Literatur auch als Angebotslohn oder Mittellohn ASLZ bezeichnet. Die in früheren Auflagen verwendete Bezeichnung „Kalkulationslohn" wurde aufgegeben.

## 9.2.3 Einzelschritte bei der Kalkulation über die Angebotssumme

### 9.2.3.1 Ermittlung der Herstellkosten

Am Anfang der Kalkulation werden im Formblatt 1, Teil 1, die Nummer der Position, ein Kurztext und die Mengenangabe der zu kalkulierenden Teilleistung eingetragen (s. a. folgende Abbildung 29).

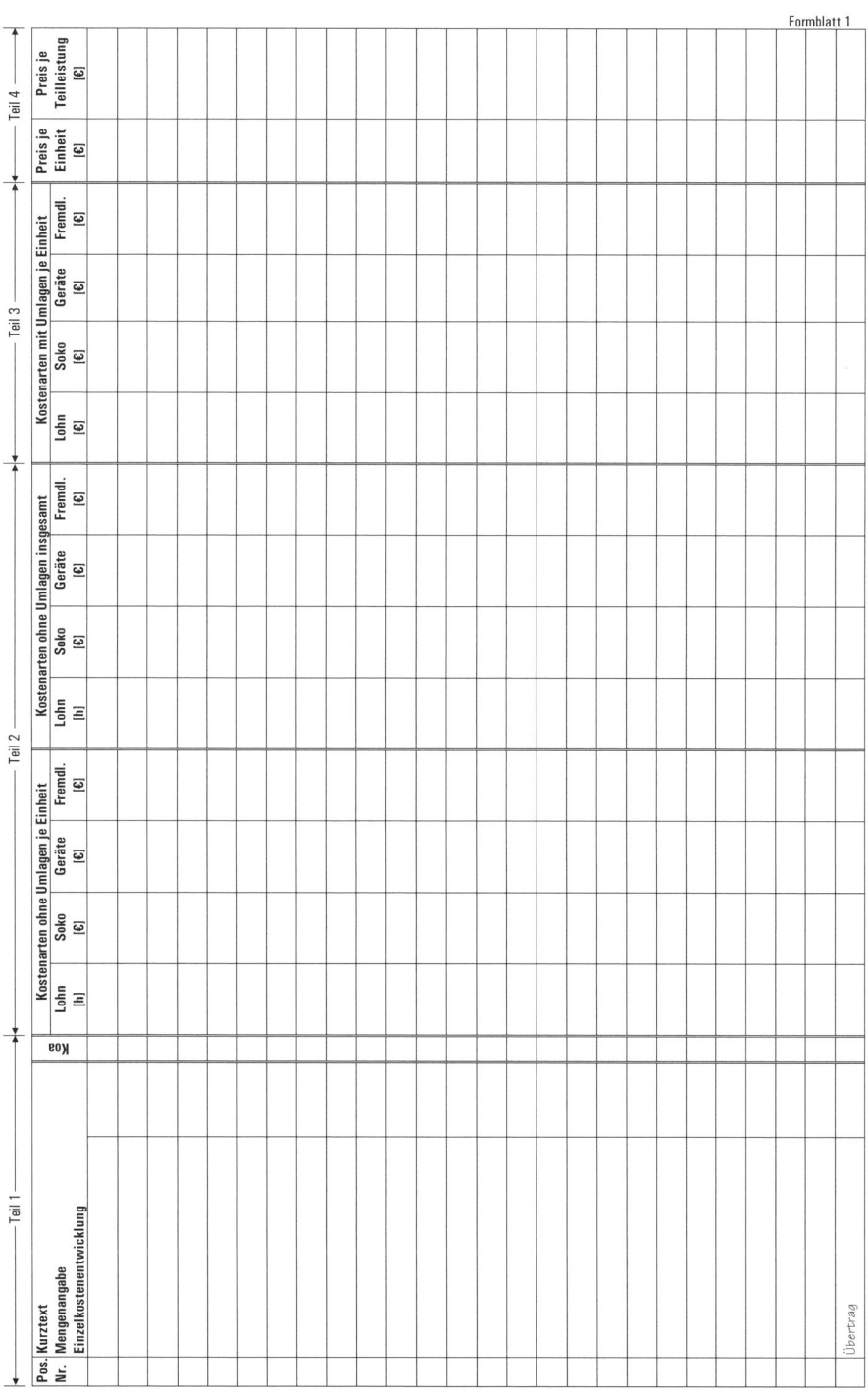

Abbildung 29: Formblatt 1 zur Ermittlung der Einzelkosten und zur Berechnung der Einheitspreise

Formblatt 2

| Pos. | Kurztext | Kostenarten ohne Umlagen je Einheit | | | |
| Nr. | Mengenangabe | Lohn | Soko | Geräte | Fremdl. |
| | Einzelkostenentwicklung | [h] | [€] | [€] | [€] |
| | Übertrag | | | | |
| | | | | | |
| | Übertrag | | | | |

Abbildung 30: Formblatt 2 zur Ermittlung der Einzelkosten je Einheit

122

## Teil 1

Formblatt 3 (2014)

## Ermittlung der Angebotssumme

| KOA | L (h) | L (€) | S | G | F | Summe |
|---|---|---|---|---|---|---|
| EKT | | | | | | |
| BGK | | | | | | |
| HSK | | | | | | |
| AGK in % HSK | | | | | | |
| W in % HSK | | | | | | |
| G in % HSK | | | | | | |
| AGK | | | | | | |
| W | | | | | | |
| G | | | | | | |
| | | | | Angebotssumme ohne Mehrwertsteuer | | |

Teil 2

## Ermittlung der Umlagen

| Angebotssumme ohne Mehrwertsteuer | | | |
|---|---|---|---|
| abzüglich Einzelkosten der Teilleistungen | | | - |
| insgesamt zu verrechnender Umlagebetrag | | | |
| abzüglich gewählter Umlagen auf | | Einzelkosten [€] | Umlagebetrag [€] |
| | L | | |
| | S | | |
| | G | | |
| | F | | |
| Summe gewählter Umlagen: | | | |
| Noch zu verrechnender Umlagebetrag auf L | | < ·················· | |
| Summe Einzelkosten für noch zu berechnenden Umlagesatz (L) | | | |
| Umlagesatz auf L | | = | |

Teil 3

## Ermittlung des Verrechnungslohns

| Mittellohn ASL: | |
|---|---|
| Umlage auf Lohn: | + |
| Verrechnungslohn: | |

Abbildung 31:  Formblatt 3 (2014) zur Ermittlung der Angebotssumme und der Umlagesätze

Danach folgt die Entwicklung der Einzelkosten, und zwar durch Angabe der Kostenarten und der zugehörigen Kalkulationsansätze (Aufwands- bzw. Leistungswerte und Kosten). Diese Ansätze werden stets auf die Mengeneinheit der jeweiligen Position (hier m³) bezogen. Sofern die Einheit des Kalkulationsansatzes nicht mit der Einheit der betreffenden Position übereinstimmt, ist hier der Ansatz auf die Mengeneinheit der Teilleistung umzurechnen.

In Teil 2 werden im Bereich „je Einheit" die Kalkulationsansätze getrennt nach Kostenarten aufgeführt. Falls eine Kostenart mehrfach in der Kostenentwicklung (für eine Position) auftritt, ist die Summe zu bilden. Die summierten Kostenansätze je Einheit werden mit der Menge (dem so genannten „Vordersatz") multipliziert und im Bereich „insgesamt" eingetragen.

| Pos. Nr. | Kurztext / Mengenangabe / Einzelkostenentwicklung | | Kostenarten ohne Umlagen je Einheit | | | | Kostenarten ohne Umlagen insgesamt | | | |
|---|---|---|---|---|---|---|---|---|---|---|
| | | | Lohn [h] | Soko [€] | Geräte [€] | Fremdl. [€] | Lohn [h] | Soko [€] | Geräte [€] | Fremdl. [€] |
| 3 | Aushub | 1.000 m³ | | | | | | | | |
| | Frachtkosten Hydraulikbagger | | | 0,12 | | | | | | |
| | Geräteführer: 8,0 h/d : 200 m³/d | | 0,040 | | | | | | | |
| | Beihilfe: 8 h/d : 200 m³/d | | 0,040 | | | | | | | |
| | Betriebsstoffe (s. nächste Zeile) | | | 0,47 | | | | | | |
| | 50 kW × 0,17 l/kW•Eh × 1,30 €/l × 8 Eh/d × 1,07) / 200 m³/d | | | | | | | | | |
| | Gerät (s. nächste Zeile) | | | | 0,85 | | | | | |
| | (1.930,00 + 1.470,00) €/Mon. / (20 d/Mon. × 200 m³/d) | | | | | | | | | |
| | Abfuhr + Kippgebühr | | | | | | | | | |
| | 2,125t/m³ × 5,36 €/t + 12,61 €/m³ | | | | | 24,00 | | | | |
| | | | 0,080 | 0,59 | 0,85 | 24,00 | 80,00 | 590,00 | 850,00 | 24.000,00 |
| | | | | | | | | | | |
| | | | | | | | | | | |
| | Übertrag | | | | | | | | | |

Abbildung 32: Ermittlung der Einzelkosten der Pos. 3 je Einheit

Die Teile 3 und 4 des Formblatts 1 (s. Abbildung 29, S. 121) werden erst in der dritten Phase der Kalkulation bei der Ermittlung der Einheitspreise, d. h. nach der Berechnung der Angebotssumme, benötigt.

Mit den Formblättern 1 und 2 können in einem getrennten Rechengang auch die **Gemeinkosten der Baustelle** (s. Abbildung 42, S. 137) ermittelt werden. Vielfach werden hierfür jedoch besondere Kalkulationsformulare verwendet, in denen sämtliche Bestandteile der Gemeinkosten der Baustelle gleichsam als Fragenkatalog aufgeführt sind. In Anlage 3 (s. S. 349) ist die erste Seite einer Prüfliste aufgeführt.

### 9.2.3.2 Ermittlung der Angebotssumme

Hierzu wird das Formblatt 3 verwendet. Zunächst sind die über sämtliche Positionen aufsummierten **Einzelkosten** (getrennt nach Kostenarten, s. Abbildung 41, S. 136) in die entsprechenden Zeilen **in Teil 1** einzutragen. Die Summen der Einzelkosten der Teilleistungen (EKT) und der Gemeinkosten der Baustelle (BGK) ergeben die Herstellkosten (HSK, s. Abbildung 33).

## Ermittlung der Angebotssumme

| KOA | | L (h) | L (€) | S | G | F | | Summe |
|---|---|---|---|---|---|---|---|---|
| EKT | | 3.689,10 | 132.807,60 | 122.690,56 | 23.501,90 | 24.000,00 | | 303.000,06 |
| BGK | | 164,67 | 5.928,23 | 9.572,30 | | | + | 15.500,53 |
| HSK | | 3.853,77 | 138.735,83 | 132.262,86 | 23.501,90 | 24.000,00 | | 318.500,59 |
| AGK | in % HSK | 11,3636 | 11,3636 | 11,3636 | 6,5217 | | | |
| W | in % HSK | 0,0000 | 0,0000 | 0,0000 | 0,0000 | | | |
| G | in % HSK | 2,2727 | 2,2727 | 2,2727 | 2,1739 | | | |
| AGK | | 15.765,44 | 15.029,87 | 2.670,67 | 1.565,22 | | + | 35.031,19 |
| W | | 0,00 | 0,00 | 0,00 | 0,00 | | + | 0,00 |
| G | | 3.153,09 | 3.005,97 | 534,13 | 521,74 | | + | 7.214,93 |
| | | | | | Angebotssumme ohne Mehrwertsteuer | | | 360.746,72 |

Abbildung 33:   Ermittlung der Angebotssumme

Anschließend werden die Beträge für Allgemeine Geschäftskosten, Wagnis und Gewinn (AGK, W + G) ermittelt. Im vorliegenden Beispiel werden folgende Verrechnungssätze (in % vom Anteil an der Angebotssumme) verwendet:

| – Allgemeine Geschäftskosten: | für Lohnkosten, sonst. Kosten, Gerätekosten | 10 % |
|---|---|---|
| | für Kosten der Fremdleistungen | 6 % |
| – Wagnis und Gewinn: | für Lohnkosten, sonst. Kosten, Gerätekosten | 2 % |
| | für Kosten der Fremdleistungen | 2 % |

Die auf die Herstellkostenanteile bezogenen Verrechnungssätze ergeben sich damit wie folgt:

– Kostenarten: Lohnkosten, sonst. Kosten, Gerätekosten (eigene Leistungen)

$$\text{Zuschlag auf HSK} = \frac{(10 + 2)\,[\%] \times 100}{100 - (10 + 2)\,[\%]} = 13{,}64\,\%$$

– Kostenart: Fremdleistungen

$$\text{Zuschlag auf HSK} = \frac{(6 + 2)\,[\%] \times 100}{100 - (6 + 2)\,[\%]} = 8{,}70\,\%$$

Durch Addition der Beträge für Allgemeine Geschäftskosten, Wagnis und Gewinn zu den Herstellkosten erhält man die Angebotssumme ohne Mehrwertsteuer. Damit ist der zweite Schritt der Kalkulation über die Angebotssumme abgeschlossen (s. Abbildung 33).

### 9.2.3.3   Ermittlung der Einzelkostenumlagen

Von der Angebotssumme werden die Einzelkosten der Teilleistungen abgezogen, um den Umlagebetrag zu erhalten. Dieser beinhaltet sowohl die Gemeinkosten der Baustelle als auch die Beträge für Allgemeine Geschäftskosten, Wagnis und Gewinn.

Für die Wahl der Umlagesätze, nach denen der Umlagebetrag verteilt wird, bestehen verschiedene Möglichkeiten:

- Einheitlicher Umlagesatz für alle Kostenarten,
- unterschiedliche Umlagesätze für alle Kostenarten,

- Zusammenfassung einzelner Kostenarten zu einer Kostenartengruppe, die einen einheitlichen Umlagesatz erhält. So können z. B. Lohn- und Gerätekosten einerseits und Stoffkosten andererseits einheitliche Gruppen bilden. Es besteht die Möglichkeit, die so genannten „Arbeitskosten" (s. Abschnitt A 4.2.8, S. 46) mit einem einheitlichen Umlagesatz zu beaufschlagen.

Die einfachste Möglichkeit bildet der einheitliche Umlagesatz auf alle Kostenarten, da hierdurch Verschiebungen in den Mengen der einzelnen Positionen keine Auswirkungen auf die Deckung der Gemeinkosten haben, solange die Angebotssumme nicht unterschritten wird. In diesem Fall bestimmt sich der Umlagesatz:

$$\text{Umlagesatz (\%)} = \frac{\text{Umlagebetrag} \times 100}{\text{Summe Einzelkosten der Teilleistungen}}$$

Jedoch ist dieses Verfahren in Deutschland nicht üblich und führt wegen der verhältnismäßig hohen Umlagesätze auf Stoffe und Fremdleistungen (denen allerdings niedrigere Umlagen beim Lohn gegenüberstehen) bei Auftragsverhandlungen oft zu Schwierigkeiten. Bei Auslandsangeboten ist wegen des hohen Gemeinkostenanteils diese Art der Umlagenverteilung jedoch meist üblich. Im Abschnitt B 9.5, S. 142, sind die Auswirkungen der verschiedenen Arten der Umlage auf die Einheitspreise ausführlich dargestellt.

Meist wird eine Verteilung gewählt, bei der die Lohnkosten einen hohen Anteil, die übrigen Kostenarten dagegen einen verhältnismäßig niedrigen Anteil erhalten. Oft verwendete Umlagesätze sind z. B.:

- Stoffkosten                                    7 bis 20 %
- Gerätekosten                                   7 bis 20 %
- Kosten der Fremdleistungen                     5 bis 15 %

Haben die Stoffkosten einen außergewöhnlich hohen Anteil an den Einzelkosten der Teilleistungen, wie z. B. im Straßendeckenbau, so werden hierfür niedrigere Umlagesätze verwendet.

Zu beachten ist jedoch, dass die Umlagesätze mindestens die Höhe der AGK, W + G-Sätze haben sollten.

Im vorliegenden Beispiel sind folgende Umlagesätze gewählt worden (s. Abbildung 34):

- Umlage auf Sonstige Kosten                     15 %
- Umlage auf Gerätekosten                        15 %
- Umlage auf Kosten der Fremdleistungen          10 %

Der Restumlagebetrag wird dann auf die Lohnkosten umgelegt:

$$\text{Umlage auf Lohn} = \frac{\text{Restumlagebetrag} \times 100}{\text{Summe der Einzelkosten-Löhne}} \, [\%]$$

Aus der Addition des Umlagebetrags auf Lohn zum Mittellohn ergibt sich der Verrechnungslohn:

Mittellohn (ASL oder APSL)

+ Umlagesatz auf Lohn (L) % × Mittellohn (ASL oder APSL)

= **Verrechnungslohn** (oder Mittellohn A(P)SLZ)

Dies ergibt im vorliegenden Fall einen Umlagesatz auf die Lohnkosten von 25,16 %.

Teil 2

## Ermittlung der Umlagen

| | | | Einzelkosten [€] | Umlagebetrag [€] | |
|---|---|---|---|---|---|
| Angebotssumme ohne Mehrwertsteuer | | | | | 360.746,72 |
| abzüglich Einzelkosten der Teilleistungen | | | | | − 303.000,06 |
| insgesamt zu verrechnender Umlagebetrag | | | | | 57.746,67 |
| abzüglich gewählter Umlagen auf | | | Einzelkosten [€] | Umlagebetrag [€] | |
| | L | variabel | − | s. u. | |
| | S | 15,00 % | 122.690,56 | 18.403,58 | |
| | G | 15,00 % | 23.501,90 | 3.525,29 | |
| | F | 10,00 % | 24.000,00 | 2.400,00 | |
| Summe gewählter Umlagen: | | | | 24.328,87 | − 24.328,87 |
| Noch zu verrechnender Umlagebetrag auf L | | | 33.417,80 × 100 | | 33.417,80 |
| Summe Einzelkosten für noch zu berechnenden Umlagesatz (L) | | | 132.807,60 | | |
| Umlagesatz auf L | | | = | 25,1626 % | |

Teil 3

## Ermittlung des Verrechnungslohns

| | | | |
|---|---|---|---|
| Mittellohn ASL: | | | 36,00 €/h |
| Umlage auf Lohn: | 25,1626 % von ASL | + | 9,06 €/h |
| Verrechnungslohn: | | | 45,06 €/h |

Abbildung 34: Festlegung der Einzelkostenumlagen

**Hinweis**

Die zur Verteilung des Umlagebetrags für jedes Angebot frei wählbaren Umlagesätze stehen in **keinerlei** Zusammenhang mit den Verrechnungssätzen für Allgemeine Geschäftskosten, Wagnis und Gewinn, die bei der Ermittlung der Angebotssumme angewendet werden.

### 9.2.3.4 Ermittlung der Einheitspreise

Mit den im vorhergegangenen Schritt ermittelten Umlagesätzen werden nun **im Teil 3 des Formblatts 1** die Kalkulationsansätze der Kostenarten multipliziert.

| | | |
|---|---|---|
| Lohn: | 0,08 h/m³ x 45,06 €/h = | 3,60 €/m³ |
| Soko: | 0,59 €/m³ x 1,15 = | 0,68 €/m³ |
| Geräte: | 0,85 €/m³ x 1,15 = | 0,98 €/m³ |
| Fremd: | 24,00 €/m³ x 1,10 = | 26,40 €/m³ |
| EP: | | 31,66 €/m³ |
| GP: | 1.000 m³ x 31,66 €/m³ = 31.660,00 € | |

Damit ist die Umlage der Gemeinkosten und der Beträge für Wagnis und Gewinn abgeschlossen. Die Kostenarten mit Umlagen je Einheit (s. Teil 3 in Abbildung 35) werden je Position aufsummiert und ergeben den **Einheitspreis** (Teil 4).

Die Einheitspreise werden mit den jeweiligen Mengenangaben multipliziert und als **Preis je Teilleistung** (auch Gesamtpreis oder GP) im Teil 4 der Formblatts 1 eingetragen. Die Summe aller

Preise der Teilleistungen ergibt die Angebotssumme. Sie wird mit der im Formblatt 3 berechneten Angebotssumme (s. Abbildung 34) verglichen, um so einen möglichen Rechenfehler zu entdecken. Durch Rundungen ergeben sich kleinere Abweichungen.

| Pos.<br>Nr. | Kurztext<br>Mengenangabe<br>Einzelkostenentwicklung | | Kostenarten ohne Umlagen je Einheit | | | | Kostenarten mit Umlagen je Einheit | | | | Preis je<br>Einheit<br>[€] | Preis je<br>Teilleistung<br>[€] |
|---|---|---|---|---|---|---|---|---|---|---|---|---|
| | | | Lohn<br>[h] | Soko<br>[€] | Geräte<br>[€] | Fremdl.<br>[€] | Lohn<br>[€]<br>× 45,06 | Soko<br>[€]<br>× 1,15 | Geräte<br>[€]<br>× 1,15 | Fremdl.<br>[€]<br>× 1,10 | | |
| 3 | Aushub | 1.000 m³ | | | | | | | | | | |
| | Frachtkosten Hydraulikbagger | | | 0,12 | | | | | | | | |
| | Geräteführer: 8,0 h/d : 200 m³/d | | 0,040 | | | | | | | | | |
| | Beihilfe: 8 h/d : 200 m³/d | | 0,040 | | | | | | | | | |
| | Betriebsstoffe (s. nächste Zeile) | | | 0,47 | | | | | | | | |
| | 50 kW × 0,17 l/kW·Eh × 1,30 €/l × 8 Eh/d × 1,07) / 200 m³/d | | | | | | | | | | | |
| | Gerät (s. nächste Zeile) | | | | 0,85 | | | | | | | |
| | (1.930,00 + 1.470,00) €/Mon. / (20 d/Mon. × 200 m³/d) | | | | | | | | | | | |
| | Abfuhr + Kippgebühr | | | | | | | | | | | |
| | 2,125t/m³ × 5,36 €/t + 12,61 €/m³ | | | | | 24,00 | | | | | | |
| | | | 0,080 | 0,59 | 0,85 | 24,00 | 3,60 | 0,68 | 0,98 | 26,40 | 31,66 | 31.660,00 |
| | Übertrag | | | | | | | | | | | |

Abbildung 35: Berechnung der Einheitspreise, gezeigt an Pos. 3.

## 9.3 Kalkulation mit vorberechneten Umlagen

Die Kalkulation mit vorberechneten Umlagen unterscheidet sich bei der Ermittlung der Einzelkosten der Teilleistungen nicht von der Kalkulation über die Angebotssumme. Der Unterschied tritt erst bei der Ermittlung der Gemeinkosten der Baustelle und der Durchführung der Umlage auf. Anstelle der individuell ermittelten Umlagen tritt der vorberechnete Umlagesatz, so dass Gemeinkostenermittlung und Umlage entfallen können.

Bei der Verwendung von vorberechneten Umlagen ist zu berücksichtigen, dass die Gemeinkosten der Baustelle in den Leistungsverzeichnissen sehr unterschiedlich ausgeschrieben werden, so dass die Umlagesätze an das jeweils vorliegende Leistungsverzeichnis anzupassen sind.

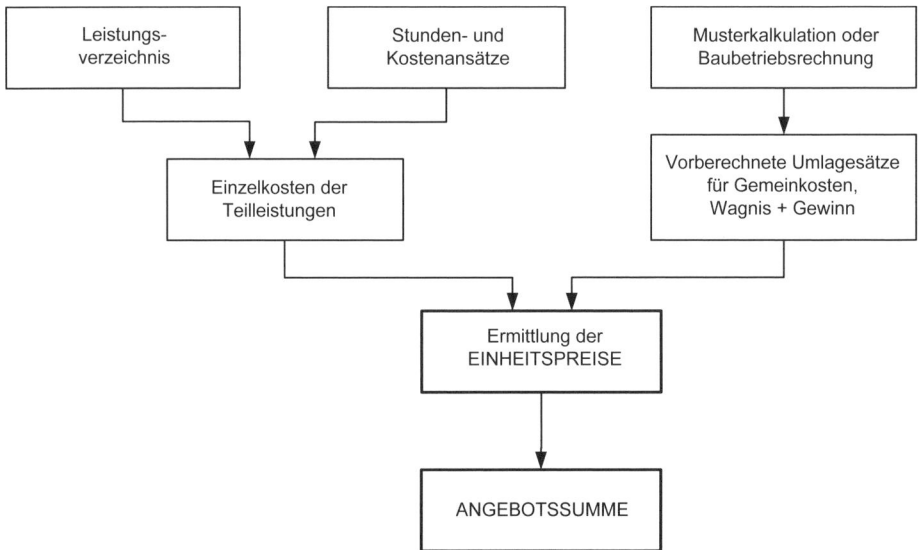

Abbildung 36: Ablauf der Kalkulation mit vorberechneten Umlagen

Für die Behandlung der Gemeinkosten werden meist folgende Variationen verwendet:

- Die Kosten für Auf- und Abbau und Vorhalten der Baustelleneinrichtung werden in besonderen Positionen als Teilleistungen erfasst. Die restlichen Gemeinkosten der Baustelle, die Allgemeinen Geschäftskosten, Wagnis und Gewinn sind in die Einheitspreise einzurechnen.
- Die Kosten für den Auf- und Abbau der Baustelleneinrichtung werden in besonderen Positionen als Teilleistungen erfasst. Die restlichen Gemeinkosten der Baustelle einschließlich der Vorhaltekosten der Baustelleneinrichtung, die Allgemeinen Geschäftskosten, Wagnis und Gewinn sind in die Einheitspreise einzurechnen.
- Sämtliche Gemeinkosten, Wagnis und Gewinn sind in die Einheitspreise einzurechnen.

Entsprechend sind die Umlagesätze bei der Kalkulation mit vorberechneten Umlagen anzupassen. Dies geschieht in der Regel bei der Kostenart Lohn.

Wie sich der Aufbau des Leistungsverzeichnisses auf den Verrechnungslohn auswirkt, wird auf S. 146 ff. behandelt.

Zur Ermittlung der Einheitspreise wird das **Formblatt 4** (s. Abbildung 37) verwendet. Dabei werden zunächst nur Aufwandswerte bzw. Kosten ohne Umlagen in das Kalkulationsformular eingetragen. Nach der Summenbildung der Einzelansätze in den Kostenarten (Summe ohne Umlage, S. o. U.), werden die Summen mit den jeweiligen Umlagesätzen (S. m. U.) multipliziert und daraus der Preis je Einheit gebildet. Der Preis je Teilleistung ergibt sich dann aus „Preis je Einheit × Menge".

| Pos. Nr. | Kurztext Mengenangabe Einzelkostenentwicklung | | Kostenarten je Einheit | | | | Preis je Einheit [€] | Preis je Teilleistung [€] |
|---|---|---|---|---|---|---|---|---|
| | | | Lohn [h] oder [€] | Soko [€] | Geräte [€] | Fremdl. [€] | | |
| | Umlagesätze | | × 45,06 | × 1,15 | × 1,15 | × 1,10 | | |
| | | | | | | | | |
| 3 | Aushub | 1.000 m³ | | | | | | |
| | Frachtkosten Hydraulikbagger | | | 0,12 | | | | |
| | Geräteführer: 8,0 h/d : 200 m³/d | | 0,040 | | | | | |
| | Beihilfe: 8 h/d : 200 m³/d | | 0,040 | | | | | |
| | Betriebsstoffe (s. nächste Zeile) | | | 0,47 | | | | |
| | 50 kW × 0,17 l/kW•Eh × 1,30 €/l × 8 Eh/d × 1,07) / 200 m³/d | | | | | | | |
| | Gerät (s. nächste Zeile) | | | | 0,85 | | | |
| | (1.930,00 + 1.470,00) €/Mon. / (20 d/Mon. × 200 m³/d) | | | | | | | |
| | Abfuhr + Kippgebühr | | | | | | | |
| | 2,125t/m³ × 5,36 €/t + 12,61 €/m³ | | | | | 24,00 | | |
| | Summe ohne Umlagen | S. o. U. | 0,080 | 0,59 | 0,85 | 24,00 | | |
| | Summe mit Umlagen | S. m. U. | 3,600 | 0,68 | 0,98 | 26,40 | 31,66 | 31.660,00 |

Abbildung 37: Formblatt 4 für die Kalkulation mit vorberechneten Umlagen

# 9.4 Beispiele zur Kalkulation

## 9.4.1 Beispiel zur Kalkulation über die Angebotssumme

Die Durchführung einer Kalkulation über die Angebotssumme soll am Beispiel einer Kostenermittlung für eine Stützwand (s. Abbildung 38) gezeigt werden. Mit Hilfe der im Folgenden gemachten Angaben sollen die Angebotssumme und die Einheitspreise der im Leistungsverzeichnis enthaltenen Positionen ermittelt werden.

### 9.4.1.1 Baubeschreibung

Die im Querschnitt dargestellte 5,4 m hohe Stützwand soll im Zuge einer Straßenverbreiterung erstellt werden. Da die Hinterfüllung zusammen mit den Straßenbauarbeiten erfolgen soll, sind bei dieser Ausschreibung nur die Erdarbeiten für den Fundamentaushub anzubieten. Bei den Betonarbeiten ist zu beachten, dass die Stützwand mit einer Gesamtlänge von 200 m in 20 Blöcke mit jeweils 10 m Länge unterteilt ist. Die einzelnen Blöcke sind in den Abschnitten Fundament mit Wandsockel und aufgehende Wand zu betonieren. Ein Stromanschluss ist auf der Baustelle vorhanden. Die Stützwand soll lt. Leistungsbeschreibung innerhalb von 5 Monaten fertiggestellt werden.

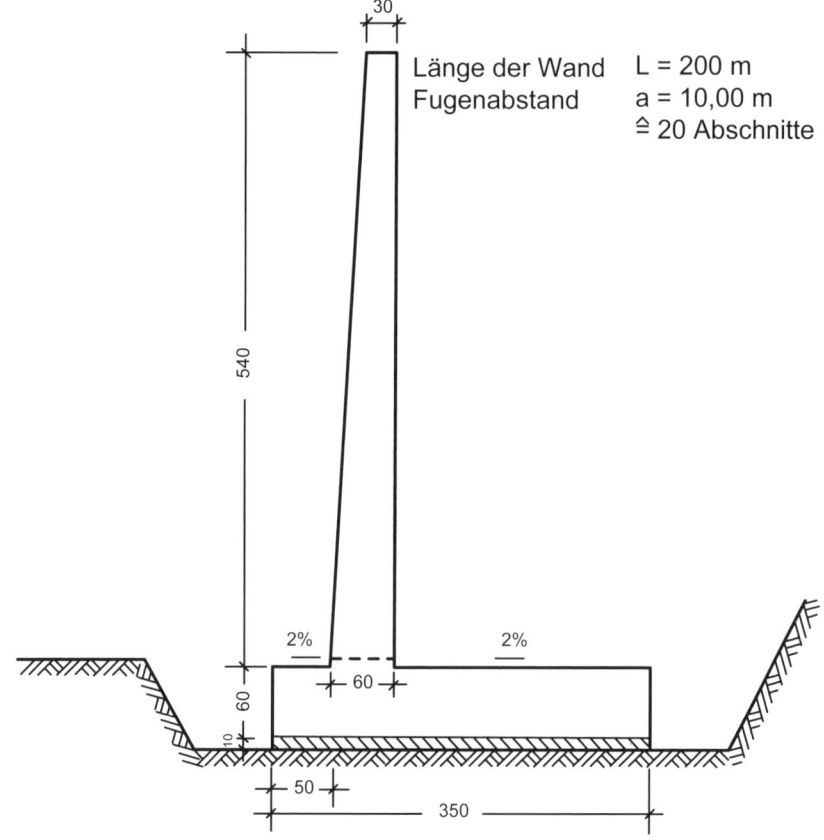

Abbildung 38: Querschnitt der Stützwand

## 9.4.1.2    Leistungsverzeichnis

| | | Menge | Einheit |
|---|---|---|---|
| **Leistungsbereich Baustelleneinrichtung** | | | |
| 1 | Baustelleneinrichtung vorhalten für Leistungen des AN. | 1 | pauschal |
| 2 | Einrichten und Räumen der Baustelle für Leistungen des AN, einschl. Freimachen des Geländes. | 1 | pauschal |
| **Leistungsbereich Erdarbeiten** | | | |
| 3 | Boden für Fundamente profilgerecht lösen, Boden wird Eigentum des AN und ist zu beseitigen, Aushub ab Geländeoberfläche, Bodenklassen 3 bis 6. | 1.000 | m³ |
| **Leistungsbereich Betonarbeiten** | | | |
| 4 | Ortbeton der Sauberkeitsschichten, aus unbewehrtem Beton als Normalbeton DIN 1045 C 12/15, Dicke über 5 bis 10 cm. | 70 | m³ |
| 5 | Ortbeton des Streifenfundaments, obere Betonfläche geneigt, aus Stahlbeton als Normalbeton DIN 1045 C 20/25. | 420 | m³ |
| 6 | Ortbeton der Stützwand, eine Seitenfläche geneigt, aus Stahlbeton als Normalbeton DIN 1045 C 20/25, Dicke über 30 bis 60 cm. | 490 | m³ |
| 7 | Schalung des Streifenfundaments, Höhe bis 1,00 m. | 240 | m² |
| 8 | Schalung der Wand, Seitenfläche geneigt, als glatte Schalung, Betonfläche sichtbar bleibend, möglichst absatzfrei, einschl. zusätzlicher Maßnahmen beim Herstellen und Verarbeiten des Betons, Höhe bis 6,00 m. | 2.200 | m² |
| 9 | Betonstabstahl IV S, Durchmesser über 10 bis 20 mm, Längen bis 14,00 m, liefern, schneiden, biegen und verlegen. | 70,5 | t |
| 10 | Betonstahlmatten IV M, Ausführung als Listenmatten, liefern, schneiden, biegen und verlegen. | 12,5 | t |
| 11 | Fugenband mit Randverstärkung aus PVC, Bandbreite 350 mm. | 110 | m |
| **Leistungsbereich Abdichtung gegen nicht drückendes Wasser** | | | |
| 12 | Abdichtung gegen seitliche Feuchtigkeit auf Wänden, Ausführungshöhe bis 7,00 m, aus 3 Kaltaufstrichen aus Bitumenlösung, Flächen senkrecht, Untergrund Beton. | 1.080 | m² |

## 9.4.1.3    Kalkulationsansätze

Arbeitszeit: **8 h/d = 40 h/Woche = 160 h/Monat**

**Vorhalten der Baustelleneinrichtung :**
– Vorhaltekosten siehe Geräteliste (s. Abbildung 39)
– Betriebskosten:      Strom:      Installierte Leistung      8,6 kW

| | | | |
|---|---|---|---|
| – Betriebskosten: | Strom: | Installierte Leistung | 8,6 kW |
| | | Gleichzeitigkeitsfaktor | 0,5 |
| | | Betriebsstunden | 100 Bh/Mon |
| | | Bezugskosten | 0,25 €/kWh |
| | Diesel: | Verbrauch | 0,17 l/kW, Eh |
| | | Einsatzstunden | 100 Eh/Mon |
| | | Bezugskosten | 1,30 €/l |
| | | Schmierstoffzuschlag | 7 % |
| – Aufräumen und Reinigen: | | | 10 h/Wo |

## Einrichten und Räumen der Baustelle

Lade- und Frachtkostenverrechnungssätze für Geräte, Schalung etc.

– Ladekosten für nicht fahrende Geräte:

| | |
|---|---|
| Verrechnungssatz Bauhof: | 20,00 €/t |
| Aufwand Baustelle: | 0,5 h/t |
| – Fahrtzeit zur Baustelle: | 1,0 h/Strecke |
| Hydraulikbagger (Radfahrwerk): | 60,00 €/h |
| Mobilkran: | 60,00 €/h |
| – Auf- und Abbau lt. Geräteliste: | 70 h + 450,00 € |

| Anz. | Bezeichnung | kW | BGL 2007 | Gewicht [t] einz. | ges. | Vorhalte-zeit [Mon.] | Abschreibg. Verzinsung [€/Mon.] | Reparatur [€/Mon.] | A+V+R gesamt [€] | Aufbau [h] | [€] | Abbau [h] | [€] |
|---|---|---|---|---|---|---|---|---|---|---|---|---|---|
| | **Selbstfahrende Geräte:** | | | | | | | | | | | | |
| 1 | Hydraulikbagger (Radf.) | (50) | D.1.01.0050 | - | - | - | 1.930,00 | 1.470,00 | in EKdT | | | | |
| 1 | Mobilkran | (70) | C.2.00.0022 | - | - | 4,5 | 2.470,00 | 1.610,00 | 18.360,00 | | | | |
| | **Nichtfahrende Geräte:** | | | | | | | | | | | | |
| 1 | Verteilerschrank | | R.2.20.0250 | 0,20 | 0,20 | 4,5 | 162,00 | 108,00 | 1.215,00 | 30 | 200,00 | 20 | |
| 2 | Innenrüttler | 2,4 | B.9.30.0055 | 0,02 | 0,04 | 4,5 | 68,00 | 47,00 | 1.035,00 | | | | |
| 1 | Autom. Baunivellier | | Y.0.00.0030 | | | 4,5 | 23,50 | 15,00 | 173,25 | | | | |
| 2 | Handbohrmaschinen | 1,1 | W.0.14.0016 | | | 4,5 | 15,25 | 8,60 | 214,65 | | | | |
| 1 | Kreissäge | 3,0 | W.4.21.0400 | 0,10 | 0,10 | 4,5 | 64,00 | 47,50 | 501,75 | | | | |
| 1 | Container | 1,5 | X.3.10.0006 | 2,50 | 2,50 | 4,5 | 108,00 | 92,50 | 902,25 | 5 | 50,00 | 5 | |
| 1 | Miettoilette | | | | | 4,5 | | | 250,00 | | | | |
| | | | | | | | | | | | | | |
| | Schalung/Holz etc | | | | 13,76 | | | | | | | | |
| | Summe Kleingeräte | | | | | | | | | 5 | 100,00 | 5 | 100,00 |
| | Lichtstrom | 0,6 | | | | | | | | | | | |
| | | | | | | | | | | | | | |
| | | 8,6 | | | 16,60 | | | | 22.651,90 | 40 | 350,00 | 30 | 100,00 |

Abbildung 39: Geräteliste Stützwand

## Erdarbeiten

Aushub mit Hydraulikbagger (0,6 m³ Tieflöffel, 50 kW)

– Geräteleistung 200 m³/d bei durchschnittlich 8 Eh/d = 25 m³/Eh

– Lohnkosten des Geräteführers

– Lohnkosten Beihilfe bei den Aushubarbeiten

– Betriebsstoffkosten:

| | |
|---|---|
| – Motorleistung | 50 kW |
| – Betriebsstoffverbrauch | 0,17 l/kW, Eh |
| – Treibstoffkosten | 1,30 €/l |
| – Öle und Schmierstoffe | 7 % |

$$50 \times 0,17 \times 1,30 \times 1,07 \text{ €/Eh} = 11,82 \text{ €/Eh}$$

– Gerätekosten/[Eh] des Hydraulikbaggers:

Grundgerät, Ausleger und Tieflöffel

| | | |
|---|---|---|
| Abschreibung + Verzinsung | 100 % BGL | 1.930,00 €/Monat |
| Reparatur | 100 % BGL | 1.470,00 €/Monat |
| Summe A + V + R | | 3.400,00 €/Monat |

$$\text{bezogen auf 160 [Eh/Monat]} = \frac{3.400,00}{160} \text{ €/Eh} = 21,25 \text{ €/Eh}$$

– Kosten der Bodenabfuhr:
Die Abfuhr erfolgt durch einen Nachunternehmer, LKW-Nutzlast 12,0 t, einfache Transport-entfernung 10 km: 5,36 €/t; 1 m³ feste Masse = 2,125 t. Kippgebühr 12,61 €/m³ feste Masse.

**Betonarbeiten, Abdichtung**
– Aufwandswerte:

| | | |
|---|---|---|
| Schalungsarbeiten | Fundament | 0,8 h/m² |
| (s. Berechnungen in B 5.2.2, S. 65) | Wand | 0,34 h/m² |
| Bewehrungsarbeiten | BSt IV S | 14,0 h/t |
| | BSt IV M | 12,0 h/t |
| Betonierarbeiten | Sauberkeitsschicht | 0,25 h/m² |
| | Fundament | 0,7 h/m³ |
| | Wand | 0,75 h/m³ |
| Einbau Fugenband | | 0,50 h/m |
| Abdichtungsarbeiten | | 0,1 h/m², Anstrich |

– Stoffkosten (Soko):

| | | |
|---|---|---|
| Beton | C 12/15 | 40,00 €/m³ |
| | C 20/25 (einschl. Pumpe) | 47,00 €/m³ |
| Schalung | Fundament | 4,10 €/m² |
| (s. Berechnungen in B 5.2.2, S. 65) | Wand | 4,20 €/m² |
| Betonstabstahl IV S (geschnitten + gebogen) | | 550,00 €/t |
| Betonstahlmatten IV M | | 590,00 €/t |
| Fugenband | | 24,00 €/m |
| Bitumenlösung (3 Anstriche) | | 2,50 €/m², Anstrich |

**Mittellohn ASL 36,00 €/h (Stand: 06/2014)**
Der Mittellohn ASL setzt sich aus Arbeiterlöhnen, Sozialkosten und Lohnnebenkosten zusammen, ein Polier wird nicht eingesetzt (s. Abschnitt B 5.1.1, S. 51).

**Gemeinkosten der Baustelle (BGK)**

Die BGK wurden mit Hilfe des Formblatts 2 zusammengestellt (s. Abbildung 42, S. 88). Die dabei verwendete Nummerierung entspricht den Gliederungsziffern der Gemeinkosten in Tabelle 7, S. 89.

| | |
|---|---|
| Hilfsstoffe, Werkzeug und Kleingerät: | 4,0 % der Einzelkostenlöhne |
| Hilfslöhne: | 3,0 % der Einzellohnstunden |
| Kosten eines Bauleiters (anteilig): | 5.800,00 €/Mon, betreut weitere Baustellen, wird mit 10 % angesetzt. |
| PKW-Kosten (anteilig): | ca. 2.500 km; 0,30 €/km |
| Arbeitsgerüst (60 m²): | Lohn: 0,05 h/m² angerüstete Fläche |
| (Vorhaltung für einen Abschnitt) | Soko: 3,00 €/m² Gerüstfläche u. Mon |

**Verrechnungssätze für Allgem. Geschäftskosten, Wagnis und Gewinn**
(in % vom Anteil an der Angebotssumme)

| | |
|---|---|
| – Allgemeine Geschäftskosten für Lohn, Soko und Geräte | 10 % |
| – Allgemeine Geschäftskosten für Fremdleistungen | 6 % |
| – Wagnis und Gewinn für Lohn, Soko und Geräte | 2 % |
| – Wagnis und Gewinn für Fremdleistungen | 2 % |

**Umlage**

– gewählte Umlagesätze auf Kostenart:

| | | |
|---|---|---|
| Soko | 15 % |
| Geräte | 15 % |
| Fremdleistungen | 10 % |

– der Restbetrag wird auf die Lohnkosten umgelegt.

**Vorarbeiten für die Kalkulation – Überschlägige Ermittlung der Bauzeit**

Baustelle einrichten:        ▸ 1 Wo.

Aushub:        ▸ 1 Wo.

Fundamente:    – ca. 21 m³ Beton/Fundament
            – 2 Fundamente/Woche
            – benötigter Vorlauf    ▸ 3 Wo.

Wände:    – Pilgerschrittverfahren (1, 3, 5, 2, 4, 6, 8, 10, 7, 9, 11, ...)
            – ca. 24,3 m³/Abschnitt
            – Betonieren mit Pumpe
             (Dauer ½ d/Abschnitt)

| Vorgang/Tage | 1 | 2 | 3 | 4 | 5 |
|---|---|---|---|---|---|
| Schalen 1. Seite | ▨ | | | | |
| Bewehren/Fugenb. | | ▨ | | | |
| Schalen 2. Seite | | | ▨ | | |
| Betonieren | | | ▨ | | |
| | | | | | |
| Schalen 1. Seite | | | ▨ | | |
| Bewehren | | | | ▨ | |
| Schalen 2. Seite | | | | ▨ | |
| Betonieren | | | | | ▨ |

    – 2 Abschnitte pro Woche    ▸ 10 Wo.

Restarbeiten:    ▸ 2 Wo.

Baustelle räumen:    ▸ 1 Wo.

        18 Wo. = 4,5 Mon.
        ca. 5 Monate Bauzeit

Bauzeit und Baukosten hängen eng zusammen. In der Arbeitsvorbereitung, oft auch als Fertigungsplanung bezeichnet, sind alle vorbereitenden Maßnahmen zu planen, die zu einer Bauausführung mit den geringstmöglichen Kosten (Minimalkosten) unter den gegebenen Umständen führen. Durch die Arbeitsvorbereitung werden die Voraussetzungen geschaffen, dass

– Menschen zur richtigen Zeit,

– Maschinen in der notwendigen Zahl und

– Baustoffe rechtzeitig am richtigen Ort sind.

Die Arbeitsvorbereitung wird bei den folgenden Kalkulationsbeispielen i. d. R. nur knapp behandelt. Auf die Wichtigkeit der Arbeitsvorbereitung und den Zusammenhang mit der Kalkulation wird deshalb hier noch einmal besonders hingewiesen.[1]

---

[1] Die angeführten Grundsätze wurden schon 1976 von Drees/Spranz im „Handbuch der Arbeitsvorbereitung in Bauunternehmen" angeführt.

### 9.4.1.4 Ermittlung der Angebotssumme und der Einheitspreise

Der Rechengang wird auf nachfolgenden Seiten gezeigt. Die Ermittlung der Einzelkosten wird für die Positionen 1, 2 und 3 nachfolgend ausführlich gezeigt. In werden alle Positionen zusammengefasst dargestellt.

Formblatt 2

| Pos. Nr. | Kurztext          Stützmauer<br>Mengenangabe<br>Einzelkostenentwicklung | Kostenarten ohne Umlagen je Einheit | | | |
|---|---|---|---|---|---|
| | | Lohn<br>[h] | Soko<br>[€] | Geräte<br>[€] | Fremdl.<br>[€] |
| 1 | Vorhalten der Baustelleneinrichtung                pauschal | | | | |
| | – Vorhalten laut Geräteliste | | | 22.651,90 | |
| | – Betriebskosten: | | | | |
| | Strom: 8,6 kW × 100 Bh/Mon × 0,5 × 4,5 Mon × 0,25 €/kWh | | 483,75 | | |
| | Diesel: 70 kW × 100 Eh/Mon × 0,17 l/kW·Eh × 1,30 €/l × 4,5 Mon × 1,07 | | 7.448,81 | | |
| | – Aufräumen und Reinigen: 10 h/Wo. × 4 Wo./Mon × 4,5 Mon | 180,00 | | | |
| | | 180,00 | 7.932,56 | 22.651,90 | |
| 2 | Einrichten und Räumen der Baustelle                pauschal | | | | |
| | – Ladekosten: 2 × 16,6 t, Ansätze Baustelle 0,5 h/t und Bauhof 20,00 €/t | 16,60 | 664,00 | | |
| | – Frachtkosten Mobilkran hin und zurück: (2× 1,0 h) × 60,00 €/h) | | 120,00 | | |
| | – Auf- und Abbau der Wasser- und Stromanschlüsse | 50,00 | 250,00 | | |
| | – Auf- und Abbau der Geräte laut Geräteliste | 70,00 | 450,00 | | |
| | | 136,60 | 1.484,00 | | |
| 3 | Erdarbeiten                1.000 m³ | | | | |
| | – Frachtkosten Hydraulikbagger hin und zurück: (2× 1,0 h × 60,00 €/h)/1.000 m³ | | 0,12 | | |
| | – Lohn: | | | | |
| | 1 Baggerführer: 1,0 × 8 h/d = 8,0 h/d | | | | |
| | 1 Beihilfe:      1,0 × 8 h/d = 8,0 h/d | | | | |
| | (8,0 + 8,0)h/d / 200m³/d | 0,080 | | | |
| | – Betriebsstoffe: | | | | |
| | 50 kW × 0,17 l/kW·Eh × 1,30 €/l × 8 Eh/d × 1,07) / 200 m³/d | | 0,47 | | |
| | – Geräte: (1.930,00 + 1.470,00)€/Mon / (20 d/Mon × 200 m³/d) | | | 0,85 | |
| | – Abfuhr und Kippgebühr: 2,125 t/m³ × 5,36 €/t + 12,61 €/m³ | | | | 24,00 |
| | | 0,080 | 0,59 | 0,85 | 24,00 |
| | Übertrag | | | | |

Abbildung 40:  Ermittlung der Einzelkosten je Einheit für die Pos. 1 bis 3

| Teil 1 | | | Teil 2 | |
| --- | --- | --- | --- | --- |

**Stützmauer**

| Pos. Nr. | Kurztext / Mengenangabe / Einzelkostenentwicklung | | Kostenarten ohne Umlagen je Einheit | | | | Kostenarten ohne Umlagen insgesamt | | | |
| --- | --- | --- | --- | --- | --- | --- | --- | --- | --- | --- |
| | | | Lohn [h] | Soko [€] | Geräte [€] | Fremdl. [€] | Lohn [h] | Soko [€] | Geräte [€] | Fremdl. [€] |
| 1 | Vorhalten der BE | pauschal | 180,00 | 7.932,56 | 22.651,90 | | 180,00 | 7.932,56 | 22.651,90 | |
| 2 | Einrichten und Räumen | pauschal | 136,60 | 1.484,00 | | | 136,60 | 1.484,00 | | |
| 3 | Fundamentaushub | 1.000 m³ | 0,080 | 0,59 | 0,85 | 24,00 | 80,00 | 590,00 | 850,00 | 24.000,00 |
| 4 | Sauberkeitsschicht | 70 m³ | 2,50 | 40,00 | | | 175,00 | 2.800,00 | | |
| 5 | Ortbeton Fundament | 420 m³ | 0,70 | 47,00 | | | 294,00 | 19.740,00 | | |
| 6 | Ortbeton Wand | 490 m³ | 0,75 | 47,00 | | | 367,50 | 23.030,00 | | |
| 7 | Schalung Fundament | 240 m² | 0,80 | 4,10 | | | 192,00 | 984,00 | | |
| 8 | Schalung Wand | 2.200 m² | 0,34 | 4,20 | | | 748,00 | 9.240,00 | | |
| 9 | Betonstahl IV S | 70,5 t | 14,00 | 550,00 | | | 987,00 | 38.775,00 | | |
| 10 | Betonstahl IV M | 12,5 t | 12,00 | 590,00 | | | 150,00 | 7.375,00 | | |
| 11 | Fugenband | 110 m | 0,50 | 24,00 | | | 55,00 | 2.640,00 | | |
| 12 | Abdichtung | 1.080 m² | 0,30 | 7,50 | | | 324,00 | 8.100,00 | | |
| | | | | | | | 3.689,10 | 122.690,56 | 23.501,90 | 24.000,00 |
| | | | | × 36,00 €/h = | | | 132.807,60 | | | |

Abbildung 41: Darstellung der ermittelten Einzelkosten aller Positionen der Stützwand

Formblatt 2

| Pos. | Kurztext          Stützmauer | Kostenarten je Einheit | | | |
|------|------|------|------|------|------|
| Nr. | Mengenangabe | Lohn | Soko | Geräte | Fremdl. |
| | **Gemeinkosten der Baustelle** | [h] | [€] | [€] | [€] |
| | | | | | |
| 2.1.2 | Baustellenausstattung | | | | |
| | – Werkzeuge, Kleingeräte, Hilfsstoffe: | | | | |
| | 4,0 % × 132.807,60 € = | | 5.312,30 | | |
| | – Hilfslöhne: | | | | |
| | 3,0 % × 3.689,10 h = | 110,673 | | | |
| | | | | | |
| 2.2.2 | Betriebskosten | | | | |
| | – Arbeitsgerüste | | | | |
| | 0,05 h/m² WF × 1.080m² WF + 3,00 €/(m² GF u. Mon) × 60 m² × 5 Mon | 54,000 | 900,00 | | |
| | | | | | |
| 2.2.3 | Örtliche Bauleitung | | | | |
| | – Bauleiter (leitet mehrere Baustellen) | | | | |
| | 5.800,00 €/Mon × 4,5 Mon × 10 %  → sehr geringe Kosten | | 2.610,00 | | |
| | – PKW | | | | |
| | 0,30 €/km × 2.500 km | | 750,00 | | |
| | | 164,673 | 9.572,30 | | |
| | × 36,00 €/h = | 5.928,23 | | | |

Abbildung 42:  Ermittlung der Gemeinkosten der Baustelle

Alle Kosten, die durch das Betreiben der Baustelle entstehen, sich aber keiner Position des Leistungsverzeichnisses zuordnen lassen, sind in den Gemeinkosten der Baustelle zu erfassen.

In dieser Auflage wird ein neues Schlussblatt eingefügt. Da die vielen Informationen für Anfänger verwirrend sind, wurde das bisherige Formblatt moderat überarbeitet beibehalten (Formblatt 3 (2014). Im Teil 2 des neuen Formblatts (s. Abbildung 45, S. 140) werden bei der Ermittlung der Umlagen die kalkulierten AGK, W, G-Anteile je Kostenart sowie der jeweilige Deckungsbeitrag zu den BGK angezeigt. Diese Vorgehensweise entspricht der Abfrage „Zusammensetzung der Umlagesummen" im Formblatt 222.

Das neue Schlussblatt zeigt auch die prozentuale Verteilung (Angebotssumme = 100 %), wobei die Baustelleneinrichtung (BE) getrennt ausgewiesen wird. Im Leistungsverzeichnis des Stützwandbeispiels ist die Baustelleneinrichtung ausgeschrieben.

Im Rohbau ist folgende Verteilung üblich:

EKT:          75 % der Angebotssumme (AS)

BGK und BE:  15 % AS

AGK, W, G:   10 % AS

In der Praxis werden weitere Kennwerte betrachtet. So ergeben z. B. die Stoffkosten Beton im Rohbau ungefähr 15 % der Angebotssumme.

Teil 1                                                                                    Formblatt 3 (2014)

## Ermittlung der Angebotssumme

| KOA | L [h] | L [€] | S | G | F | Summe |
|---|---|---|---|---|---|---|
| EKT | 3.689,10 | 132.807,60 | 122.690,56 | 23.501,90 | 24.000,00 | 303.000,06 |
| BGK | 164,67 | 5.928,23 | 9.572,30 | | | + 15.500,53 |
| HSK | 3.853,77 | 138.735,83 | 132.262,86 | 23.501,90 | 24.000,00 | 318.500,59 |
| AGK in % HSK | | 11,3636 | 11,3636 | 11,3636 | 6,5217 | |
| W in % HSK | | 0,0000 | 0,0000 | 0,0000 | 0,0000 | |
| G in % HSK | | 2,2727 | 2,2727 | 2,2727 | 2,1739 | |
| AGK | | 15.765,44 | 15.029,87 | 2.670,67 | 1.565,22 | + 35.031,20 |
| W | | 0,00 | 0,00 | 0,00 | 0,00 | + 0,00 |
| G | | 3.153,09 | 3.005,97 | 534,13 | 521,74 | + 7.214,93 |
| | | | | Angebotssumme ohne Mehrwertsteuer | | 360.746,72 |

Teil 2

## Ermittlung der Umlagen

| | | Einzelkosten [€] | Umlagebetrag [€] | |
|---|---|---|---|---|
| Angebotssumme ohne Mehrwertsteuer | | | | 360.746,72 |
| abzüglich Einzelkosten der Teilleistungen | | | | − 303.000,06 |
| insgesamt zu verrechnender Umlagebetrag | | | | 57.746,66 |
| abzüglich gewählter Umlagen auf | | | | |
| L | variabel | − | s. u. | |
| S | 15,00 % | 122.690,56 | 18.403,58 | |
| G | 15,00 % | 23.501,90 | 3.525,29 | |
| F | 10,00 % | 24.000,00 | 2.400,00 | |
| Summe gewählter Umlagen: | | | 24.328,87 | − 24.328,87 |
| Noch zu verrechnender Umlagebetrag auf L | 33.417,79 | < ·················· | | 33.417,79 |
| Summe Einzelkosten für noch zu berechnenden Umlagesatz (L) | 132.807,60 | | | |
| Umlagesatz auf L | | = | 25,1626 % | |

Teil 3

## Ermittlung des Verrechnungslohns

| | | |
|---|---|---|
| Mittellohn ASL: | | 36,00 €/h |
| Umlage auf Lohn: | 25,1626 % von ASL | + 9,06 €/h |
| Verrechnungslohn: | | 45,06 €/h |

Abbildung 43: Ermittlung der Angebotssumme

Auf S. 156 f. wird das zugehörige Formblatt 222 (früher: EFB-Preis 1b) behandelt.

| Pos. Nr. | Kurztext Stützmauer / Mengenangabe / Einzelkostenentwicklung | | Kostenarten ohne Umlagen je Einheit | | | | Kostenarten ohne Umlagen insgesamt | | | | Kostenarten mit Umlagen je Einheit | | | | Preis je Einheit [€] | Preis je Teilleistung [€] |
|---|---|---|---|---|---|---|---|---|---|---|---|---|---|---|---|---|
| | | | Lohn [h] | Soko [€] | Geräte [€] | Fremdl. [€] | Lohn [h] | Soko [€] | Geräte [€] | Fremdl. [€] | Lohn [€] ×45,08 | Soko [€] ×1,15 | Geräte [€] ×1,15 | Fremdl. [€] ×1,10 | | |
| 1 | Vorhalten der BE | pauschal | 180,00 | 7.932,56 | 22.651,90 | | 180,00 | 7.932,56 | 22.651,90 | | 8.110,80 | 9.122,44 | 26.049,69 | | 43.282,93 | 43.282,93 |
| 2 | Einrichten und Räumen | pauschal | 136,60 | 1.484,00 | | | 136,60 | 1.484,00 | | | 6.155,20 | 1.706,60 | | | 7.861,80 | 7.861,80 |
| 3 | Fundamentaushub | 1.000 m³ | 0,080 | 0,59 | 0,85 | 24,00 | 80,00 | 590,00 | 850,00 | 24.000,00 | 3,60 | 0,68 | 0,98 | 26,40 | 31,66 | 31.660,00 |
| 4 | Sauberkeitsschicht | 70 m³ | 2,50 | 40,00 | | | 175,00 | 2.800,00 | | | 112,65 | 46,00 | | | 158,65 | 11.105,50 |
| 5 | Ortbeton Fundament | 420 m³ | 0,70 | 47,00 | | | 294,00 | 19.740,00 | | | 31,54 | 54,05 | | | 85,59 | 35.947,80 |
| 6 | Ortbeton Wand | 490 m³ | 0,75 | 47,00 | | | 367,50 | 23.030,00 | | | 33,80 | 54,05 | | | 87,85 | 43.046,50 |
| 7 | Schalung Fundament | 240 m² | 0,80 | 4,10 | | | 192,00 | 984,00 | | | 36,05 | 4,72 | | | 40,77 | 9.784,80 |
| 8 | Schalung Wand | 2.200 m² | 0,34 | 4,20 | | | 748,00 | 9.240,00 | | | 15,32 | 4,83 | | | 20,15 | 44.330,00 |
| 9 | Betonstahl IV S | 70,5 t | 14,00 | 550,00 | | | 987,00 | 38.775,00 | | | 630,84 | 632,50 | | | 1.263,34 | 89.065,47 |
| 10 | Betonstahl IV M | 12,5 t | 12,00 | 590,00 | | | 150,00 | 7.375,00 | | | 540,72 | 678,50 | | | 1.219,22 | 15.240,25 |
| 11 | Fugenband | 110 m | 0,50 | 24,00 | | | 55,00 | 2.640,00 | | | 22,53 | 27,60 | | | 50,13 | 5.514,30 |
| 12 | Abdichtung | 1.080 m² | 0,30 | 7,50 | | | 324,00 | 8.100,00 | | | 13,52 | 8,63 | | | 22,15 | 23.922,00 |
| | | | | | | | 3.689,10 | 122.690,56 | 23.501,90 | 24.000,00 | | | | | | 360.761,35 |
| | | | | | | | 132.807,60 | × 36,00 €/h = | | | | | | | | |
| | Übertrag | | | | | | | | | | | | | | | |

Abbildung 44: Ermittlung der Einheitspreise

139

**Teil 1**

## Ermittlung der Angebotssumme

| KOA | EKT | BGK | HSK | AGK | | | W | | | G | | | Summen |
|---|---|---|---|---|---|---|---|---|---|---|---|---|---|
| | | | | in % der AS | in % HSK | € | in % der AS | in % HSK | € | in % der AS | in % HSK | € | € |
| L [h] | 3.689,10 | 164,67 | 3.853,77 | | | | | | | | | | |
| L [€] | 132.807,60 | 5.928,23 | 138.735,83 | 10,00 | 11,3636 | 15.765,44 | 0,00 | 0,0000 | 0,00 | 2,00 | 2,2727 | 3.153,09 | 157.654,36 |
| S | 122.690,56 | 9.572,30 | 132.262,86 | 10,00 | 11,3636 | 15.029,87 | 0,00 | 0,0000 | 0,00 | 2,00 | 2,2727 | 3.005,97 | 150.298,70 |
| G | 23.501,90 | 0,00 | 23.501,90 | 10,00 | 11,3636 | 2.670,67 | 0,00 | 0,0000 | 0,00 | 2,00 | 2,2727 | 534,13 | 26.706,70 |
| F | 24.000,00 | 0,00 | 24.000,00 | 6,00 | 6,5217 | 1.565,22 | 0,00 | 0,0000 | 0,00 | 2,00 | 2,1739 | 521,74 | 26.086,96 |
| Summen: | 303.000,06 | 15.500,53 | 318.500,59 | | | 35.031,20 | | | 0,00 | | | 7.214,93 | 360.746,72 |

Angebotssumme ohne Mehrwertsteuer: 360.746,72

**Teil 2**

## Ermittlung der Umlagen

EKT: 303.000,06

Umlagen: 15.500,53    variabel (Umlage wird berechnet)    303.000,06

Gewählte Umlagen auf:

| L | 132.807,60 | 15,0000 % | Umlage (S): | 18.403,58 |
| S | 122.690,56 | 15,0000 % | Umlage (G): | 3.525,29 |
| G | 23.501,90 | 10,0000 % | Umlage (F): | 2.400,00 |
| F | 24.000,00 | | | |

|  | W, G | AGK | Summe AGK, W, G | | | | |
|---|---|---|---|---|---|---|---|
| | | | 35.031,20 | | 0,00 | 7.214,93 | 57.746,66 |
| | 3.324,51 | 16.622,54 | 19.947,05 | BGK (L): | 13.470,74 | Summe: | 33.417,79 |
| | 2.821,88 | 14.109,41 | 16.931,29 | BGK (S): | 1.472,29 | Summe: | 18.403,58 |
| | 540,54 | 2.702,72 | 3.243,26 | BGK (G): | 282,03 | Summe: | 3.525,29 |
| | 528,00 | 1.584,00 | 2.112,00 | BGK (F): | 288,00 | Summe: | 2.400,00 |

Zu verrechnender Umlagebetrag: 57.746,66

Noch zu verrechnender Umlagebetrag: 33.417,79

Noch zu verrechnender Umlagebetrag: 0,00

18.403,58    Umlage (S):
3.525,29     Umlage (G):
2.400,00     Umlage (F):
33.417,79

**Teil 3**

## Ermittlung des Verrechnungslohns

| Mittellohn ASL: | 36,00 €/h |
| 25,1626 % von ASL => Umlage auf Lohn: | 9,06 €/h |
| Verrechnungslohn: | 45,06 €/h |

L: 132.807,60    -> Umlagesatz auf L: 25,1626 %

**Teil 4**

## Prozentuale Verteilung (BE separat betrachtet)

| KOA | EKT | BE | BGK | AGK | W | G | Summen |
|---|---|---|---|---|---|---|---|
| L [€] | 33,66 % | 3,15 % | 1,64 % | 4,37 % | 0,00 % | 0,87 % | 43,70 % |
| S | 31,40 % | 2,61 % | 2,65 % | 4,17 % | 0,00 % | 0,83 % | 41,66 % |
| G | 5,94 % | 0,57 % | 0,00 % | 0,74 % | 0,00 % | 0,15 % | 7,40 % |
| F | 5,71 % | 0,94 % | 0,00 % | 0,43 % | 0,00 % | 0,14 % | 7,23 % |
| Summen: | 76,72 % | 7,27 % | 4,30 % | 9,71 % | 0,00 % | 2,00 % | 100,00 % |

Abbildung 45:  Neues Schlussblatt „Ermittlung der Angebotssumme"

## 9.4.2 Beispiel zur Kalkulation mit vorberechneten Umlagen

Die Kalkulation mit vorberechneten Umlagen wird ebenfalls am Beispiel „Stützwand" gezeigt. Es werden die im Abschnitt 9.4.1 gemachten Angaben zum Leistungsverzeichnis und die Kalkulationsansätze übernommen. Die Umlagesätze wurden bei einem ähnlichen Bauvorhaben ermittelt. Hier soll der Verrechnungslohn wegen der besseren Vergleichbarkeit ebenfalls 45,06 €/h betragen. Folglich wurden auch dieselben Gemeinkosten angesetzt.[1]

| | |
|---|---|
| – Verrechnungslohn (Mittellohn ASLZ) | 45,06 €/h |
| – Umlage auf Sonstige Kosten | 15 % |
| – Umlage auf Gerätekosten | 15 % |
| – Umlage auf Fremdleistungen | 10 % |

Die Umlagesätze sind bei dem Verfahren der Kalkulation mit vorberechneten Umlagen bestimmt, die Berechnung der Gemeinkosten der Baustelle entfällt. Auf S. 161 f. wird das zugehörige Formblatt 221 VHB-Bund (EFB-Preis 1a) behandelt.

Beispielhaft wird die Berechnung des Einheitspreises der Pos. 3 gezeigt:

$$0,080 \text{ h/m}^3 \times 45,06 \text{ €/h} + 0,59 \text{ €/m}^3 \times 1,15 + 0,85 \text{ €/m}^3 \times 1,15 + 24,00 \text{ €/m}^3 \times 1,10 = 31,66 \text{ €/m}^3.$$

Formblatt 4

| Pos. Nr. | Kurztext Stützmauer Mengenangabe Einzelkostenentwicklung | | Kostenarten ohne Umlagen je Einheit | | | | Preis je Einheit [€] | Preis je Teilleistung [€] |
|---|---|---|---|---|---|---|---|---|
| | | | Lohn [h] | Soko [€] | Geräte [€] | Fremdl. [€] | | |
| | Umlagen | | × 45,06 | × 1,15 | × 1,15 | × 1,10 | | |
| | | | | | | | | |
| 1 | Vorhalten der BE | pauschal | 180,000 | 7.932,56 | 22.651,90 | | 43.282,93 | 43.282,93 |
| 2 | Einrichten und Räumen | pauschal | 136,60 | 1.484,00 | | | 7.861,80 | 7.861,80 |
| 3 | Fundamentaushub | 1.000 m³ | 0,080 | 0,59 | 0,85 | 24,00 | 31,66 | 31.660,00 |
| 4 | Sauberkeitsschicht | 70 m³ | 2,50 | 40,00 | | | 158,65 | 11.105,50 |
| 5 | Ortbeton Fundament | 420 m³ | 0,70 | 47,00 | | | 85,59 | 35.947,80 |
| 6 | Ortbeton Wand | 490 m³ | 0,75 | 47,00 | | | 87,85 | 43.046,50 |
| 7 | Schalung Fundament | 240 m² | 0,80 | 4,10 | | | 40,77 | 9.784,80 |
| 8 | Schalung Wand | 2.200 m² | 0,34 | 4,20 | | | 20,15 | 44.330,00 |
| 9 | Betonstahl IV S | 70,5 t | 14,00 | 550,00 | | | 1.263,34 | 89.065,47 |
| 10 | Betonstahl IV M | 12,5 t | 12,00 | 590,00 | | | 1.219,22 | 15.240,25 |
| 11 | Fugenband | 110 m | 0,50 | 24,00 | | | 50,13 | 5.514,30 |
| 12 | Abdichtung | 1.080 m² | 0,30 | 7,50 | | | 22,15 | 23.922,00 |
| | | | | | Angebotssumme (o. MwSt.): | | | 360.761,35 |

Abbildung 46: Ermittlung der Einheitspreise mit vorberechneten Umlagen

---

[1] Hinweis: Bei diesem Beispiel werden nur wegen der besseren Vergleichbarkeit die Umlagesätze aus der Kalkulation über die Angebotssumme übernommen. In der Praxis können die Umlagesätze weit auseinander liegen.

# 9.5 Die Auswirkungen unterschiedlicher Umlagen auf den Verrechnungslohn des Stützwandbeispiels

Wie unter Abschnitt B 9.2.3.3 (s. S. 125) ausgeführt, sind bei der Wahl der Umlagesätze für die Verteilung des Umlagebetrages folgende Varianten möglich:

- Unterschiedliche Umlagesätze für alle Kostenarten.
- Zusammenfassung einzelner Kostenarten zu einer Kostenartengruppe, die einen einheitlichen Umlagesatz erhält.
- Einheitlicher Umlagesatz für alle Kostenarten.

Für das Stützwandbeispiel werden folgende zwei Varianten durchgerechnet:

- Die Kostenarten Soko, Geräte und Fremdleistungen werden nur mit ihrem Zuschlag für Allgemeine Geschäftskosten, Wagnis und Gewinn beaufschlagt. Die Gemeinkosten der Baustelle werden folglich nur der Kostenart Lohn zugerechnet. Diese Variante ist in der Praxis häufig zu finden.
- Einheitlicher Umlagesatz für alle Kostenarten.

## 9.5.1 Vollständige Umlage der Gemeinkosten der Baustelle auf die Kostenart Lohn

Ursprünglich wurden beim Stützwandbeispiel folgende Umlagesätze gewählt:

- gewählte Umlagesätze auf Kostenart:  Soko            15 %

  Geräte          15 %

  Fremdleistungen  10 %

- der Restbetrag wird auf die Lohnkosten umgelegt (25,1626 %, Verrechnungslohn: 45,06 €/h).

Folgende AGK-W+G-Sätze wurden angesetzt:

- AGK, W+G-Sätze auf Eigenleistungen:   13,6364 %
- AGK, W+G-Sätze auf Fremdleistungen:    8,6957 %.

|  |  | L | S | F | G |
|---|---|---|---|---|---|
| AGK | in % AS | 10,00 | 10,00 | 10,00 | 6,00 |
|  | in % HSK | 11,3636 | 11,3636 | 11,3636 | 6,5217 |
| W | in % der AS | 0,00 | 0,00 | 0,00 | 0,00 |
|  | in % HSK | 0,0000 | 0,0000 | 0,0000 | 0,0000 |
| G | in % der AS | 2,00 | 2,00 | 2,00 | 2,00 |
|  | in % HSK | 2,2727 | 2,2727 | 2,2727 | 2,1739 |
| Summen in % HSK | | 13,6364 | 13,6364 | 13,6364 | 8,6957 |

Die Kostenarten Soko, Geräte und Fremdleistungen sollen hier mit ihrem Zuschlag für Allgemeine Geschäftskosten, Wagnis und Gewinn beaufschlagt werden. Die Umlagesätze auf die Herstellkosten der Eigenleistungen (Soko, Geräte) sind folglich 13,6364 %, auf die Fremdleistungen 8,6957 %.

Die bei diesem Beispiel gewählten Umlagesätze auf Soko, Geräte, Fremdleistungen sind niedriger, so dass sich ein höherer Umlagesatz auf Lohn ergeben muss.

Teil 1                                                    Formblatt 3 (2014)

## Ermittlung der Angebotssumme

| KOA | L (h) | L (€) | S | G | F | | Summe |
|---|---|---|---|---|---|---|---|
| EKT | 3.689,10 | 132.807,60 | 122.690,56 | 23.501,90 | 24.000,00 | | 303.000,06 |
| BGK | 164,67 | 5.928,23 | 9.572,30 | | | + | 15.500,53 |
| HSK | 3.853,77 | 138.735,83 | 132.262,86 | 23.501,90 | 24.000,00 | | 318.500,59 |

| | | in % AS | 10,00 | 10,00 | 10,00 | 6,00 | | |
| AGK | | in % HSK | 11,3636 | 11,3636 | 11,3636 | 6,5217 | | |
| W | | in % der AS | 0,00 | 0,00 | 0,00 | 0,00 | | |
| | | in % HSK | 0,0000 | 0,0000 | 0,0000 | 0,0000 | | |
| G | | in % der AS | 2,00 | 2,00 | 2,00 | 2,00 | | |
| | | in % HSK | 2,2727 | 2,2727 | 2,2727 | 2,1739 | | |

| AGK | | 15.765,44 | 15.029,87 | 2.670,67 | 1.565,22 | + | 35.031,20 |
| W | | 0,00 | 0,00 | 0,00 | 0,00 | + | 0,00 |
| G | | 3.153,09 | 3.005,97 | 534,13 | 521,74 | + | 7.214,93 |

| | | | | Angebotssumme ohne Mehrwertsteuer | 360.746,72 |

Teil 2

## Ermittlung der Umlagen

| Angebotssumme ohne Mehrwertsteuer | | | | 360.746,72 |
|---|---|---|---|---|
| abzüglich Einzelkosten der Teilleistungen | | | - | 303.000,06 |
| insgesamt zu verrechnender Umlagebetrag | | | | 57.746,66 |
| abzüglich gewählter Umlagen auf | | Einzelkosten [€] | Umlagebetrag [€] | |
| L | variabel | - | s. u. | |
| S | 13,64 % | 122.690,56 | 16.730,53 | |
| G | 13,64 % | 23.501,90 | 3.204,80 | |
| F | 8,70 % | 24.000,00 | 2.086,96 | |
| Summe gewählter Umlagen: | | 22.022,29 | - | 22.022,29 |
| Noch zu verrechnender Umlagebetrag auf L | 35.724,37 | < ························· | | 35.724,37 |
| Summe Einzelkosten für noch zu berechnenden Umlagesatz (L) | 132.807,60 | | | |
| Umlagesatz auf L | = | 26,8993 % | | |

Teil 3

## Ermittlung des Verrechnungslohns

| Mittellohn ASL: | | | 36,00 €/h |
|---|---|---|---|
| Umlage auf Lohn: | 26,8993 % von ASL | + | 9,68 €/h |
| Verrechnungslohn: | | | 45,68 €/h |

Abbildung 47: Berechnung des Verrechnungslohns des Stützwandbeispiels, wenn die Gemeinkosten der Baustelle einschließlich ihrer AGK+W+G-Anteile nur auf Lohn umgelegt werden

Wären die Gemeinkosten der Baustelle gleich null, so ergäbe sich ein Umlagesatz auf Lohn in Höhe des AGK, W+G-Satzes in Höhe von 13,6364 %.

**Teil 1**

### Ermittlung der Angebotssumme

| KOA | EKT | BGK | HSK | AGK in % der AS | AGK in % HSK | AGK € | W in % der AS | W in % HSK | W € | G in % der AS | G in % HSK | G € | Summen € |
|---|---|---|---|---|---|---|---|---|---|---|---|---|---|
| L [h] | 3.689,10 | 164,67 | 3.853,77 | | | | | | | | | | |
| L [€] | 132.807,60 | 5.928,23 | 138.735,83 | 10,00 | 11,36636 | 15.765,44 | 0,00 | 0,0000 | 0,00 | 2,00 | 2,2727 | 3.153,09 | 157.654,56 |
| S | 122.690,56 | 9.572,30 | 132.262,86 | 10,00 | 11,36636 | 15.029,87 | 0,00 | 0,0000 | 0,00 | 2,00 | 2,2727 | 3.005,97 | 150.298,70 |
| G | 23.501,90 | 0,00 | 23.501,90 | 10,00 | 11,36636 | 2.670,67 | 0,00 | 0,0000 | 0,00 | 2,00 | 2,2727 | 534,13 | 26.706,70 |
| F | 24.000,00 | 0,00 | 24.000,00 | 6,00 | 6,5217 | 1.565,22 | 0,00 | 0,0000 | 0,00 | 2,00 | 2,1739 | 521,74 | 26.086,96 |
| Summen: | 303.000,06 | 15.500,53 | 318.500,59 | | | 35.031,20 | | | 0,00 | | | 7.214,93 | 360.746,72 |

Angebotssumme ohne Mehrwertsteuer 360.746,72

**Teil 2**

### Ermittlung der Umlagen

EKT: 303.000,06

Umlagen: 15.500,53

Gewählte Umlagen auf — variabel (Umlage wird berechnet)

| | | | |
|---|---|---|---|
| L | 132.807,60 | | |
| S | 122.690,56 | 15,0000 % | Umlage (S): 18.403,58 |
| G | 23.501,90 | 15,0000 % | Umlage (G): 3.525,29 |
| F | 24.000,00 | 10,0000 % | Umlage (F): 2.400,00 |

Noch zu verrechnender Umlagebetrag: 33.417,79

|  | W. G | AGK | Summe AGK, W. G |
|---|---|---|---|
| | 3.324,51 | 16.622,54 | 19.947,05 |
| | 2.821,88 | 14.109,41 | 16.931,30 |
| | 540,54 | 2.702,72 | 3.243,26 |
| | 528,00 | 1.584,00 | 2.112,00 |

L: 132.807,60 → Umlagesatz auf L: 25,1626 %

Zu verrechnender Umlagebetrag:

| | | |
|---|---|---|
| Summe: | 33.417,79 | BGK (L): 13.470,74 |
| Summe: | 18.403,58 | BGK (S): 1.472,29 |
| Summe: | 3.525,29 | BGK (G): 282,02 |
| Summe: | 2.400,00 | BGK (F): 288,00 |

Noch zu verrechnender Umlagebetrag: 33.417,79

303.000,06  57.746,66  7.214,93  57.746,66  0,00  35.051,20

**Teil 3**

### Ermittlung des Verrechnungslohns

| | | |
|---|---|---|
| Mittellohn ASL: | | 36,00 €/h |
| 25,1626 % von ASL => | Umlage auf Lohn: | 9,06 €/h |
| | Verrechnungslohn: | 45,06 €/h |

**Teil 4**

### Prozentuale Verteilung (BE separat betrachtet)

| KOA | EKT | BE | BGK | AGK | W | G | Summen |
|---|---|---|---|---|---|---|---|
| L [€] | 33,66 % | 3,15 % | 1,64 % | 4,37 % | 0,00 % | 0,87 % | 43,70 % |
| S | 31,40 % | 2,61 % | 2,65 % | 4,17 % | 0,00 % | 0,83 % | 41,66 % |
| G | 5,94 % | 0,57 % | 0,00 % | 0,74 % | 0,00 % | 0,15 % | 7,40 % |
| F | 5,71 % | 0,94 % | 0,00 % | 0,43 % | 0,00 % | 0,14 % | 7,23 % |
| Summen: | 76,72 % | 7,27 % | 4,30 % | 9,71 % | 0,00 % | 2,00 % | 100,00 % |

Abbildung 48: Berechnung des Verrechnungslohns des Stützwandbeispiels, wenn die Gemeinkosten der Baustelle einschließlich ihrer AGK+W+G-Anteile nur auf Lohn umgelegt werden (neues Schlussblatt).

## 9.5.2 Verrechnungslohn bei einheitlicher Verteilung des insgesamt zu verrechnenden Umlagebetrags

Wenn die Kostenarten einheitlich beaufschlagt werden, ergibt sich folgende Umlage:

$$\frac{\text{Angebotssumme} - \text{Einzelkosten der Teilleistungen}}{\text{Einzelkosten der Teilleistungen}} \times 100 =$$

$$\frac{\text{insgesamt zu verrechnender Umlagebetrag}}{\text{Einzelkosten der Teilleistungen}} \times 100 =$$

$$\frac{360.746,71 - 303.000,06}{303.000,06} \times 100 =$$

$$\frac{57.746,65}{303.000,06} \times 100 = 19,0583\ \%$$

Der Verrechnungslohn ergibt sich zu 36,00 €/h × 1,190583 = 42,86 €/h.

Teil 2

| Ermittlung der Umlagen | | Einzelkosten [€] | Umlagebetrag [€] | |
|---|---|---|---|---|
| Angebotssumme ohne Mehrwertsteuer | | | | 360.746,72 |
| abzüglich Einzelkosten der Teilleistungen | | | | - 303.000,06 |
| insgesamt zu verrechnender Umlagebetrag | | | | 57.746,67 |
| abzüglich gewählter Umlagen auf | | Einzelkosten [€] | Umlagebetrag [€] | |
| L | variabel | - | s. u. | |
| S | variabel | - | s. u. | |
| G | variabel | - | s. u. | |
| F | variabel | - | s. u. | |
| Summe gewählter Umlagen: | | 0,00 | - | 0,00 |
| Noch zu verrechnender Umlagebetrag auf L, S, G, F | | 57.746,67 | < ················ 57.746,67 | |
| Summe Einzelkosten für noch zu berechnenden Umlagesatz (L, S, G, F) | | 303.000,06 | | |
| Umlagesatz auf L | | | = 19,0583 % | |

Teil 3

| Ermittlung des Verrechnungslohns | | | |
|---|---|---|---|
| Mittellohn ASL: | | | 36,00 €/h |
| Umlage auf Lohn: | 19,0583 % von ASL | + | 6,86 €/h |
| Verrechnungslohn: | | | 42,86 €/h |

Abbildung 49: Ermittlung des einheitlichen Umlagesatzes

Bei gleicher Angebotssumme ergeben sich nur Veränderungen in den Einheitspreisen. Die Umlage auf die Lohnkosten verringert sich auf 19,0583 %. Demgegenüber werden die übrigen Kostenarten anstatt mit 15 bzw. 10 % nun ebenfalls einheitlich mit 19,0583 % beaufschlagt.

# 10 Auswirkungen des Aufbaus des Leistungsverzeichnisses auf die Kalkulation

## 10.1 Allgemeines

Leistungen, die im Leistungsverzeichnis nicht ausdrücklich erwähnt werden, jedoch bei Vorliegen eines VOB-Vertrages nach VOB/C und nach der Verkehrssitte Nebenleistungen darstellen, gehören zu den vertraglichen Leistungen und müssen daher vom Auftragnehmer erstellt werden. Kostenansätze für Nebenleistungen, die der Baustelle nur als Ganzes zurechenbar sind (z. B. die Baustelleneinrichtung ist nicht als LV-Position ausgeschrieben), werden in der Kalkulation als Gemeinkosten der Baustellen kalkuliert. Können Nebenleistungen einzelnen Teilleistungen direkt und ausschließlich zugeordnet werden[1], werden die Kostenansätze als Einzelkosten dieser Teilleistungen kalkuliert.

Für die Behandlung von Nebenleistungen, z. B. Einrichten, Räumen und Vorhalten der Baustelleneinrichtung im Leistungsverzeichnis, können verschiedene Varianten verwendet werden:

| Ausschreibungs-varianten | | Fall A | Fall B | Fall C | Fall D |
|---|---|---|---|---|---|
| EKT | als LV-Position(en) ausgeschrieben (Kalkulation als EKT) | Einzelkosten der Teilleistungen (Lohn, Soko, Leistungsgeräte, Fremdleistungen) Auf- und Abbau der Baustellen-einrichtung Vorhaltung der Baustellen-einrichtung (Vorhaltegeräte) | Einzelkosten der Teilleistungen (Lohn, Soko, Leistungsgeräte, Fremdleistungen) Auf- und Abbau der Baustellen-einrichtung | Einzelkosten der Teilleistungen (Lohn, Soko, Leistungsgeräte, Fremdleistungen) | Einzelkosten der Teilleistungen (Lohn, Soko, Leistungsgeräte, Fremdleistungen) Auf- und Abbau der Baustellen-einrichtung Vorhaltung der Baustellen-einrichtung (Vorhaltegeräte) (wie Fall A) + restliche Gemeinkosten der Baustelle |
| Umlage | Kalkulation als Gemein-kosten | Allgemeine Geschäftskosten restliche Baustellen-gemeinkosten | Allgemeine Geschäftskosten Vorhaltung der Baustelleneinrichtung (Vorhaltegeräte) restliche Baustellen-gemeinkosten | Allgemeine Geschäftskosten Auf- und Abbau der Baustelleneinrichtung Vorhaltung der Baustelleneinrichtung (Vorhaltegeräte) restliche Baustellen-gemeinkosten | Allgemeine Geschäftskosten |
| | Wagnis und Gewinn | Wagnis und Gewinn | Wagnis und Gewinn | Wagnis und Gewinn | Wagnis und Gewinn |

Die unterschiedliche Behandlung von Leistungen, die ohne besondere Erwähnung im Leistungsverzeichnis Nebenleistungen sind, wirkt sich in der Kalkulation wie folgt aus:

---

[1] Z. B. DIN 18331 Betonarbeiten, 4.1 Nebenleistungen: Leistungen zum Nachweis der Güte der Stoffe und Bauteile sowie der Überwachung und der Konformität des Betons nach den Bestimmungen der DIN 1045, ausgenommen Leistungen der Überwachung des Einbaus von Beton der Überwachungsklassen 2 und 3 durch anerkannte Prüfstellen.

## 10.2 Fall A – Einrichten, Räumen und Vorhalten der BE sind als LV-Positionen ausgeschrieben

Das Einrichten, Räumen und Vorhalten der Baustelleneinrichtung sind als LV-Positionen ausgeschrieben. Diese Positionen werden als Einzelkosten der Teilleistungen kalkuliert. Dieser Fall ist im Kalkulationsbeispiel auf S. 130 ff. dargestellt.

## 10.3 Fall B – Vorhalten der Baustelleneinrichtung ist Nebenleistung

Das Vorhalten der Baustelleneinrichtung ist nicht als LV-Position ausgeschrieben. Die Vorhaltung der Baustelleneinrichtung muss dann in den Gemeinkosten der Baustelle kalkuliert werden (s. S. 148).

## 10.4 Fall C – Einrichten, Räumen und Vorhalten der Baustelleneinrichtung sind Nebenleistungen

Das Einrichten, Räumen und Vorhalten der Baustelleneinrichtung sind nicht als LV-Positionen ausgeschrieben. Diese Leistungen müssen dann in den Gemeinkosten der Baustelle kalkuliert werden (s. S. 149).

## 10.5 Fall D – Einrichten, Räumen, Vorhalten und restliche Baustellengemeinkosten sind als LV-Positionen ausgeschrieben

Das Einrichten, Räumen und Vorhalten der Baustelleneinrichtung sind als LV-Positionen ausgeschrieben (vgl. Fall A). Die restlichen Gemeinkosten der Baustelle (hier: Baustellenausstattung, Betriebskosten, örtliche Bauleitung) sind in Fall D ebenfalls als LV-Position ausgeschrieben (s. S. 150 f.). Es sind in diesem Fall keine Gemeinkosten der Baustelle auf die Einzelkosten zu verteilen.

Eine Beaufschlagung der Kostenarten Sonstige Kosten und Geräte mit 15 % und Fremdleistungen mit 10 % ist falsch, da dann diese drei Kostenarten zur Deckung der AGK, W+G-Anteile der Kostenart Lohn beitragen würden. Die Kostenart Lohn würde also nicht mit ihren vollen AGK, W+G-Anteilen beaufschlagt. Zum besseren Verständnis wird Fall D1 mit den vorgegebenen Umlagesätzen berechnet, in Fall D2 werden die Kostenarten richtigerweise nur mit ihren AGK, W+G-Sätzen beaufschlagt. Der Verrechnungslohn lässt sich folglich sofort aus Mittellohn ASL und dem Zuschlagssatz AGK, W+G berechnen. In Fall D3 wird ein einheitlicher Umlagesatz gebildet.

Die Auftraggeber sollten ihr Leistungsverzeichnis wie in Fall D aufbauen. Die Zusammensetzung der Angebotssumme wird verständlicher und die Problematik der nicht gedeckten Gemeinkosten der Baustelle bei Mehr- oder Mindermengen wird wesentlich entschärft.

Teil 1                                                    Formblatt 3 (2014)

## Ermittlung der Angebotssumme

| KOA | L (h) | L (€) | S | G | F | | Summe |
|---|---|---|---|---|---|---|---|
| EKT | 3.509,10 | 126.327,60 | 114.758,00 | 850,00 | 24.000,00 | | 265.935,60 |
| BGK | 339,27 | 12.213,83 | 17.245,66 | 22.651,90 | 0,00 | + | 52.111,38 |
| Vorhalten: | | 6.480,00 | 7.932,56 | 22.651,90 | | | |
| Hilfslöhne/Werkz., Kleinger.: | | -194,40 | -259,20 | | | | |
| ursprüngliche GdB: | | 5.928,23 | 9.572,30 | 0,00 | 0,00 | | |
| HSK | 3.848,37 | 138.541,43 | 132.003,66 | 23.501,90 | 24.000,00 | | 318.046,98 |
| AGK | | 15.743,34 | 15.000,42 | 2.670,67 | 1.565,22 | + | 34.979,65 |
| W | | 0,00 | 0,00 | 0,00 | 0,00 | + | 0,00 |
| G | | 3.148,67 | 3.000,08 | 534,13 | 521,74 | + | 7.204,63 |
| | | | | | Angebotssumme ohne Mehrwertsteuer | | 360.231,26 |

Teil 2

## Ermittlung der Umlagen

| | | | | |
|---|---|---|---|---|
| Angebotssumme ohne Mehrwertsteuer | | | | 360.231,26 |
| abzüglich Einzelkosten der Teilleistungen | | | - | 265.935,60 |
| insgesamt zu verrechnender Umlagebetrag | | | | 94.295,66 |
| abzüglich gewählter Umlagen auf | | Einzelkosten [€] | Umlagebetrag [€] | |
| L | variabel | - | s. u. | |
| S | 15,00 % | 114.758,00 | 17.213,70 | |
| G | 15,00 % | 850,00 | 127,50 | |
| F | 10,00 % | 24.000,00 | 2.400,00 | |
| Summe gewählter Umlagen: | | | 19.741,20 | - 19.741,20 |
| Noch zu verrechnender Umlagebetrag auf L | | 74.554,46 | < ························· | 74.554,46 |
| Summe Einzelkosten für noch zu berechnenden Umlagesatz (L) | | 126.327,60 | | |
| Umlagesatz auf L | | = | 59,0168 % | |

Teil 3

## Ermittlung des Verrechnungslohns

| | | | |
|---|---|---|---|
| Mittellohn ASL: | | | 36,00 €/h |
| Umlage auf Lohn: | 59,0168 % von ASL | + | 21,25 €/h |
| Verrechnungslohn: | | | 57,25 €/h |

Abbildung 50: Ermittlung des Verrechnungslohns (Fall B – Vorhalten der Baustelleneinrichtung ist Nebenleistung)

Teil 1            Formblatt 3 (2014)

## Ermittlung der Angebotssumme

| KOA | L (h) | L (€) | S | G | F | | Summe |
|---|---|---|---|---|---|---|---|
| EKT | 3.372,50 | 121.410,00 | 113.274,00 | 850,00 | 24.000,00 | | 259.534,00 |
| BGK | 471,78 | 16.983,90 | 18.532,95 | 22.651,90 | 0,00 | + | 58.168,75 |
| Vorhalten u. Einr./Räumen: | | 11.397,60 | 9.416,56 | 22.651,90 | | | |
| Hilfslöhne/Werkz., Kleinger.: | | -341,93 | -455,90 | | | | |
| ursprüngliche GdB: | | 5.928,23 | 9.572,30 | 0,00 | 0,00 | | |
| HSK | 3.844,28 | 138.393,90 | 131.806,95 | 23.501,90 | 24.000,00 | | 317.702,75 |
| AGK | | 15.726,58 | 14.978,06 | 2.670,67 | 1.565,22 | + | 34.940,53 |
| W | | 0,00 | 0,00 | 0,00 | 0,00 | + | 0,00 |
| G | | 3.145,32 | 2.995,61 | 534,13 | 521,74 | + | 7.196,80 |
| | | | | | Angebotssumme ohne Mehrwertsteuer | | 359.840,08 |

Teil 2

## Ermittlung der Umlagen

| | | | | |
|---|---|---|---|---|
| Angebotssumme ohne Mehrwertsteuer | | | | 359.840,08 |
| abzüglich Einzelkosten der Teilleistungen | | | - | 259.534,00 |
| insgesamt zu verrechnender Umlagebetrag | | | | 100.306,08 |

| abzüglich gewählter Umlagen auf | | Einzelkosten [€] | Umlagebetrag [€] | |
|---|---|---|---|---|
| L | variabel | - | s. u. | |
| S | 15,00 % | 113.274,00 | 16.991,10 | |
| G | 15,00 % | 850,00 | 127,50 | |
| F | 10,00 % | 24.000,00 | 2.400,00 | |
| Summe gewählter Umlagen: | | | 19.518,60 | -   19.518,60 |
| Noch zu verrechnender Umlagebetrag auf L | | 80.787,48 | < | 80.787,48 |
| Summe Einzelkosten für noch zu berechnenden Umlagesatz (L) | | 121.410,00 | | |
| Umlagesatz auf L | | | =   66,5410 % | |

Teil 3

## Ermittlung des Verrechnungslohns

| | | | |
|---|---|---|---|
| Mittellohn ASL: | | | 36,00 €/h |
| Umlage auf Lohn: | 66,5410 % von ASL | + | 23,95 €/h |
| Verrechnungslohn: | | | 59,95 €/h |

Abbildung 51: Ermittlung des Verrechnungslohns (Fall C – Einrichten und Räumen sowie Vorhalten der Baustelleneinrichtung sind Nebenleistungen)

Teil 1                                                                            Formblatt 3 (2014)

## Ermittlung der Angebotssumme

| KOA | L (h) | L (€) | S | G | F | | Summe |
|---|---|---|---|---|---|---|---|
| EKT | 3.689,10 | 138.735,83 | 132.262,86 | 23.501,90 | 24.000,00 | | 318.500,59 |
| BGK | | als Position(en) ausgeschrieben | | | | + | 0,00 |
| HSK | 3.689,10 | 138.735,83 | 132.262,86 | 23.501,90 | 24.000,00 | | 318.500,59 |
| AGK | | 15.765,44 | 15.029,87 | 2.670,67 | 1.565,22 | + | 35.031,19 |
| W | | 0,00 | 0,00 | 0,00 | 0,00 | + | 0,00 |
| G | | 3.153,09 | 3.005,97 | 534,13 | 521,74 | + | 7.214,93 |
| | | | | Angebotssumme ohne Mehrwertsteuer | | | 360.746,72 |

Teil 2

## Ermittlung der Umlagen

| | | | | |
|---|---|---|---|---|
| Angebotssumme ohne Mehrwertsteuer | | | | 360.746,72 |
| abzüglich Einzelkosten der Teilleistungen | | | - | 318.500,59 |
| insgesamt zu verrechnender Umlagebetrag | | | | 42.246,13 |
| abzüglich gewählter Umlagen auf | | Einzelkosten [€] | Umlagebetrag [€] | |
| L | variabel | - | s. u. | |
| S | 15,00 % | 132.262,86 | 19.839,43 | |
| G | 15,00 % | 23.501,90 | 3.525,29 | |
| F | 10,00 % | 24.000,00 | 2.400,00 | |
| Summe gewählter Umlagen: | | | 25.764,71 | - 25.764,71 |
| Noch zu verrechnender Umlagebetrag auf L | 16.481,42 | < ·············· | | 16.481,42 |
| Summe Einzelkosten für noch zu berechnenden Umlagesatz (L) | 138.735,83 | | | |
| Umlagesatz auf L | | = | 11,8797 % | |

Teil 3

## Ermittlung des Verrechnungslohns

| | | | |
|---|---|---|---|
| Mittellohn ASL: | | | 36,00 €/h |
| Umlage auf Lohn: | 11,8797 % von ASL | + | 4,28 €/h |
| Verrechnungslohn: | | | 40,28 €/h |

Abbildung 52: Ermittlung des Verrechnungslohns (Fall D1 – Einrichten und Räumen, Vorhalten der Baustelleneinrichtung und die restlichen Gemeinkosten der Baustelle sind als Positionen ausgeschrieben; Umlagesätze wie in den Fällen A bis C)

Teil 1                                                                    Formblatt 3 (2014)

## Ermittlung der Angebotssumme

| KOA | L (h) | L (€) | S | G | F | | Summe |
|-----|-------|-------|---|---|---|---|-------|
| EKT | 3.689,10 | 138.735,83 | 132.262,86 | 23.501,90 | 24.000,00 | | 318.500,59 |
| BGK | | als Position(en) ausgeschrieben | | | | + | 0,00 |
| HSK | 3.689,10 | 138.735,83 | 132.262,86 | 23.501,90 | 24.000,00 | | 318.500,59 |
| AGK | | 15.765,44 | 15.029,87 | 2.670,67 | 1.565,22 | + | 35.031,19 |
| W | | 0,00 | 0,00 | 0,00 | 0,00 | + | 0,00 |
| G | | 3.153,09 | 3.005,97 | 534,13 | 521,74 | + | 7.214,93 |
| | | | | | Angebotssumme ohne Mehrwertsteuer | | 360.746,72 |

Teil 2

## Ermittlung der Umlagen

| | | Einzelkosten [€] | Umlagebetrag [€] | |
|---|---|---|---|---|
| Angebotssumme ohne Mehrwertsteuer | | | | 360.746,72 |
| abzüglich Einzelkosten der Teilleistungen | | | | - 318.500,59 |
| insgesamt zu verrechnender Umlagebetrag | | | | 42.246,13 |
| abzüglich gewählter Umlagen auf | | Einzelkosten [€] | Umlagebetrag [€] | |
| L | variabel | - | s. u. | |
| S | 13,6364 % | 132.262,86 | 18.035,84 | |
| G | 13,6364 % | 23.501,90 | 3.204,80 | |
| F | 8,6957 % | 24.000,00 | 2.086,96 | |
| Summe gewählter Umlagen: | | | 23.327,61 | - 23.327,61 |
| Noch zu verrechnender Umlagebetrag auf L | | 18.918,52 | < ·················· | 18.918,52 |
| Summe Einzelkosten für noch zu berechnenden Umlagesatz (L) | | 138.735,83 | | |
| Umlagesatz auf L | | | = | 13,6364 % |

Teil 3

## Ermittlung des Verrechnungslohns

| | | | |
|---|---|---|---|
| Mittellohn ASL: | | | 36,00 €/h |
| Umlage auf Lohn: | 13,6364 % von ASL | + | 4,91 €/h |
| Verrechnungslohn: | | | 40,91 €/h |

Abbildung 53: Ermittlung des Verrechnungslohns (Fall D2 – Einrichten und Räumen, Vorhalten der Baustelleneinrichtung und die restlichen Gemeinkosten der Baustelle sind als Positionen ausgeschrieben; Umlagesätze nur AGK, W+G-Sätze)

Werden die Gemeinkosten der Baustellen (BGK) als Positionen ausgeschrieben, sind die Kostenansätze der ausgeschriebenen Positionen (EKT) nur noch mit den AGK-, W- und G-Sätzen zu beaufschlagen. Da diese Sätze sich nicht sehr unterscheiden, bietet sich ein einheitlicher Umlagesatz an. Zur weiteren Vereinfachung werden auch AGK, W und G mit einem einheitlichen Satz für alle Kostenarten angesetzt. Fall D3 ist somit mit mehr direkt mit den bisher angeführten Fällen zu vergleichen.

Folgende neuen Ansätze werden gewählt:

AGK:  11 % auf HSK für alle Kostenarten

W:  0 %

G:  2 % auf HSK für alle Kostenarten

Teil 1                                               Formblatt 3 (2014)

## Ermittlung der Angebotssumme

| KOA | L (h) | L (€) | S | G | F | Summe |
|---|---|---|---|---|---|---|
| EKT | 3.689,10 | 138.735,83 | 132.262,86 | 23.501,90 | 24.000,00 | 318.500,59 |
| BGK | | als Position(en) ausgeschrieben | | | | +   0,00 |
| HSK | 3.689,10 | 138.735,83 | 132.262,86 | 23.501,90 | 24.000,00 | 318.500,59 |
| AGK in % HSK | | 11,0000 | 11,0000 | 11,0000 | 11,0000 | |
| W in % HSK | | 0,0000 | 0,0000 | 0,0000 | 0,0000 | |
| G in % HSK | | 2,0000 | 2,0000 | 2,0000 | 2,0000 | |
| AGK | | 15.260,94 | 14.548,91 | 2.585,21 | 2.640,00 | +   35.035,06 |
| W | | 0,00 | 0,00 | 0,00 | 0,00 | +   0,00 |
| G | | 2.774,72 | 2.645,26 | 470,04 | 480,00 | +   6.370,01 |
| | | | | | Angebotssumme ohne Mehrwertsteuer | 359.905,67 |

Teil 2

## Ermittlung der Umlagen

| | | | | |
|---|---|---|---|---|
| Angebotssumme ohne Mehrwertsteuer | | | | 359.905,67 |
| abzüglich Einzelkosten der Teilleistungen | | | | - 318.500,59 |
| insgesamt zu verrechnender Umlagebetrag | | | | 41.405,08 |
| abzüglich gewählter Umlagen auf | | Einzelkosten [€] | Umlagebetrag [€] | |
| L | variabel | - | s. u. | |
| S | variabel | - | s. u. | |
| G | variabel | - | s. u. | |
| F | variabel | - | s. u. | |
| Summe gewählter Umlagen: | | 0,00 | - | 0,00 |
| Noch zu verrechnender Umlagebetrag auf L, S, G, F | 41.405,08 | < ·············· | 41.405,08 | |
| Summe Einzelkosten für noch zu berechnenden Umlagesatz (L, S, G, F) | 318.500,59 | | | |
| Umlagesatz auf L, S, G, F | = | 13,0000 % | | |

Teil 3

## Ermittlung des Verrechnungslohns

| | | | |
|---|---|---|---|
| Mittellohn ASL: | | | 36,00 €/h |
| Umlage auf Lohn: | 13,0000 % von ASL | + | 4,68 €/h |
| Verrechnungslohn: | | | 40,68 €/h |

Abbildung 54: Fall D3 (BGK werden ausgeschrieben, einheitliche Zuschläge für AGK, W+G, einheitliche Umlage auf alle Kostenarten

Bauherrenvertreter sollten wie in Fall D3 angeführt vorgehen, in dem sie die Gemeinkosten der Baustelle ausschreiben und einen einheitlichen Umlagesatz für AGK, W und G fordern.

Diese Vorgehensweise würde die Kalkulation und die Nachvollziehbarkeit stark vereinfachen. Die Einzelkosten der ausgeschriebenen Positionen sind nur noch mit einem bestimmten Prozentsatz für AGK, W und G zu beaufschlagen. In Fall D3 wäre der Umlagesatz 13 %.

## 10.6 Einheitspreise der verschiedenen Varianten

Durch die Fälle A bis D ergeben sich in der Kalkulation unterschiedliche Umlagebeträge. Daher ergeben sich je nach Fall unterschiedliche Umlagesätze und folglich auch unterschiedliche Einheitspreise. Die Angebotssumme ist jedoch bis auf kleinere Unterschiede bei der Kalkulation für Hilfslöhne und Werkzeug und Kleingeräte in den Fällen A, B, C und D2 in etwa gleich. In Fall D3 werden leicht abweichende Ansätze für AGK, W und G gewählt. Deshalb sind die Einheitspreise nicht direkt vergleichbar.

Nachfolgend sind die Einheitspreise von ausgewählten Positionen des Kalkulationsbeispiels „Stützwand" nach den Fällen A, B, C, D2 und D3 dargestellt.

**Pos. 6 – Ortbeton der Wand (hohe Materialkosten):**

| | | | |
|---|---|---|---|
| Fall A: | $0{,}75 \text{ h/m}^3 \times 45{,}06 \text{ €/h} + 47{,}00 \text{ €/m}^3 \times 1{,}15$ | $= 87{,}85 \text{ €/m}^3$ | 100,0 % |
| Fall B: | $0{,}75 \text{ h/m}^3 \times 57{,}25 \text{ €/h} + 47{,}00 \text{ €/m}^3 \times 1{,}15$ | $= 96{,}98 \text{ €/m}^3$ | 110,4 % |
| Fall C: | $0{,}75 \text{ h/m}^3 \times 59{,}95 \text{ €/h} + 47{,}00 \text{ €/m}^3 \times 1{,}15$ | $= 99{,}02 \text{ €/m}^3$ | 112,7 % |
| Fall D2: | $0{,}75 \text{ h/m}^3 \times 40{,}91 \text{ €/h} + 47{,}00 \text{ €/m}^3 \times 1{,}1364$ | $= 84{,}09 \text{ €/m}^3$ | 95,7 % |
| (Fall D3: | $0{,}75 \text{ h/m}^3 \times 40{,}68 \text{ €/h} + 47{,}00 \text{ €/m}^3 \times 1{,}13$ | $= 83{,}62 \text{ €/m}^3$ | 95,2 %) |

**Pos. 8 – Schalung der Wand (hohe Lohnkosten)**

| | | | |
|---|---|---|---|
| Fall A: | $0{,}34 \text{ h/m}^2 \times 45{,}06 \text{ €/h} + 4{,}20 \text{ €/m}^2 \times 1{,}15$ | $= 20{,}15 \text{ €/m}^2$ | 100,0 % |
| Fall B: | $0{,}34 \text{ h/m}^2 \times 57{,}25 \text{ €/h} + 4{,}20 \text{ €/m}^2 \times 1{,}15$ | $= 24{,}29 \text{ €/m}^2$ | 120,5 % |
| Fall C: | $0{,}34 \text{ h/m}^2 \times 59{,}85 \text{ €/h} + 4{,}20 \text{ €/m}^2 \times 1{,}15$ | $= 25{,}21 \text{ €/m}^2$ | 125,1 % |
| Fall D2: | $0{,}34 \text{ h/m}^2 \times 40{,}91 \text{ €/h} + 4{,}20 \text{ €/m}^2 \times 1{,}1364$ | $= 18{,}68 \text{ €/m}^2$ | 92,7 % |
| (Fall D3: | $0{,}34 \text{ h/m}^2 \times 40{,}68 \text{ €/h} + 4{,}20 \text{ €/m}^2 \times 1{,}13$ | $= 18{,}58 \text{ €/m}^2$ | 92,2 %) |

In Fall A sind die Positionen der Baustelleneinrichtung ausgeschrieben.

In Fall B ist Vorhalten der Baustelleneinrichtung nicht ausgeschrieben. Die Kosten sind folglich in den BGK zu berücksichtigen.

In Fall C ist die Baustelleneinrichtung nicht ausgeschrieben.

In Fall D2 sind die Baustelleneinrichtung und die Gemeinkosten der Baustelle (BGK) als Positionen ausgeschrieben.

In Fall D3 sind die Baustelleneinrichtung und die Gemeinkosten der Baustelle (BGK) als Positionen ausgeschrieben und es wird ein einheitlicher Umlagesatz für alle Kostenarten verlangt. Bauherren sollten nach Fall D3 vorgehen.

# 11 Aufgliederung eines Einheitspreises

Bei der Berechnung der Vergütungsansprüche bei Änderung des Bauvertrags sind häufig die einzelne Anteile des Einheitspreises zu bestimmen (s. Berechnungsbeispiele in D 21.3 und D 21.4). Die Aufgliederung eines Einheitspreises wird an der Position 8 „Schalung Wand" der Stützwand gezeigt (s. S. 139).

Gegeben sind:

| | | |
|---|---|---|
| Mittellohn ASL: | 36,00 €/h | |
| LV-Menge: | 2.200 m² | |
| Einzelkosten Lohn: | 0,34 h/m² x 36,00 €/h x 2.200 m² = | |
| | 12,24 €/m² x 2.200 m² | = 26.928,00 € |
| Einzelkosten Soko (Schalung): | 4,20 €/m² x 2.200 m² | = 9.240,00 € |
| Summe Einzelkosten: | 26.928,00 € + 9.240,00 € | = 36.168,00 € |

| | |
|---|---|
| $AGK_{Eigenleistung}$: | 10 % der Angebotssumme |
| $AGK_{Fremdleistung}$: | 6 % der Angebotssumme |
| W: | 0 % der Angebotssumme |
| G: | 2 % der Angebotssumme |
| Verrechnungslohn: | 45,06 €/h |
| Umlagesatz auf Soko und Geräte: | 15,00 % |
| Umlagesatz auf Fremdleistungen: | 10,00 % |
| Berechneter Einheitspreis (EP): | 20,15 €/m² |
| Berechneter Gesamtpreis (GP): | 20,15 €/m² x 2.200 m² = 44.330,00 € |

Der in Pos. 8 enthaltene Umlagebetrag (Anteile an Gemeinkosten der Baustelle, AGK, W+G)

ergibt sich aus der Differenz Gesamtpreis abzüglich der Summe Einzelkosten:

**Umlagebetrag Pos. 8:** (20,15 €/m² – (12,24 + 4,20) €/m²) x 2.200 m² = **8.162,00 €**

Aufgegliedert in die Kostenarten Lohn und Soko:

| | |
|---|---|
| Summe Umlage $_{Soko}$: 2.200 m² x 4,20 €/m² x 15 % = | 1.386,00 € |
| Summe Umlage $_{Lohn}$: 8.162,00 € – 1.386,00 € = | 6.776,00 € |

Die anteiligen AGK ergeben sich zu:

$$AGK_{Einzelkosten\ Eigenleistung}: \frac{(AGK_{Eigenleistung})}{100 - (AGK_{Eigenleistung} + W_{Eigenleistung} + G_{Eigenleistung})} \times Einzelkosten_{Eigenleistung}$$

$$AGK_{Einzelkosten\ Fremdleistung}: \frac{(AGK_{Fremdleistung})}{100 - (AGK_{Fremdleistung} + W_{Fremdleistung} + G_{Fremdleistung})} \times Einzelkosten_{Fremdleistung}$$

$$AGK_{Einzelkosten\ Lohn}: \frac{10}{100 - (10 + 0 + 2)} \times 12,24\ €/m² \times 2.200\ m² = 3.060,00\ €$$

$$AGK_{Einzelkosten\ Soko}: \frac{10}{100 - (10 + 0 + 2)} \times 4,20\ €/m² \times 2.200\ m² = 1.050,00\ €$$

| | |
|---|---|
| **Summe AGK** $_{Einzelkosten}$: | **4.110,00 €** |

Die anteiligen Wagnis-Anteile sind 0,00 €.

Die anteiligen Gewinn-Anteile ergeben sich entsprechend der Berechnung der AGK-Anteile zu:

$$G_{\text{Einzelkosten}}: \quad \frac{(G_{\text{Eigenleistung}})}{100 - (AGK_{\text{Eigenleistung}} + W_{\text{Eigenleistung}} + G_{\text{Eigenleistung}})} \times \quad \text{Einzelkosten}$$

$$G_{\text{Einzelkosten Lohn}}: \quad \frac{2}{100 - (10 + 0 + 2)} \times 12{,}24 \text{ €/m}^2 \times 2.200 \text{ m}^2 = \quad 612{,}00 \text{ €}$$

$$G_{\text{Einzelkosten Soko}}: \quad \frac{2}{100 - (10 + 0 + 2)} \times 4{,}20 \text{ €/m}^2 \times 2.200 \text{ m}^2 = \quad 210{,}00 \text{ €}$$

**Summe G**$_{\text{Einzelkosten}}$ : 
$$822{,}00 \text{ €}$$

Die Summe der AGK, W + G-Anteile an den Einzelkosten der Pos. 8 ergibt sich zu

4.110.00 € + 822,00 € =   4.932,00 €

Das entspricht 13,64 % der Einzelkosten.

Die anteiligen Gemeinkosten der Baustelle einschließlich ihrer AGK, W + G-Anteile ergeben sich aus der Differenz des Umlagebetrags abzüglich der Summe der AGK, W + G-Anteile an den Einzelkosten.

GkdB einschl. AGK, W + G-Anteile:   8.162,00 – 4.932,00 € =   3.230,00 €
   = 100 %

Die anteiligen AGK ergeben sich zu:

$$AGK_{\text{GkdB}}: \quad \frac{AGK_{\text{Eigen}} \times GkdB_{\text{Eigen}} + AGK_{\text{Fremd}} \times GkdB_{\text{Fremd}}}{GkdB} \times GkdB \text{ einschl. AGK, W + G-Anteile}$$

Die Gemeinkosten der Baustelle sind bei diesem Beispiel zu 100 % Eigenleistung und betragen 15.500,53 € (s. S. 138).

$$AGK_{\text{GkdB}}: \quad \frac{(10 \% \times 15.500{,}53 \text{ €} + 6 \% \times 0{,}00 \text{ €})}{15.500{,}53 \text{ €}} \times 3.230{,}00 \text{ €} = \quad \mathbf{323{,}00 \text{ €}} = 10 \%$$

$$W_{\text{GkdB}}: \quad \frac{(0 \% \times 15.500{,}53 \text{ €} + 0 \% \times 0{,}00 \text{ €})}{15.500{,}53 \text{ €}} \times 3.230{,}00 \text{ €} = \quad - \text{ €}$$

$$G_{\text{GkdB}}: \quad \frac{(2 \% \times 15.500{,}53 \text{ €} + 2 \% \times 0{,}00 \text{ €})}{15.500{,}53 \text{ €}} \times 3.230{,}00 \text{ €} = \quad \mathbf{64{,}60 \text{ €}} = 2 \%$$

Die Summe AGK, W + G aus Gemeinkosten der Baustelle ergibt sich zu

323,00 € + 64,60 € =   387,60 €

Somit sind die anteiligen Gemeinkosten der Baustelle der untersuchten Beispielposition:

**GkdB:**   3.230,00 € – 387,60 € =   **2.842,40 €**
   = 88 %

Zusammenstellung der Aufgliederung des Gesamtpreises der Pos. 8:

| EkdT | 36.168,00 € | | |
|---|---|---|---|
| AGK$_{\text{Einzelkosten}}$ | 4.110 € | AGK$_{\text{GkdB}}$ | 323,00 € |
| W$_{\text{Einzelkosten}}$ | 0,00 € | W$_{\text{GkdB}}$ | 0,00 € |
| G$_{\text{Einzelkosten}}$ | 822,00 € | G$_{\text{GkdB}}$ | 64,60 € |
| | | GkdB | 2.842,40 € |
| Die Summe ergibt 44.330,00 €. | | | |

# 12 Formblätter 221 und 222 nach VHB

Nach BGH-Urteil vom 07.06.2005 – Az.: X ZR 19/02 – führt die Nichtabgabe der geforderten EFB-Preis-Formblätter zwingend zum Ausschluss. Nachfolgend wird gezeigt, wie die entsprechenden Formblätter für das Stützwandbeispiel nach den Verfahren Kalkulation über die Angebotssumme (s. S. 130 ff.) und Kalkulation mit vorberechneten Umlagen (s. S. 141 f.) auszufüllen sind. In der aktuellen Ausgabe 2008 wurde das VHB neu strukturiert. Die Formblätter heißen seitdem 222 und 221.

## 12.1 Formblatt 222 VHB-Bund – Stand Mai 2010

Das Formblatt 222 verlangt vom Bieter Angaben zu seiner Kalkulation über die Angebotssumme (im Formblatt Kalkulation über die Endsumme genannt). Die Mittellohnberechnung befindet sich auf S. 54 f., das Schlussblatt ist auf S. 138.

**222**
(Preisermittlung bei Kalkulation über die Endsumme)

| Bieter | Vergabenummer | Datum |
|---|---|---|
| | | |
| Baumaßnahme | | |
| | | |
| Angebot für | | |

**Angaben zur Kalkulation über die Endsumme**

| 1 | Angaben über den Verrechnungslohn | | | Lohn €/h |
|---|---|---|---|---|
| 1.1 | **Mittellohn ML**<br>einschl. Lohnzulagen u. Lohnerhöhung, wenn keine Lohngleitklausel vereinbart wird | | | 18,62 |
| 1.2 | **Lohnzusatzkosten**<br>Sozialkosten, Soziallöhne und lohnbezogene Kosten | | | 14,72 |
| 1.3 | **Lohnnebenkosten**<br>Auslösungen, Fahrgelder | | | 2,66 |
| 1.4 | **Kalkulationslohn KL**<br>(Summe 1.1 bis 1.3) | | | 36,00 |

Berechnung des Verrechnungslohnes nach Ermittlung der Angebotssumme (vgl. Blatt 2)

| 1.5 | **Umlage auf Lohn**<br>(Kalkulationslohn x v. H. Umlage aus 2.1) | 36,00 €/h | 25,1626 v. H. | 9,06 |
|---|---|---|---|---|
| 1.6 | **Verrechnungslohn VL**<br>(Summe 1.4 und 1.5) | | | 45,06 |

**eventuelle Erläuterungen des Bieters:**

Seite 1 von 2

Abbildung 55: Ausgefülltes Formblatt 222 (Preisermittlung bei Kalkulation über die Endsumme), Seite 1, für Stützwandbeispiel, aus: VHB-Bund – Ausgabe 2008 – Stand Mai 2010, verkürzter Auszug

**222**

(Preisermittlung bei Kalkulation über die Endsumme)

| Ermittlung der Angebotssumme | | Betrag € | Gesamt € | Umlage Summe 3 auf die Einzelkosten für die Ermittlung der EH-Preise | | |
|---|---|---|---|---|---|---|
| **2** | Einzelkosten der Teilleistungen = unmittelbare Herstellungskosten | | | % | | € |
| 2.1 | Eigene Lohnkosten Kalkulationslohn (1.4) x Gesamtstunden: | | | | | |
| | 36,00      x      3.689,10 | 132.807,60 | | x | 25,16 % | 33.417,79 |
| 2.2 | Stoffkosten (einschl. Kosten für Hilfsstoffe) | 122.690,56 | | x | 15 % | 18.403,58 |
| 2.3 | Gerätekosten (einschl. Kosten für Energie und Betriebs- stoffe) | 23.501,90 | | x | 15 % | 3.525,29 |
| 2.4 | Sonstige Kosten (Vom Bieter zu erläutern) | | | x | | |
| 2.5 | Nachunternehmerleistungen [1] | 24.000,00 | | x | 10 % | 2.400,00 |
| Einzelkosten der Teilleistungen (Summe 2) | | | 303.000,06 | noch zu verteilen | | 57.746,66 |

Zusammensetzung der Umlagesummen

| | Umlage gesamt (€) | Anteil BGK (€) | Anteil AGK (€) | Anteil W+G (€) |
|---|---|---|---|---|
| 2.1 eigene Lohnkosten | 33.417,79 | 13.470,74 | 16.622,54 | 3.324,51 |
| 2.2 Stoffkosten | 18.403,58 | 1.472,29 | 14.109,41 | 2.821,88 |
| 2.3 Gerätekosten | 3.525,29 | 282,03 | 2.702,72 | 540,54 |
| 2.4 Sonstige Kosten | 0,00 | | | |
| 2.5 Nachunternehmerl. | 2.400,00 | 288,00 | 1.584,00 | 528,00 |

| 3 | Baustellengemeinkosten, Allgemeine Geschäftskosten, Wagnis und Gewinn | | |
|---|---|---|---|
| 3.1 | Baustellengemeinkosten (soweit hierfür keine besonderen Ansätze im Leistungsverzeichnis vorgesehen sind) | | |
| 3.1.1 | Lohnkosten einschließlich Hilfslöhne | | |
| | Bei Angebotssummen unter 5 Mio €: Angabe des Betrages | 5.928,23 | |
| | Bei Angebotssummen über 5 Mio €: Kalkulationslohn (1.4) x Gesamtstunden: x | | |
| 3.1.2 | Gehaltskosten für Bauleitung, Abrechnung Vermessung usw. | 2.610,00 | |
| 3.1.3 | Vorhalten u. Reparatur der Geräte u. Ausrüstungen, Energieverbrauch, Werkzeuge u. Kleingeräte, Materialkosten f. Baustelleinrichtung | 6.962,30 | |
| 3.1.4 | An- u. Abtransport der Geräte u. Ausrüstun- gen, Hilfsstoffe, Pachten usw. | | |
| 3.1.5 | Sonderkosten der Baustelle, wie techn. Ausführungsbearbeitung, objektbezogene Versicherungen usw. | | |
| Baustellengemeinkosten (Summe 3.1) | | 15.500,53 | |
| 3.2 | Allgemeine Geschäftskosten (Summe 3.2) | 35.031,20 | |
| 3.3 | Wagnis und Gewinn (Summe 3.3) | 7.214,93 | |
| Umlage auf die Einzelkosten (Summe 3) | | | 57.746,66 |
| Angebotssumme ohne Umsatzsteuer (Summe 2 und 3) | | 360.746,72 | |

1) Auf Verlangen sind für diese Leistungen die Angaben zur Kalkulation der(s) Nachunternehmer(s) dem Auftraggeber vorzulegen.

Abbildung 56: Ausgefülltes Formblatt 222 (Preisermittlung bei Kalkulation über die Endsumme), Seite 2, für Stützwandbeispiel, aus: VHB-Bund – Ausgabe 2008

## 12.2 Berechnung der Zusammensetzung der Umlagesummen in Formblatt 222 nach VHB

Die Berechnung der Zusammensetzung der Umlagesummen wird nachfolgend gezeigt. Diese Berechnung macht in der Praxis große Schwierigkeiten. Wegen der besseren Lesbarkeit werden die Prozentsätze nur mit zwei Stellen angezeigt. Intern wird mit mehr Stellen gerechnet.

| Zusammensetzung der Umlagesummen | | | | |
|---|---|---|---|---|
| | Umlage gesamt (€) | Anteil BGK (€) | Anteil AGK (€) | Anteil W+G (€) |
| 2.1 eigene Lohnkosten | 33.417,79 | 13.470,74 | 16.622,54 | 3.324,51 |
| 2.2 Stoffkosten | 18.403,58 | 1.472,29 | 14.109,41 | 2.821,88 |
| 2.3 Gerätekosten | 3.525,29 | 282,03 | 2.702,72 | 540,54 |
| 2.4 Sonstige Kosten | 0,00 | | | |
| 2.5 Nachunternehmerl. | 2.400,00 | 288,00 | 1.584,00 | 528,00 |

Für das bessere Verständnis werden die Kostenarten in spaltenweise angeordnet.

| | 2.1 eigene Lohnkosten | 2.2 Stoff- kosten | 2.3 Geräte- kosten | 2.4 Sonstige Kosten | 2.5 Nachunter- nehmerl. |
|---|---|---|---|---|---|
| Umlage gesamt (€) | 33.417,79 | 18.403,58 | 3.525,29 | | 2.400,00 |
| Anteil BGK (€) | 13.470,74 | 1.472,29 | 282,03 | | 288,00 |
| Anteil AGK (€) | 16.622,54 | 14.109,41 | 2.702,72 | | 1.584,00 |
| Anteil W+G (€) | 3.324,51 | 2.821,88 | 540,54 | | 528,00 |

Abbildung 57: Zusammensetzung der Umlagesummen nach Formblatt 222 für das Stützwandbeispiel

Anschließend werden die Umlagesätze in Prozent berechnet. Hierzu werden je Kostenart die Umlagesummen (€) durch die EkdT dividiert. Die Umlagesätze gesamt (%) sind aus der Kalkulation bekannt. Bei der Berechnung der prozentualen Anteile für BGK, AGK und W+G ist zu beachten, dass in der Kalkulation die Gemeinkosten der Baustelle (BGK) ebenfalls mit Anteilen für AGK, W+G beaufschlagt wurden. Diese Anteile sind herauszurechnen.

Beim Stützwandbeispiel werden für AGK, W+G folgende Prozentsätze angesetzt:

$AGK_{Eigenleistung}$: 10 % der Angebotssumme $\quad AGK_{Fremdleistung}$: 6 % der Angebotssumme

$W+G_{Eigenleistung}$: 2 % der Angebotssumme $\quad W+G_{Fremdleistung}$: 2 % der Angebotssumme

| | 2.1 eigene Lohnkosten | 2.2 Stoff- kosten | 2.3 Geräte- kosten | 2.4 Sonstige Kosten | 2.5 Nachunter- nehmerl. |
|---|---|---|---|---|---|
| EkdT | 132.807,60 | 122.690,56 | 23.501,90 | | 24.000,00 |

| | 2.1 eigene Lohnkosten | 2.2 Stoff- kosten | 2.3 Geräte- kosten | 2.4 Sonstige Kosten | 2.5 Nachunter- nehmerl. |
|---|---|---|---|---|---|
| Umlage gesamt (%) | 25,16 % | 15,00 % | 15,00 % | | 10,00 % |
| Anteil BGK (%) | 10,14 % | 1,20 % | 1,20 % | | 1,20 % |
| Anteil AGK (%) | 12,52 % | 11,50 % | 11,50 % | | 6,60 % |
| Anteil W+G (%) | 2,50 % | 2,30 % | 2,30 % | | 2,20 % |

Von der Umlage gesamt (%) werden die W+G-Anteile der Einzelkosten der Teilleistungen abgezogen. Der Prozentsatz ergibt sich für die Eigenleistungen (Kostenarten Lohn-, Stoff-Geräte und Sonstige Kosten) zu 2/(100 – 10 – 2) x 100 = 2,27 %.

Für die Fremdleistungen ergeben sich 2/(100 – 6 – 2) x 100 % = 2,17 %.

| Anteil W+G (%) EkdT | 2,27 % | 2,27 % | 2,27 % | | 2,17 % |
|---|---|---|---|---|---|

Ebenfalls abzuziehen sind die AGK-Anteile der Einzelkosten der Teilleistungen.

Eigenleistungen: 10/(100 – 10 – 2) x 100 % = 11,36 %.

Fremdleistungen: 6/(100 – 6 – 2) x 100 % = 6,52 %.

| Anteil AGK (%) EkdT | 11,36 % | 11,36 % | 11,36 % | | 6,52 % |
|---|---|---|---|---|---|

Die Differenz aus Umlage gesamt (%) und $W+G_{EkdT}$ und $AGK_{EkdT}$ ergibt die Gemeinkosten der Baustelle einschließlich ihrer AGK, W+G-Anteile.

| Umlage gesamt (%) | 25,16 % | 15,00 % | 15,00 % | | 10,00 % |
|---|---|---|---|---|---|
| | - | - | - | | - |
| Anteil W+G (%) EkdT | 2,27 % | 2,27 % | 2,27 % | | 2,17 % |
| | - | - | - | | - |
| Anteil AGK (%) EkdT | 11,36 % | 11,36 % | 11,36 % | | 6,52 % |
| | = | = | = | | = |
| GkdB einschl. AGK-, W+G- Anteile | 11,53 % | 1,36 % | 1,36 % | | 1,30 % |

Die $W+G_{GkdB}$ ergeben sich aus:

$$\frac{W+G_{Eigen} \times GkdB_{Eigen} + W+G_{Fremd} \times GkdB_{Fremd}}{GkdB} \times \quad GkdB \text{ einschl. AGK, W + G-Anteile}$$

Die Gemeinkosten der Baustelle sind bei dem Stützwandbeispiel zu 100 % Eigenleistung. Damit sind die $GkdB_{Fremd} = 0$ und die $GkdB_{Eigen}$ ergeben die GkdB.

Die Berechnung wird für die Kostenart Lohn gezeigt.

$W+G_{Lohn} = 2 \% \times 11,53 \% = 0,23 \%$.

| | 2.1 eigene Lohnkosten | 2.2 Stoff-kosten | 2.3 Geräte-kosten | 2.4 Sonstige Kosten | 2.5 Nachunter-nehmerl. |
|---|---|---|---|---|---|
| W+G-Anteile aus GkdB | 0,23 % | 0,03 % | 0,03 % | | 0,03 % |

Die Vorgehensweise bei der Berechnung der $AGK_{GkdB}$ entspricht der Berechnung $W+G_{GkdB}$.

| AGK-Anteile aus GkdB | 1,15 % | 0,14 % | 0,14 % | | 0,08 % |
|---|---|---|---|---|---|

Somit berechnen sich die GkdB (BGK) wie folgt:

| | | | | | |
|---|---|---|---|---|---|
| GkdB einschl. AGK-, W+G- Anteile | 11,53 % | 1,36 % | 1,36 % | | 1,30 % |
| | - | - | - | | - |
| W+G-Anteile aus GkdB | 0,23 % | 0,03 % | 0,03 % | | 0,03 % |
| | - | - | - | | - |
| AGK-Anteile aus GkdB | 1,15 % | 0,14 % | 0,14 % | | 0,08 % |
| | = | = | = | | = |
| Anteil BGK (€) | 10,14 % | 1,20 % | 1,20 % | | 1,20 % |

Die Anteile AGK ergeben sich aus vorheriger Berechnung zu:

| | | | | | |
|---|---|---|---|---|---|
| Anteil AGK (%) EkdT | 11,36 % | 11,36 % | 11,36 % | | 6,52 % |
| | + | + | + | | + |
| AGK-Anteile aus GkdB | 1,15 % | 0,14 % | 0,14 % | | 0,08 % |
| | = | = | = | | = |
| Anteil AGK (%) | 12,52 % | 11,50 % | 11,50 % | | 6,60 % |

Die Anteile W+G berechnen sich analog:

| | 2.1 eigene Lohnkosten | 2.2 Stoff-kosten | 2.3 Geräte-kosten | 2.4 Sonstige Kosten | 2.5 Nachunter-nehmerl. |
|---|---|---|---|---|---|
| Anteil W+G (%) EkdT | 2,27 % | 2,27 % | 2,27 % | | 2,17 % |
| | + | + | + | | + |
| W+G-Anteile aus GkdB | 0,23 % | 0,03 % | 0,03 % | | 0,03 % |
| | = | = | = | | = |
| Anteil W+G (%) | 2,50 % | 2,30 % | 2,30 % | | 2,20 % |

Zusammensetzung der Umlagesumme in Prozent:

| | 2.1 eigene Lohnkosten | 2.2 Stoff-kosten | 2.3 Geräte-kosten | 2.4 Sonstige Kosten | 2.5 Nachunter-nehmerl. |
|---|---|---|---|---|---|
| EkdT | 132.807,60 | 122.690,56 | 23.501,90 | | 24.000,00 |

| | | | | | |
|---|---|---|---|---|---|
| Umlage gesamt (%) | 25,16 % | 15,00 % | 15,00 % | | 10,00 % |
| Anteil BGK (%) | 10,14 % | 1,20 % | 1,20 % | | 1,20 % |
| Anteil AGK (%) | 12,52 % | 11,50 % | 11,50 % | | 6,60 % |
| Anteil W+G (%) | 2,50 % | 2,30 % | 2,30 % | | 2,20 % |

Werden die Prozentsätze mit den zugehörigen Kostenarten der Einzelkosten der Teilleistungen multipliziert, ergeben sich die in Formblatt 222 verlangten Werte.

| | 2.1 eigene Lohnkosten | 2.2 Stoff-kosten | 2.3 Geräte-kosten | 2.4 Sonstige Kosten | 2.5 Nachunter-nehmerl. |
|---|---|---|---|---|---|
| Umlage gesamt (€) | 33.417,79 | 18.403,58 | 3.525,29 | | 2.400,00 |
| Anteil BGK (€) | 13.470,74 | 1.472,29 | 282,03 | | 288,00 |
| Anteil AGK (€) | 16.622,54 | 14.109,41 | 2.702,72 | | 1.584,00 |
| Anteil W+G (€) | 3.324,51 | 2.821,88 | 540,54 | | 528,00 |

Die Kostenartenverteilung bei Anteil BGK stimmt nicht mit den kalkulierten Kostenarten überein. Dies liegt an der freien Wahl der Umlagesätze. In Abschnitt B 12.4 werden diejenigen Umlagesätze berechnet, mit denen sich bei den Gemeinkosten der Baustelle eine identische Kostenartenverteilung ergibt.

# 12.3    Formblatt 221 VHB-Bund – Stand Mai 2010

Das Formblatt 221 verlangt Angaben zur Kalkulation mit vorberechneten Umlagen (im Formblatt 221 Kalkulation mit vorbestimmten Zuschlägen genannt).

Die Angaben zum Verrechnungslohn sind identisch zum Formblatt 222. Unter Punkt 2 werden die Zuschläge (Umlagesätze) auf die Einzelkosten der Teilleistungen verlangt. Die Berechnung entspricht der Vorgehensweise im vorhergegangenen Abschnitt für die Zusammensetzung der Umlagesummen.

**221**

(Preisermittlung bei Zuschlagskalkulation)

| Bieter | | Vergabenummer | Datum |
|---|---|---|---|
| | | | |
| Baumaßnahme | | | |
| Angebot für | | | |

**Angaben zur Kalkulation mit vorbestimmten Zuschlägen**

| 1 | Angaben über Verrechnungslohn | Zuschlag % | €/h |
|---|---|---|---|
| 1.1 | **Mittellohn ML** <br> einschl. Lohnzulagen u. Lohnerhöhung, wenn keine Lohngleitklausel vereinbart wird | | 18,62 |
| 1.2 | **Lohnzusatzkosten** <br> Sozialkosten, Soziallöhne und lohnbezogene Kosten, als Zuschlag auf **ML** | | 14,72 |
| 1.3 | **Lohnnebenkosten** <br> Auslösungen, Fahrgelder, als Zuschlag auf **ML** | | 2,66 |
| 1.4 | **Kalkulationslohn KL** <br> (Summe 1.1. bis 1.3) | | 36,00 |
| 1.5 | **Zuschlag auf Kalkulationslohn** <br> (aus Zeile 2.4, Spalte 1) | 25,16 % | 9,06 |
| 1.6 | **Verrechnungslohn VL** <br> (Summe 1.4 und 1.5, VL im Formblatt 223 berücksichtigen) | | 45,06 |

| 2 | **Zuschläge auf die Einzelkosten der Teilleistungen = unmittelbare Herstellungskosten** | | | | | |
|---|---|---|---|---|---|---|
| | | Zuschläge in % auf | | | | |
| | | Lohn | Stoffkosten | Gerätekosten | Sonstige Kosten | Nachunternehmerleistungen |
| 2.1 | **Baustellengemeinkosten** | 10,14305 % | 1,20 % | 1,20 % | | 1,20 % |
| 2.2 | **Allgemeine Geschäftskosten** | 12,51626 % | 11,50 % | 11,50 % | | 6,60 % |
| 2.3 | **Wagnis und Gewinn** | 2,50325 % | 2,30 % | 2,30 % | | 2,20 % |
| 2.4 | **Gesamtzuschläge** | 25,16256 % | 15,00 % | 15,00 % | | 10,00 % |

Abbildung 58: Ausgefülltes Formblatt 221 (Preisermittlung bei Zuschlagskalkulation), Seite 1, für Stützwandbeispiel, aus: VHB-Bund – Ausgabe 2008, verkürzter Auszug

Die unter Punkt 2.1 im Formblatt 221 berechneten Prozentsätze ergeben multipliziert mit den jeweiligen Einzelkosten die Summe der Gemeinkosten der Baustelle. Aus diesen Prozentsätzen darf nicht auf die Kostenartenverteilung innerhalb der Gemeinkosten der Baustelle geschlossen werden. Diese aufwändige Berechnung entfällt natürlich, wenn die Prozentsätze für GkdB, AGK und W+G schon bezogen auf die Einzelkosten vorliegen.

**221**

(Preisermittlung bei Zuschlagskalkulation)

| 3 | Ermittlung der Angebotssumme | | | |
|---|---|---|---|---|
| | | Einzelkosten d. Teilleistungen = unmittelbare Herstellungskosten €  | Gesamt- zuschläge gem. 2.4 % | Angebotssumme €  |
| 3.1 | **Eigene Lohnkosten** Verrechnungslohn (1.6) x Gesamtstunden | | | |
| | 45,06     x     3.689,10 | | | 166.225,39 |
| 3.2 | **Stoffkosten** (einschl. Kosten für Hilfsstoffe) | 122.690,56 | 15,00 | 141.094,14 |
| 3.3 | **Gerätekosten** (einschließlich Kosten für Energie und Betriebsstoffe) | 23.501,90 | 15,00 | 27.027,19 |
| 3.4 | **Sonstige Kosten** (vom Bieter zu erläutern) | | | |
| 3.5 | **Nachunternehmerleistungen** [1] | 24.000,00 | 10,00 | 26.400,00 |
| | **Angebotssumme ohne Umsatzsteuer** | | | 360.746,72 |

1) Auf Verlangen sind für diese Leistungen die Angaben zur Kalkulation der(s) Nachunternehmer(s) dem Auftraggeber vorzulegen.

**eventuelle Erläuterungen des Bieters:**

Abbildung 59: Ausgefülltes Formblatt 221 (Preisermittlung bei Zuschlagskalkulation), Seite 2, für Stützwandbeispiel, aus: VHB-Bund – Ausgabe 2008, verkürzter Auszug

## 12.4 Berechnung der Umlagesätze für identische BGK-Kostenartenverteilung

Damit die Kostenartenverteilung bei Anteil BGK laut Formblatt 222 mit den kalkulierten Kostenarten übereinstimmt, sind bestimmte Umlagesätze zu verwenden.

Es werden die Umlagen aus AGK, W+G und die zugehörigen Gemeinkosten der Baustelle für jede Kostenart berechnet (s. Abbildung 60 unter Summe Umlagen).

Die ermittelten Umlagebeträge je Kostenart sind beim Umlageverfahren auf die zugehörigen Einzelkosten umzulegen. Es wird folglich der Umlagebetrag je Kostenart vorgeben und daraus der prozentuale Umlagesatz je Kostenart berechnet.

Teil 1                                                                    Formblatt 3 (2014)

## Ermittlung der Angebotssumme

| KOA | L (h) | L (€) | S | G | F | | Summe |
|---|---|---|---|---|---|---|---|
| EKT | 3.689,10 | 132.807,60 | 122.690,56 | 23.501,90 | 24.000,00 | | 303.000,06 |
| BGK | 164,67 | 5.928,23 | 9.572,30 | | | + | 15.500,53 |
| HSK | 3.853,77 | 138.735,83 | 132.262,86 | 23.501,90 | 24.000,00 | | 318.500,59 |
| AGK | | 15.765,44 | 15.029,87 | 2.670,67 | 1.565,22 | + | 35.031,19 |
| W | | 0,00 | 0,00 | 0,00 | 0,00 | + | 0,00 |
| G | | 3.153,09 | 3.005,97 | 534,13 | 521,74 | + | 7.214,93 |
| Summe Umlagen (BKG + AGK + W + G): | | 24.846,75 | 27.608,14 | 3.204,80 | 2.086,96 | | |
| | | | | | Angebotssumme ohne Mehrwertsteuer | | 360.746,72 |

Teil 2

## Ermittlung der Umlagen

| | | | |
|---|---|---|---|
| Angebotssumme ohne Mehrwertsteuer | | | 360.746,72 |
| abzüglich Einzelkosten der Teilleistungen | | | - 303.000,06 |
| insgesamt zu verrechnender Umlagebetrag | | | 57.746,66 |

| abzüglich gewählter Umlagen auf | | Einzelkosten [€] | Umlagebetrag [€] |
|---|---|---|---|
| L | 18,71 % | 132.807,60 | 24.846,75 |
| S | 22,50 % | 122.690,56 | 27.608,14 |
| G | 13,64 % | 23.501,90 | 3.204,80 |
| F | 8,70 % | 24.000,00 | 2.086,96 |
| Summe gewählter Umlagen: | | | 57.746,66 |

| | | | |
|---|---|---|---|
| | | Summe gewählter Umlagen: 57.746,66 | - 57.746,66 |
| Noch zu verrechnender Umlagebetrag | | 0,00 < ························ | 0,00 |
| Summe Einzelkosten für noch zu berechnenden Umlagesatz | | — | |
| Umlagesatz | | = | |

Teil 3

## Ermittlung des Verrechnungslohns

| | | | |
|---|---|---|---|
| Mittellohn ASL: | | | 36,00 €/h |
| Umlage auf Lohn: | 18,7088 % von ASL | + | 6,74 €/h |
| Verrechnungslohn: | | | 42,74 €/h |

Abbildung 60: Berechnung der Umlagesätze für identische Kostenartenverteilung der BGK

Die Angebotssumme ändert sich nicht. Trotzdem wird den meisten Auftraggebern der hohe Umlagesatz auf Soko nicht gefallen. Es wird übersehen, dass der Umlagesatz auf Lohn entsprechend kleiner ausfällt. Das nachfolgende Formblatt 222 weist unter Zusammensetzung der Umlagesummen in der Spalte Anteil BGK die kalkulierten Gemeinkosten der Baustelle (BGK) aus.

**222**

(Preisermittlung bei Kalkulation über die Endsumme)

| Ermittlung der Angebotssumme | | Betrag € | Gesamt € | Umlage Summe 3 auf die Einzelkosten für die Ermittlung der EH- | | |
|---|---|---|---|---|---|---|
| **2** | **Einzelkosten der Teilleistungen = unmittelbare Herstellungskosten** | | | % | € | |
| 2.1 | Eigene Lohnkosten Kalkulationslohn (1.4) x Gesamtstunden: | | | | | |
| | 36,00    x    3.689,10 | 132.807,60 | | x  18,71 % | 24.846,76 | |
| 2.2 | Stoffkosten (einschl. Kosten für Hilfsstoffe) | 122.690,56 | | x  22,50 % | 27.608,14 | |
| 2.3 | Gerätekosten (einschl. Kosten für Energie und Betriebsstoffe) | 23.501,90 | | x  13,64 % | 3.204,80 | |
| 2.4 | Sonstige Kosten (Vom Bieter zu erläutern) | | | x | | |
| 2.5 | Nachunternehmerleistungen [1] | 24.000,00 | | x  8,70 % | 2.086,96 | |
| | Einzelkosten der Teilleistungen (Summe 2) | | 303.000,06 | noch zu verteilen | 57.746,66 | |

| Zusammensetzung der Umlagesummen | | | | |
|---|---|---|---|---|
| | Umlage gesamt (€) | Anteil BGK (€) | Anteil AGK (€) | Anteil W+G (€) |
| 2.1 eigene Lohnkosten | 24.846,76 | 5.928,24 | 15.765,44 | 3.153,09 |
| 2.2 Stoffkosten | 27.608,14 | 9.572,30 | 15.029,87 | 3.005,97 |
| 2.3 Gerätekosten | 3.204,80 | 0,00 | 2.670,67 | 534,13 |
| 2.4 Sonstige Kosten | 0,00 | | | |
| 2.5 Nachunternehmerl. | 2.086,96 | 0,00 | 1.565,22 | 521,74 |

| **3** | **Baustellengemeinkosten, Allgemeine Geschäftskosten, Wagnis und Gewinn** | | |
|---|---|---|---|
| 3.1 | Baustellengemeinkosten (soweit hierfür keine besonderen Ansätze im Leistungsverzeichnis vorgesehen sind) | | |
| 3.1.1 | Lohnkosten einschließlich Hilfslöhne | | |
| | Bei Angebotssummen unter 5 Mio €: Angabe des Betrages | 5.928,23 | |
| | Bei Angebotssummen über 5 Mio €: Kalkulationslohn (1.4) x Gesamtstunden: x | | Summe 3.1.2 und 3.1.3: |
| 3.1.2 | Gehaltskosten für Bauleitung, Abrechnung Vermessung usw. | 2.610,00 | 9.572,30 |
| 3.1.3 | Vorhalten u. Reparatur der Geräte u. Ausrüstungen, Energieverbrauch, Werkzeuge u. Kleingeräte, Materialkosten f. Baustelleinrichtung | 6.962,30 | |
| 3.1.4 | An- u. Abtransport der Geräte u. Ausrüstungen, Hilfsstoffe, Pachten usw. | | |
| 3.1.5 | Sonderkosten der Baustelle, wie techn. Ausführungsbearbeitung, objektbezogene Versicherungen usw. | | |
| | Baustellengemeinkosten (Summe 3.1) | 15.500,53 | |
| 3.2 | Allgemeine Geschäftskosten (Summe 3.2) | 35.031,19 | |
| 3.3 | Wagnis und Gewinn (Summe 3.3) | 7.214,93 | |
| | Umlage auf die Einzelkosten (Summe 3) | | 57.746,66 |
| | Angebotssumme ohne Umsatzsteuer (Summe 2 und 3) | 360.746,71 | |

1) Auf Verlangen sind für diese Leistungen die Angaben zur Kalkulation der(s) Nachunternehmer(s) dem Auftraggeber vorzulegen.

Gekürzt aus: VHB-Bund - Ausgabe 2008

Seite 2 von 2

Abbildung 61:  Ausgefülltes Formblatt 222  für identische Kostenartenverteilung der BGK

# Abschnitt C: Ausgewählte Beispiele

# 13 Beispiel „Hochbauarbeiten"

## 13.1 Leistungsbeschreibung

Im Zuge der Erweiterung eines Verwaltungsgebäudes wird anschließend an die vorhandene Bebauung ein achtgeschossiger Hochbau mit zwei Untergeschossen errichtet. Der Baukörper besteht aus einer Konstruktion aus Stahlbetonstützen und -wänden, Stahlbetondecken (Großflächen-Gitterträger-Deckenplatten mit Ortbetonauflage) und teilweiser Ausfachung aus Mauerwerk (Längsschnitt und Grundriss der Obergeschosse (s. Abbildung 62 und Abbildung 63). Da während der Erstellung ein Grundwasseranfall von ca. 10 m³/h zu erwarten ist, müssen Maßnahmen zu dessen Beseitigung mit angeboten werden.[1] Auf den folgenden Seiten ist ein Auszug aus dem Leistungsverzeichnis für die Baustelleneinrichtung, Wasserhaltungsarbeiten, die wichtigsten Beton- und Mauerarbeiten wiedergegeben. Für die dort angegebenen Positionen wird die Einzelkostenermittlung und die Einheitspreisberechnung als Kalkulation über die Angebotssumme durchgeführt.

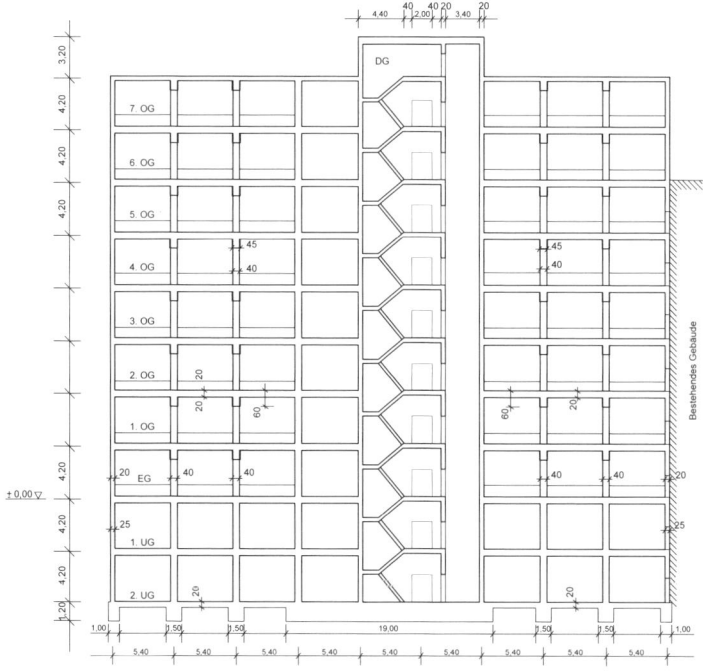

Abbildung 62: Längsschnitt A-A des Beispiels „Hochbauarbeiten"

[1] Die Verfasser danken Herrn Geschäftsführer Dipl.-Ing. Günter Dieterle, JÖRGER GmbH, Stuttgart, für die Unterstützung.

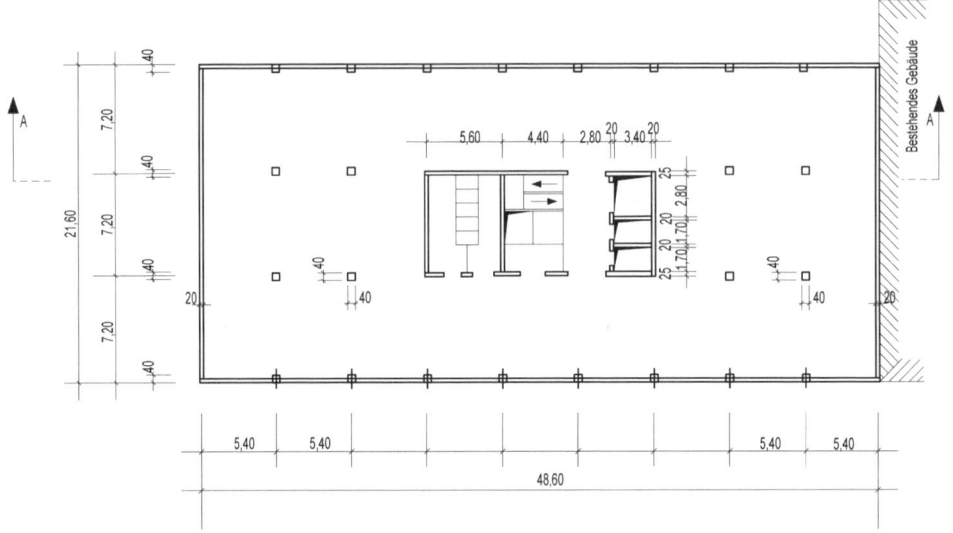

Abbildung 63: Grundriss der Obergeschosse des Beispiels „Hochbauarbeiten"

**Auszug aus dem Leistungsverzeichnis:**

| Bauvorhaben: Erweiterungsbau eines Bürogebäudes | | | | | |
|---|---|---|---|---|---|
| Pos. Nr. | Leistungsbeschreibung | Menge | Einheit | EP | GP |
| | **Baustelleneinrichtung** | | | | |
| 1 | Einrichten der Baustelle für sämtliche in der Leistungsbeschreibung aufgeführten Leistungen. | | psch | | |
| 2 | Vorhalten der Baustelleneinrichtung für sämtliche in der Leistungsbeschreibung aufgeführten Leistungen. | | psch | | |
| 3 | Räumen der Baustelle für sämtliche in der Leistungsbeschreibung aufgeführten Leistungen. | | psch | | |
| | **Wasserhaltungsarbeiten** | | | | |
| 11 | Pumpensumpf herstellen und beseitigen, innerhalb von Baugruben, aus Betonbrunnen, einschl. des erf. Erdaushubs und der Wiederverfüllung, Abteuftiefe bis 1,00 m, lichter Sohlenquerschnitt bis 1 m². | 3 | St | | |
| 12 | Pumpen mit Elektromotor einbauen und ausbauen, für Pumpensümpfe, Fördermenge bis 10 m³/h, geodätische Förderhöhe über 7,50 m bis 10,00 m. Rohrleitungen werden gesondert vergütet. | 3 | St | | |

| Bauvorhaben: Erweiterungsbau eines Bürogebäudes | | | | | |
|---|---|---|---|---|---|
| Pos. Nr. | Leistungsbeschreibung | Menge | Einheit | EP | GP |
| 13 | Vorhalten der vorbeschriebenen Wasserförderanlagen (je Pumpensatz), Pumpe mit Elektromotor, als Vorhaltezeit gilt die Zeit vom vereinbarten Beginn bis zum Ende der Betriebsbereitschaft. Abrechnung Stück × Kalendertage. | 225 | St × d | | |
| 14 | Betrieb der vorbeschriebenen Pumpen (je Pumpensatz) mit Elektromotor, Fördermenge bis 10 m³/h, Abrechnung Stück × Stunde (St x h). | 5.400 | St × h | | |
| 15 | Rohrleitung einbauen und ausbauen, einschließlich aller Armaturen, Form- und Passstücke, Rohrleitungen nach Wahl des AN, NW 100. | 150 | m | | |
| 16 | Vorhalten der vorgeschriebenen Rohrleitungen, nach Wahl des AN, NW 100, als Vorhaltedauer gilt die Zeit vom vereinbarten Beginn bis zum Ende der Betriebsbereitschaft, Länge der vorzuhaltenden Leitungen 60 m, Abrechnung Meter × Kalendertage. | 11.250 | m × d | | |
| | **Beton- und Stahlbetonarbeiten** | | | | |
| 108 | Ortbeton der Sauberkeitsschicht, obere Betonfläche waagerecht, aus unbewehrtem Beton als Normalbeton DIN 1045 C 12/15, Dicke über 5 bis 10 cm. | | m³ | | |
| 109 | Ortbeton des Fundaments, aus Stahlbeton als Normalbeton DIN 1045 C 30/37, Ausführung gemäß Zeichnung Nr. 028. | | m³ | | |
| 110 | Ortbeton der Bodenplatte, obere Betonfläche waagerecht, aus Stahlbeton als Normalbeton DIN 1045 C 30/37, Dicke 15 bis 20 cm. | | m³ | | |
| 111 | Geschossdecke aus Fertigteilen und Ortbeton, System..., Unterseite glatt, als Plattendecke, aus Normalbeton DIN 1045, einschl. Schalung, Bewehrung, Verguss und Statik, ständige Last ohne Deckeneigengewicht 1,25 kN/m², Verkehrslast 3,50 kN/m², Stützweite 5,40 m, Konstruktionshöhe max. 20 cm. | | m² | | |
| 112 | Ortbeton des Unterzuges, aus Stahlbeton als Normalbeton DIN 1045 C 30/37, Querschnitt über 1.000 bis 2.500 cm². | | m³ | | |
| 113 | Schalung des Unterzuges, mit T-förmigem Querschnitt, als glatte Schalung, Betonfläche sichtbar bleibend, einschl. zusätzlicher Maßnahmen beim Herstellen und Verarbeiten des Betons, Höhe der Betonunterseite über 3,00 bis 4,00 m. | | m² | | |

| Bauvorhaben: Erweiterungsbau eines Bürogebäudes | | | | | |
|---|---|---|---|---|---|
| Pos. Nr. | Leistungsbeschreibung | Menge | Einheit | EP | GP |
| 114 | Ortbeton der Stütze aus Stahlbeton als Normalbeton DIN 1045 C 30/37, Querschnitt über 1.000 bis 2.500 cm². | | m³ | | |
| 115 | Schalung der Stütze, mit rechteckigem Querschnitt, als glatte Schalung aus Brettern gleicher Breite, senkrecht angeordnet, Betonfläche sichtbar bleibend, einschl. zusätzlicher Maßnahmen beim Herstellen und Verarbeiten des Betons. | | m² | | |
| 116 | Ortbeton der Wand, aus Stahlbeton als Normalbeton DIN 1045 C 30/37, Dicke über 20 bis 25 cm. | | m³ | | |
| 117 | Schalung der Wand, Qualität Rahmenschalung doppelhäuptig, Höhe bis 4,00 m. | | m² | | |
| 118 | Zulage Schalung der Wand, als glatte Schalung aus Brettern gleicher Breite, angeordnet mit unregelmäßigen Stößen, Betonfläche sichtbar bleibend, einschl. zusätzlicher Maßnahmen beim Herstellen und Verarbeiten des Betons, Höhe bis 4,00 m | | m² | | |
| 119 | Zulage Schalung, einhäuptig | | m² | | |
| 120 | Treppenlaufplatte einschl. Stufen als Fertigteil, Stahlbeton einschl. Bewehrung gemäß mitzuliefernder Statik, liefern, abladen und einbauen, alle sichtbar bleibenden Seiten glatt, einschl. Einbauteile, Befestigungsmittel und Fugendichtungen, Ausführung gemäß Zeichnung Nr. 512. | | St | | |
| 121 | Betonstabstahl DIN 488, IV S, alle Durchmesser, alle Längen, liefern, schneiden, biegen und verlegen. | | t | | |
| 122 | Betonstahlmatten DIN 488, IV M, als Lagermatten, liefern, schneiden, biegen und verlegen. | | t | | |
| 123 | Betonstahlmatten DIN 488, IV M, als Listen- und Zeichnungsmatten über 3 bis 8 kg/m², liefern, schneiden, biegen und verlegen. | | t | | |
| | **Mauerarbeiten** | | | | |
| | Zur Herstellung des Mörtels ist folgender Zement DIN 1164 zu verwenden: Portlandzement PZ, Festigkeitsklasse 35 L. | | | | |
| 135 | Mauerwerk der Außenwand, Mauerziegel DIN 105, HLzA, 1,4/150/2 DF (240 × 115 × 113), MG II, Mauerwerksdicke 24 cm. | | m³ | | |

| Bauvorhaben: Erweiterungsbau eines Bürogebäudes | | | | | |
|---|---|---|---|---|---|
| Pos. Nr. | Leistungsbeschreibung | Menge | Einheit | EP | GP |
| 136 | Mauerwerk der Außenwand, Mauerziegel DIN 105, HLzA 1,4/150/5 DF (300 × 240 × 113), MG II, Mauerwerksdicke 30 cm. | | m³ | | |
| 137 | Mauerwerk der Innenwand, Mauerziegel DIN 105, HLzA 1,4/150/2 DF (240 × 115 × 113), MG II, Mauerwerksdicke 30 cm. | | m² | | |

*11,5 cm* (handschriftlich)

# 13.2 Kostenermittlung

## 13.2.1 Baustoffpreise

Transportbeton einschl. km-Zuschlag, frei Baustelle
- Beton C 12/15      45,00 €/m³
- Beton C 30/37      55,00 €/m³

Betonstahl frei Baustelle
- Betonstabstahl IV S      630,00 €/t
- Betonstahlmatten IV M als Lagermatten      670,00 €/t
- Betonstahlmatten IV M als Listenmatten      720,00 €/t

Betonstahl verlegen (Subunternehmerangebote)
- Betonstabstahl IV S      220,00 €/t
- Betonstahlmatten IV M als Lagermatten      200,00 €/t
- Betonstahlmatten IV M als Listenmatten      200,00 €/t

- Beihilfe      0,5 h/t

Filigrandecke d = 5 cm      7,00 €/m²

Mauerziegel
- HLzA 2 DF      0,30 €/Stein
- HLzA 5 DF      0,62 €/Stein

Mörtel der Mörtelgruppe MG II      110,00 €/m³

Bauholz
- Kantholz      165,00 €/m³
- gehobelte Bretter      155,00 €/m³

## 13.2.2 Geräte-, Fracht- und Ladekosten

Die Kosten der eingesetzten Geräte (s. umstehende Geräteliste, es werden 50 % der BGL-Sätze angesetzt), wie auch die Kosten für ihren An- und Abtransport, Auf- und Abladen sind in den dafür vorgesehenen Positionen für

- Einrichten der Baustelle,
- Vorhalten der Baustelleneinrichtung und
- Räumen der Baustelle einzurechnen.

Alle anderen Kostenbestandteile, wie z. B. die Gehaltskosten der Baustelle, Betriebskosten der Baustelleneinrichtung u. a., sind den Gemeinkosten der Baustelle zuzurechnen.

Die Kosten der angemieteten Betonpumpe werden in die Fremdleistungen einbezogen. Sie werden mit 9,00 €/m³ Beton angesetzt.

Tabelle 8: Geräteliste Beispiel „Hochbauarbeiten"

| Menge | Bezeichnung | insges. kW | Nr. der BGL 2007 | Gewicht (t) | | Vorhaltezeit | A+V | R | A+V+R gesamt | |
|---|---|---|---|---|---|---|---|---|---|---|
| | | | | einz. | ges. | (Mon) | (€/Mon) | (€/Mon) | A+V(50%) (€) | R (50%) (€) |
| 2 | Turmkran 90 | 68,00 | C.0.10.0090 | 17,600 | 35,200 | 10 | 3.580,00 | 1.880,00 | 35.800,00 | 18.800,00 |
| 2 | Unterwagen stationär mit Abstützplatten | | C.041.0090 C.041.0090-AA | 2,900 | 5,800 | 10 | 580,00 | 306,00 | 5.800,00 | 3.060,00 |
| 1 | Anschlussverteilerschrank mit Ausrüstung AVEV 250 | | R.2.20.0250 | 0,150 | 0,150 | 10 | 162,00 | 108,00 | 810,00 | 540,00 |
| 5 | Verteiler- Endverteilerschrank VEV 63 | | R.2.50.0063 | 0,050 | 0,250 | 10 | 36,50 | 24,50 | 912,50 | 612,50 |
| 2 | Frequenz- und Spannungswandler | | B.9.52.0015 | 0,059 | 0,118 | 10 | 91,50 | 66,00 | 915,00 | 660,00 |
| 4 | Elektrischer Innenrüttler | 4,80 | B.9.36.0025 | 0,029 | 0,116 | 10 | 88,00 | 68,00 | 1.760,00 | 1.360,00 |
| 6 | Handbohrmaschinen | 1,60 | W.0.14.0016 | 0,003 | 0,018 | 10 | 14,00 | 8,60 | 420,00 | 258,00 |
| 2 | Automatisches Baunivellierinstrument | | Y.0.00.0026 | 0,009 | 0,018 | 10 | 14,00 | 9,30 | 140,00 | 93,00 |
| 2 | Kreissäge | 3,00 | W.4.21.0400 | 0,117 | 0,234 | 10 | 58,50 | 47,50 | 585,00 | 475,00 |
| 3 | Unterkunftcontainer | 1,50 | X.3.11.0006 | 2,830 | 8,490 | 10 | 146,00 | 131,00 | 2.190,00 | 1.965,00 |
| 2 | Magazincontainer | 1,00 | X.3.01.0006 | 2,200 | 4,400 | 10 | 108,00 | 97,00 | 1.080,00 | 970,00 |
| 2 | Bürocontainer | 1,00 | X.3.12.0006 | 2,890 | 5,780 | 10 | 142,00 | 128,00 | 1.420,00 | 1.280,00 |
| 2 | Betonkübel | | C.3.00.0750 | 0,230 | 0,460 | 10 | 25,00 | 18,00 | 250,00 | 180,00 |
| 3 | Tauchkörperpumpe 5 kW | | T.0.50.0050 | 0,050 | 0,150 | 3 | 130,00 | 115,00 | 585,00 | 517,50 |
| 30 | Gerüstkonsolen | | U.2.24.0001 | 0,100 | 3,000 | 10 | 14,00 | 8,00 | 2.100,00 | 1.200,00 |
| 1 | Schraubkompressor Diesel-Motor 4,0 m³/min | | Q.0.00.0040 | 0,850 | 0,850 | 6 | 413,00 | 275,00 | 1.239,00 | 825,00 |
| | Gesamt | 80,90 | | | 65,03 | | | | 56.006,50 | 32.796,00 |

## 13.2.3    Ermittlung der Einzelkosten der Teilleistungen

| Pos. | Kurztext | Kostenarten ohne Umlagen | | | |
|---|---|---|---|---|---|
| Nr. | Mengenangaben | | je Einheit | | |
| | Einzelkostenentwicklung | Lohn | Soko | Geräte | Fremdl. |
| | | [h] | [€] | [€] | [€] |
| 1 | **Einrichten der Baustelle**        1 psch | | | | |
| | a) 2 Stück Turmkran EC 90 | | | | |
| | Anfahrten mit Sattelzug je 15 Fahrten | | | | |
| | 2 × 15 × 4 h/Fahrt × 50,00 €/h<br>Laden auf dem Bauhof 35,2 t × 20,00 €/t<br>Aufbau auf der Baustelle | | 704,00 | | 6.000,00 |
| | Autokran 2 d × 1.600,00 €/d<br>Lohn 2 × 6 Arb. × 9 h/Arb.<br>Herstellen Planum und Einbringen einer Schotterschicht für den Unterwagen, stationär | 108,00<br><br>40,00 | <br><br>300,00 | | 3.200,00 |
| | b) Sonstige Einrichtungen einschließlich Container 29,6 t | | | | |
| | Transport 7 Fahrten × 4 h × 55,00 €/h<br>Ladekosten Bauhof 29,83 t × 20,00 €/t<br>Abladen Baustelle 29,83 t × 0,5 h/t | <br><br>14,92 | 1.540,00<br>596,68 | | |
| | c) Schalung und Rüstung , Bauholz 25 t | | | | |
| | Ladekosten Bauhof 25 t × 20,00 €/t<br>Abladen Baustelle 25 t × 0,5 h/t<br>Transport 5 Fahrten × 4 h × 55,00 €/h | <br>12,50 | 500,00<br><br>1.100,00 | | |
| | d) Anschluss von Strom, Wasser, Telefon | | 450,00 | | 1.000,00 |
| | e) Herstellen der Zufahrt zur Baustelle | | | | |
| | 240 m² × 30,00 €/m² | | 7.200,00 | | |
| | f) 6 Wohncontainer; Aufstellen auf Kantholz | | | | |
| | 6 × 6 × 2,40 = 86,4 m²; 0,5 h/m²<br>Kantholz, etc. je Container ca. 195,00 € | 43,20 | <br>1.170,00 | | |
| | g) Herstellen Bauzaun aus Elementen auf Betonklötzen | | | | |
| | 150 m: 0,3 h/m + 10,00 €/m | 45,00 | 1.500,00 | | |
| | 2-flügeliges Tor | | 112,00 | | |
| | h) Schnurgerüst 130 lfm | 32,50 | 780,00 | | |
| | **Summe Einrichten der Baustelle** | **296,120** | **15.952,68** | | **10.200,00** |
| 2 | **Vorhalten der Baustelleneinrichtung**     1 psch | | | | |
| | Vorhalten der Geräte lt. Liste | | | | |
| | A+V (50 %) | | | 56.006,50 | |
| | R (50 %)<br>Vorhalten der Container-Einrichtung | | | 32.796,00 | |
| | 10 Mon × 125,00 €/ Mon | | | 1.250,00 | |
| | **Summe Vorhaltung** | | | **90.052,50** | |

| Nr. | | | | | |
|---|---|---|---|---|---|
| 3 | **Räumen der Baustelle** 1 psch | | | | |
| | a)  Abbau Turmkran, wie Aufbau | 108,00 | | | 3.200,00 |
| | 15 Fahrten mit Sattelzug | | | | 6.000,00 |
| | Abladen auf Bauhof | | 704,00 | | |
| | Beseitigen Schotterschicht | 20,00 | 300,00 | | |
| | b)  Abbau der sonstigen Einrichtungen, | | | | |
| | Laden auf der Baustelle, | | | | |
| | Abtransport, | | | | |
| | Abladen auf dem Bauhof, | | | | |
| | Beseitigen der Zufahrt, | | | | |
| | Lohn ⅔ der Stunden von Pos. 1 b) bis g) | | | | |
| | ⅔ × 115,62 h | 77,08 | | | |
| | ≈ ⅔ × 14.168,68 € | | 9.445,79 | | |
| | Wiederherstellen Baugelände | | | | |
| | 3 Arb. × 2 d × 9h/d | 54,00 | | | |
| | 4 Schuttcontainer 1.250,00 €/Container | | 5.000,00 | | |
| | **Summe Räumen der Baustelle** | **259,08** | **15.449,79** | | **9.200,00** |
| 11 | **Pumpensumpf herstellen und** | | | | |
| | **beseitigen** 3 St | | | | |
| | Ausheben, Laden, Abfahren des Aushubs: | | | | |
| | (einschl. Auffüllgebühren) | 3,10 | 1,75 | | 2,10 |
| | Betonschachtringe versetzen | | | | |
| | (einschließlich Lieferung) | | | | |
| | 2 Stück Ø 100 cm; | | | | |
| | Versetzen: 2 Arbeiter je 24 Min/Stck | | | | |
| | (2 Arb. × 0,40 h/Stck | 1,60 | 78,00 | | |
| | + 39,00 €/Stck) × 2 Stck | | | | |
| | Wiederverfüllen des Pumpensumpfes | | | | |
| | (mit Kiessand) | | | | |
| | 1,0 m³/Stck × (0,4 h/m³ + 22,50 €/ m³) | 0,40 | 22,50 | | |
| | **Summe Pos. 11** | **5,10** | **102,25** | | **2,10** |
| 12 | **Pumpen ein- und ausbauen** 3 St | | | | |
| | Auf- und Abbau der Tauchkörperpumpe | | | | |
| | BGL 2001 T.0.50.0005 | | | | |
| | 5,0 kW, G = 50 kg | | | | |
| | An- und Abtransport der Pumpe zusammen | | | | |
| | mit übrigem Gerät | | | | |
| | 2 × 0,050 × 35,00 €/t | | 3,50 | | |
| | Auf- und Abladen der Pumpe | | | | |
| | 4 × 0,050 t × 1,5 h/t | 0,30 | | | |
| | Auf- und Abbau der Pumpe | | | | |
| | 2 Arb. je 1,0 h/Stck | 2,00 | | | |
| | Einrichten des Elektroanschlusses | | 62,50 | | |
| | **Summe Pos. 12** | **2,30** | **66,00** | | |

| | | | | | |
|---|---|---|---|---|---|
| 13 | **Vorhalten der Pumpen** 225 St × d | | | | |
| | 3 St × 75 d = 225 St × d | | | | |
| | A + V + R 122,50 €/Monat; | | | | |
| | 122,5/30 | | **4,08** | | |
| 14 | **Betrieb der Pumpen** 5.400 St × h | | | | |
| | 3 St × 75 d × 24 h/d = 5.400 St × h | | | | |
| | 5,0 kW × 0,20 €/kWh Kanalisationsgebühren | | 1,00 | | |
| | 2,00 €/m³ × 10 m³/3 St | | 6,67 | | |
| | Beseitigen von Störungen 1 h/d × 100 d/5.400 St × h | 0,019 | | | |
| | **Summe Pos. 14** | 0,019 | 7,67 | | |
| 15 | **Rohrleitung verlegen und beseitigen** 150 m | | | | |
| | Verlegen: | | | | |
| | 2 Arbeiter mit einer Leistung von | | | | |
| | 20 m/h:             = | | | | |
| | 2 Arb./20 m/h, Arb. | 0,10 | | | |
| | Beseitigen:    2 Arb./30 m/h, Arb. Transport und Ladekosten | 0,067 | | | |
| | Gewicht: g = 8 kg/lfm | | | | |
| | 0,008 t/m × (1,5 h/t + 20,00 €/t) × 2 | 0,024 | 0,32 | | |
| | **Summe Pos. 15** | 0,191 | 0,32 | | |
| 16 | **Vorhalten der Rohrleitung** 11.250 m × d | | | | |
| | 150 m × 75 d | | | | |
| | mittlerer Neuwert: 12,75 €/m (einschl. Form- und Passstück) | | | | |
| | A + V + R je Mon: 0,30 €/m, Mon | | | | |
| | je Kalendertag und m: 0,30 €/m, Mon/30 Kd | | 0,01 | | |
| 108 | **Ortbeton der Sauberkeitsschicht** 60 m³ | | | | |
| | Einbringen mit Kran | | | | |
| | (C 12/15, d = 6 cm) | | | | |
| | 1,4 h/m³ + 45,00 €/m³ | **1,40** | **45,00** | | |
| 109 | **Ortbeton der Fundamente C 30/37** 550 m³ | | | | |
| | 0,4 h/m³ + (55,00 + 9,00) €/m³ | **0,40** | **55,00** | | **9,00** |
| 110 | **Ortbeton der Bodenplatte C 30/37** 215 m³ | | | | |
| | d = 20 cm, Einbringen und Verdichten, 0,5 h/m³ + (55,00 + 9,00] €/m³ | 0,50 | 55,00 | | 9,00 |
| | Abziehen und Glätten | | | | |
| | 0,07 h/m²/0,20 m³/m² | 0,35 | | | |
| | **Summe Pos. 110** | 0,85 | 55,00 | | 9,00 |

| | | | | | |
|---|---|---|---|---|---|
| 111 | **Systemdecke, d = 20 cm**   10.625 m² | | | | |
| | Filigrandecke  d = 5 cm | 0,20 | 7,00 | | |
| | 0,65 h/m³ + 55,00 €/m³ + 9,00 €/m³ | 0,10 | 8,25 | | 1,35 |
| | Montage Unterstützung | 0,20 | 3,50 | | |
| | Randschalung 150 lfm. / 1050 m² | 0,14 | 0,71 | | |
| | (1h/m² + 5,00 €/m²) | | | | |
| | Bewehrung in FT 15 kg × 1,00 € | | 15,00 | | |
| | **Summe Pos. 111** | **0,64** | **34,46** | | **1,35** |
| 112 | **Ortbeton des Unterzugs C 30/37**   230 m³ | | | | |
| | 1,0 h/m³ + 55,00 €/m³ + 9,00 €/m³ | 1,00 | 55,00 | | 9,00 |
| 113 | **Unterzugschalung**   1.920 m³ | | | | |
| | 1,4 h/m² + 8,50 €/m² | 1,40 | 8,50 | | |
| 114 | **Ortbeton der Stütze C 30/37**   150 m³ | | | | |
| | Einbringen mit Kran: 2,0 h/m³ + 55,00 €/m³ | 2,00 | 55,00 | | |
| 115 | **Schalung der Stütze 40/40 cm**  1.350 m² | | | | |
| | 1,2 h/m² + 8,00 €/m² | 1,20 | 8,00 | | |
| 116 | **Ortbeton der Wand C 30/37**   1.000 m³ | | | | |
| | 1,0 h/m³ + 55,00 €/m³ + 9,00 €/m³ | 1,00 | 55,00 | | 9,00 |
| 117 | **Schalung der Wand,**   9.000 m² | 0,70 | 6,00 | | |
| | **Qualität   Rahmenschalung   doppelhäuptig, Höhe bis 4,00 m** | | | | |
| 118 | **Zulage Schalung der Wand**   505 m² | | | | |
| | **h = 4,00 m; Stahlrahmenschalung** | | | | |
| | 1,0 h/m² + 18,00 €/m² | 0,30 | 12,00 | | |
| 119 | **Zulage Schalung einhäuptig**   750 m² | 0,40 | 10,00 | | |
| 120 | **Fertigteile für Treppenläufe**   20 St | | | | |
| | Fertigteile frei Baustelle 400,00 €/St | | 400,00 | | |
| | Versetzen 2,0 h/St. + 5,00 €/St | 2,00 | 5,00 | | |
| | **Summe Pos. 120** | **2,00** | **405,00** | | |
| 121 | **Betonstabstahl IV S**   160 t | | | | |
| | Subunternehmerangebot | 0,50 | 630,00 | | 220,00 |
| 122 | **Betonstahlmatten IV M**   140 t | | | | |
| | Lagermatten, Subunternehmerangebot | 0,50 | 670,00 | | 200,00 |
| 123 | **Betonstahlmatten IV M**   30 t | | | | |
| | Listenmatten, Subunternehmerangebot | 0,50 | 720,00 | | 200,00 |

| 135 | **Mauerwerk der Außenwand** | | | | |
|---|---|---|---|---|---|
| | **d = 24 cm**    191 m³ | | | | |
| | HLzA (2 DF), Mörtelgruppe MG II; Lohn | 4,20 | | | |
| | Steine 275 St/m³ × 0,30 €/Stein | | 82,50 | | |
| | Mörtel 209 l/m³ × 0,11 €/l | | 22,99 | | |
| | **Summe Pos. 135** | **4,20** | **105,49** | | |
| 136 | **Mauerwerk der Außenwand** | | | | |
| | **d = 30 cm**    52 m³ | | | | |
| | HLzA (5 DF) Mörtelgruppe MG II | | | | |
| | Lohn 4,0 h/m³ | 4,00 | | | |
| | Steine 110 St/m³ × 0,62 €/Stein | | 68,20 | | |
| | Mörtel 167 l/m³ × 0,11 €/l | | 18,37 | | |
| | **Summe Pos. 136** | **4,00** | **86,57** | | |
| 137 | **Mauerwerk der Innenwand** | | | | |
| | **d = 11,5 cm**   1.069 m² | | | | |
| | HLzA (2 DF) Mörtelgruppe MG II | | | | |
| | Lohn 0,80 h/m² | 0,80 | | | |
| | Steine 35 St/m² × 0,30 €/Stein | | 10,50 | | |
| | Mörtel 19 l/m² × 0,11 €/l | | 2,09 | | |
| | **Summe Pos. 137** | **0,80** | **12,59** | | |

## 13.2.4    Ermittlung der Gemeinkosten der Baustelle

Für die Ermittlung der Baustellengemeinkosten wurde ebenfalls das Formblatt 2 (Einzelkosten-ermittlung) benutzt. Im Kopf des Formblattes wurde „je Einheit" gestrichen, da es sich hier um Gesamtbeträge handelt. Die in der ersten Spalte „Pos.-Nr." eingetragenen Gliederungsnummern sind der Gemeinkostengliederung des Abschnitts B 6, S. 89 entnommen.

| Pos. | Kurztext | Kostenarten BGK | | | |
|---|---|---|---|---|---|
| Nr. | Mengenangaben | | | | |
| | **Gemeinkosten der Baustelle** | Lohn | Soko | Geräte | Fremdl. |
| | | [h] | [€] | [€] | [€] |
| 2.1 | **Zeitunabhängige Kosten** | | | | |
| | Kosten der Baustelleneinrichtung | | | | |
| | siehe Pos. 1 und 3 | | | | |
| 2.1.2 | **Kosten der Baustellenausstattung** | | | | |
| | Hilfsstoffe 2 % der Lohnkosten | | | | |
| | 0,02 × 28.062,08 h × 29,26 €/h | | 16.421,93 | | |
| | Werkzeuge und Kleingeräte 4 % der Lohn-kosten | | | | |
| | 0,04 × 28.062,08 h × 29,26 €/h | | 32.843,86 | | |
| 2.1.3 | **– Arbeitsvorbereitung** | | | | |
| | 2 Monate je 7.500,00 €/Monat | | 15.000,00 | | |
| | **– Baustoffprüfung** | | | | |
| | 3.738,75 m³ Beton × 1,50 €/m³ | | 5.608,13 | | |

| Pos. Nr. | Kurztext Mengenangaben **Gemeinkosten der Baustelle** | Kostenarten BGK | | | |
|---|---|---|---|---|---|
| | | Lohn [h] | Soko [€] | Geräte [€] | Fremdl. [€] |
| **2.2** | **Zeitabhängige Kosten** | | | | |
| **2.2.1** | **Vorhaltekosten** in Pos. 2 erfasst | | | | |
| **2.2.2** | **Betriebskosten** | | | | |
| | 80,90 kW 100 Betriebsstunden/Monat | | | | |
| | 10 × 100 × 80,90 × 0,20 €/kWh | | 16.180,00 | | |
| **2.2.3** | **Kosten der örtlichen Bauleitung** | | | | |
| | – Gehälter einschl. Sozialkosten | | | | |
| | 1 Bauleiter 10 × 6.200,00 € × 70 % | | 43.400,00 | | |
| | 1 Polier 10 × 6.450,00 € | | 64.500,00 | | |
| | – Telefon, Porti, Büromaterial | | | | |
| | 950,00 €/Monat, 10 × 950 €/Monat | | 9.500,00 | | |
| | – PKW Entschädigung 10 × 600,00 € | | 6.000,00 | | |
| | – Bewirtungskosten 10 × 250,00 €/Monat | | 2.500,00 | | |
| **2.2.4** | **Allg. Baukosten** | | | | |
| | 2 Kranführer × 10 Monate × 190 h/Monat | 3.800,00 | | | |
| | Hilfslöhne 1 Arb. × 10 Monate | | | | |
| | × 170 h/Monat × 10 % | 170,00 | | | |
| | Schuttcontainer 10 Monate × 1,5 Container: × 1.250,00 €/Container | | 18.750,00 | | |
| | 2 Baustellentoiletten 30,00 €/Woche | | | | |
| | 2 × 30,00 € × 4,3 Wo/Mon × 10 Mon | | 2.580,00 | | |
| | **Summe Gemeinkosten der Baustelle** | **3.970 h** | **233.283,92** | | |
| | x 29,26 €/h | 116.162,20 € | | | |

## 13.2.5 Ermittlung der Angebotssumme und der Einheitspreise

Eine detaillierte Einzelkostenermittlung ist nur für die ausgewählten Positionen durchgeführt worden. Aus den übrigen Teilleistungen dieses Bauvorhabens ist die Gesamtsumme in den vier Kostenarten (Lohn, Soko, Geräte, Fremdleistungen) angegeben.

Der Berechnung liegen folgende Werte zugrunde:

Mittellohn ASL:  29,26 €/h.

(Der Mittellohn ASL ist mit Subunternehmerlöhnen gemittelt.)

Verrechnungssatz für AGK, W + G für

- Lohn, Soko, Geräte:  11,5 %
- Fremdleistungen:  8,5 %

Einzelkostenumlage auf

- Soko, Geräte:  20,0 %
- Fremdleistungen:  10,0 %

Tabelle 9: Ermittlung der Einheitspreise des Beispiels „Hochbauarbeiten" (Teil 1)

| Pos. Nr. | Kurztext / Mengenangabe / Einzelkostenentwicklung | Mengenangabe | Kostenarten ohne Umlagen je Einheit | | | | Kostenarten ohne Umlagen insgesamt | | | | Kostenarten mit Umlagen je Einheit | | | | Preis je Einheit [€] | Preis je Teilleistung [€] |
|---|---|---|---|---|---|---|---|---|---|---|---|---|---|---|---|---|
| | | | Lohn [h] | Soko [€] | Geräte [€] | Fremdl. [€] | Lohn [h] | Soko [€] | Geräte [€] | Fremdl. [€] | Lohn [€] ×43,72 | Soko [€] ×1,2 | Geräte [€] ×1,2 | Fremdl. [€] ×1,1 | | |
| 1 | Einrichten der Baustelle | pauschal | 236,12 | 15.962,68 | | 10.200,00 | 236,12 | 15.962,68 | | 10.200,00 | 12.946,37 | 19.143,22 | | 11.220,00 | 43.309,59 | 43.309,59 |
| 2 | Vorhalten Baustellen-Einrichtg. | pauschal | | | 90.052,50 | | | | 90.052,50 | | | | 108.063,00 | | 108.063,00 | 108.063,00 |
| 3 | Räumen der Baustelle | pauschal | 259,08 | 15.443,79 | | 9.200,00 | 259,08 | 15.443,79 | | 9.200,00 | 11.326,98 | 18.539,75 | | 10.120,00 | 39.986,73 | 39.986,73 |
| 11 | Pumpensumpf herstellen | 3 St. | 5,10 | 102,25 | | 2,10 | 15,30 | 306,75 | | 6,30 | 222,97 | 122,70 | | 2,31 | 347,98 | 1.043,94 |
| 12 | Pumpen ein- und ausbauen | 3 St. | 2,30 | 66,00 | | | 6,90 | 198,00 | | | 100,56 | 79,20 | | | 179,76 | 539,28 |
| 13 | Vorhalten der Pumpen | 225 St.×d | | | 4,08 | | | | 918,00 | | | | 4,90 | | 4,90 | 1.102,50 |
| 14 | Betrieb der Pumpen | 5.400 St.×h | 0,019 | 7,67 | | | 102,60 | 41.418,00 | | | 0,83 | 9,20 | | | 10,03 | 54.162,00 |
| 15 | Kabel verlegen und beseitigen | 150 m | 0,191 | 0,32 | | | 28,65 | 48,00 | | | 8,35 | 0,38 | | | 8,75 | 1.309,50 |
| 16 | Vorhalten der Rohrleitung | 11.250 m×d | | | 0,01 | | | | 112,50 | | | | 0,01 | | 0,01 | 112,50 |
| 108 | Sauberkeitsschicht | 60 m³ | 1,40 | 45,00 | | | 84,00 | 2.700,00 | | | 61,21 | 54,00 | | | 115,21 | 6.912,60 |
| 109 | Ortbeton Fundamente | 550 m³ | 0,40 | 55,00 | | 9,00 | 220,00 | 30.250,00 | | 4.950,00 | 17,49 | 66,00 | | 9,90 | 93,39 | 51.364,50 |
| | Übertrag | | | | | | | | | | | | | | | |

177

Tabelle 10: Ermittlung der Einheitspreise des Beispiels „Hochbauarbeiten" (Teil 2)

| Pos. Nr. | Kurztext Mengenangabe Einzelkostenentwicklung | Kostenarten ohne Umlagen je Einheit Lohn [h] | Soko [€] | Geräte [€] | Fremdl. [€] | Kostenarten ohne Umlagen insgesamt Lohn [h] | Soko [€] | Geräte [€] | Fremdl. [€] | Kostenarten mit Umlagen je Einheit Lohn × 43,72 | Soko × 1,2 | Geräte × 1,2 | Fremdl. × 1,1 | Preis je Einheit [€] | Preis je Teilleistung [€] |
|---|---|---|---|---|---|---|---|---|---|---|---|---|---|---|---|
| 110 | Ortbeton Bodenplatte 215 m³ | 0,85 | 56,00 | | 9,00 | 182,75 | 11.825,00 | | 1.935,00 | 37,16 | 66,00 | | 9,90 | 113,06 | 24.307,90 |
| 111 | Systemdecke 10.625 m² | 0,64 | 34,46 | | 1,35 | 6.800,00 | 366.137,50 | | 14.343,75 | 27,98 | 41,35 | | 1,49 | 70,82 | 752.462,50 |
| 112 | Ortbeton Unterzug 230 m³ | 1,00 | 56,00 | | 9,00 | 230,00 | 12.660,00 | | 2.070,00 | 43,72 | 66,00 | | 9,90 | 119,62 | 27.512,60 |
| 113 | Schalung Unterzug 1.920 m² | 1,40 | 8,50 | | | 2.688,00 | 16.320,00 | | | 61,21 | 10,20 | | | 71,41 | 137.107,20 |
| 114 | Ortbeton Stützen 150 m³ | 2,00 | 56,00 | | | 300,00 | 8.250,00 | | | 87,44 | 66,00 | | | 153,44 | 23.016,00 |
| 115 | Schalung Stützen 1.350 m² | 1,20 | 8,00 | | | 1.620,00 | 10.800,00 | | | 52,46 | 9,60 | | | 62,06 | 83.781,00 |
| 116 | Ortbeton Wand 1.000 m³ | 1,00 | 56,00 | | 9,00 | 1.000,00 | 56.000,00 | | 9.000,00 | 43,72 | 66,00 | | 9,90 | 119,62 | 119.620,00 |
| 117 | Schalung Wand 9.000 m² | 0,70 | 6,00 | | | 6.300,00 | 54.000,00 | | | 30,60 | 7,20 | | | 37,80 | 340.200,00 |
| 118 | Zulage Schalung sicht. 505 m² | 0,30 | 12,00 | | | 151,50 | 6.060,00 | | | 13,12 | 14,40 | | | 27,52 | 13.897,60 |
| 119 | Zulage Schalung einh. 750 m² | 0,40 | 10,00 | | | 300,00 | 7.500,00 | | | 17,49 | 12,00 | | | 29,49 | 22.117,50 |
| 120 | Fertigteile der Treppe 20 St. | 2,00 | 405,00 | | | 40,00 | 8.100,00 | | | 87,44 | 486,00 | | | 575,44 | 11.468,80 |
| 121 | Betonstabstahl IV S 160 t | 0,50 | 630,00 | | 220,00 | 80,00 | 100.800,00 | | 35.200,00 | 21,86 | 756,00 | | 242,00 | 1.019,86 | 163.177,60 |
| 122 | Lagermatten IV M 140 t | 0,50 | 670,00 | | 200,00 | 70,00 | 93.800,00 | | 28.000,00 | 21,86 | 804,00 | | 220,00 | 1.045,86 | 146.420,40 |
| 123 | Listenmatten IV M 30 t | 0,50 | 720,00 | | 200,00 | 15,00 | 21.600,00 | | 6.000,00 | 21,86 | 864,00 | | 220,00 | 1.105,86 | 33.175,80 |
| | Übertrag | | | | | | | | | | | | | | |

Tabelle 11: Ermittlung der Einheitspreise des Beispiels „Hochbauarbeiten" (Teil 3)

| Pos. Nr. | Kurztext / Mengenangabe / Einzelkostenentwicklung | Kostenarten ohne Umlagen je Einheit | | | | Kostenarten ohne Umlagen insgesamt | | | | Kostenarten m t Umlagen je Einheit | | | | Preis je Einheit [€] | Preis je Teilleistung [€] |
|---|---|---|---|---|---|---|---|---|---|---|---|---|---|---|---|
| | | Lohn [h] | Soko [€] | Geräte [€] | Fremdl. [€] | Lohn [h] | Soko [€] | Geräte [€] | Fremdl. [€] | Lohn × 43,72 [€] | Soko × 1,2 [€] | Geräte × 1,2 [€] | Fremdl. × 1,1 [€] | | |
| 135 | Mauerwerk HLZ 24cm — 191 m³ | 4,20 | 105,49 | | | 802,20 | 20.148,59 | | | 183,62 | 126,59 | | | 310,21 | 59.250,11 |
| 136 | Mauerwerk HLZ 30cm — 52 m³ | 4,00 | 86,57 | | | 208,00 | 4.501,64 | | | 174,28 | 103,58 | | | 278,76 | 14.495,52 |
| 137 | Mauerwerk HLZ 11,5cm — 1.069 m² | 0,80 | 12,59 | | | 855,20 | 13.468,71 | | | 34,98 | 15,11 | | | 50,09 | 53.546,21 |
| | Übrige Teilleistungen | 5.406,78 | 327.086,66 | 4.946,13 | 145.643,50 | 5.406,78 | 327.086,66 | 4.946,13 | 145.643,50 | 236.364,42 | 392.503,96 | 5.937,76 | 160.207,85 | 795.034,01 | 795.034,01 |
| | | 29,26 €/h = | | | | 25.062,08 | 1.244.361,31 | 916.031,13 | 266.548,55 | | | | | | 3.128.496,89 |
| | | | | | | 821.096,46 | | | | | | | | | |

**Überprüfung der Bauzeit:**

| | |
|---|---|
| Baugrube bauseits | 3 Monate |
| Fundamente herstellen | 4 Wochen |
| 2 Untergeschosse | 8 Wochen |
| 8 Geschosse | 24 Wochen |
| Dachgeschoss | 2 Wochen |
| Restarbeiten | 3 Wochen |
| Summe (ohne Erdarbeiten) | 41 Wochen |

Plausibilitätsberechnung: 28.062 h : 41 Wo · 44h/Wo = 15,56 =>16 Mann + 2 Kranfahrer

179

Tabelle 12: Ermittlung der Angebotssumme Beispiel „Hochbauarbeiten" (Schlussblatt)

Teil 1                                                                                                          Formblatt 3

## Ermittlung der Angebotssumme

| Kostenarten [€] | Lohnkosten | Sonst. Kosten | Gerätekosten | Fremdleistungen | Summe |
|---|---|---|---|---|---|
| Einzelkosten der Teilleistungen | 821.096,46 | 1.244.361,31 | 96.031,13 | 266.548,55 | 2.428.037,45 |
| Gemeinkosten der Baustelle | 116.162,20 | 233.283,92 | 0,00 | 0,00 | 349.446,12 |
| Herstellkosten | 937.258,66 | 1.477.645,23 | 96.031,13 | 266.548,55 | 2.777.483,57 |

Allgemeine Geschäftskosten (AGK), Wagnis (W) und Gewinn (G)
für die Kostenarten LOHN, SOKO und GERÄTE:

|  |  |  |  |  |  |  |
|---|---|---|---|---|---|---|
| AGK: | 8,50% | der | Herstell- | Lohnkosten | 937.258,66 |  |
| W + G: | 3,00% | Angebots- | kosten- | Sonst. Kosten | 1.477.645,23 |  |
| Summe: | 11,50% | summe | anteile | Gerätekosten | 96.031,13 |  |

| Umrechnung auf Herstellkosten: | $\dfrac{11,50 \times 100}{100 - 11,50}$ = | 12,99% | von | 2.510.935,02 | 326.170,46 |
|---|---|---|---|---|---|

Allgemeine Geschäftskosten (AGK), Wagnis (W) und Gewinn (G)
für die Kostenart FREMDLEISTUNGEN:

|  |  |  |  |  |  |  |
|---|---|---|---|---|---|---|
| AGK: | 6,50% | der | Herstell- |  |  |  |
| W + G: | 2,00% | Angebots- | kosten- |  |  |  |
| Summe: | 8,50% | summe | anteil | Fremdleistungen | 266.548,55 |  |

| Umrechnung auf Herstellkosten | $\dfrac{8,50 \times 100}{100 - 8,50}$ = | 9,29% | von | 266.548,55 | 24.762,36 |
|---|---|---|---|---|---|
| Angebotssumme ohne Mehrwertsteuer | | | | | 3.128.416,39 |

Teil 2

## Ermittlung der Umlagen

| | | | | | |
|---|---|---|---|---|---|
| Angebotssumme ohne Mehrwertsteuer | | | | | 3.128.416,39 |
| abzüglich Einzelkosten der Teilleistungen | | | | — | 2.428.037,45 |
| insgesamt zu verrechnende Umlagen | | | | | 700.378,94 |
| abzüglich gewählte Umlagen auf | | Einzelkosten [€] | Umlagebetrag [€] | | |
| | Sonstige Kosten: 20,00% | 1.244.361,31 | 248.872,26 | | |
| | Gerätekosten: 20,00% | 96.031,13 | 19.206,23 | | |
| | Fremdleistungen: 10,00% | 266.548,55 | 26.654,86 | | |
| Summe gewählte Umlagen: | | | 294.733,35 | — | 294.733,35 |
| zu verrechnende Umlagen auf Lohnkosten | | | | | 405.645,59 |
| Mittellohn | | | | | 29,26 €/h |
| Umlage auf Lohn | $\dfrac{405.645,59 \times 100}{821.096,46}$ = | 49,40% | $\stackrel{\wedge}{=}$ | | 14,46 €/h |
| VERRECHNUNGSLOHN | | | | | 43,72 €/h |

Hinweis:

Bei einem Mittellohn ASL von 36,00 €/h ergibt sich eine Angebotssumme von 3.385.179,98 €,
bei 25,00 €/h beträgt die Angebotssumme 2.974.234,01 €.

# 14 Beispiel „Erdbauarbeiten"

## 14.1 Leistungsbeschreibung

Im Zuge des Neubaus einer Bundesautobahn (BAB) sind die erforderlichen Erdbauarbeiten anzubieten. Den Ausschreibungsunterlagen ist für das vorliegende Erdlos ein Massenverteilungsplan beigegeben (s. Abbildung 64, S. 183). Die zur Erstellung des Grobplanums notwendigen Arbeiten sind beispielhaft in vier Positionen ausgeschrieben.

| Bauvorhaben: Erdlos | | | | | |
|---|---|---|---|---|---|
| Pos. Nr. | Leistungsbeschreibung | Menge | Einheit | EP | GP |
| 51 | **Boden lösen und weiterverwenden** Boden aus Abtragsstrecken profilgerecht lösen und fördern. Klassen 3–5 Das Herstellen des Planums wird gesondert berechnet. Boden innerhalb der Baustelle nach Angabe des AG einbauen und verdichten. Mittl. Länge des Förderweges bis 0,25 km. Abgerechnet wird nach Abtragsprofilen. | 107.800 | m³ | | |
| 52 | **Boden lösen und weiterverwenden** Boden aus Abtragsstrecken profilgerecht lösen und fördern. Klassen 3–5 Das Herstellen des Planums wird gesondert berechnet. Boden innerhalb der Baustelle nach Angabe des AG einbauen und verdichten. Mittl. Länge des Förderweges über 0,25 bis 0,50 km. Abgerechnet wird nach Abtragsprofilen. | 86.600 | m³ | | |
| 53 | **Boden lösen und weiterverwenden** Boden aus Abtragsstrecken profilgerecht lösen und fördern. Klassen 3–5 Das Herstellen des Planums wird gesondert berechnet. Boden innerhalb der Baustelle nach Angabe des AG einbauen und verdichten. Mittl. Länge des Förderweges über 0,50 bis 1,00 km. Abgerechnet wird nach Abtragsprofilen. | 188.700 | m³ | | |
| 54 | **Boden lösen und weiterverwenden** Boden aus Abtragstrecken profilgerecht lösen und fördern. Klassen 3–5 Das Herstellen des Planums wird gesondert berechnet. Boden innerhalb der Baustelle nach Angabe des AG einbauen und verdichten. Mittl. Länge des Förderweges 1,00 bis 2,50 km. Abgerechnet wird nach Abtragsprofilen. | 140.300 | m³ | | |

Für die Ausführung der Arbeiten stehen dem anbietenden Erdbauunternehmer die nachstehend aufgeführten Geräte zur Verfügung:

Lösen und Laden:        3 Hydraulikbagger        (42,3 t, 230 kW)

Fördern:        Lastkraftwagen        (28,7 t, 225 kW)

Einbauen und Verdichten:        2 Planierraupen        (16,0 t, 100 kW)

                       1 Anhänge-Vibrationswalze        ( 7,0 t,   38 kW)

                       1 Walzenzug        (12,0 t,   92 kW)

                       1 Motorgrader        (13,5 t, 105 kW)

Da die Förderweite die Anzahl der eingesetzten Transportfahrzeuge und damit letztlich die Höhe der Gesamtkosten je Einheit bestimmt, ist anhand des Massenverteilungsplans zu überprüfen, welche Erdmassen über welche Transportentfernungen bewegt werden müssen. Es ergibt sich folgende Situation:

| Aushub | mittl. Transportentfernung |
|---|---|
| 547.700 m³   gesamt | |
| 22.700 m³ | 0,100 km |
| 85.100 m³ | 0,250 km |
| 86.600 m³ | 0,450 km |
| 135.900 m³ | 0,550 km |
| 52.800 m³ | 0,950 km |
| 28.200 m³ | 1,200 km |
| 59.900 m³ | 1,750 km |
| 52.200 m³ | 2,500 km |
| 24.300 m³ | seitlich lagern |

Die Berechnungsmethode zur Ermittlung der Transportkosten wiederholt sich für alle Förderweiten. Der Berechnungsaufwand wird reduziert, wenn eine allgemeine Kostenberechnung in Abhängigkeit von der Transportweite vorgenommen und der Kostenverlauf grafisch dargestellt wird.

Hierdurch ergeben sich zwei Vorteile. Zum einen reduziert sich für den Kalkulator der Arbeitsaufwand sehr stark, zum anderen aber lässt sich schnell erkennen, ob innerhalb der ausgeschriebenen Entfernungsstufen (z. B. über 1,0 bis 2,5 km) nicht doch durch den Einsatz weiterer Transportfahrzeuge Mehrkosten entstehen, wodurch die Kalkulation eines Mischpreises notwendig wird.

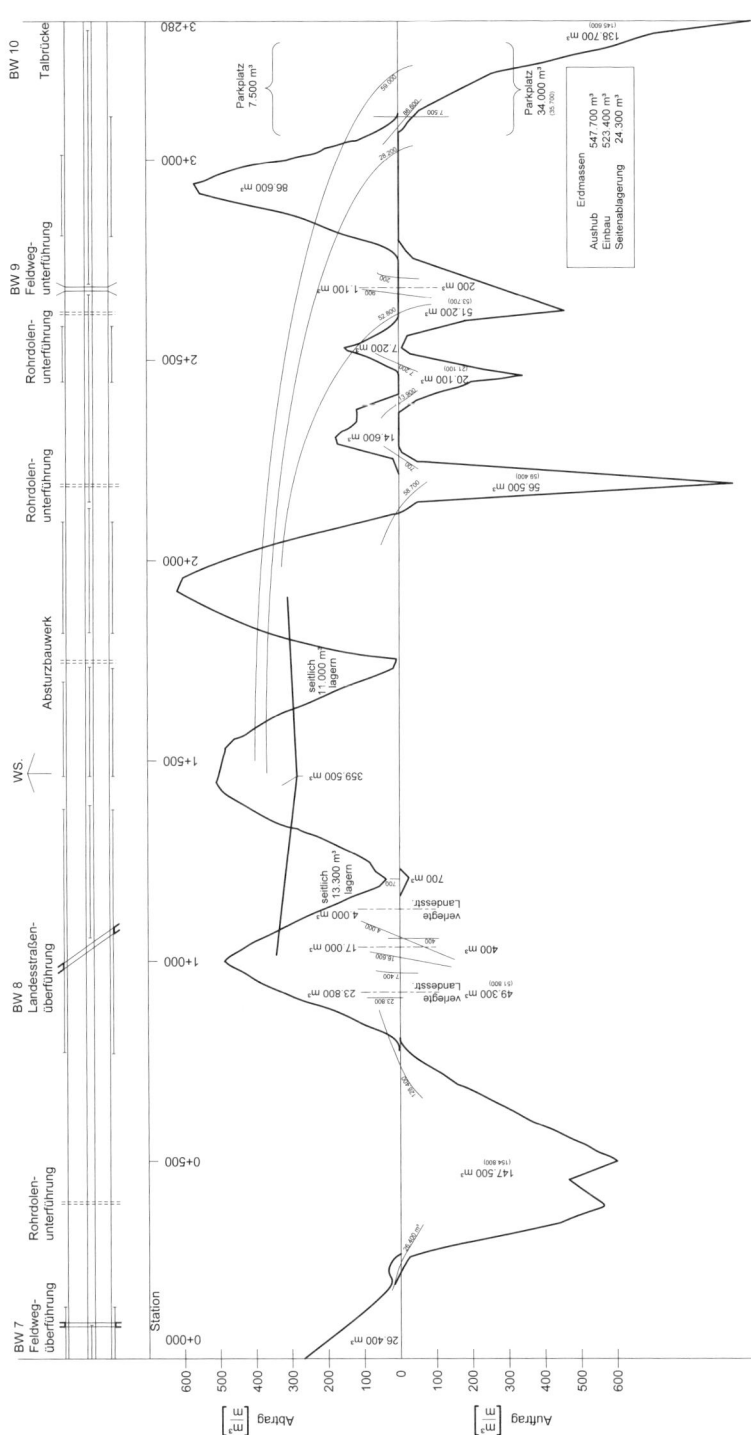

Abbildung 64:  Massenverteilungsplan des Erdloses

# 14.2 Kostenermittlung für das Lösen, Laden und Fördern

## 14.2.1 Bodenkennwerte und Angabe zur Transportstrecke

| | |
|---|---|
| Raumgewicht des Bodens (feste Masse) | 1,94 t/m³ |
| Auflockerungsfaktor | 0,8 |
| Gefälle bei Lastfahrt | 2 % |
| Steigung bei Leerfahrt | 2 % |
| Rollwiderstand $w_r$ = | 70 N/kN |
| Steigungswiderstand $w_s$ = | 10 N/(kN × %) |

## 14.2.2 Angaben zu den Geräten

### Hydraulikbagger (BGL 2007-Nr. D.1.00.0230)

| | |
|---|---|
| Motorleistung | 230 kW |
| Ladeschaufelinhalt | 2,7 m³ |
| Überschlagsformel: 100 x Ladeschaufelinhalt = | 270 m³/h feste Masse |
| (Schwenkwinkel 90°) | |

Eingesetzt werden drei Hydraulikbagger.

### LKW (BGL 2007-Nr. P.2.11.0260AF)

| | |
|---|---|
| Motorleistung | 225 kW |
| Transportgewichte | |
|     unbeladen $G_e$ = | 11,7 t = 117 kN |
|     (einschließlich + 30 % für Dreiseitenkippeinrichtung) | |
|     Gewicht der Ladung     $G_n$ = | 17,0 t = 170 kN |
|     Gesamtgewicht | 28,7 t = 287 kN |
| Fassungsvermögen (lose Masse) | |
|     1,94 t/m³ x 0,80 = 1,552 t/m³ | |
|     17,0 t / 1,552 t/m³ = | 11,0 m³ |

Es wird beim Fahren des LKW mit einer Ausnutzung der Motor-Nennleistung von 60 % gerechnet.

## 14.2.3 Ermittlung der Geräteleistungen

### 14.2.3.1 Bestimmung der Fahrgeschwindigkeit

Die maximale Transportgeschwindigkeit lässt sich aus folgender Formel berechnen

$$v_{max} = \frac{N_{Tr} \times 3600}{(G_e + G_n) \times (w_r + w_s)} \quad \text{km/h (bis zur max. Höchstgeschwindigkeit)}$$

Hierin bedeutet $N_{Tr}$ die Leistung in kW gemessen an der Antriebsachse, es gilt:

$N_{Tr} = 0,8 \times N_{motor}$

**LKW-Lastfahrt (Gefällstrecke)**

$$v_{1max} = \frac{0,8 \times 225 \times 3600}{287 \times (70 - 20)} \text{ km/h} = 45,2 \text{ km/h}$$

$$v_{1max} = 0,6 \times 45,2 \text{ km/h} = 27,1 \text{ km/h}$$

**LKW-Leerfahrt (Steigungsstrecke)**

$$v_{2max} = \frac{0,8 \times 225 \times 3600}{117 \times (70 + 20)} \text{ km/h} = 61,5 \text{ km/h}$$

$$v_{2max} = 0,6 \times 45,2 \text{ km/h} = 36,9 \text{ km/h}$$

## 14.2.3.2 Berechnung der Fahrzeiten

Aus dem Zusammenhang

$$v = \frac{s}{t} \text{ und } t = \frac{s}{v}$$

berechnet sich die Fahrzeit für das Transportmittel. Da die gesamte Berechnung in Abhängigkeit der Transportweite durchgeführt wird, ist die Fahrzeit abhängig vom Förderweg s [km] angegeben.

$$\text{Lastfahrt: } t_1 = \frac{60 \times s}{v_1} = \frac{60 \times s}{27,1} = 2,21 \times s \text{ [min]}$$

$$\text{Lastfahrt: } t_2 = \frac{60 \times s}{v_2} = \frac{60 \times s}{36,9} = 1,63 \times s \text{ [min]}$$

## 14.2.3.3 Berechnung der Umlaufzeit

Fixzeiten:

| | |
|---|---|
| Laden $\dfrac{11,0 \text{ [m}^3] \times 0,80 \times 60 \text{ [min/h]}}{270 \text{ [m}^3/h]}$ | = 1,96 min |
| Wenden und Entladen | = 1,00 min |
| Beschleunigen und Bremsen 2 × 0,20 | = 0,40 min |
| Rangieren | = 0,20 min |
| Summe Fixzeiten | = 3,56 min |

Fahrzeiten:

$$(2,21 + 1,63) \times s = 3,84 \times s \text{ min}$$

Umlaufzeit:

$$t_u = 3,56 + 3,84 \times s \text{ min}$$

### 14.2.3.4 Leistungsermittlung für die Gerätekombination

Die maximal erzielbare Gerätekombination ermittelt sich aus der Spieldauer des Hydraulikbaggers. Dabei wird davon ausgegangen, dass sich der Fahrzeugwechsel innerhalb eines Baggerspiels vollzieht. Zur Berücksichtigung von Betriebsstörungen wird mit der 50-Minuten-Stunde gerechnet.

Ladezeit für einen LKW = 1,96 min
Anzahl der Ladespiele/Stunde: 50/1,96 = 25 Sp/h
Ladeleistung (Feste Masse): 25 Sp/h × 11,0 m³/Sp × 0,8 = 220 m³/h

### 14.2.3.5 Ermittlung der Kosten auf der Basis einer Geräte-Einsatzstunde

In Tabelle 13 sind die Gerätekosten bezogen auf die Geräte-Einsatzstunde berechnet. Die Beträge für Abschreibung, Verzinsung und Reparatur werden entsprechend den Prozentsätzen der Baugeräteliste über den mittleren Neuwert ermittelt. Für Stillstandzeiten auf der Baustelle ist ein Abzug von 25 % vorgesehen; daraus ergibt sich bei einer Arbeitszeit von 200 h/Mon eine Geräte-Einsatzzeit von 150 Eh/Mon. Zur Berechnung der Lohnkosten wird ein Zuschlag von 10 % für Wartung und Pflege auf die Arbeitszeit angenommen. Als Mittellohn ASL werden 36,00 €/h angesetzt.

### 14.2.3.6 Kostenermittlung

Im Folgenden wird für eine bestimmte Anzahl von Transportfahrzeugen N diejenige Transportweite ermittelt, bei der sowohl die drei Hydraulikbagger als auch alle eingesetzten Transportgeräte voll ausgenutzt sind. Wird diese Grenze überschritten, muss zur vollen Ausnutzung des Ladegeräts (d. h. zur Erhaltung der geforderten Leistung) ein zusätzliches Transportfahrzeug eingesetzt werden. Hierdurch erhöhen sich die Kosten um einen Fixbetrag (Intervallfixe Kosten s. Abschnitt A 2.3, S. 23). Es wird jeweils ein Hydraulikbagger mit seinen zugehörigen Transportfahrzeugen berechnet. Die Verdichtungsgruppe ist für sämtliche Bagger und Fahrzeuge zuständig, so dass auf einen Bagger ⅓ der Verdichtungskosten entfällt.

Die zur Leistungserbringung notwendige Anzahl von Transportfahrzeugen N errechnet sich aus der Bedingung des kontinuierlichen Ladens, d. h.

$$N = \frac{t_u}{t_L} = \frac{t_{Fix} + t_{Fahrt}}{t_L}$$

Werden die bereits zuvor ermittelten Zeiten in die obige Gleichung eingesetzt, lässt sich derjenige Förderweg s berechnen, bei dem zur Aufrechterhaltung der Leistung ein weiteres Transportfahrzeug notwendig wird, d. h., bei dem ein Kostensprung auftritt:

$$s = \frac{1,96 \times N - 3,56}{3,84} = 0,510 \times N - 0,927$$

Mit den Kostenangaben der Tabelle 13 werden die Kosten je Einheit, getrennt nach den Kostenarten Lohn, Soko und Geräte, für die Arbeitsvorgänge Lösen, Laden und Fördern berechnet.

Tabelle 13: Ermittlung der Gesamtkosten für Geräte-Einsatzstunden

| Gerätetyp | Einheit | Hydraulik-bagger | LKW | Planierraupe | Anhänge-Vibrationswalze | Walzenzug | Motorgrader |
|---|---|---|---|---|---|---|---|
| Technische Kenngröße | kW | 230 | 225 | 100 | 38 | 92 | 105 |
|  | t | 42,3 | 28,7 | 16,0 | 7,0 | 12,0 | 13,5 |
| BGL 2007-Nr. |  | D.1.00.0230 | P.2.11.0260.AF | D.4.00.0100.04 | D.8.22.0700 | D.8.31.1200 | D.7.01.0105 |
| Zusatzausrüstung/-gerät: |  |  | Dreiseitenkipper | Angle Blade |  |  |  |
| Grundgerät A + V | €/Mon | 6.900,00 | 4.110,00 | 6.740,00 | 1.870,00 | 3.970,00 | 5.650,00 |
| Grundgerät R | €/Mon | 5.450,00 | 3.620,00 | 6.530,00 | 1.280,00 | 2.720,00 | 5.250,00 |
| Ausrüstung A + V | €/Mon |  |  |  |  |  |  |
| Ausrüstung R | €/Mon |  |  |  |  |  |  |
| Summe A + V + R pro Monat | €/Mon | 12.350,00 | 7.730,00 | 13.270,00 | 3.150,00 | 6.690,00 | 10.900,00 |
| **Geräte** |  |  |  |  |  |  |  |
| Einsatzstunden/Mon = 150 Eh/Mon |  |  |  |  |  |  |  |
| (A + V + R)/Einsatzstunde | €/Eh | 82,33 | 51,53 | 88,47 | 21,00 | 44,60 | 72,67 |
| **Soko** |  |  |  |  |  |  |  |
| Verbrauch Betriebsstoffe | l/kW, Eh | 0,16 | 0,16 | 0,19 | 0,23 | 0,23 | 0,16 |
| Betriebsstoffkosten | €/Eh | 57,41 | 56,16 | 29,64 | 13,63 | 33,01 | 26,21 |
| 1,30 €/l + 20 % |  |  |  |  |  |  |  |
| **Lohn** |  |  |  |  |  |  |  |
| Bedienungsstunden $\boxed{\dfrac{200}{150} + 10\% = 1{,}466}$ |  |  |  |  |  |  |  |
| Lohnkosten/Einsatzstunden 36 x 1,466 | €/Eh | 52,78 | 52,78 | 52,78 | 52,78 | 52,78 | 52,78 |
| Gesamtkosten | €/Eh | 192,52 | 160,47 | 170,89 | 34,63 | 130,39 | 151,66 |
| davon 1/3 der Verdichtungsgeräte | €/Eh |  |  | 56,96 | 11,54 | 43,46 | 50,55 |

## Lösen und Laden (Hydraulikbagger)

Ladeleistung:     220 m³/h

| Kosten [€/m³] | | | |
|---|---|---|---|
| Lohn | SoKo | Geräte | Summe |
| $\dfrac{52,78}{220} = 0,24$ | $\dfrac{57,41}{220} = 0,26$ | $\dfrac{82,33}{220} = 0,37$ | 0,87 |

## Fördern (Lastkraftwagen)

mit s = 0,510 × N − 0,927

| Anzahl LKW | Förderweg | Kosten [€/m³] | | | |
|---|---|---|---|---|---|
| N | s [km] | Lohn | SoKo | Geräte | Summe |
| 3 | 0,60 | (52,78/220) x N = 0,72 | (56,16/220) x N = 0,77 | (51,53/220) x N = 0,70 | 2,19 |
| 4 | 1,10 | 0,96 | 1,02 | 0,94 | 2,92 |
| 5 | 1,60 | 1,20 | 1,28 | 1,17 | 3,65 |
| 6 | 2,10 | 1,44 | 1,53 | 1,41 | 4,38 |
| 7 | 2,60 | 1,68 | 1,79 | 1,64 | 5,11 |
| 8 | 3,20 | 1,92 | 2,04 | 1,87 | 5,83 |

Aus Abbildung 65 lässt sich entsprechend den im Leistungsverzeichnis ausgeschriebenen Entfernungsstufen und den bereits zuvor ermittelten Massenschwerpunkten die jeweils notwendige Anzahl an Transportfahrzeugen bestimmen. Damit können die nach Kostenarten aufgegliederten Förderkosten aus der Tabelle abgelesen werden. Es zeigt sich aber, dass für die Entfernungsstufen „über 0,50 bis 1,00 km" und „über 1,00 bis 2,5 km" der Positionen 53 und 54 ein Mischpreis gebildet werden muss, da sich aus den zugehörigen Massenschwerpunkten jeweils andere erforderliche Fahrzeugzahlen ergeben. Die in der folgenden Tabelle stark umrandeten Werte stellen die gemittelten Kosten dar und sind in die Kalkulation einzusetzen.

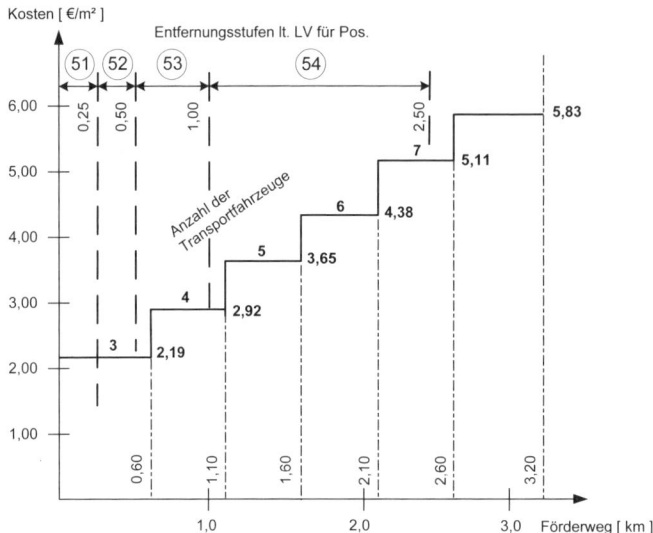

Abbildung 65:  Transportkosten in Abhängigkeit vom Förderweg s

| Pos. Nr. | Aushub [m³] | Förderweg [km] | N | Kosten [€/m³] | | |
|---|---|---|---|---|---|---|
| | | | | Lohn | SoKo | Geräte |
| | 22.700 | 0,100 | | | | |
| | 85.100 | 0,250 | 3 | 0,72 | 0,77 | 0,70 |
| 51 | 107.800 | | | 0,72 | 0,77 | 0,70 |
| 52 | 86.600 | 0,450 | 3 | 0,72 | 0,77 | 0,70 |
| | 135.900 | 0,550 | 3 | 0,72 | 0,77 | 0,70 |
| | 52.800 | 0,950 | 4 | 0,96 | 1,02 | 0,94 |
| 53 | 188.700 | | | 0,79 | 0,84 | 0,77 |
| | 28.200 | 1,200 | 5 | 1,20 | 1,28 | 1,17 |
| | 59.900 | 1,750 | 6 | 1,44 | 1,53 | 1,41 |
| | 52.200 | 2,500 | 7 | 1,68 | 1,79 | 1,64 |
| 54 | 140.300 | | | 1,48 | 1,58 | 1,45 |

Nachfolgend ist für die Position 53 die Berechnung des Mittelwerts für Fördern gezeigt.

Lohn: $\dfrac{135.900 \times 0,72 + 52.800 \times 0,96}{188.700} = 0,79\ \text{€/m}^3$

SoKo: $\dfrac{135.900 \times 0,77 + 52.800 \times 1,02}{188.700} = 0,84\ \text{€/m}^3$

Geräte: $\dfrac{135.900 \times 0,70 + 52.800 \times 0,94}{188.700} = 0,77\ \text{€/m}^3$

# 14.3 Kostenermittlung für das Einbauen und Verdichten

Aus der Kostenermittlung der Tabelle 13 können die Kosten für die Einbaukolonne, getrennt nach Kostenarten Lohn, Soko und Geräte, berechnet werden. Als Einbauleistung ist dabei die zuvor bestimmte Transportleistung von 220 m³/h (feste Masse) zugrunde gelegt. Da aber die Kosten für den Einbau und die Verdichtung nicht vom Förderweg abhängen, sind sie für alle Positionen gleich groß. Da die Einbau- und Verdichtungsgeräte für drei Hydraulikbagger eingesetzt werden, entstehen jeweils ⅓ der Kosten.

| | Kosten [€/m³] | | |
|---|---|---|---|
| | Lohn | Soko | Geräte |
| 2 Planierraupen | $\dfrac{52,78}{220} \times 2 = 0,48$ | $\dfrac{29,64}{220} \times 2 = 0,27$ | $\dfrac{88,47}{220} \times 2 = 0,80$ |
| 1 Vibrationsanhängewalze | - | $\dfrac{13,63}{220} = 0,06$ | $\dfrac{21,00}{220} = 0,10$ |
| 1 Walzenzug | $\dfrac{52,78}{220} = 0,24$ | $\dfrac{33,01}{220} = 0,15$ | $\dfrac{44,60}{220} = 0,20$ |
| 1 Motorgrader | $\dfrac{52,78}{220} = 0,24$ | $\dfrac{26,21}{220} = 0,12$ | $\dfrac{72,67}{220} = 0,33$ |
| Summe | 0,96 | 0,60 | 1,43 |
| 1/3 | 0,32 | 0,20 | 0,48 |

## 14.4 Ermittlung der Einheitspreise

Da die Gemeinkosten der Baustelle im Vergleich zu den Einzelkosten der Teilleistungen einen geringen Anteil an der Angebotssumme haben, die Allgemeinen Geschäftskosten nur geringfügigen Schwankungen unterworfen sind, außerdem die Lade- und Transportkosten der Geräte im Allgemeinen in Positionen für das Einrichten und Räumen der Baustelle einzurechnen sind, ist hier eine Kalkulation mit vorberechneten Umlagen anwendbar (s. Abschnitt B 9.3, S. 128).

Folgende Umlagesätze auf die Einzelkosten der Teilleistungen werden angesetzt:

|  |  |
|---|---|
| auf Lohnkosten: | 61,0 % |
| auf Sonstige Kosten: | 7,0 % |
| auf Gerätekosten: | 7,0 % |

Mit diesen Werten werden im folgenden Formblatt 4 (s. S. 196) die Einheitspreise berechnet.

Tabelle 14: Ermittlung der Einheitspreise des Beispiels „Erdbauarbeiten"

Formblatt 4

| Pos. Nr. | Kurztext / Mengenangabe / Einzelkostenentwicklung | | Kostenarten ohne Umlagen je Einheit | | | | Preis je Einheit [€] | Preis je Teilleistung [€] |
|---|---|---|---|---|---|---|---|---|
| | | | Lohn [€] | Soko [€] | Geräte [€] | Fremdl. [€] | | |
| | Umlagesätze | | × 1,61 | × 1,07 | × 1,07 | | | |
| | | | | | | | | |
| 51 | Aushub und Einbau (bis 0,25 km) | 107.800 m³ | | | | | | |
| | Lösen und Laden | | 0,24 | 0,26 | 0,37 | | | |
| | Fördern | | 0,72 | 0,77 | 0,70 | | | |
| | Einbauen und Verdichten | | 0,32 | 0,20 | 0,48 | | | |
| | | S. o. U. | 1,28 | 1,23 | 1,55 | | | |
| | | S. m. U. | 2,06 | 1,32 | 1,66 | | 5,04 | 543.312,00 |
| | | | | | | | | |
| 52 | Aushub und Einbau (0,25 - 0,5 km) | 86.600 m³ | | | | | | |
| | Lösen und Laden | | 0,24 | 0,26 | 0,37 | | | |
| | Fördern | | 0,72 | 0,77 | 0,70 | | | |
| | Einbauen und Verdichten | | 0,32 | 0,20 | 0,48 | | | |
| | | S. o. U. | 1,28 | 1,23 | 1,55 | | | |
| | | S. m. U. | 2,06 | 1,32 | 1,66 | | 5,04 | 436.464,00 |
| | | | | | | | | |
| 53 | Aushub und Einbau (0,5 - 1,0 km) | 188.700 m³ | | | | | | |
| | Lösen und Laden | | 0,24 | 0,26 | 0,37 | | | |
| | Fördern | | 0,79 | 0,84 | 0,77 | | | |
| | Einbauen und Verdichten | | 0,32 | 0,20 | 0,48 | | | |
| | | S. o. U. | 1,35 | 1,30 | 1,62 | | | |
| | | S. m. U. | 2,17 | 1,39 | 1,73 | | 5,29 | 998.223,00 |
| | | | | | | | | |
| 54 | Aushub und Einbau (1,0 - 2,5 km) | 140.300 m³ | | | | | | |
| | Lösen und Laden | | 0,24 | 0,26 | 0,37 | | | |
| | Fördern | | 1,48 | 1,58 | 1,45 | | | |
| | Einbauen und Verdichten | | 0,32 | 0,20 | 0,48 | | | |
| | | S. o. U. | 2,04 | 2,04 | 2,30 | | | |
| | | S. m. U. | 3,28 | 2,18 | 2,46 | | 7,92 | 1.111.176,00 |
| | | | | | | | | |
| | S. o. U. = Summe ohne Umlagen | | | | | | | |
| | S. m. U. = Summe mit Umlagen | | | | | | | |

# 15 Beispiel „Straßendeckenbauarbeiten"

## 15.1 Leistungsbeschreibung

Im Zuge des Neubaus einer Bundesstraße sind die Oberbauarbeiten des Fahrbahndeckenloses mit einer Loslänge von ca. 10 km durchzuführen. Aus Abbildung 66 (Querschnitt der Bundesstraße) ist der Fahrbahnaufbau zu entnehmen. Für die wesentlichen Teilleistungen dieses Deckenloses, die nach dem Standardleistungskatalog für Straßen- und Brückenbau (STLK) ausgeschrieben sind, soll nachfolgend die Kostenermittlung durchgeführt werden.[1]

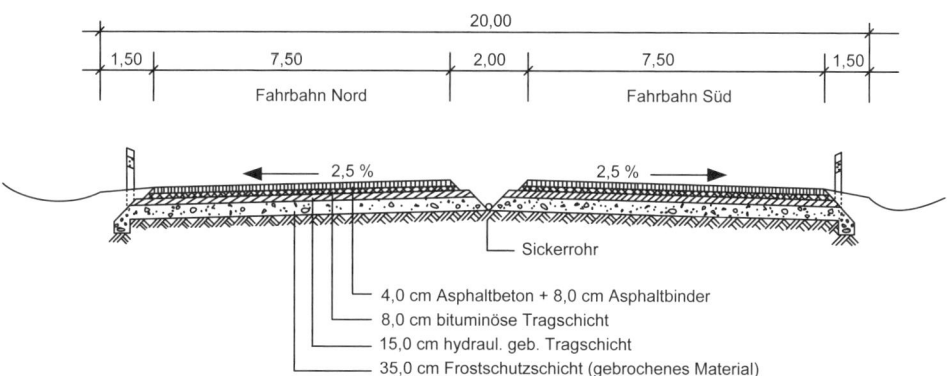

Abbildung 66: Regelquerschnitt der Bundesstraße

| Bauvorhaben: Fahrbahndeckenlos | | | | | |
|---|---|---|---|---|---|
| Pos. Nr. | Leistungsbeschreibung | Menge | Einheit | EP | GP |
| 182 | **Frostschutzschicht herstellen**<br><br>Frostschutzschicht herstellen<br>in Verkehrsflächen der Bauklassen SV, I bis IV<br>Verformungsmodul EV2 auf der Oberfläche<br>mindestens 120 MN/m²<br>Baustoffgemisch 0/45<br>Feinanteil Kategorie UF3<br>Einbaudicke nach Unterlagen des AG (35 cm) | 64.400 | m³ | | |

---

[1] Die Verfasser danken Herrn Odo König, Technische Leitung Baubetrieb, Klöpfer GmbH & Co. KG, Winnenden, für die Aktualisierung des Beispiels.

| Bauvorhaben: Fahrbahndeckenlos | | | | | |
| --- | --- | --- | --- | --- | --- |
| Pos. Nr. | Leistungsbeschreibung | Menge | Einheit | EP | GP |
| 186 | **Hydr. geb. Schottertragschicht herstellen**<br><br>Hydr. geb. Schottertragschicht herstellen als Unterlage für Asphaltschicht Einbaudicke 15 cm Körnung 0/45 mm gebrochene Gesteinskörnungen Bindemittel = CEM I 32, 5 R | 162.000 | m² | | |
| 193 | **Bituminöse Tragschicht herstellen**<br><br>Asphalttragschicht aus Asphalttragschicht-mischgut AC 22 T S herstellen in Verkehrsflächen der Bauklasse II Einbaudicke = 8 cm Bindemittel = 50/70. | 156.400 | m² | | |
| 195 | **Asphaltbinder einbauen**<br><br>Asphaltbinderschicht aus Asphaltbinder AC 22 B S herstellen In Verkehrsflächen der Bauklassen SV, I bis II Einbaudicke = 8 cm Bindemittel = 25/55-55 A Grobe Gesteinskörnung = Kategorie C 100/0 Kalksteinfüller | 153.200 | m² | | |
| 196 | **Asphaltbeton 0/11, splittreich, einbauen**<br><br>Asphaltdeckschicht aus Splittmastixasphalt SMA 11 S herstellen In Verkehrsflächen der Bauklassen SV, I bis III Einbaudicke = 4 cm Bindemittel = 25/55-55 A Grobe Gesteinskörnung = Kategorie C 100/0 Kalksteinfüller | 150.800 | m² | | |

# 15.2    Kostenermittlung

## 15.2.1    Baustoffpreise

| | |
| --- | --- |
| Frostschutzmaterial frei Einbaustelle | 10,50 €/t |
| Hydr. geb. Schottertragschicht 0/45 mm frei Einbaustelle | 19,18 €/t |
| Asphalttragschicht AC 22 TS, Bindemittel 50/70 | 38,00 €/t |
| Asphaltbinder AC 22 BS, Bindemittel 25/55-55A | 56,00 €/t |
| Splittmastixasphalt SMA 11 S, Bindemittel 25/55-55 A | 65,50 €/t |

## 15.2.2 Transportkosten für das bituminöse Mischgut

Diese Transporte sollen von einem Nachunternehmer ausgeführt werden. Die Transportkosten werden deshalb in der Kalkulation als Fremdleistung behandelt. Bei einer mittleren Transportentfernung zur Einbaustelle von 12 km werden folgende Transportkosten ermittelt:

kalkulierte Transportkosten, Nutzlast 25 t    = 5,47 €/t

## 15.2.3 Ermittlung der Einbaukosten (Lohn-, Betriebsstoff- und Gerätekosten)

Aus der Grobablaufplanung mit zugehörigem Geräteeinsatzplan (s. Abbildung 67), der den Angebotsunterlagen beizufügen ist, können die zur geplanten Baudurchführung eingesetzten Geräte sowie ihre jeweilige Vorhaltedauer entnommen werden. Dabei wird zur Bestimmung der Vorhaltezeit von den nachstehenden Leistungen der Einbaukolonne ausgegangen, wobei die Frostschutzschicht in zwei Lagen (Vortrieb und Planie) und die Asphaltschichten von zwei hintereinander versetzt fahrenden Fertigern einzubauen sind. Die Leistungsangaben beziehen sich auf einen Fertiger.

| Frostschutzschicht | | Menge lt. LV | Leistung Einheit/d | Dauer d |
|---|---|---|---|---|
| Vortrieb (d = 0,20 m; | = 2,25 t/m³) | 38.000 m³ | 2.500 t/d | 35 |
| Planie (d = 0,15 m; | = 2,25 t/m³) | 26.400 m³ | 1.500 t/d | 40 |
| Hydr. geb. Schottertragschicht (d = 0,15 m; | = 2,40 t/m³) | 162.000 m² | 750 t/d | 39 |
| Bituminöse Tragschicht (d = 0,08 m; | = 2,40 t/m³) | 156.400 m² | 700 t/d | 22 |
| Asphaltbinder (d = 0,08 m; | = 2,40 t/m³) | 153.200 m² | 700 t/d | 21 |
| Asphaltbeton (d = 0,04 m; | = 2,40 t/m³) | 150.800 m² | 550 t/d | 13 |

Mit den Angaben über die Vorhaltedauer und den in der folgenden Tabelle berechneten Gerätekosten (A + V + R)/Mon und den beim Einbau anfallenden Lohnstunden werden für die jeweiligen Schichten die Kosten des Einbaus berechnet. Dabei wird von folgenden Voraussetzungen ausgegangen:

1 Monat    = 20 Arbeitstage (d)

Arbeitszeit    = 180 h/Mon = 9 h/d

Die Kosten für den Auf- und Abbau, Laden, An- und Abtransport sowie die während dieser Zeit entstehenden Vorhaltekosten der Geräte sind in den entsprechenden Positionen für Baustelleneinrichtung zu kalkulieren. Falls solche Positionen im Leistungsverzeichnis nicht vorgesehen sind, müssen diese Kosten in die Gemeinkosten der Baustelle eingerechnet werden.

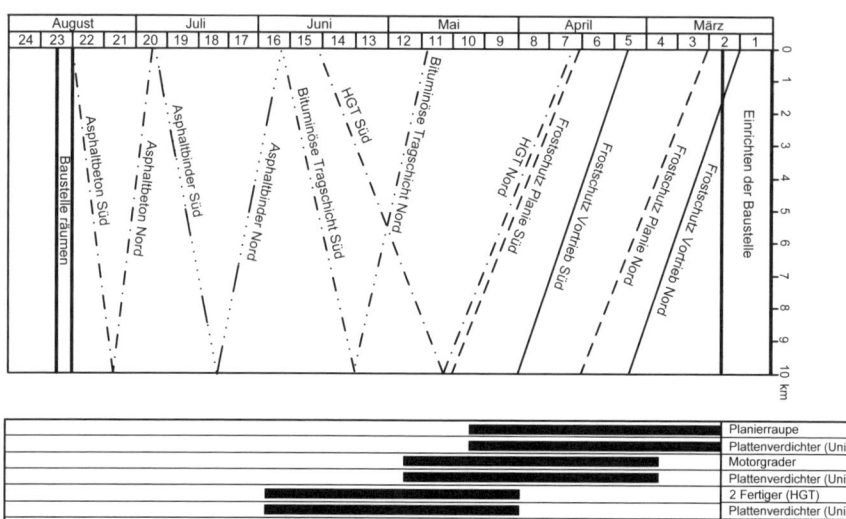

Abbildung 67: Grobablaufplan mit Geräteeinsatzplan

| Geräte | BGL-Nr. | Gew. | Mot.-leist. | A + V | R | Lohn |
|---|---|---|---|---|---|---|
| | | t | kW | €/Mon | €/Mon | h |
| **Frostschutzschicht** | | | | | | |
| **Vortrieb** | | | | | | |
| Planierraupe | D.4.00.0100.04 | 16,00 | 100 | 6.740,00 | 6.530,00 | 1,1 |
| Plattenverdichter auf | P.1.42.0100.05 | 3,00 | | 461,00 | 645,00 | 1,1 |
| Unimog | | 4,70 | 91 | 1.460,00 | 2.050,00 | |
| Beihilfe | | | | | | 3,0 |
| Gesamt | | 23,70 | 191 | 8.661,00 | 9.225,00 | 5,2 |
| **Frostschutzschicht** | | | | | | |
| **Planie** | | | | | | |
| Motorgrader | D.7.01.0105 | 13,50 | 105 | 5.650,00 | 5.250,00 | 1,1 |
| Plattenverdichter auf | P.1.42.0100.05 | 3,00 | | 461,00 | 645,00 | 1,1 |
| Unimog | | 4,70 | 91 | 1.460,00 | 2.050,00 | |
| Beihilfe | | | | | | 3,0 |
| Gesamt | | 21,20 | 196 | 7.571,00 | 7.945,00 | 5,2 |
| **HGT** | | | | | | |
| Fertiger mit | E.3.01.0040.01 | 6,85 | 43 | 3.330,00 | 3.090,00 | |
| Nivelliereinrichtung | | 0,01 | | 254,00 | 235,00 | 1,1 |
| Glättbohle | E.3.12.0375 | 2,30 | | 1.800,00 | 1.660,00 | |
| Plattenverdichter auf | P.1.42.0100.05 | 3,00 | | 461,00 | 645,00 | 1,1 |
| Unimog | | 4,70 | 91 | 1.460,00 | 2.050,00 | |
| Beihilfe | | | | | | 1,0 |
| Gesamt | | 16,86 | 134 | 7.305,00 | 7.680,00 | 3,2 |
| **Asphaltschichten** | | | | | | |
| Fertiger mit | E.3.01.0040.01 | 6,85 | 43 | 3.330,00 | 3.090,00 | |
| Nivelliereinrichtung | | 0,01 | | 254,00 | 235,00 | 1,1 |
| Glättbohle | E.3.12.0375 | 2,30 | | 1.800,00 | 1.660,00 | |
| Gummiradwalze | D.8.10.1800 | 18,00 | 68 | 1.780,00 | 1.180,00 | 1,1 |
| Vibrationswalze | D.8.30.0800 | 8,00 | 51 | 3.770,00 | 2.580,00 | 1,1 |
| Glattradwalze | D.8.00.0850 | 8,50 | 48 | 1.270,00 | 780,00 | 1,1 |
| Beihilfe | | | | | | 2,0 |
| Gesamt | | 43,66 | 210 | 12.204,00 | 9.525,00 | 6,4 |

**Frostschutzschicht Vortrieb (Dauer: 35 d)**
– Vorhaltekosten:

$$(8.661{,}00 + 9.225{,}00)\ \text{€/Mon} \times \frac{35\ \text{d}}{20\ \text{d/Mon}} \times \frac{1}{38.000\ \text{m}^3} = 0{,}82\ \text{€/m}^3$$

– Betriebsstoffkosten:

$$\frac{1{,}2 \times 191\ \text{kW} \times 9\ \text{h/d} \times 35\ \text{d} \times 0{,}14\ \text{l/kWh} \times 1{,}30\ \text{€/l}}{38.000\ \text{m}^3} = 0{,}35\ \text{€/m}^3$$

– Lohnstunden:

5,2 Arb. × 9 h/Arb., d × 35 d/38.000 m³ = 0,043 h/m³

**Frostschutzschicht Planie (Dauer: 40 d)**
– Vorhaltekosten:

$$(7.571{,}00 + 7.945{,}00)\ \text{€/Mon} \times \frac{40\ \text{d}}{20\ \text{d/Mon}} \times \frac{1}{26.400\ \text{m}^3} = 1{,}18\ \text{€/m}^3$$

– Betriebsstoffkosten:

$$\frac{1{,}2 \times 196\ \text{kW} \times 9\ \text{h/d} \times 40\ \text{d} \times 0{,}14\ \text{l/kWh} \times 1{,}30\ \text{€/l}}{26.400\ \text{m}^3} = 0{,}58\ \text{€/m}^3$$

– Lohnstunden:

5,2 Arb. × 9 h/Arb., d × 40 d/26.400 m³ = 0,071 h/m³

**Hydr. geb. Schotterschicht (Dauer: 39 d)**
– Vorhaltekosten:

$$(7.305{,}00 + 7.680{,}00)\ \text{€/Mon} \times \frac{39\ \text{d}}{20\ \text{d/Mon}} \times \frac{1}{162.000\ \text{m}^2} = 0{,}18\ \text{€/m}^2$$

– Betriebsstoffkosten:

$$\frac{1{,}2 \times 134\ \text{kW} \times 9\ \text{h/d} \times 39\ \text{d} \times 0{,}16\ \text{l/kWh} \times 1{,}30\ \text{€/l}}{162.000\ \text{m}^2} = 0{,}07\ \text{€/m}^2$$

– Lohnstunden:

3,2 Arb. × 9 h/Arb., d × 39 d/162.000 m² = 0,007 h/m²

**Bituminöse Schichten (Dauer: 22 + 21 + 13 = 56 d)**
– Vorhaltekosten:

$$(12.204{,}00 + 9.525{,}00)\ \text{€/Mon} \times \frac{56\ \text{d}}{20\ \text{d/Mon}} \times 2 = 121.682{,}40\ \text{€}$$

– Betriebsstoffkosten:

1,2 × 210 kW × 9 h/d × 56 d × 0,16 l/kW, h × 1,30 €/l × 2 = 52.835,33 €

– Lohnstunden:

6,4 Arb. × 9 h/Arb., d × 56 d × 2 = 6.451 h

Die berechneten Gesamtkosten werden den einzelnen Schichten entsprechend ihrer Fertigungszeiten zugerechnet.

| Schicht und Menge | Vorhaltekosten | Betriebsstoffkosten | Lohnstunden |
|---|---|---|---|
| Asphalttragschicht | 47.803,80 € | 20.756,74 € | 2.534 h |
| 156.400 m² | 0,31 €/m² | 0,13 €/m² | 0,016 h/m² |
| Asphaltbinder | 45.630,90 € | 19.813,25 € | 2.419 h |
| 153.200 m² | 0,30 €/m² | 0,13 €/m² | 0,016 h/m² |
| Splittmastixasphalt | 28.247,70 € | 12.265,34 € | 1.498 h |
| 150.800 m² | 0,19 €/m² | 0,08 €/m² | 0,010 h/m² |

# 15.3 Ermittlung der Einheitspreise

Die Einheitspreise werden mit vorberechneten Umlagen ermittelt; die Lohn- und Gerätekosten sind dabei mit gleichen Umlagesätzen beaufschlagt:

- Verrechnungslohn: 36,00 €/h + 47,2 % = 52,99 €/h

- Umlage auf Sonstige Kosten: 15 %

- Umlage auf Gerätekosten: 47,2 %

- Umlage auf Fremdleistungen: 6 %

Formblatt 4

| Pos. Nr. | Kurztext Mengenangabe Einzelkostenentwicklung | | Kostenarten ohne Umlage je Einheit | | | | Preis je Einheit [€] | Preis je Teilleistung [€] |
|---|---|---|---|---|---|---|---|---|
| | | | Lohn [h] od. [€] | Soko [€] | Geräte [€] | Fremdl. [€] | | |
| | Umlagen | | x 52,99 | x 1,15 | x 1,47 | x 1,06 | | |
| | | | | | | | | |
| 182 | Frostschutzschicht | 64.400 m³ | | | | | | |
| | davon Vortrieb d=0,20 m | 38.000 m³ | | | | | | |
| | Lohn: | | 0,043 | | | | | |
| | Stoffe: 10,5 €/t × 2,25 t/m³ | | | 23,63 | | | | |
| | Geräte: | | | | 0,82 | | | |
| | Betriebsstoffe: | | | 0,35 | | | | |
| | | S. o. U. | 0,043 | 23,98 | 0,82 | | | |
| | | S. m. U. | 2,28 | 27,58 | 1,21 | | 31,07 | |
| | | | | | | | | |
| | Planie d=0,15 m | 26.400 m³ | | | | | | |
| | Lohn: | | 0,071 | | | | | |
| | Stoffe: 10,5 €/t × 2,25 t/m³ | | | 23,63 | | | | |
| | Geräte: | | | | 1,18 | | | |
| | Betriebsstoffe: | | | 0,58 | | | | |
| | | S. o. U. | 0,071 | 24,21 | 1,18 | | | |
| | | S. m. U. | 3,76 | 27,84 | 1,74 | | 33,34 | |
| | | | | | | | | |
| | Frostschutzschicht insgesamt | 64.400 m³ | gewichteter EP = | | | | 32,00 | 2.060.800,00 |

Formblatt 4

| Pos. Nr. | Kurztext<br>Mengenangabe<br>Einzelkostenentwicklung | | Kostenarten ohne Umlage je Einheit | | | | Preis je<br>Einheit<br>[€] | Preis je<br>Teilleistung<br>[€] |
|---|---|---|---|---|---|---|---|---|
| | | | Lohn<br>[h] od. [€] | Soko<br>[€] | Geräte<br>[€] | Fremdl.<br>[€] | | |
| | Umlagen | | × 52,99 | × 1,15 | × 1,47 | × 1,06 | | |
| | | | | | | | | |
| 186 | Hydraulisch geb. Schottertragsch | 162.000 m² | | | | | | |
| | 0/45 mm, d=0,15 m | | | | | | | |
| | Lohn: | | 0,007 | | | | | |
| | Stoffe: 19,18 €/t × 2,40 t/m³ × 0,15 m | | | 6,90 | | | | |
| | Geräte: | | | | 0,18 | | | |
| | Betriebsstoffe: | | | 0,07 | | | | |
| | | S. o. U. | 0,007 | 6,97 | 0,18 | | | |
| | | S. m. U. | 0,37 | 8,02 | 0,26 | | 8,65 | 1.401.300,00 |
| | | | | | | | | |
| 193 | Asphalttragschicht d=0,08m | 156.400 m² | | | | | | |
| | Lohn: | | 0,016 | | | | | |
| | Stoffe: 38 €/t × 2,40 t/m³ × 0,08 m | | | 7,30 | | | | |
| | Geräte: | | | | 0,31 | | | |
| | Betriebsstoffe: | | | 0,13 | | | | |
| | Transport: 5,47 €/t × 0,192t/m² | | | | | 1,05 | | |
| | | S. o. U. | 0,016 | 7,43 | 0,31 | 1,05 | | |
| | | S. m. U. | 0,85 | 8,54 | 0,46 | 1,11 | 10,96 | 1.714.144,00 |
| | | | | | | | | |
| 195 | Asphaltbinder | 153.200 m² | | | | | | |
| | 0/22 mm, d=0,08 m | | | | | | | |
| | Lohn: | | 0,016 | | | | | |
| | Stoffe: 56 €/t × 2,40 t/m³ × 0,08 m | | | 10,75 | | | | |
| | Geräte: | | | | 0,30 | | | |
| | Betriebsstoffe: | | | 0,13 | | | | |
| | Transport: 5,47 €/t × 0,192t/m² | | | | | 1,05 | | |
| | | S. o. U. | 0,016 | 10,88 | 0,30 | 1,05 | | |
| | | S. m. U. | 0,85 | 12,51 | 0,44 | 1,11 | 14,91 | 2.284.212,00 |
| | | | | | | | | |
| 196 | Splittmastixasphalt | 150.800 m² | | | | | | |
| | 0/11 mm, d=0,04 m | | | | | | | |
| | Lohn: | | 0,010 | | | | | |
| | Stoffe: 65,5 €/t × 2,40 t/m³ × 0,04 m | | | 6,29 | | | | |
| | Geräte: | | | | 0,19 | | | |
| | Betriebsstoffe: | | | 0,08 | | | | |
| | Transport: 5,47 €/t × 0,096t/m² | | | | | 0,53 | | |
| | | S. o. U. | 0,010 | 6,37 | 0,19 | 0,53 | | |
| | | S. m. U. | 0,53 | 7,33 | 0,28 | 0,56 | 8,70 | 1.311.960,00 |

# 16 Beispiel „Straßenbauarbeiten" – Kalkulation mit sechs Kostenarten

## 16.1 Leistungsbeschreibung

Die Erneuerung der Asphaltdeckschicht eines 4,4 km langen Abschnittes einer 8 m breiten, einbahnigen Gemeindestraße mit insgesamt 2 Fahrstreifen ist ausgeschrieben. Das Leistungsverzeichnis enthält u. a. folgende Position:

|  | | EP | GP |
|---|---|---|---|
| Pos. 17 | 35.200 m² | ................. | ................. |

Asphaltdeckschicht aus Asphaltbeton AC 8 D N herstellen.
In Verkehrsflächen der Bauklassen III und IV.
Einbaudicke: 4 cm.
Einbaugewicht: 96 kg/m².
Bindemittel: 50/70.
Mineralstoffe nach Baustoffverzeichnis.
Seitliche Abböschungen mit Neigung 2 zu 1 anlegen
und verdichten.

Während der Bauzeit wird der Verkehr in eine Fahrtrichtung auf einem Fahrstreifen von 3,5 m Breite geführt. Der Verkehr der anderen Fahrtrichtung wird umgeleitet.

## 16.2 Kostenermittlung

Mittellohn ASL:      36,00 €/h
Werkzeuge und Kleingeräte:      7 % der Lohnkosten, werden in den Gemeinkosten der Baustelle berücksichtigt.

**Verrechnungssätze Allgemeine Geschäftskosten, Wagnis u. Gewinn:**

| AGK auf Herstellkosten: | % |
|---|---|
| Lohnkosten, | 20 % |
| Gerätekosten | 20 % |
| Transportkosten | 20 % |
| Stoffkosten | 6 % |
| Sonstige Kosten | 8 % |
| Fremdleistungen | 8 % |
| Wagnis und Gewinn auf Selbstkosten | 3 % |

**Gewählte Umlagesätze:**

| Kostenarten | Umlage |
|---|---|
| Lohnkosten | variabel |
| Gerätekosten | variabel |
| Transportkosten | variabel |
| Stoffkosten | 10 % |
| Sonstige Kosten | 10 % |
| Fremdleistungen | 10 % |

**Angaben zur Kalkulation der Position 17:**

Die Kosten des An- und Abtransports der Geräte sind in der Position „Baustelleneinrichtung" zu kalkulieren.

Der Einbau der Asphaltdeckschicht kann aufgrund der Verkehrsführung nur mit einer Kolonne und einer Einbaubreite von 4 m erfolgen:

**Einbaukolonne:**

| | |
|---|---|
| Kolonnenstärke: | 5 Mann |
| täglicher Geräteservice und Wartung: | 1 Kolonnenstunde/d |
| Arbeitszeit: | 9 h/d |
| Betriebsstoffe: | |
| Kosten frei Baustelle: | 1,30 €/l |
| Verbrauch: | 0,14 l/kWh |
| Öle und Schmierstoffe in % der Betriebsstoffkosten: | 8 % |
| Arbeitsgeschwindigkeit bei Asphaltdeckschicht 0/8: | 3 m/min |

**Einbaugeräte:**

| Gerätebeschreibung | mittlerer Neuwert | Vorhaltemonate Nutzungsjahre | Reparatur- kostensatz |
|---|---|---|---|
| BGL-Nr. E.3.01.0048.01 Raupenfertiger mit Nivelliereinrichtung 8,61 t, 52 kW | 156.000 € 9.400 € | 45 – 40 Monate 6 Jahre | 2,5 % |
| BGL-Nr. E.3.12.0475 Glättbohle, 2,7 t | 76.700 € 242.100 € | | |
| BGL-Nr. D.8.32.0700 Vibrokombiwalze, 7 t, 51 kW | 108.000 € | 30 – 25 Monate 4 Jahre | 2,6 % |
| BGL-Nr. D.8.30.0700 Tandem-Vibrationswalze, 7 t, 51 kW | 96.900 € | 30 – 25 Monate 4 Jahre | 2,6 % |

Summe: 154 kW

**Transport des Mischgutes durch Fuhrunternehmer:**

Die mittlere Entfernung zwischen Einbaustelle und Mischwerk beträgt 12 km.

Kalkulierte Transportkosten:                    5,47 €/t

**Stoffkosten:**

Asphaltmischgut AC 8 D N ab Werk:              60,00 €/t

### Angaben zu den übrigen Positionen der Kalkulation:

Für die übrigen Positionen (ohne Pos. 17) wurden folgende Kosten ermittelt:

| Kostenarten | EKT (ohne Pos. 17) | BGK |
|---|---:|---:|
| Lohnkosten | 8.616,38 € | 2.070,00 € |
| Gerätekosten | 4.212,00 € | 1.742,00 € |
| Transportkosten | 13.287,00 € | 0,00 € |
| Stoffkosten | 3.696,00 € | 787,50 € |
| Sonstige Kosten | 6.095,00 € | 11.925,00 € |
| Fremdleistungen | 71.808,00 € | 0,00 € |

# 16.3    Durchführung der Kalkulation

## 16.3.1    Berechnung der Gerätevorhaltekosten der Kolonne

**Fertiger:**

| | | | |
|---|---|---|---:|
| Abschreibung: | 242.100 € / 45 Monate | = | 5.380,00 €/Mon |
| kalk. Verzinsung: | $\dfrac{((50\ \%\ \times\ 242.100\ €)\ \times\ 6,5\ \%\ \times\ 6)}{45\ \text{Monate}}$ | = | 1.049,10 €/Mon |
| Reparaturkosten: | 242.100 € × 2,5 %/Mon | = | 6.052,50 €/Mon |
| Gerätevorhaltekosten pro Vorhaltemonat | | | 12.481,60 €/Mon |
| Gerätevorhaltekosten pro Arbeitstag | 12.481,60 €/Mon./ 20 d | = | 624,08 €/Mon |

**Vibrokombiwalze:**

| | | | |
|---|---|---|---:|
| Abschreibung: | 108.000 € / 30 Monate | = | 3.600,00 €/Mon |
| kalk. Verzinsung: | $\dfrac{((50\ \%\ \times\ 108.000\ €)\ \times\ 6,5\ \%\ \times\ 4)}{30\ \text{Monate}}$ | = | 468,00 €/Mon |
| Reparaturkosten: | 108.000 € × 2,6 %/Mon | = | 2.808,00 €/Mon |
| Gerätevorhaltekosten pro Vorhaltemonat | | | 6.876,00 €/Mon |
| Gerätevorhaltekosten pro Arbeitstag: | 6.876,00 €/Mon./ 20 d | = | 343,80 €/Mon |

**Tandem-Vibrationswalze:**

| | | | |
|---|---|---|---:|
| Abschreibung: | 96.900 € / 30 Monate | = | 3.230,00 €/Mon |
| kalk. Verzinsung: | $\dfrac{((50\ \%\ \times\ 96.900\ €)\ \times\ 6,5\ \%\ \times\ 4)}{30\ \text{Monate}}$ | = | 419,90 €/Mon |
| Reparaturkosten: | 96.900 € × 2,6 %/Mon | = | 2.519,40 €/Mon |
| Gerätevorhaltekosten pro Vorhaltemonat | | | 6.169,30 €/Mon |
| Gerätevorhaltekosten pro Arbeitstag: | 6.169,30 €/Mon/ 20 d | = | 308,47 €/Mon |

**Zusammenstellung der Gerätevorhaltekosten der Kolonne pro Arbeitstag:**

| | |
|---|---:|
| Fertiger: | 624,08 €/d |
| Vibrokombiwalze: | 343,80 €/d |
| Tandem-Vibratrionswalze: | 308,47 €/d |
| **Gerätevorhaltekosten der Kolonne pro Arbeitstag:** | **1.276,35 €/d** |

## 16.3.2 Berechnung der Einzelkosten Pos. 17

Formblatt 2 - 6 Kostenarten

| Pos.<br>Nr. | Kurztext<br>Mengenangabe<br>Einzelkostenentwicklung | | Kostenarten ohne Umlage je Einheit | | | | | |
|---|---|---|---|---|---|---|---|---|
| | | | Lohn<br>[h] | Geräte<br>[€] | Transport<br>[€] | Stoffe<br>[€] | Soko<br>[€] | Fremdl.<br>[€] |
| | Übertrag | | | | | | | |
| 17 | **Asphaltdeckschicht d = 4cm** | **35.200 m²** | | | | | | |
| | **Berechnung der Gerätekosten** | | | | | | | |
| | Tagesleistung: | | | | | | | |
| | 4 m × 3 m/min × 60 min/h × 8 h/d × 0,83 = 4.780,8 m²/d | | | | | | | |
| | 35.200 m² / 4.780,8 m²/d = 7,4 d -> Vorhaltung Einbau: 8 Ad | | | | | | | |
| | 8 d Einbau + 2 d An-/Abtransport = 10 Ad Vorhaltezeit | | | | | | | |
| | | | | | | | | |
| | Vorhaltekosten: | | | | | | | |
| | 10 d x 1276,35 €/d =12763,50 € | | | | | | | |
| | 12763,5 / 35200 m² = 0,363 €/m² | | | 0,363 | | | | |
| | | | | | | | | |
| | **Berechnung der Lohnkosten** | | | | | | | |
| | Einbau: 8 d bei 9 Arbeitsstunden/d | | | | | | | |
| | 5 Mann × 8 d × 9 h/d = 360 h | | | | | | | |
| | 360 h / 35.200 m² = 0,0102 h/m² | | 0,0102 | | | | | |
| | | | | | | | | |
| | **Berechnung Sonstige Kosten** | | | | | | | |
| | Betriebsstoffe: | | | | | | | |
| | Einbauzeit: 7,4 d = 59,2 h; (52+51+51) kW = 154 kW | | | | | | | |
| | 59,2 h x 154 kW × 0,14 l/kWh × 1,30 €/l = 16592,58 € | | | | | | | |
| | Schmierstoffe: | | | | | | | |
| | 16592,58 € × 8 % = 132,74 € | | | | | | | |
| | (1659,26 € + 132,74 €) / 35200 m² = 0,051 €/m² | | | | | | 0,051 | |
| | | | | | | | | |
| | **Berechnung Transportkosten** | | | | | | | |
| | Nach KURT Tafel IV, Solosätze, 12 km, abzüglich 0 % | | | | | | | |
| | 5,47 €/t × 0,096 t/m² = 0,525 €/m² | | | | 0,525 | | | |
| | | | | | | | | |
| | **Berechnung der Stoffkosten** | | | | | | | |
| | 60,00 €/t × 0,096 t/m² = 5,760 €/m² | | | | | 5,760 | | |
| | Übertrag | | 0,0102 | 0,363 | 0,525 | 5,760 | 0,051 | 0,000 |

## 16.3.3 Berechnung der Einzelkosten insgesamt

**Berechnung der Einzelkosten insgesamt**

| Kostenarten | Lohnkosten<br>ML ASL: 36,00 €/h | Gerätekosten | Transportkosten | Stoffkosten |
|---|---|---|---|---|
| **Asphaltdeckschicht 35.200 m²** | 0,0102 h/m² | | | |
| **Einzelkosten je Einheit** | 0,367 €/m² | 0,363 €/m² | 0,525 €/m² | 5,760 €/m² |
| **Einzelkosten ingesamt** | 12.918,40 € | 12.777,60 € | 18.480,00 € | 202.752,00 € |
| **EK übrige Positionen** | 8.616,38 € | 4.212,00 € | 13.287,00 € | 3.696,00 € |
| **Summe Einzelkosten** | **21.534,78 €** | **16.989,60 €** | **31.767,00 €** | **206.448,00 €** |

| Fortsetzung Kostenarten | Sonstige Kosten | Fremdleistungen | Summe |
|---|---|---|---|
| Asphaltdeckschicht 35.200 m² | | | |
| Einzelkosten je Einheit | 0,051 €/m² | 0,000 €/m² | **7,066 €/m²** |
| Einzelkosten ingesamt | 1.795,20 € | 0,00 € | **248.723,20 €** |
| Einzelkosten übrige Positionen | 6.095,00 € | 71.808,00 € | **107.714,38 €** |
| Summe Einzelkosten | **7.890,20 €** | **71.808,00 €** | **356.437,58 €** |

## 16.3.4 Berechnung der Angebotssumme

**Ermittlung der Angebotssumme**

| Kostenarten | Lohn-kosten | Geräte-kosten | Transport-kosten | Stoff-kosten | Sonstige Kosten | Fremd-leistungen | Herstellkosten |
|---|---|---|---|---|---|---|---|
| Einzelkosten | 21.534,78 € | 16.989,60 € | 31.767,00 € | 206.448,00 € | 7.890,20 € | 71.808,00 € | 356.437,58 € |
| Gemeinkosten der Baustelle Werkzeug, Kleingeräte 7 % der Lohnkosten | 2.070,00 € | 1.742,00 € | 0,00 € | 787,50 € | 11.925,00 € / 1.652,33 € | 0,00 € | 18.176,83 € |
| Herstellkosten | 23.604,78 € | 18.731,60 € | 31.767,00 € | 207.235,50 € | 21.467,53 € | 71.808,00 € | 374.614,41 € |

**Ermittlung der Allgemeinen Geschäftskosten AGK [%-Satz der Herstellkosten]**

| | % | | | Herstellkosten |
|---|---|---|---|---|
| AGK für Lohnkosten, Gerätekosten, Transportkosten: | 20,00 % | Lohnkosten Gerätekosten Transportkosten Summe: | 23.604,78 € 18.731,60 € 31.767,00 € 74.103,38 € | 14.820,68 € |
| AGK für Stoffkosten: | 6,00 % | Stoffkosten | 207.235,50 € | 12.434,13 € |
| AGK für Sonstige Kosten, Fremdleistungen: | 8,00 % | Sonstige Kosten Fremdleistungen Summe: | 21.467,53 € 71.808,00 € 93.275,53 € | 7.462,04 € |
| **Selbstkosten** | | | | **409.331,26 €** |
| Wagnis u. Gewinn | 3,00 % | der Selbstkosten | | 12.279,94 € |
| **Angebotssumme ohne Mehrwertsteuer** | | | | **421.611,20 €** |

## 16.3.5   Durchführung der Umlage

| Umlage | | | |
|---|---|---|---|
| | Angebotssumme ohne Mehrwertsteuer | | 421.611,20 € |
| | abzüglich Einzelkosten der Teilleistungen | | -356.437,58 € |
| | **insgesamt zu verrechnender Umlagebetrag** | | **65.173,62 €** |
| abzüglich gewählter Umlage auf Einzelkosten | *Einzelkosten* | *Umlagebetrag* | |
| Stoffkosten          10 % | 206.448,00 € | 20.644,80 € | |
| Sonstige Kosten          10 % | 7.890,20 € | 789,02 € | |
| Fremdleistungen          10 % | 71.808,00 € | 7.180,80 € | |
| Summe gewählte Zuschläge | | 28.614,62 € | -28.614,62 € |
| noch zu verrechnender Umlagebetrag auf Lohnkosten, Gerätekosten, Transportkosten | | | 36.559,00 € |
| Berechnung des Umlagesatzes auf Einzelkosten Lohn, Geräte, Transporte | | | |
| Lohnkosten | | 21.534,78 € | |
| Gerätekosten | | 16.989,60 € | |
| Transportkosten | | 31.767,00 € | |
| Summe | | 70.291,38 € | |
| Umlagesatz auf Einzelkosten Lohnkosten, Gerätekosten, Transportkosten: | 36559 € / 70291,38 € | = 52,01% | |
| Mittellohn | | | 36,00 €/h |
| Umlage auf Lohn | | 52,01 % | 18,72 €/h |
| VERRECHNUNGSLOHN | | | 54,72 €/h |

## 16.3.6   Berechnung des Einheitspreises der Pos. 17

| Kostenarten | Lohnkosten | Gerätekosten | Transportkosten |
|---|---|---|---|
| Einzelkosten | 0,0102 h/m² | 0,363 €/m² | 0,525 €/m² |
| VERRECHNUNGSLOHN/ Umlage | 54,72 €/h | 52,01 % | 52,01 % |
| Kosten mit Umlagen | 0,56 €/m² | 0,55 €/m² | 0,80 €/m² |

| Stoffkosten | Sonstige Kosten | Fremdleistungen | Summe: |
|---|---|---|---|
| 5,760 €/m² | 0,051 €/m² | 0,000 €/m² | 7,066 €/m² |
| 10,00 % | 10,00 % | 10,00 % | **Einheitspreis:** |
| 6,34 €/m² | 0,06 €/m² | 0,00 €/m² | **8,31 €/m²** |

| Pos. 17 | 35.200 m² | EP: | 8,31 €/m² | GP: | 292.512,00 € |
|---|---|---|---|---|---|

**Asphaltdeckschicht aus AC 8 D N herstellen.**
**BK III + IV, Dicke 4 cm, 50/70**

# 17 Beispiel „Ortbeton-Rammpfähle"

Für eine Fundamentplatte soll eine Pfahlgründung[1] durchgeführt werden. Dafür sind 100 Ortbeton-Rammpfähle, Länge ca. 15 m, Durchmesser 42 cm, mit verbleibender Fußplatte zu erstellen, die einer Belastung von 1.000 kN standhalten. Bei diesem Pfahlsystem wird ein starkwandiges Rammrohr, welches unten mit einer im Baugrund verbleibenden Fußplatte und einer Dichtung verschlossen ist, mit einem Rammbären in den Baugrund eingebracht. Das Rammrohr wird so weit in den Baugrund geschlagen, bis ein ausreichender Rammwiderstand für die sichere Abtragung der Bauwerkslasten gewährleistet werden kann. Dabei wird der anstehende Boden zu den Seiten und nach unten verdrängt. Im Anschluss werden ein Bewehrungskorb und der Pfahlbeton in das Rammrohr eingebaut. Danach wird das Rammrohr wieder aus dem Boden gezogen und der nächste Ansatzpunkt angefahren.

## 17.1 Leistungsbeschreibung

Das Leistungsverzeichnis enthält u. a. folgende Position:

|  |  | EP | GP |
|---|---|---|---|
| Pos. 23 | 1.500 m | ............. | ............... |
| Herstellen lotrechter Ortbeton-Rammpfähle Ø 42, 15 m Länge Beton C 20/25 liefern, einbauen und verdichten, Bewehrung durchgehend 5 Ø 16. | | | |

## 17.2 Mengenermittlung

Betonverbrauch Ø 42 pro lfd. Meter:

Ø 42 Pfahl  $= (0,42/2)^2$ x 3,14 = 0,139 m³/m + ca. 5 % Mehrverbrauch = 0,145 m³/m

Bewehrung pro lfd. Meter:

Längsbewehrung:

| 5 Ø 16 | = 5 Stck x 1,58 kg/m x ( 15 m + 0,70 m Einbindetiefe) | |
|---|---|---|
|  | = 124,03 kg/15 m | = 8,27 kg/m |
| Spirale: | Ø 6, a = 15 cm, 1,07 kg/m | = 1,07 kg/m |
| Ringe: | ca. 0,45 kg/m | = 0,45 kg/m |
|  |  | 9,79 kg/m |

---

[1] Die Verfasser danken Herrn Geschäftsführer MBA BSc Thomas Lahrs, Kurt Fredrich Spezialtiefbau GmbH, Bremerhaven, für die Zurverfügungstellung der Unterlagen des Kalkulationsbeispiels.

# 17.3    Kostenermittlung

**Gerätekosten:** Firmenbezogene Annahmen

Rammeinheit mit Grundgerät (335 kW), Ziehvorrichtung, Rammbär

und Rammrohr                                                                    =    1.570,00 €/Tag

Radlader (80 kW)                                                               =      200,00 €/Tag

Betriebsstoffe (335 kW + 80 kW) x (0,12 l/kW x Std) x 10 Std x 1,40 €/l    =      697,20 €/Tag

Schmierstoffe 10 % von Betriebsstoffe                                          =       69,72 €/Tag

                                                                                    2.536,92 €/Tag

Leistung pro Tag = 150 m Ø 42 Rammpfahl

        2.536,92 €/Tag/150 m/Tag = 16,91 €/m

**Mittellohnberechnung:**

| | | | |
|---|---|---|---:|
| 1 | Polier | | 28,47 €/h |
| 1 | Maschinist | | 18,17 €/h |
| 1 | Spezialbaufacharbeiter | | 16,64 €/h |
| 3 | | | 63,28 €/h |

**Mittellohn AP:**    63,28/3                                                **21,09 €/h**

Überstundenzuschlag (5 Std/Wo x 0,25)/45 Std/Wo = 2,78 %      0,59 €/h
Vermögensbildung 100 % x 0,13 €/Std                          0,13 €/h
                                                                  21,81 €/h
Sozialkostenumlage 81,50 %                                      17,78 €/h

**Mittellohn APS:**                                                          **39,59 €/h**

Lohnnebenkosten
Auslösung: (5 Tage x 34,50 €/Tag)/45 Std/Wo                  3,83 €/h
Reisekosten: 5 % von Mittellohn APS                          1,98 €/h
Sonstiges:                                                    1,60 €/h

**Mittellohn APSL:**                                                         **47,00 €/h**

**Lohnkosten pro Meter:**
(47,00 €/Std x 3 Mann x 10 Std/Tag)/(150 m/Tag) = 9,40 €/m

**Sonstige Kosten:**

Dichtung des Rammrohres    30,00 €/Stck/15 m        =    2,00 €/m

Umlage Fußplatte          35,40 €/Stck/15 m        =    2,36 €/m

**Angaben zur Kalkulation der Position 23:**

Die Kosten des An- und Abtransports der Geräte sind in der Position „Baustelleneinrichtung" zu kalkulieren.

**Gewählte Umlagesätze:**

| Kostenarten | Umlage |
|---|---|
| Lohnkosten | 12 % |
| Sonstige Kosten | 6 % |
| Gerätekosten | 6 % |
| Fremdleistungen | 12 % |

# 17.4 Durchführung der Kalkulation

Formblatt 4

| Pos. Nr. | Kurztext / Mengenangabe / Einzelkostenentwicklung | | Kostenarten je Einheit | | | | Preis je Einheit [€] | Preis je Teilleistung [€] |
|---|---|---|---|---|---|---|---|---|
| | | | Lohn [€] | Soko [€] | Geräte [€] | Fremdl. [€] | | |
| | Umlage | | × 1,12 | × 1,06 | × 1,06 | × 1,12 | | |
| 23 | | | | | | | | |
| | | | | | | | | |
| 23.1 | Beton | 1.500 m | | | | | | |
| | C 20/25; 0,145 m³/m | | | | | | | |
| | Stoffe: | 113,20 €/m³ × 0,145 m³/m | | 16,41 | | | | |
| | | S. o. U. | 0,00 | 16,41 | 0,00 | 0,00 | | |
| | | S. m. U. | 0,00 | 17,39 | 0,00 | 0,00 | 17,39 | 26.085,00 |
| | | | | | | | | |
| 23.2 | Bewehrung | | | | | | | |
| | 5 Ø 16; Ø 6 | | | | | | | |
| | Stoffe: | Längseisen: 0,35 €/kg × 8,27 kg/m | | 2,89 | | | | |
| | | Spirale: 0,68 €/kg × 1,07 kg/m | | 0,73 | | | | |
| | | Ringe: 1,70 €/kg × 0,45 kg/m | | 0,77 | | | | |
| | Fremdleistung: | Flechten: 0,32 €/kg × 9,79 kg/m | | | | 3,13 | | |
| | | S. o. U. | 0,00 | 4,39 | 0,00 | 3,13 | | |
| | | S. m. U. | 0,00 | 4,65 | 0,00 | 3,51 | 8,16 | 12.240,00 |
| | | | | | | | | |
| 23.3 | Rammen | | | | | | | |
| | Lohn: | | 9,40 | | | | | |
| | Geräte: | | | | 16,91 | | | |
| | | S. o. U. | 9,40 | 0,00 | 16,91 | 0,00 | | |
| | | S. m. U. | 10,53 | 0,00 | 17,92 | 0,00 | 28,45 | 42.675,00 |
| | | | | | | | | |
| 23.4 | Sonstige | | | | | | | |
| | Dichtung: | | | 2,00 | | | | |
| | Umlage Fußplatte: | | | 2,36 | | | | |
| | | S. o. U. | 0,00 | 4,36 | 0,00 | 0,00 | | |
| | | S. m. U. | 0,00 | 4,62 | 0,00 | 0,00 | 4,62 | 6.930,00 |
| | | | | | | | | |
| | | | | | | | | |
| | | | | | | | | |
| | Übertrag | | | | | | 58,62 | 87.930,00 |

# 18 Beispiel „Glasfassade"

In ein bereits bestehendes Gebäude soll eine neue Glasfassade eingebaut werden[1]. Die Leistung umfasst das Fassadenglas aus Verbundglas und die stützenden, orthogonal zur Fassade angeordneten Glasschwerter, eine Blechverkleidung aus Edelstahl, die erforderlichen Glashalter, Beschläge und Türschließer sowie die Versiegelung der Fugen mit Silikon.

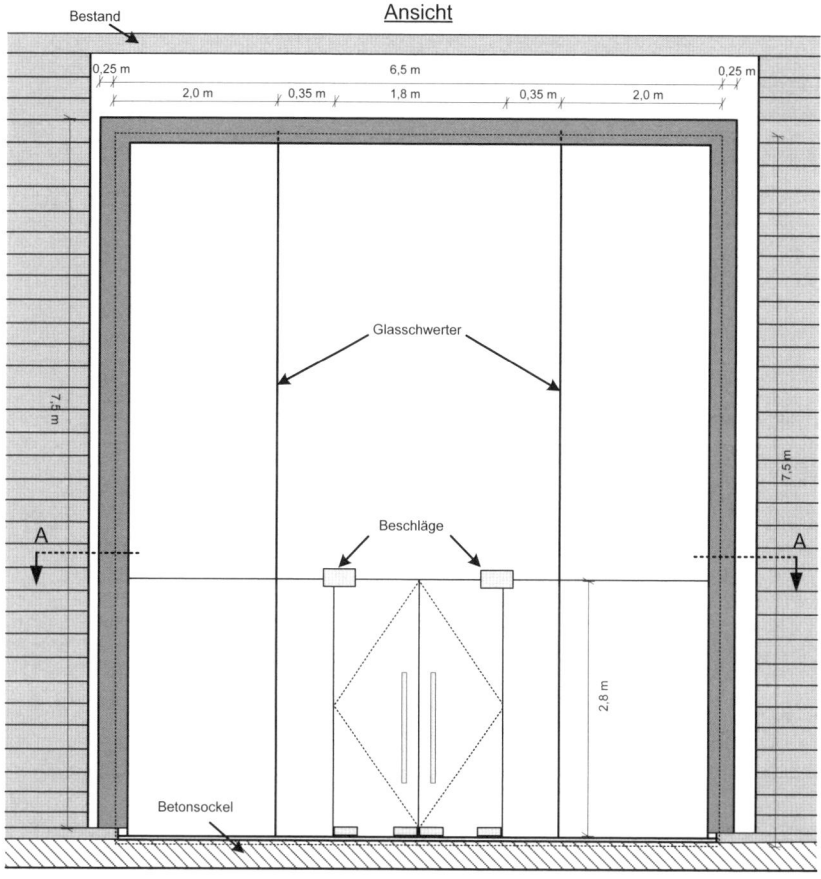

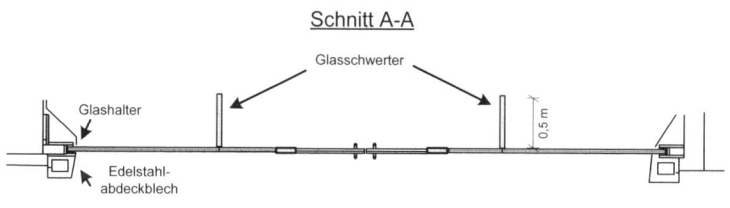

---

[1] Die Verfasser danken Herrn Dipl.-Ing. Heiko Rau, Fa. Seele GmbH & Co. KG, Gersthofen, für die Zurverfügungstellung der Unterlagen für dieses Kalkulationsbeispiel.

# 18.1 Leistungsbeschreibung

Das Leistungsverzeichnis sieht folgende Positionen vor:

| Leistungen | Menge | Einheit | EP | GP |
|---|---|---|---|---|
| **Pos. 1 Betonarbeiten** | | | | |
| Pos. 1.01 Betonsockel erstellen (einschl. Einbau der Glashalter und Türschließer im Boden) | Pauschal | | ............ | ............ |
| **Pos. 2 Baustelleneinrichtung** | | | | |
| Pos. 2.01 Einrichten und Räumen der Baustelle | Pauschal | | ............ | ............ |
| Pos. 2.02 Vorhalten der Baustelleneinrichtung | 6 Wochen | | ............ | ............ |
| **Pos. 3 Glasarbeiten** | | | | |
| Pos. 3.01 Glasrahmen setzten | 30,00 m | | ............ | ............ |
| Pos. 3.02 Einbau Fassaden-Glas | 48,75 m² | | ............ | ............ |
| Pos. 3.03 Einbau Glasschwerter | 7,50 m² | | ............ | ............ |
| Pos. 3.04 Verfugung | 64,70 m | | ............ | ............ |
| Pos. 3.05 Einbau Edelstahlprofile | 21,50 m | | ............ | ............ |

# 18.2 Mengenermittlung

**Pos. 3 Glasarbeiten**

| | | | |
|---|---|---|---|
| 3.01 | Glasrahmen | Umfang: 7,5 m x 2 + 6,5 m x 2 + 0,5 m x 4 <br>(Schienen der Schwerter) | 30,00 m |
| 3.02 | Fassadenglas | Fläche: 7,5 m x 6,5 m | 48,75 m² |
| 3.03 | Glasschwerter | Fläche: 2 x 7,5 m x 0,5 m | 7,50 m² |
| 3.04 | Verfugung | Alle Scheiben und Schwerter müssen ringsherum versiegelt werden, mit Ausnahme der offenen Spalten an den Rändern der Türflügel. <br>Die Versiegelung entlang der Schwerter muss 2-mal berücksichtigt werden, da eine Verbindung zwischen den beiden Fassadenscheiben und zwischen Fassade und Schwert erfolgt. | |

| | | Menge |
|---|---|---|
| Umfang: | 2 x 7,5 m + 2 x 6,5 m | 28,00 m |
| Längsrichtgung Fassade: | 2 x 7,5 m | 15,00 m |
| Querrichtung Fassade: | 2 x 2 m + 2 x 0,35 m | 4,70 m |
| Schwert Fassade: | 2 x 7,5 m | 15,00 m |
| Boden/Decke Schwert: | 2 x 2 x 0,5 m | 2,00 m |
| | | 64,70 m |

| | | | |
|---|---|---|---|
| 3.05 | Edelstahlprofil | 2 x 7,5 m + 6,5 m | 21,50 m |

# 18.3    Kostenannahmen

– Die Betonarbeiten und der Einbau der Türschließer werden komplett als Nachunternehmerleistung für 5.500 € angesetzt.
– Die Restbauzeit nach den Betonarbeiten beträgt 6 Wochen.
– Die Glasrahmen und Edelstahlprofile werden fertig zugeschnitten und gebogen angeliefert.
– Alle Scheiben und Schwerter werden ringsherum versiegelt, mit Ausnahme der offenen Spalten an den Rändern der Türflügel.

**Baustellenbetrieb:**

| | | |
|---|---|---|
| – Baustelleneinrichtung aufbauen/räumen: | pauschal | 4.500 € |
| – Endreinigung: | pauschal | 1.500 € |
| – Mobilkran (Einsatz an 5 vollen Arbeitstagen) | Miete | 250 €/h |
| – Hebebühne (Vorhaltung A+V+R) | wöchentlich | 310 € |
| – Betriebskosten Geräte und Ausstattung | wöchentlich | 1.100 € |
| – Hilfskonstruktionen (voll abgeschrieben) | pauschal | 2.500 € |
| – Kleinmaterial | pauschal | 3.500 € |

**Fassadenarbeiten:**

| | | | |
|---|---|---|---|
| – Glasrahmen einbauen und ausrichten | | 7 h/m | 135 €/m |
| – Verbundglas Fassade | | 20 h/m² | 500 €/m² |
| – Verbundglas Glasschwert | | 300 h/Schwert | 1.700 €/m² |
| – Beschläge | pauschal | 90 h | 25.000 € |
| – Zuschlag Einbau Türen | pro Flügel | 30 h | |
| – Verfugung | | 0,75 h/m | 35 €/m |
| – Edelstahl-Profilbleche | | 1 h/m | 100 €/m |

**Gemeinkosten der Baustelle:**

| | |
|---|---|
| – Bauleitung | 4.500 €/Monat |
| – Werkzeug und Kleingeräte | 5 % der Lohnkosten |

**Verrechnungssätze:**

– Verrechnungssatz AGK in % der Angebotssumme
auf die Kostenarten Lohn, Soko, Geräte, Fremdleistungen: 8 %
– Verrechnungssatz Wagnis und Gewinn in % der Angebotssumme
auf die Kostenarten Lohn, Soko, Geräte, Fremdleistungen (hier sehr hoch): 10 %
– Mittellohn ASL    36,00 €/h

Arbeitszeit:    8 h/d

## 18.4 Durchführung der Kalkulation

| Pos. Nr. | Kurztext Mengenangabe Einzelkostenentwicklung | | Kostenarten ohne Umlage je Einheit | | | |
|---|---|---|---|---|---|---|
| | | | Lohn [€] | Soko [€] | Geräte [€] | Fremdl. [€] |
| 1 | Betonarbeiten | 1 pauschal | | | | |
| 1.01 | Betonsockel erstellen | Fremdvergabe | | | | 5.500,00 |
| | | je Einheit | 0,00 | 0,00 | 0,00 | 5.500,00 |
| 2 | Baustelleneinrichtung | | | | | |
| 2.01 | Einrichten und Räumen | 1 pauschal | | 4.500,00 | | |
| | Reinigen | | | 1.500,00 | | |
| | | je Einheit | 0,00 | 6.000,00 | 0,00 | 0,00 |
| 2.02 | Geräte vorhalten u. betreiben | 6 Wochen | | | | |
| | Mobilkran: (5 d x 250,00 €/h x 8 h/d)/6 Wochen | | | | 1.666,67 | |
| | Hebebühne | | | | 310,00 | |
| | Hilfskonstruktionen: 2.500 €/6 Wochen | | | 416,67 | | |
| | Kleinmaterial: 3.500 €/6 Wochen | | | 583,33 | | |
| | Betriebskosten | | | 1.100,00 | | |
| | | je Einheit | 0,00 | 2.100,00 | 1.976,67 | 0,00 |
| 3 | Glasarbeiten | | | | | |
| 3.01 | Glasrahmen setzen | 30,00 m | | | | |
| | | | 7,00 | | | |
| | | | | 135,00 | | |
| | | je Einheit | 7,00 | 135,00 | 0,00 | 0,00 |
| 3.02 | Einbau Fassadenglas | 48,75 m² | | | | |
| | Fassadenglas | | 20,00 | 500,00 | | |
| | Zuschlag Türen: 2 x 30h / 48.75 m² | | 1,23 | | | |
| | Beschläge: psch (L: 90 h, S: 25.000 €)/48,75 m² | | 1,85 | 512,82 | | |
| | | je Einheit | 23,08 | 1.012,82 | 0,00 | 0,00 |
| 3.03 | Einbau Glasschwerter | 7,50 m² | | | | |
| | (2 x 300 h psch) / 7,50 m² und 1.700 €/m² | | 80,00 | 1.700,00 | | |
| | | je Einheit | 80,00 | 1.700,00 | 0,00 | 0,00 |
| 3.04 | Verfugung | 64,70 m | | | | |
| | | | 0,75 | 35,00 | | |
| | | je Einheit | 0,75 | 35,00 | 0,00 | 0,00 |
| 3.04 | Einbau Edelstahlprofile | 21,50 m | | | | |
| | | | 1,00 | 100,00 | | |
| | | je Einheit | 1,00 | 100,00 | 0,00 | 0,00 |

Nach der Ermittlung der Kosten je Einheit folgt die Zusammenstellung der Kosten ohne Umlage insgesamt.

| Pos. Nr. | Kurztext Einzelkostenentwicklung | Menge | Einheit (Übertrag/Faktor) | Lohn [h] | Soko [€] | Geräte [€] | Fremdl. [€] | Lohn [h] | Soko [€] | Geräte [€] | Fremdl. [€] |
|---|---|---|---|---|---|---|---|---|---|---|---|
| | | | | Kostenarten ohne Umlage je Einheit | | | | Kostenarten ohne Umlage insgesamt | | | |
| 1 | **Betonarbeiten** | | | | | | | | | | |
| 1.01 | Betonsockel erstellen | 1,00 | | | | | 5.500,00 | | | | 5.500,00 |
| 2 | **Baustelleneinrichtung** | | | | | | | | | | |
| 2.01 | Einrichten und Räumen der BE | 1,00 | psch | | 6.000,00 | | | | 6.000,00 | | |
| 2.02 | Vorhalten BE | 6,00 | Wochen | | 2.100,00 | 1.976,67 | | | 12.600,00 | 11.860,00 | |
| 3 | **Glasarbeiten** | | | | | | | | | | |
| 3.01 | Glasrahmen setzen | 30,00 | m | 7,00 | 135,00 | | | 210,00 | 4.050,00 | | |
| 3.02 | Einbau Fassaden-Glas | 48,75 | m² | 23,08 | 1.012,82 | | | 1125,15 | 49.374,98 | | |
| 3.03 | Einbau Glas-Schwerter | 7,50 | m² | 80,00 | 1.700,00 | | | 600,00 | 12.750,00 | | |
| 3.04 | Verfugung | 64,70 | m | 0,75 | 35,00 | | | 48,53 | 2.264,50 | | |
| 3.05 | Einbau Edelstahlprofile | 21,50 | m | 1,00 | 100,00 | | | 21,50 | 2.150,00 | | |
| | | | Summe / Übertrag = | | | | | 2.005,18 | 89.189,47 | 11.860,00 | 5.500,00 |

Einzelkostenlohnstunden x Mittellohn ASL:  2.005,18 h x 36,00 €/h = 72.186,30 €

Die Gemeinkosten der Baustelle setzen sich zusammen aus:
– Verrechnungssatz Gehälter Bauleitung: 1,5 Monate x 4.500 €/Mon =     6.750,00 €
– Werkzeug/Kleingeräte: 5 % der Einzelkosten Lohn = 5 % x 72.186,30 € =     3.609,32 €

        10.359,32 €

Die Kostenarten Soko, Geräte und Fremdleistungen werden mit ihren AGK, W+G-Sätzen beaufschlagt. Der Umlagesatz auf Lohn berechnet sich zu 39,45 %. Dies ergibt einen Verrechnungslohn von 50,20 €/h.

## Ermittlung der Angebotssumme

| Kostenarten | Lohnkosten | Sonstige Kosten | Gerätekosten | Fremdleistungen | Summe |
|---|---|---|---|---|---|
| Einzelkosten der Teilleistungen | 72.186,30 € | 89.189,47 € | 11.860,00 € | 5.500,00 € | 178.735,77 € |
| Gemeinkosten der Baustelle | - € | 10.359,32 € | - € | - € | 10.359,32 € |
| Herstellkosten | 72.186,30 € | 99.548,79 € | 11.860,00 € | 5.500,00 € | 189.095,09 € |

Allgemeine Geschäftskosten (AGK), Wagnis (W) und Gewinn (G) für die Kostenart Lohnkosten

| AGK: | 8,00 % | der | Herstellkostenanteil | Lohnkosten | 72.186,30 € | |
|---|---|---|---|---|---|---|
| W+G: | 10,00 % | Angebots- | | | | |
| Summe: | 18,00 % | summe | | | | |

| Umrechnung auf Herstellkosten: | (18,00 * 100) / (100 - 18,00) = | 21,95 % | von | 72.186,30 € | 15.845,77 € |
|---|---|---|---|---|---|

Allgemeine Geschäftskosten (AGK), Wagnis (W) und Gewinn (G) für die Kostenart Sonstige Kosten

| AGK: | 8,00 % | der | Herstellkostenanteil | Sonstige Kosten | 99.548,79 € | |
|---|---|---|---|---|---|---|
| W+G: | 10,00 % | Angebots- | | | | |
| Summe: | 18,00 % | summe | | | | |

| Umrechnung auf Herstellkosten: | (18,00 * 100) / (100 - 18,00) = | 21,95 % | von | 99.548,79 € | 21.852,17 € |
|---|---|---|---|---|---|

Allgemeine Geschäftskosten (AGK), Wagnis (W) und Gewinn (G) für die Kostenart Gerätekosten

| AGK: | 8,00 % | der | Herstellkostenanteil | Gerätekosten | 11.860,00 € | |
|---|---|---|---|---|---|---|
| W+G: | 10,00 % | Angebots- | | | | |
| Summe: | 18,00 % | summe | | | | |

| Umrechnung auf Herstellkosten: | (18,00 * 100) / (100 - 18,00) = | 21,95 % | von | 11.860,00 € | 2.603,41 € |
|---|---|---|---|---|---|

Allgemeine Geschäftskosten (AGK), Wagnis (W) und Gewinn (G) für die Kostenart Fremdleistungen

| AGK: | 8,00 % | der | Herstellkostenanteil | Fremdleistungen | 5.500,00 € | |
|---|---|---|---|---|---|---|
| W+G: | 10,00 % | Angebots- | | | | |
| Summe: | 18,00 % | summe | | | | |

| Umrechnung auf Herstellkosten: | (18,00 * 100) / (100 - 18,00) = | 21,95 % | von | 5.500,00 € | 1.207,32 € |
|---|---|---|---|---|---|

| Angebotssumme ohne Mehrwertsteuer: | | | | | 230.603,77 € |
|---|---|---|---|---|---|

## Ermittlung der Umlagen

| Angebotssumme ohne Mehrwertsteuer: | | | | 230.603,77 € |
|---|---|---|---|---|
| abzüglich Einzelkosten der Teilleistungen: | | | | - 178.735,77 € |
| insgesamt zu verrechnender Umlagebetrag: | | | | 51.868,00 € |
| | gewählte Umlage auf: | Einzelkosten | Umlagebetrag | |
| | Sonstige Kosten: 21,95 % | 89.189,47 € | 19.578,18 € | |
| | Gerätekosten: 21,95 % | 11.860,00 € | 2.603,41 € | |
| | Fremdleistungen: 21,95 % | 5.500,00 € | 1.207,32 € | |
| abzüglich Summe der gewählten Umlagen: | | | 23.388,91 € | - 23.388,91 € |
| zu verrechnender Umlagebetrag auf Lohnkosten: | | | | 28.479,09 € |
| | Mittellohn (aus Mittellohnberechnung): | | | 36,00 €/h |
| | Umlage auf Lohn: (28.479,09*100) / 72.186,30 = | | 39,45 % | 14,20 €/h |
| Verrechnungslohn: | | | | 50,20 €/h |

Die Ermittlung der Einheitspreise zeigt die nächste Seite.

| Pos. Nr. | Kurztext / Einzelkostenentwicklung | Menge | Einheit | Lohn [h] | Soko [€] | Geräte [€] | Fremdl. [€] | Lohn [€] | Soko [€] | Geräte [€] | Fremdl. [€] | Preis je Einheit [€] | Preis je Teilleistung [€] |
|---|---|---|---|---|---|---|---|---|---|---|---|---|---|
| | | Übertrag / Faktor | | | | | | 50,20 | 1,2195 | 1,2195 | 1,2195 | Umlagen | |
| **1** | **Betonarbeiten** | | | | | | | | | | | | |
| 1.01 | Betonsockel erstellen | 1,00 | | | | | 5.500,00 | | | | 6.707,32 | 6.707,32 | 6.707,32 |
| **2** | **Baustelleneinrichtung** | | | | | | | | | | | | |
| 2.01 | Einrichten und Räumen | 1,00 | psch | | 6.000,00 | | | | 7.317,07 | | | 7.317,07 | 7.317,07 |
| 2.02 | Geräte vorhalten/betreiben | 6,00 | Wochen | | 2.100,00 | 1.976,67 | | | 2.560,98 | 2.410,57 | | 4.971,54 | 29.829,24 |
| **3** | **Glasarbeiten** | | | | | | | | | | | | |
| 3.01 | Glasrahmen setzten | 30,00 | m | 7,00 | 135,00 | | | 351,42 | 164,63 | | | 516,05 | 15.481,50 |
| 3.02 | Einbau Fassaden-Glas | 48,75 | m² | 23,08 | 1.012,82 | | | 1.158,68 | 1.235,15 | | | 2.393,83 | 116.699,21 |
| 3.03 | Einbau Glas-Schwerter | 7,50 | m² | 80,00 | 1.700,00 | | | 4.016,22 | 2.073,17 | | | 6.089,39 | 45.670,43 |
| 3.04 | Verfugung | 64,70 | m | 0,75 | 35,00 | | | 37,65 | 42,68 | | | 80,34 | 5.198,00 |
| 3.05 | Einbau Edelstahlprofile | 21,50 | m | 1,00 | 100,00 | | | 50,20 | 121,95 | | | 172,15 | 3.701,23 |
| | | Summe / Übertrag | | | | | | | | Angebotssumme | € | | 230.603,99 |

# Abschnitt D: Sonderfragen der Kalkulation

# 19 Kalkulation von Sonderpositionen

In nahezu jedem Leistungsverzeichnis treten Sonderpositionen auf, über deren Notwendigkeit zwischen den ausschreibenden Stellen und den anbietenden Bauunternehmen unterschiedliche Auffassungen bestehen. Die Auftraggeberseite vertritt den Standpunkt, dass Sonderpositionen schon deshalb unvermeidlich sind, weil sich manche Leistungen, gerade im Straßenbau, nicht immer bereits im Planungs- oder Ausschreibungsstadium vorhersehen lassen. Demgegenüber befürchten die Auftragnehmer, dass durch eine übermäßige Anwendung von Sonderpositionen und hier besonders von Eventualpositionen der in der VOB angestrebte Interessenausgleich zwischen den Bauvertragspartnern zu Gunsten der Auftraggeber verschoben werden könnte. Anlass zu derartigen Befürchtungen gibt die zum Teil hohe Zahl von Bedarfspositionen, die vor allem bei Ausschreibungen im Straßenbau festzustellen sind.

## 19.1 Arten der Positionen

Es werden folgende Arten von Teilleistungen unterschieden:

– **Ausführungspositionen**

auch als Normalpositionen bezeichnet. Menge und Ausführung liegen fest.

– **Eventual- oder Bedarfspositionen**

die nur auf besondere Anordnung des Auftraggebers zur Ausführung kommen.

– **Grundpositionen**

beschreiben Teilleistungen, die durch Alternativpositionen ersetzt oder durch Zulagepositionen ergänzt werden können.

– **Alternativ- oder Wahlpositionen**

die bei Auftragserteilung anstelle einer zugehörigen Grundposition (in Leistungsverzeichnissen des Straßenbaus auch anstelle einer Bedarfsposition) zur Ausführungsposition werden.

– **Zulagepositionen**

die bei Mehrkosten einer Teilleistung zusätzlich zur Grundposition vergütet werden.

Eventual-, Alternativ- und Zulagepositionen werden als Sonderpositionen bezeichnet. Eventual- und Alternativpositionen sind bisher in der VOB weder in Teil A noch in Teil B, sondern lediglich in den Vorschriften und Vergaberichtlinien der Auftraggeber der öffentlichen Hand erwähnt. Seit der VOB 2000 werden Bedarfspositionen in der VOB/A angeführt. Sie dürfen nach § 7 Nr. 4 VOB/A 2012 grundsätzlich nicht ausgeschrieben werden. Zulagepositionen werden weder in der VOB noch in sonstigen Vorschriften erwähnt.

Nach Vergabe- und Vertragshandbuch für die Baumaßnahmen des Bundes (VHB-Bund – Ausgabe 2008 – Stand August 2012) dürfen Bedarfs- und Wahlpositionen weder in das Leistungsverzeichnis noch in die übrigen Vergabeunterlagen aufgenommen werden. Auch nach Handbuch für die Vergabe und Ausführung von Bauleistungen im Straßen- und Brückenbau (HVA B – StB 2012) sind Bedarfspositionen grundsätzlich nicht zu verwenden. Wahlpositionen sind auch hier nur noch vorzusehen, wenn sich von mehreren brauchbaren und technisch gleichwertigen Bauweisen nicht von vornherein die wirtschaftlichste bestimmen lässt.

# 19.2 Kalkulatorische Behandlung von Sonderpositionen

Es wird vorausgesetzt, dass durch den angebotenen Einheitspreis einer Sonderposition keine unbeabsichtigte Kostenunterdeckung entsteht, unabhängig davon, zu welchem Zeitpunkt und in welcher Menge diese beauftragt wird oder überhaupt nicht zur Ausführung kommt. Eine Unterdeckung kann sowohl bei den Einzelkosten der Teilleistungen, hier vor allem bei den Lohn- und Gerätekosten, als auch bei den Gemeinkosten auftreten. Dies kann u. a. durch eine „verursachungsgerechte Zuordnung der Kosten" vermieden werden. Bei den Einzelkosten ist deshalb zu beachten:

– Alle Kosten, die mit der Ausführung einer Sonderposition entstehen, sind in die Einheitspreise der Sonderposition einzukalkulieren.

– Die Auswirkungen auf die Kosten der nach VOB/C im Einheitspreis zu berücksichtigenden Nebenleistungen sowie einzuhaltenden Sicherheitsbestimmungen sind zu beachten.

## 19.2.1 Einheitspreisermittlung bei Eventualpositionen

Bei einer Einheitspreisermittlung nach dem Verfahren der Kalkulation über die Angebotssumme werden die Einzelkosten der Eventualpositionen **nicht** gemeinsam mit den Einzelkosten der übrigen Ausführungspositionen als Basis für die Umlage der Gemeinkosten herangezogen. Dies würde bei der Nichtausführung einer Eventualposition zwangsläufig zu einer Unterdeckung der kalkulierten Gemeinkosten führen.

Umlagen können bei der Kalkulation von Eventualpositionen wie folgt angesetzt werden:

a) Den Einzelkosten der Eventualpositionen werden die gleichen prozentualen Umlagen wie den übrigen Ausführungspositionen zugewiesen. Die Einzelkosten der Eventualpositionen werden jedoch bei der Kalkulation über die Angebotssumme nicht als Umlagebasis zur Gemeinkostenumlage einbezogen. Diese Berechnungsmethode wird allgemein in der Praxis aus folgenden Gründen angewendet:

– Einfaches Verfahren zur Preisermittlung.

– Es sollen gegenüber den übrigen Positionen keine von den übrigen Positionen abweichenden Preisverhältnisse angeboten werden.

– Es wird bei der Ausführung der Eventualpositionen mit zusätzlich entstehenden Gemeinkosten gerechnet, und zwar in der Höhe wie bei Ausführungspositionen.

– Eventualpositionen werden je nach vermuteter Wertung bei der Auftragserteilung von den ausführenden Firmen eher höher bzw. niedriger angeboten.

b) Der Einheitspreis der Eventualposition berechnet sich aus den Einzelkosten der Teilleistungen und einem Zuschlag für Allgemeine Geschäftskosten, Wagnis und Gewinn sowie einem Ansatz für weitere Gemeinkostenanteile, die für die Erbringung der Eventualposition notwendig sind. Wurden in der Kalkulation z. B. die Kosten für die Bauleitung als Baustellengemeinkosten kalkuliert, muss hier ebenfalls ein Kostenansatz berücksichtigt werden.

**Beispiel:**

Die Vorgehensweise zur Ermittlung des Einheitspreises einer Eventualposition wird anhand der nachstehend ausgeschriebenen Position erläutert.

**Leistungsbeschreibung:**

| Pos. | Leistungsbeschreibung | Menge | EP | GP |
|------|----------------------|-------|-----|-----|
| 48 | Eventualposition<br>Herstellen von Durchbrüchen in Massivdecken aus Normalbeton C 20/25,<br>Deckenstärke d = 16–20 cm, Querschnitt 250 bis 500 cm$^2$ | 20 St | | |

**Einzelkostenberechnung:**

| Pos.<br>Nr. | Kurztext<br>Mengenangabe<br>Einzelkostenentwicklung | Kostenarten ohne Umlage<br>je Einheit | | | |
|------|------|------|------|------|------|
| | | Lohn<br>(h) | Soko<br>(€) | Gerät<br>(€) | Fremdl.<br>(€) |
| 48 | **Eventual**: Herstellen von 20 Durchbrüchen<br>Eingesetzte Geräte:<br>Kompressor und Aufbruchhammer<br>Leistung:<br>1 Arbeiter: 2 Durchbrüche in 1,5 h | | | | |
| | **Vorhaltekosten (A + V + R):** | 0,75 | | | |
| | Kompressor 55 kW:     1.640,00 €/Mon | | | | |
| | Aufbruchhammer:     92,00 €/Mon | | | | |
| | gesamt: A + V + R:     1.732,00 €/Mon | | | | |
| | Vorhaltekosten bei 140 Einsatzstd./Monat: | | | | |
| | $\dfrac{1.732{,}00 \text{ €/Mon}}{140 \text{ Eh/Mon}} \times 0{,}75 \text{ Eh/St} =$ | | | 9,28 | |
| | **Betriebsstoffkosten:** | | | | |
| | 55 kW × 0,15 l/kW × 1,40 €/l × 0,75 Eh/St × 1,10 = | | 9,53 | | |
| | Summe der Einzelkosten | 0,75 | 9,53 | 9,28 | |

**Angaben aus der Kalkulation:**

| | |
|---|---|
| Mittellohn ASL: | 36,00 €/h |
| Werkzeuge und Kleingeräte (W&K): | 4,00 % der Lohnkosten |
| Verrechnungslohn: | 45,00 €/h |
| Umlage auf Soko und Geräte: | 13,00 % |
| AGK, Wagnis und Gewinn: | (11 + 0 + 2) % der HSK |
| Bauleitung: | 5,00 % der Einzelkosten (EKT) |

**Berechnung des Einheitspreises nach a):**

Werden die Einzelkosten mit dem Umlagesatz aus der Umlagenberechnung aus dem Verfahren der Kalkulation über die Angebotssumme beaufschlagt, ergibt sich folgender Einheitspreis:

| | | |
|---|---|---|
| 0,75 h/St × 45,00 €/h | = | 33,75 €/St |
| (9,53 + 9,28) €/St × 1,13 | = | 21,25 €/St |
| **Einheitspreis Pos. 48** | | **55,00 €/St** |

**Berechnung des Einheitspreises nach b):**

Wird die Eventualposition mit dem Zuschlag für AGK, W+G sowie weiteren Gemeinkostenanteilen kalkuliert, so ergibt sich der nachfolgend ermittelte Preis. Dieser Einheitspreis ist die **Preisuntergrenze** zur vollen Kostendeckung.

| | | | |
|---|---|---|---|
| Lohn | 0,75 h/St × 36,00 €/h | = | 27,00 €/St |
| W&K | 4 % × 27,00 €/St | = | 1,08 €/St |
| Soko | | | 9,53 €/St |
| Geräte | | | 9,28 €/St |
| Einzelkosten (EKT) | | | 46,89 €/St |
| Bauleitung 5 % EKT: 5 % × 46,89 €/St | | = | 2,34 €/St |
| Herstellkosten (HSK) | | = | 49,23 €/St |
| AGK, W+G 13 % HSK: 13 % × 49,23 €/St | | = | 6,40 €/St |
| Einheitspreis Pos. 48 | | | 55,63 €/St |

## 19.2.2 Einheitspreisermittlung bei Alternativ- bzw. Wahlpositionen

Wenn alternativ angebotene Leistungen zur Ausführung kommen, dann müssen die Einheitspreise der Alternativpositionen so ermittelt worden sein, dass es im Vergleich mit einer Ausführung der zugehörigen Grundposition zu keiner Gemeinkostenunterdeckung kommt. Die Einzelkosten einer Alternativposition dürfen daher nicht als Basis für die Umlage bei der Kalkulation über die Endsumme dienen. Bei der Ausführung der Alternativen sind jedoch die gleichen Gemeinkosten zu erwirtschaften wie bei einer Ausführung der Grundposition.

Bei der Kalkulation eines Einheitspreises einer Alternativposition ist Folgendes zu beachten:

– Sind die Einzelkosten der Alternativpositionen höher oder niedriger als die Einzelkosten der Grundposition?

Sind die Einzelkosten der Alternativpositionen niedriger als die Einzelkosten der Grundposition, ist der Gemeinkostenbetrag der Grundposition zu den Einzelkosten der Alternativposition zu addieren. Dabei wird vorausgesetzt, dass sich die Gemeinkosten der Baustelle durch die Ausführung der Alternativposition in ihrem Gesamtbetrag nicht ändern.

Sollte jedoch eine Änderung der Gemeinkosten (z. B. durch ein aufwendigeres Bauverfahren) eintreten, dann sind diese Mehrkosten verursachungsgerecht allein von der Alternativposition zu decken.

– Da bei der Ausschreibung einer Alternativposition unter Umständen auch die Mengen und Mengeneinheiten gegenüber der Grundposition verändert sein können (z. B. kann die Grundposition in m$^3$ und die Alternativposition in m$^2$ ausgeschrieben sein), ist es vorteilhaft, die Berechnungen der Baustellengemeinkosten zunächst auf den Gesamtpreis der Alternativposition zu beziehen und anschließend auf den Einheitspreis umzurechnen.

– Allgemeine Geschäftskosten, Wagnis und Gewinn sind umsatzproportional. Außerdem können differenzierte Umlagesätze, z. B. für die Fremdleistungen, maßgebend sein. Deshalb sind AGK, W+G gesondert zu behandeln.

Der Einheitspreis ist daher wie folgt zu ermitteln:

1. Berechnung der Einzelkosten der Alternativposition

2. Berechnung der in der Grundposition enthaltenen Umlage

3. Einheitspreis der Alternative = Einzelkosten der Alternative + Umlage der Grundposition ± AGK, W+G aus Einzelkostenunterschied

**Beispiel:**

Die Vorgehensweise zur Ermittlung des Einheitspreises einer Alternativposition soll anhand der nachstehend ausgeschriebenen Positionen erläutert werden.

| Pos. | Leistungsbeschreibung | Menge | EP | GP |
|------|----------------------|-------|----|----|
| 18 | Mauerwerk der Innenwand, zweiseitig als Sichtmauerwerk, Fugenglattstrich/Verfugung wird gesondert vergütet, Kalksandstein DIN 106, KSV 12-2,0-2 DF (240 × 115 × 113), MG II, Mauerwerksdicke = 24 cm | 200 m² | | |
| 19 | **Alternativ zu Pos. 18** Mauerwerk der Innenwand, Schallschutz-Ziegel MZ, DIN 105, 12-1,4-10 DF (240 × 300 × 238), MG II, Mauerwerksdicke = 30 cm | 60 m³ | | nur EP |

Im Folgenden ist je Position und Kostenart die Summe der Einzelkosten der beiden Teilleistungen angegeben:

| Pos. Nr. | Kurztext Mengenangabe Einzelkostenentwicklung | | Kostenarten ohne Umlage je Einheit | | | |
|------|----------------------|-------|-------------|-------------|-------------|-------------|
| | | | Lohn (h) | Soko (€) | Gerät (€) | Fremdl. (€) |
| 18 | KSL-Sichtmauerwerk | 200 m² | 1,85 | 23,00 | | |
| | Summe Einzelkosten: (1,85 × 36,00 + 23,00) €/m² = 89,60 €/m² | | | | | |
| 19 | **Alternativ:** MZ-Mauerwerk | 60 m³ | 3,30 | 110,00 | | |
| | Summe Einzelkosten: (3,30 × 36,00 + 110,00) €/m³ = 228,80 €/m³ | | | | | |

Der Berechnung der Einheitspreise sind wie zuvor folgende Werte zugrunde gelegt:

| | |
|---|---|
| Mittellohn ASL: | 36,00 €/h |
| Werkzeuge und Kleingeräte (W&K): | 4,00 % der Lohnkosten |
| Verrechnungslohn: | 45,00 €/h |
| Umlage auf Soko und Geräte: | 13,00 % |
| AGK, Wagnis und Gewinn: | (11 + 0 + 2) % der HSK |
| Bauleitung: | 5,00 % der Einzelkosten (EKT) |

Mit diesen Werten ergeben sich die nachstehend berechneten Einheitspreise:

**Pos. 18 Grundposition – KS**

| | | |
|---|---|---|
| Lohn: 1,85 h/m² × 45,00 €/h | = | 83,25 €/m² |
| Soko: 23,00 €/m² × 1,10 | = | 25,99 €/m² |
| Einheitspreis | | 109,24 €/m² |
| abzüglich Einzelkosten der Teilleistung: | | − 89,60 €/m² |
| Umlagebetrag Pos. 18 | | 19,64 €/m² |
| | | |
| Umlagebetrag Pos. 18 gesamt: 19,64 €/m² × 200 m² | = | 3.928,00 € |

**Pos. 19   Alternativposition – MZ**

| | |
|---|---:|
| Lohn:  3,30 h/m³ × 36,00 €/h | 118,80 €/m³ |
| Soko: | 110,00 €/m³ |
| Einzelkosten | 228,80 €/m³ |
| Umlagebetrag Pos. 18     3.928,80 €/60 m³ | 65,47 €/m³ |
| AGK, W+G aus geringeren Einzelkosten: | |
| 13 % × (228,60 × 60 – 89,60 × 200) €/60 m³                = | – 9,08 €/m³ |
| Einheitspreis Pos. 19 | 285,19 €/m³ |

Mit angeführter Vorgehensweise ist gewährleistet, dass bei Ausführung von Alternativpositionen die Gemeinkostendeckung erhalten bleibt. Sollte es in einer Leistungsbeschreibung mehrere Alternativpositionen zu einer Grundposition geben, so sind für alle folgenden Ausführungsvarianten die Einheitspreise in analoger Weise zu ermitteln. Wird die Gesamtmenge einer Grundposition in mehrere gleiche oder ungleiche Teile getcilt, und werden diese in Alternativpositionen ausgeschrieben, die allerdings zusammen eine Ausführungseinheit bilden, dann ist der Gemeinkostenbetrag der Grundposition entsprechend dem Verhältnis der Einzelkosten der Alternativpositionen auf diese aufzuteilen.

## 19.2.3   Einheitspreisermittlung bei Zulagepositionen

Die Zulageposition ist eine Ausführungsposition und ist Umlagebasis für die Gemeinkostenumlage bei der Kalkulation über die Endsumme. Von den Einzelkosten der Zulageposition sind die Einzelkosten der zugehörigen Grundposition abzuziehen. Der ermittelte Saldo geht dann als Umlagebasis in die Gemeinkostenumlage ein. Zur Ermittlung des Einheitspreises werden dem Saldo der Einzelkosten die Gemeinkostensätze aus der Umlage zugeschlagen. Die Vorgehensweise soll an dem folgenden Beispiel verdeutlicht werden.

| Pos. | Leistungsbeschreibung | Menge | EP | GP |
|---|---|---|---|---|
| 11 | Mauerwerk der Innenwand, Kalksandsteine DIN 106, KSL-12-1,4-3DF, MG IIa, Mauerwerksdicke 17,5 cm | 1.500 m² | | |
| 12 | **Zulage zu Pos. 11**<br>Mauerwerk der Innenwand, zweiseitig als Sichtmauerwerk, Kalksandstein DIN 106, KSL-12-1,4-3DF, MG IIa, Mauerwerksdicke 17,5 cm | | | |
| | | 500 m² | | |

| Pos. Nr. | Kurztext<br>Mengenangabe<br>Einzelkostenentwicklung | | Kostenarten ohne Umlage je Einheit | | | |
|---|---|---|---|---|---|---|
| | | | Lohn<br>(h) | Soko<br>(€) | Gerät<br>(€) | Fremdl.<br>(€) |
| 11 | Mauerwerk der Innenwand, Kalksandsteine DIN 106, KSL-12-1,4-3DF, MG IIa, Mauerwerksdicke 17,5 cm | 1.500 m² | 1,30 | 19,00 | | |
| 12 | **Zulage zu Pos. 11**<br>Mauerwerk der Innenwand, zweiseitig als Sichtmauerwerk, Kalksandstein DIN 106, KSL-12-1,4-3DF, MG IIa, Mauerwerksdicke 17,5 cm | 500 m² | 2,10 | 22,00 | | |
| | Summe der Einzelkosten Pos. 12 (Zulage) | | 2,10 | 22,00 | 0,00 | 0,00 |
| | abzüglich Summe der Einzelkosten Pos.11 (Grundposition) | | -1,30 | -19,00 | 0,00 | 0,00 |
| | Einzelkostenzulage Pos. 12 | | 0,80 | 3,00 | 0,00 | 0,00 |

**Einheitspreis Pos. 11**

| Lohn | 1,3 h/m² × 45,00 €/h | = | 58,50 €/m² |
|------|----------------------|---|------------|
| Soko | 19,00 €/m² × 1,13 | = | 21,47 €/m² |

| **Einheitspreis Pos. 11** | **79,97 €/m²** |
|---------------------------|----------------|

**Einheitspreis Pos. 12 (Zulage zu Pos. 11)**

| Lohn | 0,8 h/m² × 45,00 €/h | = | 36,00 €/m² |
|------|----------------------|---|------------|
| Soko | 3,00 €/m² × 1,13 | = | 3,39 €/m² |

| **Einheitspreis Pos. 12** | **39,39 €/m²** |
|---------------------------|----------------|

## 19.3 Die Abrechnung von Sonderpositionen

Herrschende Meinung ist, dass der Auftraggeber bei Alternativpositionen die Auswahl bei Vertragsschluss treffen muss und nicht nachträglich noch treffen kann. Nimmt der Auftraggeber das Angebot des Auftragnehmers kommentarlos an, wird der Vertrag geschlossen in der Form, dass die Grundposition Vertragsbestandteil geworden ist und die Alternativposition gegenstandslos geworden ist.[1]

Wenn die Vertragsbedingungen oder sogar die Allgemeinen Geschäftsbedingungen des Auftraggebers eine Klausel enthalten, dass die Auswahlentscheidung auch noch nach Vertragsschluss getroffen werden kann, hat der Auftraggeber auch nachträglich noch die Möglichkeit, zwischen der Beauftragung der Grundposition oder der Alternativposition zu entscheiden.

Die Zulageposition ist eine Ausführungsposition. Bei der Abrechnung von Zulagepositionen ist für jede ausgeführte Mengeneinheit der Zulageposition eine Mengeneinheit der Grundposition abzurechnen.

---

[1] Kapellmann, K./Schiffers, K.-H. (2011a), Band 1, Rn. 571.

# 20 Weitervergabe von Eigenleistungen in der Kalkulation

Bei der Ausführung von Bauarbeiten tritt oft das Problem auf, Arbeiten, die als Eigenleistung kalkuliert wurden, an Subunternehmer weiter zu vergeben.

In einem solchen Fall muss beurteilt werden, welcher Preis zugestanden werden kann, ohne dass eine Kostenunterdeckung entsteht.

Der im Angebot ausgewiesene Einheitspreis setzt sich aus den Einzelkosten der Teilleistungen und den in Form einer Umlage für Allgemeine Geschäftskosten, Gemeinkosten der Baustelle sowie für Wagnis und Gewinn zusammen. Sollen Eigenleistungen an einen Fremdunternehmer vergeben werden, so sind aus dem Einheitspreis der betreffenden Teilleistungen alle Bestandteile auszugliedern, die durch die Weitervergabe nicht berührt werden. Das sind i. d. R. die Gemeinkosten der Baustelle und die Allgemeinen Geschäftskosten. Diese Kosten werden erst dann reduziert, wenn die Übertragung von Arbeiten auf Subunternehmer in so großem Umfang stattfindet, dass überwiegend reine Bauleitungsaufgaben wahrzunehmen sind. Bei der Vergabe an Subunternehmer ist außerdem zu entscheiden, inwieweit auf die angesetzten Beträge für Allgemeine Geschäftskosten, Wagnis und Gewinn verzichtet werden kann.

Erst nachdem diese Vorermittlungen durchgeführt worden sind und der Umfang der wirklichen Einsparungen erkannt worden ist, kann der annehmbare Preis für eine Fremdleistung festgelegt werden.

Muss bei der Weitervergabe ein Preis zugestanden werden, der über den eigenen Einzelkosten liegt, so ist die Unterdeckung der Allgemeinen Geschäftskosten und Gemeinkosten der Baustelle zu berechnen.

**Beispiel:**

Nach Auftragserteilung entschließt sich ein Unternehmer, die eigene Lohnleistung bei den Mauerarbeiten von einem Fremdunternehmer ausführen zu lassen. Hierdurch entfallen die Eigenlöhne, es erhöhen sich jedoch vermutlich die Stoffkosten.

Formblatt 2

| Pos. Nr. | Kurztext Mengenangabe Einzelkostenentwicklung | Kostenarten ohne Umlagen je Einheit | | | |
|---|---|---|---|---|---|
| | | Lohn [h] | Soko [€] | Geräte [€] | Fremdl. [€] |
| 5.11 | 1.500 m² | | | | |
| | Mauerwerk der Innenwand, Kalksandsteine | | | | |
| | DIN 106 KSL 12-1,4-3DF, MG IIa, | | | | |
| | Mauerwerksdicke 17,5 cm | | | | |
| | 33 Steine/m² Wand    Stückpreis: 0,30 € | | 9,90 | | |
| | 30 l Mörtel/m² Wand  1 l Mörtel: 0,15 € | | 4,50 | | |
| | Aufwandswert: 1,0 h/m² Wand | 1,00 | | | |
| | Summe: [ pro m² Wand] | 1,00 | 14,40 | | |

Die kalkulierten Einzelkosten und der angebotene Einheitspreis ergeben sich wie folgt:

| Lohn: | 1,00 h/m² × 36,00 €/h | = | 36,00 €/m² |
|---|---|---|---|
| Stoffe: | | | 14,40 €/m² |
| Einzelkosten der Teilleistung: | | | 50,40 €/m² |

| Zuzüglich Umlagen: | | | |
|---|---|---|---|
| Lohn: | 1,0 h/m² × (45,00 − 36,00) €/h | = | 9,00 €/m² |
| Stoffe: | 14,40 €/m² × 0,13 | = | 1,87 €/m² |
| Umlagen: | | | 10,87 €/m² |

| Einheitspreis: | 50,40 €/m² + 10,87 €/m² | = | 61,27 €/m² |
|---|---|---|---|

Bei Weitervergabe der Lohnarbeiten an einen Subunternehmer wird die Beistellung des Materials vereinbart. Zusätzlich wird mit einem Mehrverbrauch von zwei Steinen je m² gerechnet.

**Berechnung des Weitervergabepreises:**

| Einsparung der Lohnkosten: | 36,00 €/m² |
|---|---|
| Mehrkosten Beistellung 1/3 h/m²: | − 12,00 €/m² |
| Mehrkosten Material: | − 0,52 €/m² |
| Weitervergabepreis: | 23,48 €/m² |

Der bei einer Weitervergabe dem Subunternehmer zugestandene Weitervergabepreis entspricht maximal den ersparten eigenen Kosten. Die tatsächlich anfallenden Gemeinkosten der Baustelle, Allgemeinen Geschäftskosten und die Ansätze für Wagnis und Gewinn auf eigene oder fremde Leistungen sind für das Unternehmen insgesamt gültige Verrechnungssätze, die im Einzelfall den tatsächlich entstehenden Gemeinkosten nicht entsprechen müssen. Werden zusätzlich Gemeinkosten gespart, erhöht sich der maximale Weitervergabepreis um die Höhe dieser ersparten Kosten.

# 21 Änderungen des Bauvertrags und der Kalkulationsgrundlagen

## 21.1 Vorbemerkungen

Nach Auftragserteilung, sehr häufig auch noch während der Bauausführung, ergeben sich Umstände, die nicht mit dem bei Vertragsabschluss vorliegenden Angebot und den Verdingungsunterlagen übereinstimmen. Sie führen zu Änderungen der Kalkulationsgrundlagen, die sich im Wesentlichen auf zwei Bereiche erstrecken.

Der erste Bereich berührt die Änderung des Leistungsumfangs und damit unmittelbar das Vertragsverhältnis zwischen Auftragnehmer und Auftraggeber. Die Verdingungsordnung für Bauleistungen (VOB), die seit dem Jahr 1974 bindende Dienstanordnung für alle Dienststellen des öffentlichen Auftraggebers ist, hat im Teil B fünf wichtige Fälle geregelt:

- Mengenänderungen (§ 2 Abs. 3)
- Übernahme von Leistungen durch den Auftraggeber (§ 2 Abs. 4 in Verbindung mit § 8 Abs. 1(2))
- Änderungen des Bauentwurfs, Anordnung des Auftraggebers (§ 2 Abs. 5)
- Im Vertrag nicht vorgesehene Leistung (§ 2 Abs. 6)
- Verlängerung von Ausführungsfristen (§ 6 Abs. 2–7).

Der andere Bereich sind Änderungen, die nur den Auftragnehmer betreffen, da sie innerbetrieblicher Art sind; hierzu gehören z. B. der Austausch von Eigenleistungen durch Leistungen eines Fremdunternehmers wie auch der Einsatz anderer als der ursprünglich kalkulierten Bauverfahren. Diese Änderungen können die Gewinnsituation eines Bauauftrages stark beeinflussen und müssen deshalb einer rechnerischen Kontrolle unterzogen werden.

In diesem Kapitel werden nacheinander behandelt:

- Grundsätze zum Vergütungsanspruch bei Änderungen des Bauvertrags,
- spätere Übernahme von Leistungen durch den Auftraggeber,
- Mengenänderungen,
- Verlängerung von Ausführungsfristen,
- Preisvorbehalte.[1]

---

[1] Empfohlene Literatur zum Thema: Kapellmann/Schiffers, „Vergütung, Nachträge und Behinderungsfolgen beim Bauvertrag. Rechtliche und baubetriebliche Darstellung der geschuldeten Leistung und Vergütung sowie der Ansprüche des Auftragnehmers aus unklarer Ausschreibung, Mengenänderung, geänderter oder zusätzlicher Leistung und aus Behinderung gemäß VOB/B und BGB", Band 1 Einheitspreisvertrag, 6. Aufl., 2011 Werner Verlag, Düsseldorf, und Band 2 Pauschalvertrag einschließlich Schlüsselfertigbau, 5. Aufl., 2011 Werner Verlag, Düsseldorf.

# 21.2 Grundsätze zum Vergütungsanspruch bei Änderungen des Bauvertrags (Nachträge)

Nachträge von Bauunternehmen erfüllen oft weder die rechtlichen noch die baubetrieblichen Voraussetzungen für eine Genehmigung und müssen deshalb negativ beschieden werden. Dabei fehlt oft das Verständnis dafür, dass ein Auftraggeber einen Nachtrag ablehnen muss, wenn die notwendigen Voraussetzungen fehlen. Nachstehend sind einige wichtige Erfahrungen wiedergegeben, deren Beachtung dringend zu empfehlen ist, um unnötigen Aufwand und Enttäuschungen zu vermeiden.

## 21.2.1 Änderungen des Bauentwurfs und nicht vereinbarte Leistungen

Der Auftraggeber hat nach § 1 Abs. 3 und 4 VOB/B das Recht, den Entwurf – d. h. vorliegende Pläne – zu ändern und nicht vereinbarte Leistungen anzuordnen, sofern dies zur Ausführung der vertraglichen Leistung notwendig ist.

Als Folge der Änderung nach § 1 Abs. 3 VOB/B oder anderer Anordnungen des Auftraggebers ist nach § 2 Abs. 5 VOB/B ein neuer Preis unter Berücksichtigung der Mehr- oder Minderkosten zu vereinbaren, sofern die Grundlagen des Preises der vertraglichen Leistung geändert werden. Die Preisvereinbarung soll vor der Ausführung getroffen werden.

Bei der nicht vereinbarten Leistung nach § 1 Abs. 4 VOB/B hat der Auftragnehmer Anspruch auf eine besondere Vergütung nach § 2 Abs. 6 VOB/B, die sich nach den Grundlagen der Preisermittlung für die vertragliche Leistung und den besonderen Kosten der geforderten Leistung richtet. Der Anspruch ist vorher anzukündigen, die Vergütung ist möglichst vor Ausführungsbeginn zu vereinbaren.

## 21.2.2 Mengenänderungen

Mengenänderungen sind in den meisten Fällen nach § 2 Abs. 5 VOB/B zu behandeln, da sie meist durch eine Entwurfsänderung verursacht werden. Nur wenn die Planung sich nicht verändert hat – wenn also Ungenauigkeiten der Mengenermittlung seitens des Auftraggebers vorliegen –, ist § 2 Abs. 3 VOB/B anzuwenden, soweit der Bagatellbereich von ± 10 % überschritten wird.

Bei Mehrmengen kann der Preis für die über 10 % hinausgehende Menge auf Verlangen durch Mehr- oder Minderkosten verändert werden. Bei Mindermengen über 10 % sind die entfallenen Gemeinkosten der gesamten Mindermengen – also von 100 % an – vom Auftraggeber zu erstatten, falls kein Ausgleich durch Mehrmengen über 110 % bei anderen Positionen oder durch zusätzliche Leistungen oder geänderte Leistungen gegeben ist. **Die Berechnung muss positionsweise geschehen.** Die oft anzutreffende Berechnung durch Zusammenfassen aller betroffenen Positionen unter Anwendung eines durchschnittlichen Gemeinkostensatzes ist unzulässig, nicht zuletzt auch deshalb, weil § 2 Abs. 3 und Abs. 5 miteinander vermengt werden. Zugegebenermaßen ist eine Einzelberechnung aufwendig, aber es handelt sich dabei oft um sechsstellige Beträge, die nicht einfach auf wenigen Zeilen abgehandelt werden können.

§ 2 Abs. 3 Nr. 1

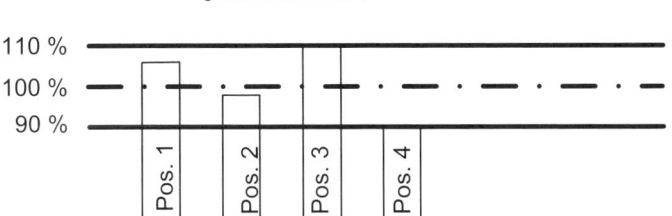

Preis bleibt unverändert, da keine Mengenabweichungen > 110 % oder < 90 %.

§ 2 Abs. 3 Nr. 2

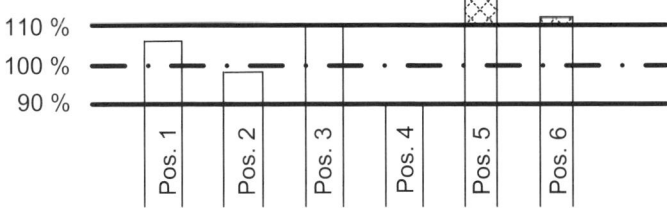

Neuer Preis für die Mehrmengen (>110 %) der Pos. 5 und 6 unter Berücksichtigung der Mehr- oder Minderkosten, da 110 % überschritten werden.

§ 2 Abs. 3 Nr. 3

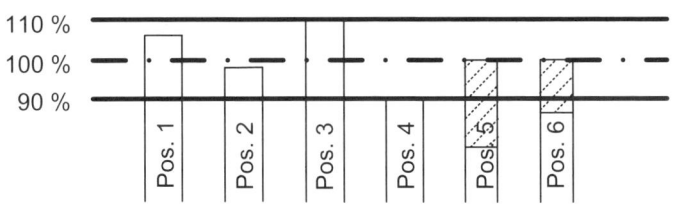

Neuer Preis für Pos. 5 und 6 auf Grund der Mindermengen > 10 % für die Gemeinkostenunterdeckung.

zu berücksichtigende Mindermengen (< 100 %)

§ 2 Abs. 3 Nr. 2 und 3

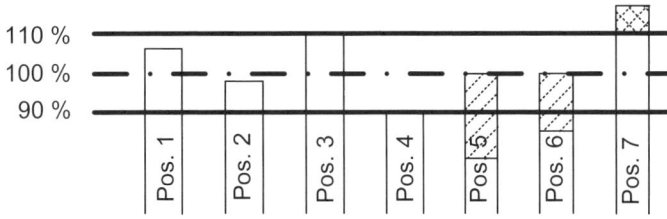

Neuer Preis für Pos. 5 und 6 auf Grund der Mindermengen > 10 %. Berücksichtigung der Mehrmengen (> 110 %) von Positionen, die 110 % überschreiten.

Mehrmengen (> 110 %)

Abbildung 68: Mehr- und Mindermengen nach VOB/B § 2 Abs. 3

## 21.2.3　Übernahme von Leistungen durch den Auftraggeber

Eine Übernahme von Leistungen durch den Auftraggeber gemäß § 2 Abs. 4 VOB/B stellt eine Teilkündigung des Vertrags dar, was für einen Leistungsaustausch (Leistung-anstatt) nicht zutrifft. Voraussetzung für § 2 Abs. 4 VOB/B ist allerdings, dass der Auftraggeber die Leistung selbst ausführt. Lässt er sie durch einen anderen ausführen, so gilt § 8 Abs. 1 VOB/B unmittelbar. Jedoch sind die Folgen in beiden Fällen die gleichen. Allerdings ist bei unmittelbarer Anwendung von § 8 Abs. 1 VOB/B die Schriftform einzuhalten. Auch eine Lieferung von Stoffen, die nach Auftragserteilung durchgeführt wird, fällt unter § 2 Abs. 4 VOB/B.

## 21.2.4　Änderungen beim Pauschalvertrag

Beim Pauschalvertrag steht der im Vertrag beschriebenen Leistung nur ein einziger Preis gegenüber, der so genannte Pauschalpreis. Bei unveränderter Planung geht das Mengenrisiko gemäß § 2 Abs. 7 VOB/B voll zu Lasten des Auftragnehmers; Mehraufwendungen oder Einsparungen stehen nur ihm zu. Kommt es allerdings zu Entwurfsänderungen, zusätzlichen Leistungen oder Mengenänderungen infolge Entwurfsänderungen, so trägt diese Kosten der Auftraggeber, da die Änderungen nicht Gegenstand der Pauschalierung waren.

## 21.2.5　Ausführung der Bauleistung

§ 4 Abs. 1 (4) VOB/B kommt dann für die Vergütung zur Anwendung, wenn ein Auftragnehmer eine Anordnung für unberechtigt oder unzweckmäßig hält, der Auftraggeber aber trotzdem auf dieser besteht und dem Unternehmer hierdurch Mehrkosten verursacht, falls eine ungerechtfertigte Erschwernis und die Mehrkosten vom Auftragnehmer nachgewiesen werden können. Ordnet z. B. ein Auftraggeber eine Bodenverdichtung in Schichten von 20 cm an, obwohl diese auch bei einer Schichtdicke von 80 cm in gleicher Qualität zu erreichen ist, weist der Unternehmer auf die Unzweckmäßigkeit hin, und besteht der Auftraggeber trotzdem darauf, so hat er die Mehrkosten zu erstatten. Das gilt allerdings nicht, wenn die Schichtdicke von 20 cm bereits im Bauvertrag vorgeschrieben ist. Es kann sich also nur um solche Leistungen handeln, bei deren Ausführung der Auftragnehmer in der Wahl seines Bauverfahrens frei ist. Gleiches gilt z. B., wenn der Auftraggeber dem Auftragnehmer bei der Ausführung vorschreibt, mittels Kran und nicht mittels Pumpe zu betonieren, obwohl der Einbau mit Pumpe wirtschaftlicher ist. § 4 Abs. 1 (4) VOB/B schützt also den Auftragnehmer vor ungerechtfertigten und unrationellen Eingriffen in die Bauausführung.

## 21.2.6　Behinderungen nach § 6 VOB/B

### 21.2.6.1　Bauzeitverlängerung

Behinderungen müssen dem Auftraggeber gemäß § 6 Abs. 1 VOB/B schriftlich angezeigt werden. Wenn der Auftraggeber die Behinderung verursacht hat, wird die Bauzeit verlängert. Der Auftragnehmer kann hierfür bei Verschulden des Auftraggebers gemäß § 6 Abs. 6 Schadensersatz verlangen und hat – wahlweise auch ohne Verschulden des Auftraggebers – Anspruch auf angemessene Entschädigung nach § 642 BGB. Der Bundesgerichtshof fordert immer wieder, **dass beim Schadensersatz effektive Kosten miteinander verglichen werden und nicht kalkulierte Kosten. Nicht jede Bauzeitverlängerung führt zu einem Schadensersatz; es muss ein Verschulden des Auftraggebers an der Behinderung vorliegen, d. h. ein rechtswidriges Verhalten.** Eine Bauzeitverlängerung infolge einer Verzögerung, die durch einen vorleistenden Unternehmer verursacht ist, führt zu keinem Schadensersatz, wohl aber zu einem Entschädigungsanspruch nach § 642 BGB. Der Auftraggeber darf also weder dem behinderten Unternehmer einen Schadensersatz leisten noch Regress beim vorleistenden Unternehmer nehmen. Ein Schadensersatzanspruch des behinderten Unternehmens ist nur dann gegeben, wenn der Auftraggeber diesem einen bestimmten Übergabetermin der Vorleistung vertraglich versprochen hat.

Nach VOB/B besteht neben dem Schadensersatzanspruch nach § 6 Abs. 6 Satz 1 nach § 6 Abs. 6 Satz 2 auch ein Entschädigungsanspruch nach § 642 BGB.[1] Die VOB unterscheidet jetzt in § 6 Abs. 6 Satz 1 den Schadensersatzanspruch und in § 6 Abs. 6 Satz 2 den Entschädigungsanspruch nach § 642 BGB.

Erfahrungsgemäß lassen sich Bauzeitverlängerungen als Folge einer Behinderung nur durch genaue Rekonstruktion des Bauablaufs anhand des Bautagebuchs, Aktennotizen zu Baubesprechungen, Schriftverkehr und Auswertung von Behinderungsmeldungen näherungsweise ermitteln.

### 21.2.6.2 Planlieferung

Die meisten Behinderungsursachen werden im Bereich der Planlieferung liegen, da der Auftraggeber gemäß § 3 Abs. 1 VOB/B verpflichtet ist, die Ausführungsunterlagen rechtzeitig zu liefern. Jedoch führt nicht jede Verzögerung der Planlieferung zu einer Behinderung des Bauablaufs, da der Unternehmer verpflichtet ist, den Bauablauf angemessen zu fördern, d. h., alles zu tun hat, um den zeitlich vorgesehenen Ablauf der Bauarbeiten einzuhalten. Er muss also auch z. B. Umdispositionen seiner Belegschaft durchführen.

Im Allgemeinen wird in den Zusätzlichen Vertragsbedingungen (ZVB) vereinbart, dass der Auftragnehmer die Ausführungsunterlagen entsprechend dem Baufortschritt rechtzeitig anzufordern hat. Dies bedeutet eine Mitwirkungspflicht für den Auftragnehmer, d. h., er muss dieses Anfordern auch aktiv durchführen und sich dabei nach dem Baufortschritt richten. Da sehr oft zwischen dem ursprünglich vereinbarten Bauablauf mit dem zugehörigen Planvorlauf und dem tatsächlichen Bauablauf erhebliche Zeitunterschiede liegen, sind die Planlieferungen auf den tatsächlichen Bauablauf abzustimmen. Dabei ist von einer abgestuften Planlieferung auszugehen. Es ist also nicht vertragsgerecht, bei einem lang dauernden Bauabschnitt, z. B. Untergeschoss eines großen Verwaltungsgebäudes, die Pläne für den letzten Betonierabschnitt der Decke drei oder vier Monate vor der Ausführung anzufordern mit dem Hinweis darauf, dass die Pläne zwei oder drei Wochen vor Beginn des gesamten Bauabschnitts zu liefern wären.

Auch die manchmal anzutreffende Lesart, dass der Plan erst mit dem Datum des letzten Änderungsindex geliefert worden sei, ist unrichtig, da der Plan schon viel früher auf der Baustelle war, sich dann aber durch die Abstimmung zwischen Architekt, Tragwerksplaner und Fachingenieuren begrenzte Änderungen ergeben haben. Zweifelsohne können solche Änderungen zu Mehrkosten führen; es ist jedoch Sache des Auftragnehmers, diese zu dokumentieren und gemäß § 2 Abs. 5 geltend zu machen und dabei auch Verzögerungen aufzuführen, falls diese sich daraus ergeben.

### 21.2.6.3 Anforderungen an den Nachweis

Es fällt bei vielen Nachträgen auf, dass für die Berechnung der Mehrkosten und dem daraus abgeleiteten Schadensersatz nur selten nachweisliche Mehrkosten aufgeführt werden, sondern stattdessen mit kalkulativen Ansätzen gerechnet wird. Dabei hat der Bundesgerichtshof in all seinen Entscheidungen immer wieder ausgeführt, dass nur tatsächlich entstandene Mehrkosten – der nachweisliche Schaden gemäß § 6 Abs. 6 und eine angemessene Entschädigung nach § 642 BGB – erstattungsfähig sind und nicht kalkulativ angesetzte Werte. Er hat dazu auch ausgeführt, dass sonst ein Schaden geltend gemacht werden könnte, der in Wirklichkeit gar nicht entstanden sei. Er hat weiter ausgeführt, dass einem Auftragnehmer durchaus zuzumuten sei, genaue Aufzeichnungen über Mehrkosten und „Leerkosten" zu führen, zumal er die für die Erfassung entstehenden zusätzlichen Kosten in seine Forderung einschließen könne.

---

[1] siehe hierzu Kapellmann/Messerschmidt (2010), § 6 Abs. 6, Rn. 46–52 und 89–92.

### 21.2.6.4 Ursachen der Mehrkosten

Die meisten Mehrkosten der Bauzeitverlängerung entstehen auf der Baustelle durch folgende Kostenarten:

- Gehälter für Bauleitung und Aufsicht
- Löhne für Geräteführer (z. B. Kranführer)
- Hilfslöhne für das Instandhalten der Baustelle
- Vorhaltekosten der Geräte, Unterkünfte und Schalung
- Mehrstunden infolge Minderung der Arbeitsproduktivität.

**Löhne und Gehälter**

Die Gehälter und Löhne sind leicht nachweisbar durch die Lohn- und Gehaltslisten, da hieraus sowohl der Zeitraum des Entstehens als auch die entstandenen Kosten zu ersehen sind. Hilfsweise können auch die Gehalts- und Lohnansätze der Kalkulation herangezogen werden, wenn angenommen werden kann, dass der Bieter in seiner Kalkulation realistische Ansätze verwendet hat.

**Vorhaltekosten**

Die erhöhten Vorhaltekosten der Geräte, Unterkünfte und Schalung ergeben sich aus den Mietbelastungen der Baustelle. Dabei ist allerdings darauf hinzuweisen, dass nicht die Sätze der Baugeräteliste (BGL) oder die innerbetrieblichen Verrechnungssätze eingesetzt werden dürfen, sondern nur verminderte BGL-Sätze.

Die Rechtsprechung geht nämlich davon aus, dass durch die verlängerte Vorhaltung die Geräte keinen erhöhten einsatzbedingten, sondern nur einen erhöhten zeitbedingten Wertverzehr erleiden, so dass sowohl die Reparatur- als auch die Abschreibungssätze reduziert werden müssen (nach einem Aufsatz von Dähne[1] auf etwa 2/3 bzw.1/3 des BGL-Satzes). Auch die in der BGL angesetzte kalkulatorische Verzinsung des investierten Kapitals von 6,5 % entfällt, da dies einem Gewinn entspricht. Gleichzeitig ist aber der in der BGL angegebene Neuwert zu indexieren, wenn das betroffene Gerät später beschafft wurde als die in der BGL angesetzte Preisbasis. So verwendet z. B. die BGL 1991 die Preisbasis 1990 und die BGL 2007 die Preisbasis 2000. Bei einem mittleren Gerätealter von gegenwärtig z. B. 5 bis 6 Jahren entspricht die Berechnungsmethode von Dähne etwa 45 % der unteren Sätze der BGL 2007.

**Minderung der Arbeitsproduktivität**

Besonders schwierig nachzuweisen ist der Zusammenhang zwischen einer Verminderung der Produktivität (erhöhter Anfall von Arbeitsstunden gegenüber den Kalkulationsansätzen) und einer Behinderung, z. B. durch verzögerte Planlieferung, da ein Mehrverbrauch von Arbeitsstunden auch andere Ursachen haben kann, wie z. B. unzureichende Kalkulationsansätze, mangelhafte Arbeitsvorbereitung, schlechte Qualität des Personals und der Aufsicht. Der Zusammenhang lässt sich nur über eine genaue Nachkalkulation der behinderten Bauabschnitte in Zusammenhang mit der Untersuchung von Planlieferung, Soll-Ablauf, Ist-Ablauf und vorhandener Belegschaft durchführen.

---

[1] Dähne, H. (1978), Gerätevorhaltung und Schadensersatz nach § 6 Abs. 6 VOB/B – ein Vorschlag zur Berechnung, Baurecht 6/78, S. 429 ff., Werner Verlag, Düsseldorf.

## 21.2.7 Kündigung durch den Auftraggeber

Der Auftraggeber kann gemäß § 8 VOB/B den Vertrag jederzeit ganz oder teilweise kündigen. Dem Auftragnehmer steht die vereinbarte Vergütung abzüglich der Ersparnisse zu. Ausnahmen hierzu siehe Abs. 2 (1) und 3 (1). Die Kündigung muss schriftlich erfolgen. Die ersparten Kosten sind vor allem die Einzelkosten der Teilleistungen und solche Baustellengemeinkosten, die durch den Wegfall der Leistung nicht mehr entstehen, so z. B. Unterkünfte für zusätzliche Arbeitskräfte oder besonderes Bauleitungspersonal. Auch das Ausführungswagnis wird eingespart.[1] Fraglich wird es bei Werkzeug und Kleingerät, da dieses sehr oft nur aus verrechnungstechnischen Gründen den Lohnkosten zugerechnet wird. Sind allerdings Baustoffe oder Bauteile bereits gekauft und befinden sich auf der Baustelle, dann können diese Kosten ebenfalls nicht eingespart werden.

## 21.2.8 Kündigung durch den Auftragnehmer

Das Kündigungsrecht des Auftragnehmers gemäß § 9 VOB/B ist gegenüber demjenigen des Auftraggebers sehr eingeschränkt. Es gilt nur bei Annahmeverzug oder Schuldenverzug des Auftraggebers. Dem Auftragnehmer steht neben der Abrechnung der hergestellten Bauleistung zu Vertragspreisen auch eine Abfindung zu. Für die Höhe der Entschädigung ist § 642 (2) BGB maßgebend. Sie richtet sich nach der Dauer des Verzugs und der Höhe der vereinbarten Vergütung abzüglich der ersparten Aufwendungen oder eines möglichen zusätzlichen Erwerbs.

Im Allgemeinen wird die Entschädigung die Allgemeinen Geschäftskosten sowie diejenigen Baustellengemeinkosten umfassen, die nicht eingespart werden konnten. Die Berechnung wird also ähnlich der für § 8 sein, wenn der Auftraggeber den Vertrag kündigt, ohne dass den Auftragnehmer ein Verschulden trifft.

## 21.2.9 Allgemeine Geschäftskosten

Nach Urteil des OLG Schleswig im Zusammenhang mit einem Rechtsstreit zu § 2 Abs. 3 Nr. 3 VOB/B zum 24.8.1995 – 11 U 110/92 (Baurecht 2/96 S. 265 ff.) sind Baustelleneinrichtungs- und Baustellengemeinkosten sowie Allgemeine Geschäftskosten Kosten, die dem Auftragnehmer nicht durch einen bestimmten Bauauftrag, sondern allgemein durch den Betrieb seines Gewerbes und durch Vorhalten und Unterhalten der Geräte entstehen und diese Kosten in der Regel unter Gegenüberstellung von jährlich durchschnittlich entstehenden Kosten in Relation zum Umsatz als Erfahrungswert ermittelt werden.

Danach ist es nicht zu beanstanden, wenn Mehrkosten durch Verlängerung einer Bauzeit mit der gleichen Umlage für Gemeinkosten versehen werden, wie er bei der Kalkulation des Auftrags angewendet wurde.

---

[1] Anders in Kapellmann/Schiffers, Vergütung, Nachträge und Behinderungsfolgen beim Bauvertrag, Band 1, 5. Auflage, 2011, Rdn. 1191: „Der Deckungsanteil für das Wagnis ist nicht erspart, entfällt also nicht (...), sondern bleibt erhalten." In Verbindung mit Rdn. 561: „Richtigerweise muss man das Wagnis aber als ‚verkappten Gewinn' ansehen..."

## 21.2.10 Zusammenfassende Übersicht der Vergütungsmodalitäten nach VOB/B

| VOB/B-Fall | Vergütungsmodus |
|---|---|
| Mengenänderung (§ 2 Abs. 3) | Bei Veränderungen größer 10 v. H. neuer Preis. Ausgangsbasis ist der Preis der betreffenden Position; Berücksichtigung der Mehr- oder Minderkosten. Bei Mindermengen entsprechen die Mehrkosten im Wesentlichen den entgangenen Gemeinkosten. Gilt nur, soweit die Mengenänderung nicht auf eine Änderung des Bauentwurfs oder andere Anordnungen des Auftraggebers zurückgeht. |
| Übernahme von Leistungen durch den Auftraggeber (§ 2 Abs. 4 in Verbindung mit § 8 Abs. 1) | Volle vertraglich vereinbarte Vergütung unter Abzug der ersparten Aufwendungen. |
| Änderung des Bauentwurfs oder andere Anordnungen des Auftraggebers (§ 2 Abs. 5) | Neuer Preis unter Berücksichtigung der Mehr- oder Minderkosten auf der Grundlage der bisherigen Preisermittlung. Gilt auch für Mengenänderungen, falls durch Eingriffe des Auftraggebers die Grundlagen der Preisermittlung geändert wurden. |
| Vom Auftraggeber geforderte, jedoch im Vertrag nicht vorgesehene Leistungen (§ 2 Abs. 6) | Neuer Preis auf der Grundlage der Preisermittlung für die vertragliche Leistung. Vorherige Ankündigung notwendig. |
| Leistungen ohne Auftrag oder unter Abweichung vom Vertrag (§ 2 Abs. 8) | a) Keine Vergütung (§ 2 Abs. 8 Nr. 1)<br><br>b) Vergütung unter folgenden Bedingungen (§ 2 Abs. 8 Nr. 2):<br><br>– nachträgliche Anerkennung durch Auftraggeber,<br><br>– für Vertragserfüllung notwendig und dem mutmaßlichen Willen des Auftraggebers entsprechend,<br><br>– unverzügliche Anzeige notwendig. |
| Bedenken gegen Anordnungen des Auftraggebers (§ 4 Abs. 1 (4)) | Ersatz der Mehrkosten im Fall ungerechtfertigter Erschwerung. |
| Behinderung oder Unterbrechung der Ausführung (§ 6) | Schriftliche Ankündigung erforderlich. Bauzeitverlängerung, falls durch Auftraggeber oder höhere Gewalt entstanden. Ersatz des nachweislich entstandenen Schadens und Anspruch auf angemessene Entschädigung nach § 642 BGB. |
| Kündigung durch den Auftraggeber (§ 8 Abs. 1) | Gilt auch für den Fortfall von einzelnen Teilleistungen. Auftragnehmer steht die vereinbarte Vergütung zu, jedoch unter Anrechnung ersparter Aufwendungen. |
| Kündigung durch Auftragnehmer (§ 9) | Nur bei Annahmeverzug und Schuldnerverzug zulässig. Schriftliche Ankündigung erforderlich. Entschädigungsanspruch nach § 642 BGB. |

## 21.3 Beispiele zu Vergütungsanspruch bei Änderungen des Bauvertrags

Die nachfolgenden Beispiele sind einer Kalkulation entnommen. Aus dieser Kalkulation ergeben sich folgende Verrechnungssätze:

| | | |
|---|---|---|
| Allgemeine Geschäftskosten (AGK) | | 11,0 % HSK |
| Wagnis (W) | | 0,0 % HSK |
| Gewinn (G) | | 2,0 % HSK |
| | insgesamt | 13,0 % HSK |

Als Positionen ausgeschrieben waren die Baustelleneinrichtung und die restlichen Gemeinkosten der Baustelle (BGK). Aus der Kalkulation ergeben sich folgende Umlagesätze:

| | |
|---|---|
| Mittellohn ASL | 36,00 €/h |
| Umlage Lohn L [%] | 13,0 % |
| Umlage Lohn L [€] | 4,68 €/h |
| Verrechnungslohn | 40,68 €/h |
| Umlage Soko S | 13,0 % |
| Umlage Geräte G | 13,0 % |
| Umlage Fremd F | 13,0 % |

### 21.3.1 Spätere Übernahme von Leistungen durch den Auftraggeber

Manchmal behält sich der Auftraggeber die Beistellung von Baustoffen, z. B. Verblendziegel, im Bauvertrag vor. Er hat hierfür eine Alternativposition auszuschreiben, bei der im Gegensatz zur zugehörigen Grundposition die bauseitige Stoffbeistellung ausgeschrieben ist. In einem solchen Fall muss er den Stoffpreis als Kalkulationsgrundlage vorgeben. Bei der Abrechnung werden dann die beigestellten Baustoffe gemäß Lieferschein vom Rechnungsbetrag abgezogen.

Behält sich jedoch der Auftraggeber die Stoffbeistellung erst nach Auftragsvergabe vor, obwohl keine Alternativposition im Leistungsverzeichnis hierfür vorgesehen war, so handelt es sich bei Wahrnehmung des Vorbehalts um eine Teilkündigung des Vertrags, die nach § 8 Abs. 1 (2) VOB/B zu behandeln ist. Bei der Vergütung ist dann die Vertragsbedingung § 2 Abs. 4 VOB/B anzuwenden, die für die Berechnung der Vergütung auf § 8 Abs. 2 VOB/B hinweist. Hiernach ist der entfallende Stoffanteil und der darauf bezogene Ansatz für Wagnis gemäß Kalkulation abzuziehen. Der Wagnisanteil ist laut BGH-Urteil vom 30.10.1997 (AZ.: VII ZR 222/96; BB 98, 292) für ersparte Leistungsteile abzuziehen, da hierfür kein Risiko zu tragen ist.[1]

Bei einer Schleusenbaustelle entschließt sich der öffentliche Auftraggeber vor Beginn der Bauarbeiten zur Lieferung des gesamten Betonstahls (Betonstabstahl und Betonstahlmatten), ohne dass dies im Vertrag vorgesehen war. Nachstehend ist ein Ausschnitt aus der Leistungsbeschreibung wiedergegeben, in dem der vereinbarte Einheitspreis für die Position 165 „Betonstahl" eingetragen ist.

---

[1] siehe hierzu andere Meinung von Kapellmann in Fußnote S. 229.

| Pos. | Leistungsbeschreibung | Menge | Einh. | EP [€] | GP [€] |
|------|----------------------|-------|-------|--------|--------|
| 165 | Betonstabstahl IV S, Längen bis 14,00 m, für Bauteile aus Ortbeton liefern, schneiden, biegen und verlegen. | 1.750 | t | 1.017,00 | 1.779.750,00 |

Aus der Kalkulation ist folgende Zusammensetzung des Einheitspreises zu entnehmen:

- Fremdleistung (Lohn Sub)    15,00 h/t x    20,00 €/h    300,00 €/t
- Umlage auf Fremdleistung    13,0 % x   300,00 €/t    39,00 €/t
- Stoffkosten    600,00 €/t    600,00 €/t
- Umlage auf Stoffkosten    13,0 % x   600,00 €/t    <u>78,00 €/t</u>
   1.017,00 €/t

Die Summe der Einzelkosten (EKT) ergibt 900,00 €/t.

**Berechnung des neuen Einheitspreises:**

Hier handelt es sich um eine Teilkündigung. Es bleibt der volle Vergütungsanspruch gemäß vereinbartem Einheitspreis bestehen, jedoch muss sich der Unternehmer die Einsparung, in diesem Fall die Stahllieferung und den darauf bezogenen Ansatz für Wagnis, anrechnen lassen (siehe Urteil des BGH vom 30.10.1997 – AZ.: VII ZR222/ BB 98, 292).

Wagnisanteil an den Einzelkosten (EkdT):[1] 0,0 %

| | |
|---|---:|
| Vereinbarter Einheitspreis | 1.017,00 €/t |
| ./.Stoffpreis für Betonstabstahl | – 600,00 €/t |
| ./. Wagnisanteil für Betonstabstahl 0,0 % x 600,00 €/t | – 0,00 €/t |
| **Neuer Einheitspreis** | **417,00 €/t** |

## 21.3.2 Änderung des Einheitspreises bei Mehrmengen

Für den Aushub einer Baugrube war im Leistungsverzeichnis u. a. nachstehende Position ausgeschrieben:

| Pos | Leistungsbeschreibung | Menge | Einheit | EP | GP |
|-----|----------------------|-------|---------|-----|-----|
| 68 | Ein- und Ausbau Baugrubenumschließung mit Berliner Verbau, i. M. 4,50 m Baugrubentiefe, ohne rückwärtige Verankerung, Bohren der Traglöcher, Vorhalten der Verbauträger einschl. Holzverbau, Abrechnung nach Ansichtsfläche. Verankerung wird gesondert vergütet. | 900 | m² | 420,69 | 378.621,00 |

---

[1]   Zur Aufgliederung des Einheitspreises s. a. Abschnitt B 11, S. 154.

Ausgeführt wurden jedoch 1.050 m², ohne dass eine Änderung des Bauentwurfs oder eine andere Anordnung des Auftraggebers vorlag. Da die Mehrmenge mehr als 10 % der im Leistungsverzeichnis ausgeschriebenen Menge ausmacht, verlangt der Auftraggeber eine Minderung des vertraglich vereinbarten Einheitspreises gemäß § 2 Abs. 3 (2) VOB/B.

Der neue Einheitspreis ist auf der Grundlage der ursprünglichen Angebotskalkulation zu ermitteln. Hieraus ist der nachstehende Kalkulationsauszug für die Position 68 wiedergegeben.

Formblatt 4

| Pos. Nr. | Kurztext / Mengenangabe / Einzelkostenentwicklung | | Kostenarten ohne Umlagen je Einheit | | | | Preis je Einheit [€] | Preis je Teilleistung [€] |
|---|---|---|---|---|---|---|---|---|
| | | | Lohn [h] | Soko [€] | Geräte [€] | Fremdl. [€] | | |
| | Umlagen | | × 40,68 | × 1,13 | × 1,13 | × 1,13 | | |
| | | | | | | | | |
| 68 | Berliner Verbau | 900 m² | | | | | | |
| | Träger einbauen und unterhalten | | | | | 146,40 | | |
| | Bohrgut entfernen | | | | | 1,44 | | |
| | Träger ausbauen | | | | | 58,80 | | |
| | Holzausfachung einbauen und unterhalten | | | | | 132,75 | | |
| | Nachputzen | | 0,225 | | | | | |
| | Erschwernis Erdbauer | | | | | 4,50 | | |
| | Holzausfachung ausbauen | | | | | 29,70 | | |
| | | | | | | | | |
| | | S. o. U. | 0,225 | 0,00 | 0,00 | 373,59 | | |
| | | S. m. U. | 9,15 | 0,00 | 0,00 | 422,16 | 431,31 | 388.179,00 |

Einheitspreis:  $0{,}225 \text{ h/m}^2 \times 40{,}68 \text{ €/h}$   =   $9{,}15 \text{ €/m}^2$

$373{,}59 \text{ €/m}^2 \times 1{,}13$   =   $\underline{422{,}16 \text{ €/m}^2}$

$431{,}31 \text{ €/m}^2$

In den verrechneten Umlagesätzen sind anteilig enthalten:

– BGK (hier = 0, da als Position ausgeschrieben, s. S. 231)

| | | Eigenleistung | Fremdleistung | |
|---|---|---|---|---|
| – | AGK | 11 % | 11 % | der HSK |
| – | W | 0 % | 0 % | der HSK |
| – | G | 2 % | 2 % | der HSK |
| | insgesamt | 13 % | 13 % | der HSK |

Bei Mehrmengen werden 110 % mit dem ausgeschriebenen Einheitspreis abgerechnet, für die über 110 % hinausgehende Menge ist auf Verlangen ein neuer Preis unter Berücksichtigung der Mehr- oder Minderkosten zu berechnen. Der neue Preis setzt sich im Allgemeinen zusammen aus den Einzelkosten und ihren AGK-, W- und G-Sätzen.

## Durchführung der Berechnung:

Es gelten die unter Abschnitt D 21.3 auf Seite 231 angeführten Kalkulationsgrundlagen.

Einzelkosten der Pos. 68:
$0{,}225 \text{ h/m}^2 \times 36{,}00 \text{ €/h} + 373{,}59 \text{ €/m}^2 = 8{,}10 \text{ €/m}^2 + 373{,}59 \text{ €/m}^2 = 381{,}69 \text{ €/m}^2$

Berechnung neuer Einheitspreis der Pos. 68 für Mehrmenge > 110 %:

| | | | |
|---|---|---|---|
| Einzelkosten Eigenleistung: | 0,225 h/m² x 36,00 €/m² | = | 8,10 €/m² |
| AGK, W+G Eigenleistung: | 0,13 x 8,10 €/m² | = | 1,05 €/m² |
| Einzelkosten Fremdleistung: | 373,59 €/m² | = | 373,59 €/m² |
| AGK, W+G Fremdleistung: | 0,13 x 373,59 €/m² | = | 48,57 €/m² |
| | | | 431,31 €/m² |

Hier schneller: 381,69 €/m² x 1,13 = 431,31 €/m²

**Differenz:**

EP (bis 110 %) – EP (über 110 %) = 431,31 €/m² – 431,31 €/m² = 0,00 €/m²

Da die restlichen Gemeinkosten der Baustelle ausgeschrieben waren, sind in der Umlage auch keine Anteile enthalten. Deshalb ist die Differenz = 0.

## 21.3.3 Änderung des Einheitspreises bei Mindermengen

Der folgende Kalkulationsauszug gibt die Zusammenfassung der Kostenermittlung (ohne Vorberechnungen) für die Pos. 121 „Lösen und Laden" wieder.

Formblatt 4

| Pos. Nr. | Kurztext Mengenangabe Einzelkostenentwicklung | | Kostenarten ohne Umlagen je Einheit | | | | Preis je Einheit [€] | Preis je Teilleistung [€] |
|---|---|---|---|---|---|---|---|---|
| | | | Lohn [h] | Soko [€] | Geräte [€] | Fremdl. [€] | | |
| | Umlagen | | × 40,68 | × 1,13 | × 1,13 | × 1,13 | | |
| | | | | | | | | |
| 121 | Lösen und Laden | 30.000 m³ | | | | | | |
| | | | | | | | | |
| | | | | | | | | |
| | | | | | | | | |
| | | | 0,040 | 0,52 | 0,80 | | | |
| | | | | | | | | |
| | | | | | | | | |
| | | S. o. U. | 0,040 | 0,52 | 0,80 | 0,00 | | |
| | | S. m. U. | 1,63 | 0,59 | 0,90 | 0,00 | 3,12 | 93.600,00 |

Bei der Abrechnung ergibt sich, dass nur 21.000 m³ der ausgeschriebenen 30.000 m³ ausgeführt wurden, ohne dass eine Entwurfsänderung oder eine andere Anordnung des Auftraggebers vorliegt. Der Auftragnehmer verlangt eine Änderung des Einheitspreises gemäß VOB/B § 2 Abs. 3 (3).

| | | | |
|---|---|---|---|
| Einheitspreis: | 0,04 h/m³ × 40,68 €/h = | 1,63 €/m³ |
| | (0,52 + 0,80) €/m³ × 1,13 = | 1,49 €/m³ |
| | Summe = | 3,12 €/m³ |

**Durchführung der Berechnung des entgangenen Umlageanteils:**

Lt. Kalkulation sind in dieser Position folgende Umlagen enthalten:

| | | |
|---|---|---|
| Lohn: | $(40{,}68 - 36{,}00) \times 0{,}04\ €/m^3$ | $=\quad 0{,}19\ €/m^3$ |
| Soko: | 13 % von $0{,}52\ €/m^3$ | $=\quad 0{,}07\ €/m^3$ |
| Geräte: | 13 % von $0{,}80\ €/m^3$ | $=\quad \underline{0{,}10\ €/m^3}$ |
| Im Einheitspreis enthaltener Umlagebetrag | | $=\quad 0{,}36\ €/m^3$ |

Für die über 10 % hinausgehende Mindermenge besteht der volle Vergütungsanspruch auf den Umlagebetrag abzüglich des Ansatzes für Wagnis aus den Einzelkosten.

Berechnung Wagnisanteil aus EkdT:

| | |
|---|---|
| Einheitspreis | $3{,}12\ €/m^3$ |
| abzügl. Umlagebetrag | $\underline{-\,0{,}36\ €/m^3}$ |
| Einzelkosten der Teilleistung | $2{,}76\ €/m^3$ |

Wagnis aus Einzelkosten der Eigenleistung: 0,00 %

$$0{,}00\ \% \times 2{,}76\ €/m^3 = \qquad -\,0{,}00\ €/m^3$$

Verbleibender Umlagebetrag ohne Wagnisanteil:

$$0{,}36\ €/m^3 - 0{,}00\ €/m^3 = 0{,}36\ €/m^3$$

**Mindererlös:**

$$(30.000\ m^3 - 21.000\ m^3) \times 0{,}36\ €/m^3 = 3.240{,}00\ €$$

1. Möglichkeit:

Dieser Mindererlös ist ohne Einbehalt zu vergüten, z. B. durch Umlage auf den alten Einheitspreis:

| | |
|---|---|
| $3.240{,}00\ €/21.000\ m^3 =$ | $0{,}15\ €/m^3$ |
| Alter Einheitspreis | $\underline{3{,}25\ €/m^3}$ |
| Neuer Einheitspreis | $3{,}40\ €/m^3$ |

2. Möglichkeit:

Eine andere Möglichkeit ist, die sich aus § 2 Abs. 3 VOB/B ergebenden Mehr- oder Mindererlöse in der Schlussrechnung gegeneinander aufzurechnen.

| | |
|---|---|
| Mindererlös aus Mindermenge Pos. 121: | $-\,3.240{,}00\ €$ |
| Mehrerlös aus Mehrmenge Pos. 68: | |
| $(1.050 - 990)\ m^2 \times 0{,}00\ €/m^2 =$ | $\underline{+\qquad 0{,}00\ €}$ |
| Mindererlös des Auftragnehmers | $-\,3.240{,}00\ €$ |

Das Unternehmen hat einen Vergütungsanspruch von 3.240,00 €.

## 21.3.4 Nachtrag aus geänderter Leistung

Für ein Bauvorhaben sind Stützen mit den Abmessungen 50/50 cm zu fertigen. Angeboten sind in einer Position jedoch nur Stützen mit den Abmessungen 40/40 cm. Der folgende Kalkulationsauszug gibt die Kostenermittlung dieser Position wieder.

Formblatt 4

| Pos. Nr. | Kurztext Mengenangabe Einzelkostenentwicklung | | Kostenarten ohne Umlagen je Einheit | | | | Preis je Einheit [€] | Preis je Teilleistung [€] |
|---|---|---|---|---|---|---|---|---|
| | | | Lohn [h] bzw. [€] | Soko [€] | Geräte [€] | Fremdl. [€] | | |
| | Umlagen | | × 40,68 | × 1,13 | × 1,13 | × 1,13 | | |
| | | | | | | | | |
| 283 | Beton C 30/37 für Stütze | 70 m | | | | | | |
| | 40/40 cm einschließlich | | | | | | | |
| | Schalung, h bis 3,50 m | | | | | | | |
| | UP: Beton | 0,16 m³/m | 1,000 | 80,00 | | | | |
| | UP: Schalung | 1,60 m²/m | 1,000 | 5,00 | | | | |
| | | | | | | | | |
| | | S. o. U. | 1,760 | 20,80 | 0,00 | 0,00 | | |
| | | S. m. U. | 71,60 | 23,50 | 0,00 | 0,00 | 95,10 | 6.657,00 |

**Berechnung des Nachtragspreises NP 05 für die geänderte Leistung:**

Annahmen: Es gibt im Unternehmen wie für die Abmessung 40/40 cm ebenfalls eine Standardstützenschalung für 50/50 cm, so dass keine Mehrkosten anfallen. Es sind auch sonst keine weiteren Änderungen im Bauentwurf zu finden. Zum Beispiel könnte eine sehr viel engere Bewehrung das Betonieren erheblich erschweren, so dass ein höherer Ansatz als in der Vergleichsposition zu vertreten wäre; oder es fallen zusätzliche Transportkosten an. In diesem Fall ändert sich nur das Mengengerüst.

Beton:      Lohn     (0,50 x 0,50) m³/m x 1 h/m³ × 40,68 €/h     =     10,17 €/m

            Soko     (0,50 x 0,50) m³/m x 80,00 €/m³ × 1,13     =     22,60 €/m

Schalung:  Lohn     (4 x 0,50) m²/m x 1 h/m² × 40,68 €/h     =     81,36 €/m

            Soko     (4 x 0,50) m²/m x 5,00 €/m² x 1,13     =     11,50 €/m

Anzubietender Einheitspreis                                    =     125,43 €/m

Hier werden wie bisher z. B. nach Vergabehandbüchern üblich die Einzelkosten mit den Umlagesätzen der Kalkulation beaufschlagt, also auch mit Anteilen für Gemeinkosten der Baustelle. Nach Kapellmann dürfen jedoch Nachträge nur dann mit Zuschlägen für Gemeinkosten der Baustelle beaufschlagt werden, wenn konkret zusätzliche Gemeinkosten der Baustelle durch den Nachtrag entstehen. Diese zusätzlichen Gemeinkosten der Baustelle werden aber i. d. R. vom Nachtragsteller sowieso als (zusätzliche) Einzelkosten der Teilleistungen im Nachtrag ausgewiesen. Deshalb schlägt Kapellmann eine Ausgleichsberechnung wie bei Minder- und Mehrmengen gemäß § 2 Abs. 3 VOB/B vor, so dass keine Über- und Unterdeckung bei den Umlagen auftritt.[1]

Anmerkung: Da die restlichen Gemeinkosten der Baustelle bei diesem Beispiel ausgeschrieben sind, wird sich kein Unterschied ergeben.

---

[1]   siehe Kapellmann/Schiffers, Vergütung, Nachträge und Behinderungsfolgen beim Bauvertrag, Band 1, 5. Auflage, 2011, Rdn. 1007 f.

Berechnung des Nachtragspreises für die geänderte Leistung nach Vorschlag Kapellmann NP 05 (Kapellmann):

Formblatt 4

| Pos. Nr. | Kurztext / Mengenangabe / Einzelkostenentwicklung | | Kostenarten ohne Umlagen je Einheit | | | | Preis je Einheit [€] | Preis je Teilleistung [€] |
|---|---|---|---|---|---|---|---|---|
| | | | Lohn [h] | Soko [€] | Geräte [€] | Fremdl. [€] | | |
| | Umlagen: AGK, W+G | | × 40,68 | × 1,13 | × 1,13 | × 1,13 | | |
| | | | | | | | | |
| 283_K | Beton C 30/37 für Stütze | 70 m | | | | | | |
| | 40/40 cm einschließlich | | | | | | | |
| | Schalung, h bis 3,50 m | | | | | | | |
| | UP: Beton | 0,16 m³/m | 1,000 | 80,00 | | | | |
| | UP: Schalung | 1,60 m²/m | 1,000 | 5,00 | | | | |
| | | | | | | | | |
| | | S. o. U. | 1,760 | 20,80 | 0,00 | 0,00 | | |
| | | S. m. U. | 71,60 | 23,50 | 0,00 | 0,00 | 95,10 | 6.657,00 |
| | | | | | | | | |
| | EP mit Umlagen der Kalkulation: | | | | | | 95,10 | |
| | Enthaltene GkdB mit ihren AGK, W+G-Anteilen: | | | | | | | |
| | = 95,1 - 95,1 = | | | | | | 0,00 | |
| | | | | | | | | |
| NP05_K | Beton C 30/37 für Stütze | 70 m | | | | | | |
| | 50/50 cm einschließlich | | | | | | | |
| | Schalung, h bis 3,50 m | | | | | | | |
| | UP: Beton | 0,25 m³/m | 1,000 | 80,00 | | | | |
| | UP: Schalung | 2,00 m²/m | 1,000 | 5,00 | | | | |
| | | | | | | | | |
| | | S. o. U. | 2,250 | 30,00 | 0,00 | 0,00 | | |
| | | S. m. U. | 91,53 | 33,90 | 0,00 | 0,00 | 125,43 | |
| | zzgl. GkdB einschl. ihrer AGK, W+G-Anteile der Pos. 283 | | | | | | 0,00 | |
| | | | | | | | 125,43 | 8.780,10 |

Die Einzelkosten der Teilleistungen werden mit ihren AGK-W+G-Sätzen beaufschlagt. Damit ergibt sich ein Mittellohn ASL mit seinen AGK, W+G-Sätzen aus 36,00 €/h x (1 + 13 %) = 40,68 €/h. Die mit den AGK-, W+G-Sätzen beaufschlagten Einzelkosten der Teilleistungen betragen 125,43 €. Sollten keine erhöhten Gemeinkosten der Baustelle geltend gemacht werden können, wird der Umlageanteil der ursprünglich vorgesehenen Leistung (Pos. 283) hinzuaddiert. Somit ergibt sich ein EP von 125,43 € + 0,00 € = 125,43 €. Eine Ausgleichsberechnung wäre dann nicht mehr erforderlich.

Die von Kapellmann vorgeschlagene Vorgehensweise ist richtig und wird sich durchsetzen.

Anmerkung: Im vorliegenden Fall gibt es keine Unterschiede, da die restlichen Gemeinkosten der Baustelle als Positionen ausgeschrieben waren. Die Einzelkosten sind deshalb sowieso nur mit ihren AGK-, W- und G-Sätzen beaufschlagt. Die Berechnung der Über- bzw. Unterdeckung der Gemeinkosten bei Änderungen des Bauvertrags entfällt bzw. wird stark vereinfacht. Da es nur sehr wenige Ausschreibungen mit Positionen für die restlichen Gemeinkosten der Baustelle gibt, werden die Rechenwege für die bisher übliche Vorgehensweise trotzdem aufgezeigt. Die Berechnungen werden weiter vereinfacht durch den gleichen Verrechnungssatz für Eigen- und Fremdleistungen.

# 21.4   Behinderung der Bauausführung

## 21.4.1   Ursachen der Behinderung

Die Ursachen für die häufigen und in verschiedenste Weise auftretenden Behinderungen bei der Bauausführung liegen oft in der Art des Bauens selbst begründet. Die Planung, Genehmigung und Ausführung von Bauvorhaben machen die Zusammenarbeit vieler unterschiedlicher Berufsgruppen erforderlich. Bei komplizierten Bauvorhaben müssen dann nicht selten die Anliegen mehrerer Hundert Beteiligter berücksichtigt werden. Es ist also verständlich, wenn in der Koordination der vielen Stellen und deren Belange Schwierigkeiten auftreten, die sich als Behinderungen bei der Bauausführung auswirken.

Viele Behinderungen gehen auf eine unzureichende Versorgung der Baustelle mit ausführungsreifen Plänen zurück. Oft wird seitens des Auftraggebers zu früh ausgeschrieben, so dass wichtige Planungsdetails noch nicht genügend ausgereift sind und sich die Herstellung der Ausführungspläne oder deren Prüfung durch den Prüfingenieur verzögert. Häufig ändert auch der Nutzer seine ursprünglichen Anforderungen an das Bauwerk, um die neuesten Entwicklungen der Technik zu berücksichtigen, wodurch jedoch Umplanungen notwendig werden. In manchen Fällen wird von den Planern die notwendige Planungskapazität unterschätzt, so dass die Planlieferung stockt.

Eine weitere Ursache der Behinderung liegt oft in der Notwendigkeit, die ursprünglich geplante Konstruktion der Gründung zu ändern, weil die vorgefundenen Baugrund- oder Grundwasserverhältnisse nicht mit den angenommenen übereinstimmen oder weil bei Grenzbebauung z. B. im Stadtbereich die nachbarrechtlichen Genehmigungen für die geplante Gründungsart nicht rechtzeitig eingeholt wurden.

Es ließen sich noch zahlreiche andere Ursachen aufzählen. Zweck dieses Abschnitts ist jedoch nicht eine vollständige Erfassung der Ursachen, sondern die Darstellung ihrer Auswirkungen auf die Kosten des Auftragnehmers. Voraussetzung für die folgenden Ausführungen ist allerdings, dass die Ursachen der Behinderung nicht im Verantwortungsbereich des Auftragnehmers liegen.

## 21.4.2   Angesprochene Vertragsbedingungen

Die vorstehend beschriebenen Umstände haben natürlich auch ihren Niederschlag in den Vertragsbedingungen gefunden. Zu verweisen ist hier auf die §§ 2 Abs. 6 und 8 VOB/B, die mit den Inhalten „Vergütung", „Behinderung und Unterbrechung der Ausführung" und „Kündigung durch den Auftraggeber" beschrieben sind; manchmal kommt hierzu noch § 9 „Kündigung durch den Auftragnehmer".

Es handelt sich dabei um Vertragsbedingungen, die eine Anpassung der im Bauvertrag vereinbarten Bauleistung an die veränderten Ausführungsbedingungen gewährleisten sollen, und zwar unter Berücksichtigung eines gerechten Interessenausgleichs zwischen Auftraggeber und Auftragnehmer. Jedoch ist darauf hinzuweisen, dass hohe Anforderungen an den Nachweis von Mehrkosten gestellt werden müssen. In vielen Fällen fehlt ein exakter Nachweis bei Nachtragsangeboten, so dass es auch Auftraggebern, denen an einem gerechten Interessenausgleich gelegen ist, schwerfällt, den Nachtragsangeboten stattzugeben.

*Vorliegende Gerichtsurteile fordern, dass derartige Nachweise auf Grund einer Dokumentation substantiiert geführt werden. Annahmen, die aus der Angebotskalkulation abgeleitet werden, genügen nicht.* Dies gilt insbesondere für Nachforderungen bei Behinderungen. Hier muss bis ins Einzelne nachgewiesen werden, wer, wo und wie behindert wurde. Einzelnachweise werden auch benötigt, wenn sich die Grundlagen der Preisermittlung geändert haben oder wenn eine besondere Vergütung für eine im Vertrag nicht vorgesehene Leistung beansprucht wird.

In der Regel sind Behinderungen, die nach § 6 Abs. 1 VOB/B grundsätzlich dem Auftraggeber unverzüglich schriftlich mitzuteilen sind, mit Bauzeitverlängerungen verknüpft. In welchen Fällen die Ausführungsfristen verlängert werden, wie bei Unterbrechungen abgerechnet, welche Kosten vergütet werden und welcher Schaden ersetzt werden muss, ist in § 6 Abs. 2 bis 7 VOB/B geregelt und kann dort nachgelesen werden.[1]

Soweit sich Änderungen der Grundlagen des Preises aus Anordnungen des Auftraggebers oder infolge Änderungen des Bauentwurfs Mehr- oder Minderkosten gemäß § 2 Abs. 5 oder neue Preise gemäß § 2 Abs. 6 VOB/B ergeben und dies mit einer Bauzeitverlängerung verbunden ist, ist dies in die geänderten Preise einzuschließen. Ein nachholendes Geltendmachen würde zur Aufhebung eines einvernehmlich vereinbarten Preises führen und wäre somit vertragswidrig.

## 21.4.3 Auswirkungen auf die Kosten

Bei der Ermittlung der auf die Behinderung zurückzuführenden Kosten müssen alle zeitabhängigen Kostenbestandteile erfasst und berücksichtigt werden. Um eine einwandfreie Berechnungsgrundlage zu haben, ist es zu empfehlen, im Leistungsverzeichnis Positionen für zeitabhängige Kosten aufzunehmen. Das ist besonders bei den Kosten der Baustelleneinrichtung (Einrichten, Vorhalten, Räumen) und den Gemeinkosten der Baustelle erforderlich. Die Zuordnung der Baustelleneinrichtungskosten im Leistungsverzeichnis ist aus nachstehender Darstellung ersichtlich.

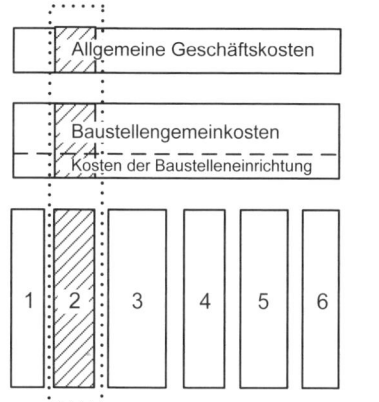 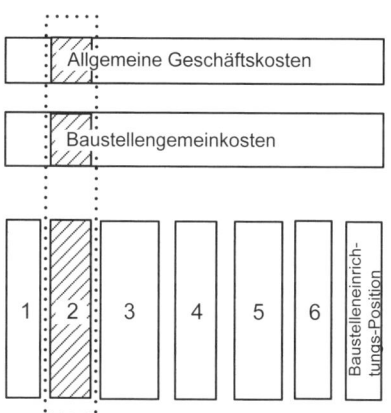

Baustelleneinrichtung in Gemeinkosten der Baustelle enthalten

Baustelleneinrichtung als besondere Position

Abbildung 69: Zuordnung der Baustelleneinrichtungskosten

Wie folgendes Diagramm des Kostenverlaufs über die Bauzeit zeigt, ermittelt sich der Mehrkostenbetrag bei Bauzeitverlängerungen hier aus den variablen (zeitabhängigen) Kostenbestandteilen. Für die Kalkulation bedeutet dies, dass die entstehenden Kosten nicht nur verursachungsgerecht den einzelnen Teilleistungen zugeordnet werden müssen, sondern vielmehr auch, dass eine richtige Differenzierung zwischen einmaligen (fixen) und zeitabhängigen (variablen) Kosten vorgenommen werden muss.

---

[1] Empfohlene Literatur zu den Themen Bauzeit und gestörter Bauablauf: Roquette/Viering/Leupertz, „Handbuch Bauzeit", 2. Auflage, 2013.

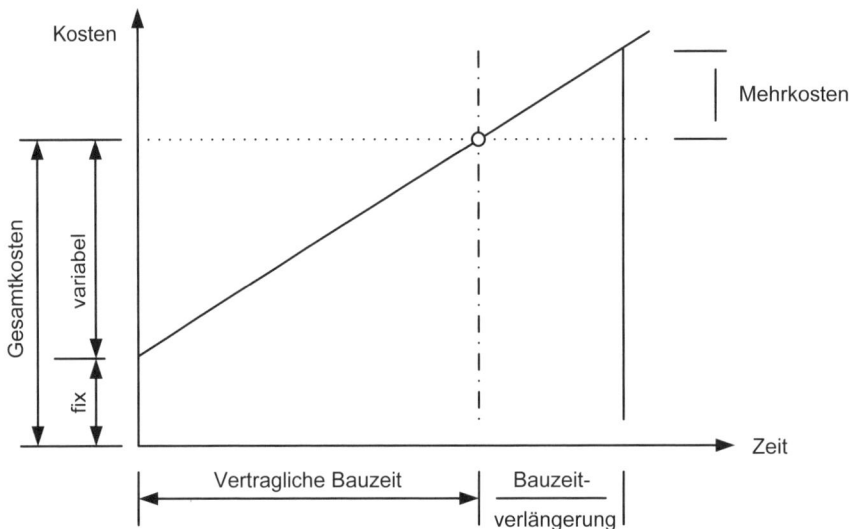

Abbildung 70: Kostenverlauf über die Bauzeit

## 21.4.4 Berechnungsbeispiel für Stoffkosten

Die Ausführungszeit eines Bauvorhabens war festgesetzt vom 01.01.2007 bis zum 31.12.2008. Infolge einer Änderung des Bauentwurfs **vor** der Zuschlagserteilung wurde der Ausführungsbeginn um ein halbes Jahr verschoben, so dass die neue Bauzeit vom 01.07.2007 bis 30.06.2009 vertraglich festgelegt wurde.

Während der Bauausführung kam es zu einer Verlängerung der Bauzeit, so dass das Bauvorhaben erst am 31.12.2009 abgeschlossen wurde, das heißt mit einer Verzögerung von 6 Monaten, die vom Auftraggeber zu vertreten war und von diesem auch anerkannt wurde.

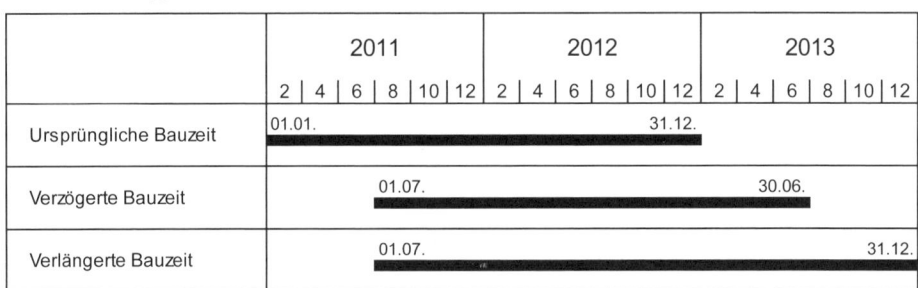

Abbildung 71: Bauzeitverlauf

Die Vertragspartner einigten sich darauf, dass die Mehrkosten für Baustoffe nach dem Index der Großhandelsverkaufspreise des Statistischen Bundesamtes Wiesbaden[1] berechnet werden. Dieser Index (2010 = 100) hat folgende Werte:

---

[1]  destatis Statistisches Bundesamt,
    https://www.destatis.de/DE/ZahlenFakten/Indikatoren/Konjunkturindikatoren/Preise/kpre560.html

Tabelle 15:     Index der Großhandelsverkaufspreise des Statistischen Bundesamtes Wiesbaden.

| 2007 | 2008 | 2009 | 2010 | 2011 | 2012 | 2013 | 2014 | | |
|------|------|------|------|------|------|------|------|--|--|
| 96,1 | 104,5 | 95,3 | 100,0 | 106,1 | 107,2 | 107,3 | | | |

Es wird zur Vereinfachung davon ausgegangen, dass der Baustoffverbrauch sich gleichmäßig über die gesamte Bauzeit verteilte.

a) Die Berechnung des gewichteten Index für die ursprüngliche Bauzeit ergibt :

(12 Mon x 106,1 + 12 Mon x 107,2)/(2 x 12 Mon)  =                                    106,65

b) Die gleiche Berechnung für dic vcrtragliche Bauzeit ergibt:

(6 Mon x 106,1 + 12 Mon x 107,2 + 6 Mon x 107,3)/(24 Mon) =                          106,95

c) Für die verlängerte Bauzeit folgt:

(6 Mon x 106,1 + 12 Mon x 107,2 + 12 Mon x 107,3)/(30 Mon) =                          107,02

In der Angebotskalkulation dieses Bauvorhabens eines öffentlichen Auftraggebers betrug der Baustoffanteil gemäß dem beigefügten Formblatt 222 (Preisermittlung bei Kalkulation über die Endsumme) 30,2 % der Angebotssumme. Bei der Mehrkostenberechnung ist dieser Baustoffanteil von 30,2 % auf die Abrechnungssumme zu beziehen.

Die Abrechnungssumme betrug: 4.068.825,00 €.

4.068.825,00 € x 0,302 x (106,95 – 106,65)/106,65 =                                   3.456,50 €

Wäre die ursprünglich vereinbarte Bauzeit zu Grunde zu legen gewesen (die Verschiebung des Ausführungsbeginns trat erst nach der Zuschlagserteilung auf), so hätte sich folgende zu vergütende Preiserhöhung ergeben:

4.068.825,00 € x 0,302 x (107,02 – 106,65)/106,65 =                                   4.263,01 €

## 21.4.5     Gerätemehrkosten

### 21.4.5.1     Allgemeines

Aus Gerichtsurteilen und einschlägigen Kommentaren zur VOB ist ersichtlich, dass bei Behinderung gemäß § 6 VOB/B nur solche Kosten als Schaden anerkannt werden, die tatsächlich entstanden sind und die nach den Umständen nicht zu vermeiden waren. Zur Berechnung von Gerätekosten heißt es zum Beispiel bei Ingenstau/Korbion, VOB Teile A und B, Kommentar (18. Auflage 2013, Seite 1307; B § 6 Abs. 6; Rdn. 42): „Eine bloße Abschreibung nach der **Baugeräteliste** (2007) oder ähnlichen der Kalkulation für das Vertragsangebot bzw. den Vertragsabschluss und damit den künftigen Einsatz dienenden Hilfsmitteln deckt nicht den hier maßgebenden Schadensbegriff ab (ebenso VHB Stand 2008 RiLi 400 Ziff. 5 zu § 6 VOB/B). Überdies entspricht die in der Baugeräteliste auch erfasste Kapitalverzinsung dem entgangenen Gewinn; teilweise dürfte das auch für die dort berücksichtigte wirtschaftliche Abschreibung gelten. Sie schlägt zwar bei der kaufmännischen Erfolgsrechnung als Verlust zu Buche, stellt aber kalkulatorisch nur eine Verteilung der Anschaffungskosten über die vermutliche Nutzungsdauer dar."

Im Vergabe- und Vertragshandbuch für die Baumaßnahmen des Bundes (VHB)[1] heißt es zu § 6 VOB/B unter Nr. 5.1.4: „Der entstandene Schaden muss konkret nachgewiesen werden. Sofern Stillstandskosten überhaupt als Schaden in Betracht kommen können, dürfen Abschreibungssätze aus Baugerätelisten oder ähnlichen der Kalkulation dienenden Hilfsmitteln als Nachweis nicht anerkannt werden."

Bei der Schadensberechnung ist also nicht von Bedeutung, ob die Baustelle während der Verlängerungszeit mit kalkulatorischen Gerätemieten belastet wird oder ob die bilanzielle Abschreibung der auf der Baustelle eingesetzten Geräte im Jahresabschluss des Unternehmens eingesetzt wird (denn dies sind rein rechnerische Größen), sondern ob dem Unternehmen wirkliche Mehrkosten entstanden sind, die in der Angebotskalkulation nicht enthalten waren. Infolgedessen kann bei Zugrundelegung dieses Schadensbegriffes nicht die volle Abschreibung, sondern nur ein Teil und auch nicht der volle Verrechnungssatz für die Reparatur, sondern auch hiervon nur ein Teil angesetzt werden, da die Geräte während der Verlängerungszeit nicht im gleichen Maße beansprucht werden, wie – bei Zugrundelegung der vertraglichen Bauzeit – in der Angebotskalkulation angenommen wurde. Bei der Abschreibung kommt vor allem der Wertverzehr zum Tragen, der auf Witterungseinflüsse und technische Überalterung zurückzuführen ist. Bei den Reparaturkosten kommt nur ein Ansatz in Frage, der einer während der Verlängerungszeit verringerten Gerätenutzung entspricht. Genaue Werte hierüber liegen nicht vor, sie können nur geschätzt werden. Eine solche Schätzung hat Dähne[2] vorgenommen, auf den der Kommentar Ingenstau/Korbion verweist.

### 21.4.5.2 Berechnungsvorschlag von Dähne

Für die Ermittlung des aus einer Behinderung resultierenden Schadens bei Geräten, Schal- und Rüstmaterial schlägt Dähne die nachfolgend beschriebene Vorgehensweise vor.

**Der Zeitwert**

Ausgangspunkt für die Berechnung der Schadenshöhe bei technischen Geräten ist der Zeitwert. Er wird aus dem Neuwert (Anschaffungspreis) des einzelnen Gerätes abgeleitet. Eine derartige Zeitwertbestimmung ist mit erheblichem Aufwand verbunden, wenn sie z. B. bei größeren Baustelleneinrichtungen für eine Vielzahl von Geräten oder Gerätegruppen vorzunehmen ist. Als Hilfsmittel für die Bestimmung des mittleren Neuwerts einer Gerätegruppe gleicher Zweckbestimmung können die Angaben der Baugeräteliste herangezogen werden.

Die in der Baugeräteliste 2007 angegebenen Werte sind Mittelwerte der Ab-Werk-Preise für die gebräuchlichsten Fabrikate einer Geräteart auf der Preisbasis 2000 einschließlich der Bezugskosten. Sie enthalten keine Mehrwertsteuer.

**Die Anschaffungskosten**

Anschaffungskosten von Geräten bleiben nicht konstant, sondern entwickeln sich weiter, so dass im darauf folgenden Jahr für die Beschaffung des gleichen Gerätes ein höherer Preis entrichtet werden muss. Die in der Baugeräteliste 2007 angegebenen Preise, die dem Preisstand 2000 entsprechen, müssen deshalb mit Hilfe der vom Statistischen Bundesamt Wiesbaden veröffentlichten Indexreihe „Lange Reihen Preisindizes der Erzeugerpreise gewerblicher Produkte" (Inlandsabsatz) nach dem „Systematischen Güterverzeichnis für Produktionsstatistiken, Ausgabe 2009" (GP 2009) fortgeschrieben werden.

---

[1] Vergabe- und Vertragshandbuch für die Baumaßnahmen des Bundes (VHB); Ausgabe 2008 – Stand Mai 2010.

[2] Dähne, H. (1978), S. 429 ff.

Tabelle 16:    Index „Maschinen für die Bauwirtschaft", nach Hauptverband der Deutschen Bauindustrie e. V.

| 2000 | 2005 | 2007 | 2009 | 2010 | 2011 | 2012 | 2013 | 2014 |
|---|---|---|---|---|---|---|---|---|
| 86,50 | 91,10 | 93,60 | 99,10 | 100,00 | 101,60 | 104,60 | 106,30 | |
| **100,00** | 105,30 | 108,20 | 114,50 | 115,50 | 117,40 | 121,30 | 122,90 | |

### Gerätevorhaltekosten

Die **Vorhaltekosten** für Geräte, Schal- und Rüstmaterial bestehen aus Abschreibung, Verzinsung und Reparaturkosten. In der Baugeräteliste ist für die Abschreibung und Verzinsung eines Gerätes jeweils immer nur ein gemeinsamer Betrag ausgewiesen. Da eine Kapitalverzinsung jedoch Gewinn ist, sind die Zinsen von den angegebenen Abschreibungs- und Verzinsungsbeträgen abzutrennen.

Die **Abschreibung** setzt sich nach Küppers/Pfarr[1] zusammen aus 70 % für Gebrauch und Abnutzung und 30 % für einsatzunabhängige Einflüsse aus Witterung und technischer Überalterung. Dähne schlägt vor, für Gebrauch und Abnutzung bei Behinderung nur 5 bis 10 % statt 70 % anzusetzen und kommt damit bei einer Bauzeitverlängerung zu einem Ansatz von 35 bis 40 % des Abschreibungsbetrags.

Die **Verzinsung** des in die Geräte investierten Kapitals ist in den Ansätzen der Baugeräteliste bereits eingerechnet. Diese Verzinsungsanteile müssen bei Schadensberechnungen jedoch entfernt werden, da Zinsen in diesem Zusammenhang als Gewinn und nicht als Kosten betrachtet werden. Der Zinssatz der BGL beträgt 6,5 % per anno. Der Verzinsungsanteil ist in den Abschreibungs- und Verzinsungssätzen der BGL vereinfacht nach folgendem Schema berechnet:

Das in einem Gerät investierte Kapital verringert sich während der Nutzungsdauer von 100 % auf 0 %, so dass die mittlere Kapitalbindung 50 % beträgt. Dieses im Mittel gebundene Kapital wird mit 6,5 % per anno verzinst. Bei einer angenommenen Nutzungsdauer von n Jahren berechnet sich demzufolge der prozentuale Verzinsungsanteil zu

$$50 \% \times n \text{ Jahre} \times 6{,}5/100 = 3{,}25 \% \times n$$

### Berechnungsbeispiel zu Abschreibung und Verzinsung:

Für Hydraulikbagger mit Motorleistung von 36–150 kW ist in der BGL 2007 die Nutzungsdauer mit n = 7 Jahre angegeben. Der <u>Verzinsungsanteil</u> beträgt somit

$$50 \% \times 7 \text{ Jahre} \times 6{,}5/100 = 3{,}25 \% \times 7 = 22{,}75 \%$$

$$22{,}75 \% \times 100/122{,}75 = 18{,}53 \%$$

Der <u>Abschreibungsanteil</u> errechnet sich daraus zu

$$100 \% - 18{,}53 \% = 81{,}47 \%$$

Da Dähne für den auf eine Behinderung zurückzuführenden Verlängerungszeitraum einen Wertverzehr (Abschreibung) von 35 bis 40 % der Abschreibungsansätze der BGL als richtig ansieht, ergibt sich damit bei einer Nutzungsdauer von n = 7 Jahren ein verminderter Satz von

$$\frac{(0{,}35 + 0{,}40)}{2} \times 81{,}47 \% = 30{,}55 \% \text{ der BGL-Ansätze.}$$

---

[1]    Küppers/Pfarr (1960), „Erläuterungen zur Baugeräteliste mit Kalkulation und Abrechnung der Gerätekosten".

Bei einer Annahme von 7 Nutzungsjahren geht die BGL von 60–55 Vorhaltemonaten aus. In diesem Fall sind als Mittelwert 57,5 Vorhaltemonate anzusetzen. Wurde in der Angebotskalkulation, wie bei niedrigem Preisniveau üblich, mit der längeren Vorhaltedauer von 60 Monaten kalkuliert (das entspricht den niedrigeren BGL-Ansätzen = „unterer" Wert), dann ist der Abschreibungsbetrag wie folgt auf den Mittelwert umzurechnen:

60/100 × 100/57,5 = 1,0435

Damit verändert sich der vorhergehend ermittelte Abschreibungsbetrag auf

30,55 % × 1,0435 = 31,88 %

Häufig wird bei der Kalkulation der Gerätekosten auch der „untere" Wert nicht mit 100 % angesetzt, sondern die in der BGL angegebenen Abschreibungs- und Verzinsungsbeträge werden z. B. von 100 % auf 80 % vermindert. Diese Verminderung ist rückgängig zu machen. Für obiges Beispiel gilt dann

31,88 % /80 × 100 = 39,85 %

Die auf einer Baustelle eingesetzten Geräte haben unterschiedlich lange Nutzungsdauern, die nach der BGL überwiegend von n = 4 Jahre bis n = 10 Jahre betragen können. Bei Baustellen mit großem Geräteeinsatz wäre eine individuelle Berechnung der abgeminderten Abschreibungssätze in Abhängigkeit von der Nutzungsdauer jedes einzelnen Gerätes mit einem unzumutbaren Aufwand verbunden. In einem solchen Fall kann näherungsweise ein Mittelwert herangezogen werden, wie er nachstehend ermittelt ist:

| Nutzungsjahre | Abschreibungsanteil in | Verminderter Abschreibungssatz bei | |
|---|---|---|---|
| n | % des BGL-Satzes | 35 % Abminderung | 40 % Abminderung |
| 4 | 88,50 % | 30,98 % | 35,40 % |
| 6 | 83,70 % | 29,30 % | 33,48 % |
| 8 | 79,40 % | 27,79 % | 31,76 % |
| 10 | 74,50 % | 26,08 % | 29,80 % |
| | Mittelwerte: | 28,53 % | 32,61 % |

Gemittelte Mittelwerte: (28,53 % + 32,61 %)/2 = 30,57 %.

**Reparaturkosten** fallen auch bei der durch Bauzeitverlängerung verursachten verminderten Ausnutzung der Geräte an, wobei jedoch wegen des weniger intensiven Einsatzes Abminderungen bei den in der BGL aufgeführten Reparatursätzen vorzunehmen sind.

Nach dem von Dähne angegebenen Beispiel kann bei einem Reparaturkostensatz von 1,8 % mit einem verminderten Reparaturkostensatz von 1,2 % gerechnet werden, d. h. ⅔ des Wertes der BGL.

### 21.4.5.3 Berechnungsvorschlag von Kapellmann/Schiffers

Kapellmann/Schiffers[1] vertreten eine zum Teil abweichende Meinung gegenüber der Gerätemehrkostenberechnung nach Dähne.

Für den Fall, dass keine Angebotskalkulation vorliegt oder aus einer vorhandenen Kalkulation die Gerätekosten nicht ermittelt werden können (als Beispiel werden die Vorhaltegeräte, bei Kapellmann/Schiffers als Bereitstellungsgeräte bezeichnet, bei der Kalkulation mit vorberechneten Zuschlägen angeführt), verweisen auch Kapellmann/Schiffers auf die Berechnung nach Dähne. Bei Vorliegen einer aussagekräftigen Kalkulation des Auftragnehmers, in der die auf das spezielle

---

[1] Kapellmann/Schiffers (2011a), Rdn. 1515 ff.

Bauvorhaben abgestimmten Preise für den Geräteeinsatz aufgelistet sind, sollte der Behinderungsschaden jedoch auf der Grundlage dieser kalkulierten Gerätekosten ermittelt werden.

Der Bieter weist in der seiner Kalkulation beigefügten Geräteliste Gerätemietkosten aus. Ein solch kalkulativ ausgewiesener Verrechnungspreis sei – Wettbewerb vorausgesetzt – beim günstigsten Bieter im Regelfall nicht überhöht, da alle anderen Bieter teurer waren oder anderweitig ungünstigere Angebote abgegeben hätten.

Für die Berechnung des für die Vorhaltung zu ersetzenden Betrages werden die Geräte nach Art ihres Einsatzes in folgende Gruppen unterteilt:

- **Vorhaltegeräte** und

- **Leistungsgeräte**.

Für Vorhaltegeräte soll stets der volle in der Kalkulation ausgewiesene Satz für Vorhaltung (einschl. Verzinsung) vergütet werden. Hingegen soll für Leistungsgeräte, die nicht von der Baustelle abgezogen werden (können), nur die Hälfte des kalkulierten Satzes vergütet werden.

Für den Reparaturkostenanteil muss die „gegenüber der Kalkulation verlängerte Vorhaltezeit (VZ)" noch in

- **stillstandsbedingte Vorhaltezeit (SZ)** und

- **restliche verlängerte Vorhaltezeit (RZ)** unterteilt werden.

Für die restliche verlängerte Vorhaltezeit (RZ) sollen für Reparaturkosten **100 % für Bereitstellungsgeräte** und **50 % für Leistungsgeräte** vom kalkulierten Wert angesetzt werden. Für stillstandsbedingte Vorhaltezeiten sollen wegen des witterungsbedingten Reparaturkostenanfalls 20 % vom kalkulierten Reparaturwert erstattet werden.

### 21.4.5.4 Beispiel einer Gerätemehrkostenberechnung nach Dähne

Die Berechnung wird für einen Turmkran (C 0.10.0125, Nennlastmoment 125 tm) vorgenommen:

| | |
|---|---|
| mittlerer Neuwert gemäß BGL 2007: | 209.500,00 € |
| Nutzungsjahre n: | 8 Jahre |
| Vorhaltemonate: | 60–55 Monate |
| monatl. Satz für Reparaturkosten: | 1,1 %/Monat |
| Anschaffungszeitpunkt des Turmkranes: | 2007 |

Der Preisindex des Jahres 2007 zur Basis 2000 beträgt 108,2.

Mittlerer indizierter Neupreis 2007: 209.500,00 € x 108,2/100 = 226.679,00 €.

Für die Abschreibung werden (60 + 55)/2 = 57,5 Vorhaltemonate angesetzt. Damit beträgt die monatliche Abschreibung:

226.679,00 €/57,5 Monate = 3.942,24 €/Monat.

Da für Bauzeitverlängerung nur ca. 35–40 % der Abschreibung geltend zu machen sind, ergeben sich die monatlichen Mehrkosten aus der Abschreibung zu

37,5 % von 3.942,24 €/Monat = 1.478,34 €/Monat

Reparaturkosten:

Nach Dähne werden nur ⅔ des Reparaturkostenanteils angerechnet:

226.679,00 € x 1,1 %/Monat x ⅔ = 1.662,31 €/Monat

Somit errechnen sich die vergütenden Mehrkosten je Monat Bauzeitverlängerung zu:

1.478,34 € + 1.662,31 € = 3.140,65 €

Die BGL 2007 gibt für den genannten Kran folgende Werte an:

– Monatlicher Betrag für A + V:     4.400,00 €

– Monatlicher Betrag für Reparatur:  2.300,00 €

6.700,00 €

Setzt man die zu vergütenden Mehrkosten je Monat hierzu in das Verhältnis, so ergibt sich ein Wert von:

$$\frac{3.140,65}{6.700,00} \times 100 = 46,88\,\%$$

Für die Schadensabschätzung kann näherungsweise von ca. 45 % der unteren BGL-Werte ausgegangen werden.

# 21.5 Beispiel zur Bauzeitverlängerung infolge Behinderung

Dem Bauvertrag zur Herstellung einer dreifeldrigen Brücke wurde der Bauzeitenplan „A" der nachfolgenden Abbildung zugrunde gelegt. Durch Verzögerungen, die der Auftragnehmer nicht zu vertreten hat, wurde die Brücke nach dem Bauzeitenplan „B" erstellt. Da eine Behinderung durch den Auftraggeber ein vertragswidriges Verhalten darstellt, ist er schadensersatzpflichtig. Der Anspruch auf Ersatz des Schadens ist durch eine lückenlose Dokumentation gemäß § 6 Abs. 6 VOB/B nachzuweisen; verlangt werden effektive Kosten und keine kalkulierten Kosten. Der Bauzeitenplan B stellt den effektiv aufgetretenen Ablauf dar.

## 21.5.1 Annahmen zum Beispiel

Aus der im Spätherbst 2012 erstellten Angebotskalkulation wurden für das Beispiel die Positionen des LV zu Herstellungsvorgängen zusammengefasst, für die auf Formblatt 1 die Kostenstruktur und in den Bauzeitplänen „A" und „B" der Soll- bzw. Ist-Ablauf dargestellt ist.

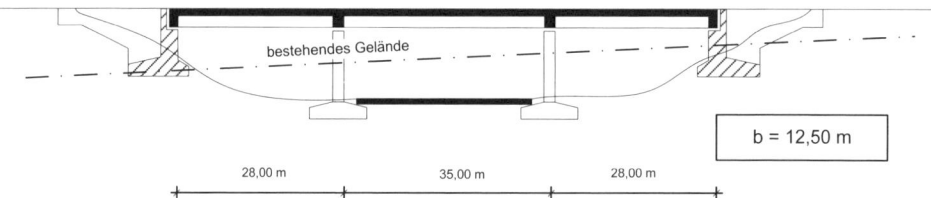

Der Voreinschnitt zur Erstellung der Autobahntrasse wurde vor Beginn der Brückenbaumaßnahme unabhängig durch einen fremden Erdbauunternehmer ausgeführt. Die im Zusammenhang mit der Brücke anfallenden Erdarbeiten der Pos. 3 beziehen sich nur auf den Fundamentaushub an Pfeilern und Widerlagern. Diese Erdarbeiten wurden an einen Nachunternehmer weitervergeben.

## 21.5.2 Angaben zur Angebotskalkulation

Bei der Angebotskalkulation wurde davon ausgegangen, dass gemäß dem vorgesehenen Bauablauf „A" rund 18 % der Arbeitsstunden in die Lohnperiode bis zum 30.04.2013 fallen, wofür ein Mittellohn ASL von 33,13 €/h angesetzt wurde. Die restlichen 82 % sind wegen der Lohnerhöhungen ab 01.05.2013 (3,2 %) mit 34,19 €/h veranschlagt worden, so dass dem Angebot ein

Mittellohn ASL von 0,18 x 33,13 €/h + 0,82 x 34,19 €/h = 34,00 €/h zugrunde liegt. Die Gehaltskosten wurden analog berechnet.

Das Leistungsverzeichnis enthielt zwei Positionen für Einrichten und Räumen der Baustelle und zwei Positionen für Gemeinkosten der Baustelle, deren Kostenermittlung nachfolgend genauer beschrieben ist.

Die Grundlage zur Ermittlung der Gerätekosten war die BGL 2007, wobei in der Angebotskalkulation für Abschreibung, Verzinsung und Reparatur der gesamten Baustelleneinrichtung (Geräte, Maschinen, Schalmaterial, Container, Sanitärwagen etc.) einheitlich nur 75 % der unteren Werte der BGL-Ansätze berechnet wurden. Das Lehrgerüst wurde angemietet.

Die Preisermittlung erfolgte auf der Grundlage einer Kalkulation über die Angebotssumme.

Für die Verrechnung der Allgemeinen Geschäftskosten, Wagnis und Gewinn wurden 9 % + 0 % + 2 % der Herstellkosten bei allen Kostenarten angesetzt.

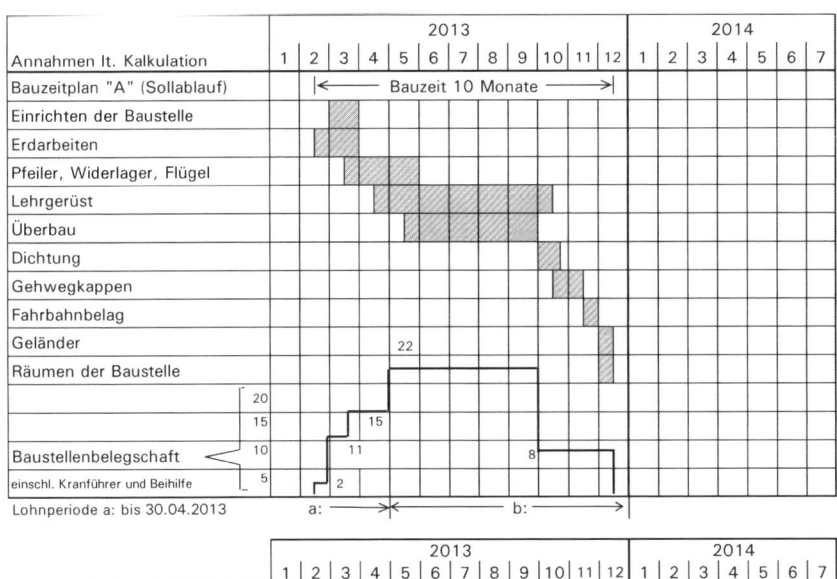

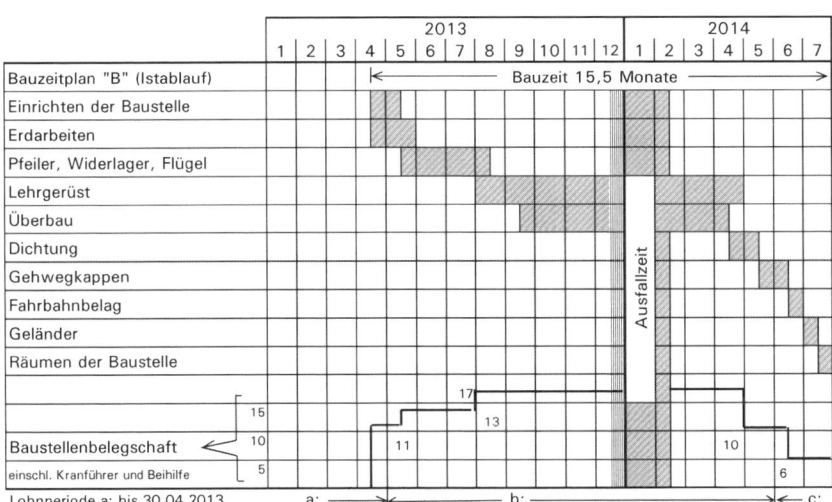

Abbildung 72: Bauzeitenpläne Brückenbeispiel

## 21.5.3 Einzelkosten der Teilleistungen

Die Kalkulation der Positionen 1.1 „Einrichten der Baustelle", 1.2 „Räumen der Baustelle", „Zeitunabhängige BGK" und 2.1 „Zeitabhängige BGK" werden ausführlich angegeben.

Formblatt 2

| Pos.<br>Nr. | Kurztext<br>Mengenangabe<br>Einzelkostenentwicklung | | Kostenarten ohne Umlagen je Einheit | | | |
| --- | --- | --- | --- | --- | --- | --- |
| | | | Lohn<br>[h] | Soko<br>[€] | Geräte<br>[€] | Fremdl.<br>[€] |
| | | Übertrag | | | | |
| 1.1 | Einrichten der Baustelle | 1 psch | | | | |
| | Ladekosten: | | | | | |
| | 85 t x (1,5 h/t + 18,00 €/t) | | 127,50 | 1.530,00 | | |
| | Transportkosten: 85 t x 22,-€/t | | | 1.870,00 | | |
| | Aufbaukosten: | | | | | |
| | - 1 Kran | | 120,00 | 1.500,00 | | |
| | - 90 m Krangleis | | 160,00 | 800,00 | | |
| | - Zimmerplatz | | 70,00 | 160,00 | | |
| | - Magazin und Spannstahllager | | 60,00 | 140,00 | | |
| | - Tagesunterkünfte (Container) | | 40,00 | 280,00 | | |
| | - Bauleitungsbüro (Container) | | 20,00 | 150,00 | | |
| | - Sanitärwagen | | 20,00 | 160,00 | | |
| | - Strom- und Wasseranschluss | | 50,00 | 4.400,00 | | |
| | Planum für Baustelleneinrichtung und | | | | | |
| | Herstellen der Zufahrt zur Baustelle | | 153,50 | 1.700,00 | | |
| | Summe - Einrichten der Baustelle | | 821,00 | 12.690,00 | 0,00 | 0,00 |
| | | | | | | |
| 1.2 | Räumen der Baustelle | 1 psch | | | | |
| | Ladekosten: 85 t x (1,5 h/t + 18,00 €/t) | | 127,50 | 1.530,00 | | |
| | Transportkosten: s.o. | | | 1.870,00 | | |
| | Abbaukosten (einschl. Gelände in | | | | | |
| | ursprünglichen Zustand versetzen): | | | | | |
| | 0,5 x (820,5 - 127,5) + 2.340,- € | | 346,50 | 1.170,00 | | |
| | Summe - Räumen der Baustelle | | 474,00 | 4.570,00 | 0,00 | 0,00 |

Formblatt 2

| Pos.<br>Nr. | Kurztext<br>Mengenangabe<br>Einzelkostenentwicklung | | Kostenarten ohne Umlagen je Einheit | | | |
| --- | --- | --- | --- | --- | --- | --- |
| | | | Lohn<br>[h] | Soko<br>[€] | Geräte<br>[€] | Fremdl.<br>[€] |
| | | Übertrag | | | | |
| 2 | Gemeinkosten der Baustelle (BGK) | | | | | |
| 2.1 | Zeitunabhängige BGK | | | | | |
| | Kosten der Baustellenausstattung | | | | | |
| | Hilfsstoffe | | | | | |
| | 1,5 % der Einzellohnkosten | | | 12.760,00 | | |
| | Werkzeug + Kleingerät | | | | | |
| | 2,5 % der Einzellohnkosten | | | 21.267,00 | | |
| | Kosten der technischen Bearbeitung | | | | | |
| | Konstr. Bearbeitung | | | 15.000,00 | | |
| | AV | | | 9.000,00 | | |
| | | | 0,00 | 58.027,00 | 0,00 | 0,00 |
| 2.2 | Zeitabhängige BGK | | | | | |
| | Vorhaltekosten für 10 Monate | | | | | |
| | Geräte | | | | 28.000,00 | |
| | Container, ... | | | | 13.000,00 | |
| | Betriebskosten für 10 Monate | | | | | |
| | Wasser- und Energieverbrauch | | | 16.000,00 | | |
| | Kosten Bauleitung (20 %) u. Polier | | | | | |
| | Bauleitung (zu 20 %) | | | 15.500,00 | | |
| | Polier | | | 64.000,00 | | |
| | Büromaterial | | | | | |
| | 220 Euro/Monat | 10 Mon. | | 2.200,00 | | |
| | PKW | | | | | |
| | 600 Euro/Monat | 10 Mon. | | 6.000,00 | | |
| | Bewirtung/allg. Spesen | | | 4.000,00 | | |
| | Geräteführer (TDK) | | 1.800,00 | | | |
| | Hilfslöhne | | 1.800,00 | | | |
| | | | 3.600,00 | 107.700,00 | 41.000,00 | 0,00 |

Die weiteren Einzelkosten der Teilleistungen werden für die zu Herstellungsvorgängen zusammengefassten Positionen angegeben.

| Pos. Nr. | Kurztext Mengenangabe Einzelkostenentwicklung | Menge | Kostenarten ohne Umlagen insgesamt | | | |
|---|---|---|---|---|---|---|
| | | | Lohn [h] | Soko [EURO] | Geräte [EURO] | Fremdl. [EURO] |
| | Übertrag/Faktor | | | | | |
| 1.1 | Einrichten der Baustelle | | 821,00 | 12.690,00 | | |
| 1.2 | Räumen der Baustelle | | 474,00 | 4.570,00 | | |
| 2.1 | BGK: zeitunabhängig | | | 58.027,00 | | |
| 2.2 | BGK: zeitabhängig | | 3.600,00 | 107.700,00 | 41.000,00 | |
| 3 | Erdarbeiten | | | | | 27.600,00 |
| 4 | Pfeiler, Widerlager, Flügel | | 6.250,00 | 91.098,00 | | |
| 5 | Lehrgerüst: Aus-, Um-, Abbau | | 3.305,00 | 13.250,00 | | |
| 6 | Lehrgerüst: Vorhalten | | | | | 28.825,00 |
| 7 | Überbau | | 12.980,00 | 234.500,00 | | |
| 8 | Dichtung | | | | | 37.900,00 |
| 9 | Gehwegkappen | | 1.190,00 | 11.925,00 | | |
| 10 | Fahrbahnbeläge | | | | | 45.850,00 |
| 11 | Geländer | | | | | 25.150,00 |
| | Summe/Übertrag | | 28.620,00 | 533.760,00 | 41.000,00 | 165.325,00 |

In dieser Auflage wurden erstmalig die BGK als Position ausgeschrieben. Die weitere Vorgehensweise ändert sich bei diesem Beispiel jedoch prinzipiell nicht.

## 21.5.4 Ermittlung der Angebotssumme und der Umlagen

Als Umlagesätze wurden gewählt:

- Umlage auf Soko       13,00 %

- Umlage auf Geräte       13,00 %

- Umlage auf Fremdleistungen    13,00 %

Da die Gemeinkosten der Baustelle ausgeschrieben sind, ergibt sich auf Lohn ebenfalls 13 % als Umlage. Der Verrechnungslohn beträgt 34,00 €/h x 1,13 = 38,42 €/h.

Teil 1                 Formblatt 3 (2014)

### Ermittlung der Angebotssumme

| KOA | L (h) | L (€) | S | G | F | | Summe |
|---|---|---|---|---|---|---|---|
| EKT | 28.620,00 | 973.080,00 | 533.760,00 | 41.000,00 | 165.325,00 | | 1.713.165,00 |
| BGK | | | | | | + | 0,00 |
| HSK | 28.620,00 | 973.080,00 | 533.760,00 | 41.000,00 | 165.325,00 | | 1.713.165,00 |
| HSK | | 973.080,00 | 533.760,00 | 41.000,00 | 165.325,00 | | |
| AGK | in % HSK | 11,0000 | 11,0000 | 11,0000 | 11,0000 | | |
| W | in % HSK | 0,0000 | 0,0000 | 0,0000 | 0,0000 | | |
| G | in % HSK | 2,0000 | 2,0000 | 2,0000 | 2,0000 | | |
| AGK | | 107.038,80 | 58.713,60 | 4.510,00 | 18.185,75 | + | 188.448,15 |
| W | | 0,00 | 0,00 | 0,00 | 0,00 | + | 0,00 |
| G | | 19.461,60 | 10.675,20 | 820,00 | 3.306,50 | + | 34.263,30 |
| | | | | Angebotssumme ohne Mehrwertsteuer | | | 1.935.876,45 |

Teil 2

### Ermittlung der Umlagen

| | | | Einzelkosten [€] | Umlagebetrag [€] | | |
|---|---|---|---|---|---|---|
| Angebotssumme ohne Mehrwertsteuer | | | | | | 1.935.876,45 |
| abzüglich Einzelkosten der Teilleistungen | | | | | - | 1.713.165,00 |
| insgesamt zu verrechnender Umlagebetrag | | | | | | 222.711,45 |
| abzüglich gewählter Umlagen auf | | | Einzelkosten [€] | Umlagebetrag [€] | | |
| | L | variabel | - | s. u. | | |
| | S | 13,00 % | 533.760,00 | 69.388,80 | | |
| | G | 13,00 % | 41.000,00 | 5.330,00 | | |
| | F | 13,00 % | 165.325,00 | 21.492,25 | | |
| Summe gewählter Umlagen: | | | | 96.211,05 | - | 96.211,05 |
| Noch zu verrechnender Umlagebetrag auf L | | | 126.500,40 | < | | 126.500,40 |
| Summe Einzelkosten für noch zu berechnenden Umlagesatz (L) | | | 973.080,00 | | | |
| Umlagesatz auf L | | | = | 13,0000 % | | |

Teil 3

### Ermittlung des Verrechnungslohns

| | | | |
|---|---|---|---|
| Mittellohn ASL: | | | 34,00 €/h |
| Umlage auf Lohn: | 13,0000 % von ASL | + | 4,42 €/h |
| Verrechnungslohn: | | | 38,42 €/h |

## 21.5.5 Ermittlung der Einheitspreise

Formblatt 1

| Pos. Nr. | Kurztext / Mengenangabe / Einzelkostenentwicklung | Menge | Kostenarten ohne Umlagen insgesamt | | | | Kostenarten mit Umlagen je Einheit | | | | Preis je Teilleistung [EURO] |
|---|---|---|---|---|---|---|---|---|---|---|---|
| | | | Lohn [h] | Soko [EURO] | Geräte [EURO] | Fremdl. [EURO] | Lohn [EURO] | Soko [EURO] | Geräte [EURO] | Fremdl. [EURO] | |
| | Übertrag/Faktor | | | | | | x 38,42 €/h | x 1,13 | x 1,13 | x 1,13 | x 1,13 |
| 1.1 | Einrichten der Baustelle | | 821,00 | 12.690,00 | | | 31.542,82 | 14.339,70 | | | 45.882,52 |
| 1.2 | Räumen der Baustelle | | 474,00 | 4.570,00 | | | 18.211,08 | 5.164,10 | | | 23.375,18 |
| 2.1 | BGK: zeitunabhängig | | | 58.027,00 | | | | 65.570,51 | | | 65.570,51 |
| 2.2 | BGK: zeitabhängig | | 3.600,00 | 107.700,00 | 41.000,00 | | 138.312,00 | 121.701,00 | 46.330,00 | | 306.343,00 |
| 3 | Erdarbeiten | | | | | 27.600,00 | | | | 31.188,00 | 31.188,00 |
| 4 | Pfeiler, Widerlager, Flügel | | 6.250,00 | 91.098,00 | | | 240.125,00 | 102.940,74 | | | 343.065,74 |
| 5 | Lehrgerüst: Aus-, Um-, Abbau | | 3.305,00 | 13.250,00 | | | 126.978,10 | 14.972,50 | | | 141.950,60 |
| 6 | Lehrgerüst: Vorhalten | | | | | 28.825,00 | | | | 32.572,00 | 32.572,00 |
| 7 | Überbau | | 12.980,00 | 234.500,00 | | | 498.691,60 | 264.985,00 | | | 763.676,60 |
| 8 | Dichtung | | | | | 37.900,00 | | | | 42.827,00 | 42.827,00 |
| 9 | Gehwegkappen | | 1.190,00 | 11.925,00 | | | 45.719,80 | 13.475,25 | | | 59.195,05 |
| 10 | Fahrbahnbeläge | | | | | 45.850,00 | | | | 51.811,00 | 51.811,00 |
| 11 | Geländer | | | | | 25.150,00 | | | | 28.420,00 | 28.420,00 |
| | Summe/Übertrag | | 28.620,00 | 533.760,00 | 41.000,00 | 165.325,00 | | | | | 1.935.877,20 |

Summe Lohnstunden x Mittellohn ASL: 973.080,00 €

251

## 21.5.6 Ermittlung des Schadensersatzes aus Bauzeitverlängerung

Infolge des verspäteten Baubeginns und der Bauzeitverlängerung, die bei diesem Beispiel eindeutig vom Auftraggeber zu vertreten waren, fallen zusätzliche Kosten durch die zeitabhängigen Kostenbestandteile an. Sie werden im Einzelnen wie folgt bestimmt, wobei die Soll- bzw. Ist-Bauzeiten den Bauzeitplänen A und B zu entnehmen sind.

Bei der **Berechnung der Mehrkosten** ist Folgendes zu berücksichtigen:

- Wird ein Bauablauf gestört, so können Minderleistungen bei der Ausführung auftreten, die zu einem höheren Verbrauch an Arbeitsstunden führen als kalkuliert wurde. Diese Differenz ist umso größer, je mehr die Fertigungsbedingungen voneinander abweichen. Im vorliegenden Fall wird angenommen, dass nachweislich ein Mehraufwand an Arbeitsstunden gegenüber den Kalkulationsansätzen entstand.

- Die Kosten für das Lehrgerüst erhöhen sich proportional zur Vorhaltezeit.

- Die witterungsbedingten Ausfalltage in der Zeit vom 1.12. bis 31.3. sind im Bauzeitplan „B" in einer Winterpause von 1,5 Monaten zusammengefasst. Während dieser Zeit sind die Kosten der örtlichen Bauleitung in voller Höhe angefallen. Es wird davon ausgegangen, dass in der Winterpause 20 Tage witterungsbedingt nicht gearbeitet werden konnte und deshalb Ausfallgeld bezahlt werden musste. Bei mehr als 20 Tagen witterungsbedingtem Arbeitsausfall gilt ab dem 21. Ausfalltag eine Art „Schlechtwettergeldregelung", d. h. Baustellen- und Hilfslöhne verursachen dann für das Bauunternehmen keine Mehrkosten. Die effektiven Mehrkosten für den Arbeitgeber betragen 25 % vom Mittellohn ASL. Für die Ausfalltage sind die Vorhaltekosten der Geräte und Container voll anzusetzen; Betriebsstoffe wurden in dieser Zeit nicht verbraucht.

- Mehrkosten aus tariflichen Lohnerhöhungen werden gemäß der Belegschaftskurve des Bauzeitenplans „B" berechnet.

### 21.5.6.1 Mehrkosten aus zusätzlichem Lohnaufwand

Der zusätzliche Lohnaufwand setzt sich zusammen aus:

- erhöhtem Lohnaufwand infolge der Störung des Bauablaufs,

- tarifliche Lohnerhöhungen ab 01.06.2014 um 3,1 % auf 35,25 €/h.

**Ermittlung der Ist-Lohnstunden aus Bauzeitenplan „B"**

Lohnperiode a): bis 30.04.2013

| | | |
|---|---|---|
| 0,50 Mon x | 11,00 Arb.Mon = | 5,50 Arb.Mon |

Lohnperiode b): bis 31.05.2014

| | | |
|---|---|---|
| 0,50 Mon x | 11,00 Arb.Mon = | 5,50 Arb.Mon |
| 2,50 Mon x | 13,00 Arb.Mon = | 32,50 Arb.Mon |
| 4,75 Mon x | 17,00 Arb.Mon = | 80,75 Arb.Mon |
| 1,00 Mon x | 17,00 Arb.Mon = | **17,00 Arb.Mon** (nicht produktiv) |
| 2,50 Mon x | 17,00 Arb.Mon = | 42,50 Arb.Mon |
| 1,00 Mon x | 10,00 Arb.Mon = | 10,00 Arb.Mon |
| | | 188,25 Arb.Mon |

Lohnperiode c): ab 01.06.2014

| | | |
|---|---|---|
| 0,50 Mon x | 10,00 Arb.Mon = | 5,00 Arb.Mon |
| 1,50 Mon x | 6,00 Arb.Mon = | 9,00 Arb.Mon |
| | | 14,00 Arb.Mon |

**Summe:** **207,75 Arb.Mon**

Zahl der produktiven Arbeitsstunden:

(207,75 −17,00) Arb.Mon x 180 h/Arb.Mon = 34.335 h

Gegenüber den Gesamtstunden der Angebotskalkulation bedeutet dies einen Mehraufwand an produktiven Lohnstunden (ohne witterungsbedingte Ausfallzeit)

$$\frac{34.335,00 - 28.620,00}{28.620,00} = 19,97\ \%$$

Ein solcher Mehraufwand ist nur dann vergütungsfähig, wenn eindeutig ein Verschulden des Auftraggebers nachgewiesen werden kann. Das ist z. B. dann **nicht** der Fall, wenn eine „Unterkalkulation" vorliegt oder eine unzureichende Baustellenorganisation. Ein Nachweis kann z. B. mit Zeitaufnahmen oder durch Vergleich einer Soll-Leistung mit einer Ist-Leistung geführt werden, wenn die Soll-Leistung auf einer ordnungsgemäßen Arbeitsvorbereitung mit auskömmlichen Aufwandswerten beruht.

**Berechnung der Ist-Lohnkosten**

Lohnperiode a):

5,50 Arb.Mon. x 180,00 h/Arb.Mon. x 33,13 €/h = 32.798,70 €

Lohnperiode b):  (aufgeschlüsselt wegen Ausfallzeit)

17,00 Arb.Mon. x 180,00 h/Arb.Mon. x 0,25 x 34,19 €/h = 26.155,35 €

(188,25 – 17,00) Arb.Mon. x 180,00 h/Arb.Mon. x 34,19 €/h = 1.053.906,75 €

Lohnperiode c):

14,00 Arb.Mon. x 180,00 h/Arb.Mon. x 35,25 €/h = 88.830,00 €

1.201.690,80 €

abzüglich Gesamtlohnkosten der Angebotskalkulation −973.080,00 €

**Mehraufwand an Lohnkosten** **228.610,80 €**

1.201.690,80 € x $\dfrac{28620}{34335}$ = 1.001.671,49 €

Davon entfallen auf Bauzeitverlängerung und -verschiebung

1.201.690,80 € x $\dfrac{28.620,00}{34.335,00}$ = 1.001.671,49 €

abzüglich kalkulierte Lohnkosten − 973.080,00 €

28.591,49 €

Die restlichen Mehrkosten von 228.610,80 € – 28.591,49 € = 200.019,31 € sind durch die zusätzlichen 5.715 Arbeitsstunden entstanden.

## 21.5.6.2  Mehrkosten aus der Vorhaltung des Lehrgerüstes

Soll-Vorhaltekosten für 6 Monate  = 28.825,00 €

28.825,00 €/6 Monate  =  4.804,00 €/Mon.

Unter der Voraussetzung, dass die monatlichen Soll- und Ist-Vorhaltekosten identisch sind, ergibt sich:

Verlängerung der Vorhaltezeit:  9 Mon. – 6 Mon.  = 3 Mon.

Mehrkosten aus der Vorhaltung:  3 Mon. x 4.804,00 €/Mon. =  **14.412,00 €**

### 21.5.6.3 Mehrkosten aus den zeitabhängigen Gemeinkosten der Baustelle

**1. Vorhaltekosten für Geräte, Container und Sanitärwagen**

Vorhaltekosten für den Verlängerungszeitraum von 5,5 Monaten:

Soll-Vorhaltekosten für 10 Monate:   28.000,00 € + 13.000,00 €   = 41.000,00 €

Monatliche A + V + R:   41.000,00 €/10 Mon.   = 4.100,00 €/Mon.

Die monatlichen Vorhaltekosten wurden zudem mit 75 % der unteren Werte der BGL-Ansätze festgelegt und müssen deshalb auf die mittleren Werte hochgerechnet werden. Die Berechnung des Schadensersatzes folgt dem Vorschlag von Dähne.

Durchschnittliche Nutzungsdauer der Geräte, Container etc. in Anlehnung an die BGL sowie ihre geschätzten prozentualen Anteile an den Gesamtvorhaltekosten:

| | Nutzungsjahre | Anteil an A + V + R | Vorhaltemonate nach BGL | | | |
|---|---|---|---|---|---|---|
| | | | von | bis | im Mittel | anteilig |
| Container | 10 Jahre | 0,3 | 65 | 60 | 62,5 | 18,75 |
| Krane | 8 Jahre | 0,1 | 60 | 55 | 57,5 | 5,75 |
| Maschinen | 6 Jahre | 0,2 | 60 | 55 | 57,5 | 11,50 |
| Schalungen | 4–6, i. M. 5 Jahre | 0,4 | 40 | 35 | 37,5 | 15,00 |
| | | | | | Summe | 51,00 |

Gewichtetes Mittel für n: 0,3 x 10 + 0,1 x 8 + 0,2 x 6 + 0,4 x 5 = 7 Jahre

Es werden durchschnittlich 53,5 bis 48,5 Vorhaltemonate angesetzt, d. h. im Mittel 51 Monate.

**a) Berechnung des Zeitwerts der Geräte, Container etc.**

Schwerpunkt der Soll-Hauptbauzeit ist laut Bauzeitplan A der 15.07.20013. Es wird davon ausgegangen, dass zu diesem Zeitpunkt das durchschnittliche Alter der Geräte 7/2 = 3,5 Jahre ist. Damit errechnet sich der Beschaffungszeitpunkt der Geräte zum 15.07.2013 – 3,5 Jahre = 15.01.2010. Die Berechnung der Geräteneuwerte zum 15.01.2010 erfolgt mit Hilfe des Preisindexes Maschinen für die Bauwirtschaft auf der Basis 2000 = 100 (s. Tabelle 16, S. 243).

Index für 01.07.2010:  108,2

Index für 01.07.2000:  100,0

Differenz:   8,2  für 10 x 12  Monate = 120 Monate

Daraus folgt:   8,2/120 Mon. x (120 – 5,5) Mon. = 7,82

Index für 15.01.2010:  100 + 7,82 = 107,82 (bezogen auf 2000 = 100)

Unter Berücksichtigung des Zeitwertes, der Annullierung der 75%igen Abminderung der unteren BGL-Ansätze in der Kalkulation und aus der Rückrechnung der unteren auf mittlere Vorhaltesätze folgt:

$$4.100,00 \text{ € x } 1,0782 \text{ x } 1/0,75 \text{ x } 53,5 \text{ Mon./51 Mon.} = 6.183 \text{ €/Mon.}$$

**b) Aufteilen der Vorhaltekosten nach A, V und R**

Abzuschreiben sind 100 % des Neuwerts zum Anschaffungszeitpunkt, d. h. Abschreibungsanteil A = 100 %.

Der Verzinsungsanteil V bei n = 7 Jahren:

V = 50 % × 7 Jahre × 6,5/100 × Neuwert = 22,75 % vom Neuwert

Die monatlichen Reparaturkosten werden gemäß BGL mit durchschnittlich 2,5 % des Neuwertes angenommen. Das ergibt an Gesamtreparaturkosten R:

R = 2,5 % × 51 Mon.     =   127,50 % vom Neuwert

Die Vorhaltekosten setzen sich somit aus folgenden prozentualen Anteilen für Abschreibung, Verzinsung und Reparatur zusammen:

A + V + R = 100 % + 22,75 % + 127,50 % = 250,25 %. Daraus errechnet sich die

Abschreibung  A  =  6.183,00 €/Mon./250,25   x 100,00 = 2.470,73 €/Mon.
Verzinsung      V  =  6.183,00 €/Mon./250,25    x 22,75 =    562,09 €/Mon.
Reparatur       R  =  6.183,00 €/Mon./250,25    x 127,50 = 3.150,18 €/Mon.
Kontrolle                                                                6.183,00 €/Mon.

### c) Abminderung der Abschreibung auf 37,5 % (gemäß Dähne)

Monatliche Abschreibung:        2.470,73 /Mon. × 0,375        =     926,52 €/Mon.

### d) Abminderung der Reparaturkosten (gemäß Dähne)

2/3 des BGL-Wertes:   2/3 × 3.150,18 €/Mon.                     =  2.100,12 €/Mon.

Abgeminderte A + R:   926,52 €/Mon. + 2.100,12 €/Mon.      =  3.026,64 €/Mon.

Der Verlängerungszeitraum zwischen den Soll- und Ist-Hauptbauzeiten beträgt 5,5 Monate. Daraus folgt:

Die Summe der Gerätemehrkosten beträgt

5,5 Mon. × 3.026,64 €/Mon. =                                                           **16.646,52 €**

### 2. Betriebskosten

Die reine Bauzeit beträgt 14 Mon. (15,5 Mon. abzüglich der Winterpause von 1,5 Mon.; s. Abbildung 72, S. 247).

Bauzeitverlängerung: 14 Mon. − 10 Mon. = 4 Mon.

Mehrkosten lt. Nachweis                                                                   **5.440,00 €**

### 3. Kosten der örtlichen Bauleitung

Die Gehälter der Bauleitung sind getrennt zu behandeln.

Soll-Gehälter für Bauführer und Polier für 10 Mon.

15.500,00 € + 64.000,00 € =  79.500,00 €

Die Gehaltsmehrkosten entstehen aus:

– der Bauzeitverlängerung,

– Verschiebung des Baubeginns,

– die zum 01.06.2014 eingetretenen Mehrkosten durch Erhöhung der Sozial- und Gehaltskosten.

**Ist-Gehaltskosten für Bauleitung und Polier**

Ist-Gehaltsmonate = 15,5 Monate, die gemäß Bauzeitplan „B" zu folgenden Gehaltskosten führen:

Gehaltsperiode a):     0,50 Mon. x 7.763,67 €/Mon. =      3.881,84 €
Gehaltsperiode b):    13,00 Mon. x 8.012,11 €/Mon. =  104.157,43 €
Gehaltsperiode c):     2,00 Mon. x 8.260,49 €/Mon. =    16.520,98 €
$\phantom{Gehaltsperiode c):     2,00 Mon. x 8.260,49 €/Mon. =}$  124.560,25 €

abzüglich Gehaltskosten laut Angebotskalkulation     −79.500,00 €
**Gehaltsmehrkosten**                                                                **45.060,25 €**

## 4. Kosten für Büromaterial, Telefon, PKW, Spesen usw.

$$\frac{2.200,00\ € + 6.000,00\ € + 4.000,00\ €}{10\ \text{Mon.}} = \frac{12.200,00\ €}{10\ \text{Mon.}} = 1.220,00\ €/\text{Mon.}$$

Nachgewiesene Mehrkosten:   5,5 Mon. x 1.220,00 €/Mon. =           **6.710,00 €**

### 21.5.6.4   Zusammenstellung der Mehrkosten

| | |
|---|---:|
| Lohnmehrkosten | |
| – aus Lohnerhöhungen | 28.591,49 € |
| – aus Mehrstunden | 200.019,31 € |
| Vorhaltung Lehrgerüst | 14.412,00 € |
| Vorhalten Geräte, Container und Sanitärwagen | 16.646,52 € |
| Betriebskosten | 5.440,00 € |
| Gehälter | 45.060,25 € |
| Büromaterial, Pkw usw. | 6.710,00 € |
| **Mehrkosten insgesamt** | **316.879,57 €** |

Ob bei einer Forderung auf Schadensersatz die Kosten der Mehrstunden erstattet werden, hängt vom Nachweis ab. Falls die Verschiebung und Verlängerung der Bauzeit vom Auftraggeber zu vertreten sind, ist ohne Mehrstunden ein Betrag von 116.860,26 €, mit Mehrstunden ein Betrag von 316.879,57 € zu erstatten.

Die Umlage für Allgemeine Geschäftskosten wird als gewerbeüblich angenommen; sie ist somit den Mehrkosten hinzuzurechnen (s. Abschnitt D 21.2.9, S. 229). Bei den hier angesetzten AGK von 11 % der Herstellkosten ergibt sich ein Betrag von 34.9856,75 €. Es sind dann 316.879,57 € + 34.856,75 € = 351.736,32 € zu erstatten.

# 21.6   Nachtragsgründe bei Hochbauprojekten mit Einzelvergabe

Viele Bauvorhaben sind von Änderungen der Leistungen oder Störungen im Bauablauf betroffen. Diese verursachen zusätzliche Kosten, die in der Form von Nachträgen durch den Unternehmer eingefordert werden. Obgleich Nachträge bei jedem Bauvorhaben eine wichtige Rolle spielen, gibt es hierzu bisher nur wenige Untersuchungen und die angewandten Methoden stützen sich rein auf die Schätzung von Erfahrungswerten.

Berner und Väth (2011)[1]
- 63 % der zusätzlichen Kosten werden durch mangelhaftes Leistungsverzeichnis verursacht.
- 12 % aufgrund von geänderten Leistungen nach der Auftragsvergabe.
- 20 % durch zusätzliche Leistungen.
- 90 % der zusätzlichen Kosten werden durch Maßnahmen, die im Einflussbereich des Auftraggebers liegen, verursacht.

## Blecken und Gralla (1998)[2]
- Nachtragsvolumen im Hochbau: 5 % der Vertragssumme.
- Nachtragsvolumen im Industriebau: 10 % der Bauwerkskosten.
- Nachtragsvolumen im Ingenieur- und Straßenbau: 15 % – 20 % der Herstellkosten.

## Elwert und Flassak[3]
- Einteilung der Ursachen für Nachträge in vier Blöcke:
  o Preisanpassungen während der Bauzeit
  o Leistungsänderungen bzw. Zusatzleistungen
  o Leistungsstörungen
  o Grobe Fehler in der Preisermittlung
- Zusatzleistungen machen 46 % der Vergütungsansprüche aus Nachträgen aus.
- Leistungsänderungen 33 %.
- Mengenänderungen 13 %.
- Schadensersatzforderungen 8 %.

## Racky (1997)[4]
- Nachtragsforderungen bei reibungslos abgewickelten Hochbaumaßnahmen betragen ca. 5 % der ursprünglichen Vertragssumme.
- Unterteilung der Gewerke in drei Gewerkegruppen:
  o Rohbau
  o Gebäudetechnik
  o Ausbau und Gebäudehülle
- Nachtragsvolumen der Gebäudetechnik bewegt sich in der gleichen Größenordnung wie die Kosten der Gewerkegruppe.
- Nachtragsvolumen der Ausbaugewerke ist überproportional gestiegen.
- Anteil der Gruppe Rohbau am Nachtragsvolumen hat sich um ca. 20 % geändert.
- 60 % der Nachträge gehen auf individuelle Wünsche des Bauherrn zurück.
- Eine mangelhafte Leistungsbeschreibung steht an zweiter Stelle.

---

[1] Berner/Väth (2011), Der Grundstein der Kostensicherheit – Baubetrieb als Basis für die Erstellung von Leistungsverzeichnissen, Festschrift anlässlich des 60. Geburtstages von Univ.-Prof. Dr.-Ing. Rainer Schach, A-Z Druck Dresden, 2011, ISBN: 978-3-86780-224-6

[2] Vgl. Blecken/Gralla (1998), Entwicklungstendenzen in der Organisation des Bauherren, in: Bautechnik 75 (1998), Heft 7, S.472–482, S. 479.

[3] Vgl. Elwert/Flassak (2010), Nachtragsmanagement in der Praxis – Grundlagen – Beispiele – Anwendung, 3. Auflage, S. 53 ff.

[4] Vgl. Racky (1997), Entwicklung einer Entscheidungshilfe zur Feststellung der Vergabeform, in: Fortschrittberichte VDI Reihe 4: Bauingenieurwesen, Nr. 142, zugleich Dissertation an der Technischen Hochschule Darmstadt, S. 95 ff.

- 10 % der Nachträge gehen auf Anordnungen aufgrund technischer oder behördlicher Auflagen zurück.
- Verletzung der Mitwirkungspflicht durch den Auftraggeber bildet den kleinsten Anteil am Nachtragsvolumen.
- → 80 % der Nachtragsforderungen gehen auf individuelle Wünsche des Auftraggebers sowie Planungsfehler zurück.

### Krämer (2013)[1]

Im Rahmen einer Masterarbeit wurden abgeschlossene Projekte mit Einzelpreisvergabe von privaten und von öffentlichen Bauherren hinsichtlich der Höhe der angefallenen Nachträge ausgewertet.

Zusammenfassung der Ergebnisse:
- Öffentliche Bauprojekte verursachen im Schnitt 500 €/m² BGF Nachtragskosten.
- Private Bauprojekte haben im Schnitt 16 €/m² BGF Nachtragskosten.
- Der Mittelwert bei Nachtragskosten über alle Projekte liegt bei 170 €/m² BGF.
- Der Mittelwert der Gesamtkosten der untersuchten Projekte liegt bei 2.722 €/m² BGF.
- Gleiche Erkenntnisse ergeben sich auch bei der Betrachtung nach €/m³ BRI:
  - o Mittelwerte Nachträge bei öffentlichen Projekten: 37 €/m³ BRI.
  - o Mittelwerte Nachträge bei privaten Projekten: 50 €/m³ BRI.
- Der prozentuale Anteil der Nachtragskosten liegt bei öffentlichen wie privaten Projekten im Schnitt zwischen 6 % und 7 %. Der ermittelte prozentuale Anteil der Nachtragskosten ist im Vergleich zu RACKY, BLECKEN und GRALLA leicht erhöht.
- Der Mittelwert der Zahl der Nachträge pro 1.000 m² BGF ist bei
  - o öffentlichen Projekten 11.
  - o privaten Projekten 15.
- Es wird kein Zusammenhang zwischen Nachtragsanzahl und Nachtragskosten festgestellt.
- Bei den untersuchten Projekten wurde ein Zusammenhang zwischen der Dauer der Ausführungsplanung und den angefallenen Nachtragskosten festgestellt (längere Ausführungsplanung → geringere Nachtragskosten).
- Gleiche Erkenntnisse wie bei der Ausführungsplanung können auch bei der Dauer von Ausschreibung und Vergabe festgestellt werden.
- Es wurde kein Zusammenhang zwischen Dauer der Bauausführung und Höhe der Nachtragskosten festgestellt.
- Gewerke mit den umfangreichsten Leistungsverzeichnissen stellen die meisten Nachtragsforderungen.
- Zusätzliche Leistungen machen im Schnitt über 40 % der Anzahl der Nachtragsforderungen aus.
- Geänderte Bauleistungen machen ebenfalls knapp 40 % der Anzahl der Nachtragsforderungen aus.
- Mengenänderungen stehen an dritter Position und machen knapp 10 % der Anzahl der Nachtragsforderungen aus
- Alle anderen Nachtragsarten können aufgrund ihres geringen Umfangs vernachlässigt werden.

---

[1] Krämer, M.: Die Gründe für Nachträge bei Hochbauprojekten mit Einzelvergabe, Masterarbeit am Institut für Baubetriebslehre der Universität Stuttgart, 2013. Sperrvermerk.

- Wenige Nachträge bei der Stoffpreisgleitklausel sowie bei den Bauzeitennachträgen reichen aus, um die Nachtragskosten maßgeblich zu beeinflussen.
- Zusatzleistungen machen im Durchschnitt fast 50 % der Nachtragskosten aus.
- Änderungen des Bauentwurfs durch den Auftraggeber machen hingegen nur knapp 10 % aus.
- Im Vergleich mit den Ergebnissen von BERNER und VÄTH zeigen sich nur geringe Unterschiede (Berner und Väth haben einen Anteil der Zusatzkosten von 20 % angegeben, allerdings bezogen auf die Gesamtkostensteigerung und nicht bezogen auf die Nachtragskosten).
- Max. 5 Gewerke machen ca. 50 % der Nachtragsforderungen aus.

**Zusammenfassung und Verbesserungsmöglichkeiten**
- Die Bereiche Rohbau und Fassade sind meist mit einem großen Anteil bei den Nachtragsforderungen beteiligt
- → Kosten können reduziert werden, wenn verstärkt auf die Vollständigkeit und Richtigkeit der Leistungsverzeichnisse geachtet wird.
- Fast alle Nachtragsforderungen beruhen auf Zusatzleistungen oder Änderungen des Bauentwurfs durch den Auftraggeber.
- → Änderungen des Bauentwurfs sind zu vermeiden.
- Vergabe der Bauleistungen sollte zum letztmöglichen Zeitpunkt erfolgen und gleichzeitig sollte sich der Auftraggeber so früh wie möglich über die gewünschte Nutzungsanforderungen im Klaren sein
- Nachtragskosten können gesenkt werden, wenn der Zeitraum für die Ausführungsplanung, die Ausschreibung und Vergabe verlängert wird, da hier ein direkter Zusammenhang mit den Nachtragsforderungen festgestellt werden konnte.

Tabelle 17:    Zusammenfassung der Auswertung Nachtragsgründe bei Hochbauprojekten mit Einzelvergabe

| Beschreibung | Kennwert |
|---|---|
| **Allgemein** | |
| Anteil der Nachtragskosten an den Gesamtbaukosten | 6 – 7 % |
| Nachtragskosten | 150 – 180 €/m² BGF<br>35 – 45 €/m³ BRI |
| Anzahl der Nachträge | 11 – 13 je 1.000 m² BGF<br>2 – 4 je 1.000 m³ BRI |
| **Öffentlicher Auftraggeber** | |
| Nachtragskosten | 140 – 180 €/m² BGF<br>30 – 40 €/m³ BRI |
| Anzahl der Nachträge | 11 je 1.000 m² BGF<br>3 je 1.000 m³ BRI |
| **Privater Auftraggeber** | |
| Nachtragskosten | 160 – 190 €/m² BGF<br>40 – 50 €/m³ BRI |
| Anzahl der Nachträge | 13 je 1.000 m² BGF<br>3 je 1.000 m³ BRI |

# 21.7 Preisvorbehalte (Preisgleitklausel)

## 21.7.1 Vorbemerkungen

Die für Bauleistungen vereinbarten Preise sind Festpreise innerhalb der vom Auftraggeber vorgeschriebenen Ausführungsfrist. Sämtliche während der Ausführungsfrist möglicherweise auftretende Preiserhöhungen hat der Bieter bei der Erstellung seines Angebots vorab zu schätzen und bei der Preisbildung zu berücksichtigen.

Dabei kann es jedoch zur Beurteilung von Preiserhöhungswagnissen kommen, die in ihrer Größe sehr ungewiss sind. § 15 VOB/A erlaubt deshalb die Einführung von Vertragsbedingungen, nach denen eine angemessene Änderung der Vergütung für solche Änderungen der Preisermittlungsgrundlagen vorgesehen werden kann, deren Eintritt oder Ausmaß ungewiss ist. Da aber Preisvorbehalte wegen der durch sie begründeten Möglichkeit der Weiterwälzung von Kosten den Widerstand der Unternehmen gegen Preiserhöhungen schwächen können, sind sie geeignet, Preiserhöhungen selbst auszulösen und bestehende Preisauftriebstendenzen zu verstärken. Sie tragen somit zur Verschlechterung des Geldwertes bei.

Trotz dieser Bedenken gegenüber Preisgleitklauseln hat der Bundesminister für Wirtschaft[1] die Anwendung von Preisvorbehalten bei öffentlichen Aufträgen gebilligt und empfohlen, die Bemessungsfaktoren möglichst dem Wettbewerb zu unterstellen. Nach Erlassen des Bundesministers für Verkehr, Bau- und Stadtentwicklung dürfen Preisvorbehalte nicht vereinbart werden, wenn zwischen dem Termin der Angebotsabgabe und dem Fertigstellungstermin weniger als zehn Monate liegen; bei besonders hohem Wagnis kann diese Frist auf sechs Monate verkürzt werden. Preisvorbehalte sind bei öffentlichen Aufträgen üblich geworden für Lohnkosten und in besonderen Fällen auch für solche Stoffkosten, die vom Erdölpreis abhängen. 2004 wurde erstmals eine Stoffpreisgleitklausel erlassen, 2006 nicht verlängert, 2008 in veränderter Form wieder aktiviert, aber nach Stabilisierung der Stahlpreise über den 31.12.2011 nicht verlängert.

In den sehr seltenen Fällen, dass zwischen der Angebotsabgabe und der Ausführung mehrere Jahre liegen, kann eine Preisgleitklausel auch für die gesamte Leistung notwendig werden. Es empfiehlt sich dann, auf einen vom Statistischen Bundesamt regelmäßig veröffentlichten Preisindex zurückzugreifen, so z. B. auf den Baupreisindex oder den Preisindex des investitionsgüterproduzierenden Gewerbes. Solche Fälle können z. B. beim Bau von Kläranlagen auftreten, wenn zwischen der Angebotsabgabe für die maschinelle Ausrüstung und deren Lieferung und Montage mehrere Jahre liegen.

## 21.7.2 Lohngleitklausel

Mehr- oder Minderaufwendungen des Auftragnehmers für Löhne und Gehälter einschließlich der Sozialkosten werden durch einen anzubietenden Änderungssatz berechnet. Der Änderungssatz hat anzugeben, um wie viel Tausendstel (‰) sich der Preis der Leistung verändert, wenn sich der maßgebende Lohn (Gesamttarifstundenlohn Lohngruppe 4 (West)) um 1 Cent/Stunde ändert.

Die Berechnungsformel hierfür lautet:

$$\frac{\text{Anteil der Personalkosten an Angebotssumme (‰)}}{\text{maßgebender Lohn (Cent)}}$$

---

[1] Grundsätze des Bundesministers für Wirtschaft (Teil IV). Veröffentlicht im VHB 2008, Anhang 4.

**Beispiel:**  maßgebender Lohn[1] seit 01.06.2014   **18,17 €/h**

Der Personalkostenanteil beträgt 45,20 % der Angebotssumme.

Falls sich die Bestandteile der Personalkosten in unterschiedlicher Weise ändern, ist eine gesonderte Kalkulation hierfür aufzustellen. Das ist z. B. dann der Fall, wenn sich die Sozialkosten überproportional erhöhen, wie es seit den fünfziger Jahren regelmäßig der Fall ist. So betrugen z. B. die Sozialkosten 1959 nur 36 % der Lohnkosten, 2014 dagegen um 80 %.

### Beispiel für die Kalkulation eines Änderungssatzes

| | | |
|---|---|---|
| Lohnkosten | = | 19,00 % der Angebotssumme |
| + 79,04 % Sozialkosten | 0,7904 x 19,00 % = | 15,02 % der Angebotssumme |
| + Lohnnebenkosten | = | 1,90 % der Angebotssumme |
| Gehaltskosten | = | 6,40 % der Angebotssumme |
| + 37 % Sozialkosten einschl. Gratifikationen | | |
| | 0,37 x 6,40 % = | 2,37 % der Angebotssumme |
| + 8 % Gehaltsnebenkosten | 0,08 x 6,40 % = | 0,51 % der Angebotssumme |
| Lohn- und Gehaltsanteil | | 45,20 % der Angebotssumme |

Für die Berechnung des Änderungssatzes werden folgende Annahmen getroffen:

– Erhöhung der Löhne, Gehälter und Lohnnebenkosten um 2,5 %,

– Erhöhung der Sozialkosten für Löhne von 79,04 % auf 80,0 %,

– Sozialkosten für Gehälter erhöhen sich von 37 % auf 37,5 %,

– Gehaltsnebenkosten bleiben in absoluter Höhe gleich.

Die Erhöhung der Angebotssumme beträgt:

| | | |
|---|---|---|
| Lohnkosten | 0,025 x 19,00 % | = 0,475 % |
| Lohnnebenkosten | 0,025 x 1,90 % | = 0,048 % |
| Gehaltskosten | 0,025 x 6,40 % | = 0,160 % |

| | | |
|---|---|---|
| Sozialkosten: | | |
| Löhne | 0,005 x 19,00 % + 0,80 x 0,475 % | = 0,475 % |
| Gehälter | 0,005 x 6,40 % + 0,375 x 0,160 % | = 0,092 % |

**Erhöhung der Angebotssumme**    **1,250 %**

Eine Lohnerhöhung um 2,5 % entspricht einer Erhöhung des maßgebenden Lohnes (hier: GTL 4, gültig ab 01.06.2014) von 18,17 €/h auf 18,62 €/h um 45 Cent/h. Sie entspricht bei den angegebenen Randbedingungen einer Erhöhung der Angebotssumme um 1,250 %. Hieraus errechnet sich folgender Änderungssatz:

$$\frac{12,50\ ‰}{45\ \text{Cent}} = 0,278\ ‰/\text{Cent}$$

Der auf Grund einer bis zum Stichtag gemeinsam durchgeführten Leistungsberechnung ermittelte Änderungsbetrag der Vergütung wird erstattet, soweit er 0,5 % der Abrechnungssumme überschreitet (Bagatell- oder Selbstbeteiligungsklausel). Dabei ist die Abrechnungssumme ohne die

---

[1] Das Vergabe- und Vertragshandbuch für die Baumaßnahmen des Bundes (VHB-Bund – 2008) nennt in den Richtlinien zu 224 (Angebot Lohngleitklausel) für das Baugewerbe den Gesamttarifstundenlohn (Tarifstundenlohn und Bauzuschlag) des Spezialbaufacharbeiters der Lohngruppe 4 (West) als den maßgebenden Lohn, wenn der Auftraggeber nichts anderes angegeben hat.

auf Grund von Gleitklauseln zu erstattenden Beträge anzusetzen. Die Berechnung muss daher im Rahmen der Schlussrechnung durchgeführt werden.

Um eine Unterdeckung der Kosten zu vermeiden, die sich aus dem Selbstbehalt ergibt, ist der Selbstbehalt entsprechend kalkulatorisch zu berücksichtigen.

Da der angegebene Änderungssatz dem Wettbewerb unterstellt ist, muss er bei der **Wertung der Angebote** berücksichtigt werden. Hierzu werden voraussichtlich auftretende Lohnerhöhungen angenommen, z. B. 2 bis 3 %/a.

### Beispiel: Anwendung einer Lohngleitklausel

Bei einem Auftrag mit einer Abrechnungssumme von 4.500.000,00 € und einer Bauzeit von 28 Monaten sollen die Mehrkosten aus den Lohnerhöhungen berechnet werden. Der Auftragnehmer hatte in seinem Angebot den nachstehenden Änderungssatz der Abrechnungssumme je Cent Lohnerhöhung angeboten.

| | | | |
|---|---|---|---|
| Angebotener Änderungssatz nach der Centklausel: | | | 0,32 ‰/Cent |
| Auftragserteilung | | | Mai 2012 |
| | maßgebender Lohn gültig ab | 01.06.2012 | 17,07 €/h |
| | maßgebender Lohn gültig ab | 01.05.2013 | 17,62 €/h (+ 3,20 %) |
| | maßgebender Lohn gültig ab | 01.06.2014 | 18,17 €/h (+ 3,10 %) |
| | maßgebender Lohn gültig ab | 01.06.2015 | 18,64 €/h (+ 2,60 %) |

Die Abrechnungssumme ohne Nachlass verteilte sich wie folgt:

| | | |
|---|---|---|
| a) | 01.08.2012 – 30.04.2013 | 1.400.000,00 € |
| b) | 01.05.2013 – 31.05.2014 | 2.100.000,00 € |
| c) | 01.06.2014 – 30.11.2014 | 1.000.000,00 € |
| **Abrechnungssumme ohne Nachlass** | | **4.500.000,00 €** |

Auf die Einheitspreise wurde im Angebot ein **Nachlass** von 2 % gewährt.

### Berechnung des Erstattungsbetrages:

a) Zeitraum  01.08.2012 –  30.04.2013   keine Lohnerhöhung

b) Zeitraum  01.05.2013 –  31.05.2014
Lohnerhöhung:          17,62 €/h –   17,07 €/h = 0,55 €/h
Änderungssatz:          55 Cent x  0,32 ‰/Cent = 17,6 ‰ der Bauleistung

c) Zeitraum  01.06.2014 –  30.11.2014
Lohnerhöhung:          18,17 €/h –   17,07 €/h = 1,10 €/h
Änderungssatz:          110 Cent x  0,32 ‰/Cent = 35,2 ‰ der Bauleistung

### Berechnung des Vergütungsanspruchs aus der Lohngleitklausel:

a) keine Lohnerhöhung
b) 17,6 ‰  x  (2.100.000,00 € x 98 %) =   36.220,80 €
c) 35,2 ‰  x  (1.000.000,00 € x 98 %) =   34.496,00 €

Erhöhung laut Änderungssatz          70.716,80 €
abzgl. Selbstbehalt:
    0,5  %  x  (4.500.000,00 € x 98 %) = –22.050,00 €
                                          **48.666,80 €**

Im Formblatt 224 des VHB-Bund finden sich weitere Beispiele.

### 21.7.3 Stoffpreisgleitklausel

Die Berechnung gleicht der Anwendung bei der Lohngleitklausel.

Weitere Hinweise finden sich im Formblatt 225 des VHB-Bund.

# 22 Kalkulation im Montagebau

## 22.1 Allgemeines

Der Betonfertigteilbau, der Stahlbau und der Holzbau gehören zum so genannten Montagebau. Im Gegensatz zur Baustellenfertigung, wie z. B. im Beton- und Stahlbetonbau, Mauerwerksbau, Straßenbau usw., wird im Montagebau das Bauwerk in einem stationären Werk hergestellt und auf der Baustelle nur noch montiert. Das bedeutet, dass etwa 75 bis 80 % der Kosten im Werk entstehen und nur etwa 20 bis 25 % (einschließlich Transport) auf der Baustelle.

Der Montagebau hat den Vorteil, dass die Fertigung im Werk sehr rationell durchgeführt werden kann, während auf der Baustelle selbst nur noch Montagekosten, d. h. vor allem Montagelöhne und Krankosten, anfallen. Es entstehen entweder keine oder nur geringfügige Baustellengemeinkosten, da die Montagemannschaft nur kurze Zeit auf der Baustelle im Einsatz ist, in ihrem Fahrzeug meist auch die Montagehilfswerkzeuge mitführt und in Pensionen oder Hotels in der Nähe der Baustelle wohnt. Manchmal werden auf der Baustelle je nach Auftragsgröße auch ein Baustellenmagazin und eine Miettoilette unterhalten. Die Überwachung der Montagen findet durch den mitarbeitenden Richtmeister und Kurzbesuche des Montageleiters statt. Oft wird heutzutage auch auf Fremdmontage durch spezialisierte Montageunternehmen übergegangen.

Der Montagebau benötigt allerdings für die statische Berechnung und die Anfertigung der Konstruktionszeichnungen ein eigenes Technisches Büro (Konstruktionsbüro) oder eine Fremdvergabe an ein spezialisiertes Ingenieurbüro. Bei der Baustellenfertigung im Betonbau können dagegen die vom Auftraggeber gelieferten Schal- und Bewehrungspläne unmittelbar in der Bauausführung verwendet werden. Das Konstruktionsbüro ist also ein beträchtlicher Kostenfaktor, der in Abhängigkeit von der Konstruktion kalkuliert wird.

Da die Fertigung im Werk unter gleichbleibenden Bedingungen stattfindet, können auch die Kosten auf Kostenstellen wie bei jeder stationären Fertigung besser erfasst werden. Dies betrifft nicht nur die bei der Fertigung und Montage entstehenden Lohnkosten, sondern auch die auf den Kosten- und Hilfskostenstellen gesammelten Fertigungsgemeinkosten, die über einen Zuschlag auf die Lohn-, Material- oder Fertigungskosten dem Auftrag zugerechnet werden. Es wird das Prinzip der Zuschlagskalkulation (Kalkulation mit vorberechneten Umlagen) angewendet, das die Kalkulation wesentlich vereinfacht.

## 22.2 Fertigteilbau

### 22.2.1 Gliederung eines Fertigteilwerkes nach Kostenstellen

Ein Fertigteilwerk kann in die nachfolgenden Bereiche aufgeteilt werden, in denen sowohl Einzelkosten als auch Gemeinkosten entstehen:

– Fertigung
– Verwaltung und Betrieb
– Technische Bearbeitung
– Transport und Montage

Einzelkosten treten in den nachstehenden Bereichen auf:

– Fertigung (Lohnkosten und Stoffkosten – Beton, Stahl, Schalung –)
– Technische Bearbeitung
– Transport und Montage

Gemeinkosten sind in folgenden Bereichen vorhanden:

- – Fertigung (Aufsichtsgehälter, [A + V + R] der Geräte, Betriebsmittel und Gebäude)
- – Technische Bearbeitung
- – Montage
- – Verwaltung und Betrieb

Werden gleichartige Produkte hergestellt, so können die Kosten der technischen Bearbeitung auch in die Kosten von Verwaltung und Betrieb eingerechnet werden. Die Zuordnung der Kosten der technischen Bearbeitung zu dem einzelnen Angebot empfiehlt sich, wenn die hergestellten Produkte in ihrem Bearbeitungsaufwand stark voneinander abweichen.

Die Montage ist völlig gesondert von den übrigen Bereichen zu betrachten, da sie mehr einer Baustelle als einem Fertigungsbetrieb entspricht. Hier fallen sowohl Einzelkosten als auch Gemeinkosten an.

Die Fertigung kann weiter in eine Reihe von Kostenstellen mit eigenen Fertigungskosten aufgeteilt werden, wie z. B.

- – Mischanlage,
- – Stahlbiegebetrieb,
- – Schalungsbau (Stahl und Holz),
- – Spannbetonteile-Fertigung,
- – Schlaffteile-Fertigung,
- – Stapelplatz.

Es sind allerdings noch Rest-Fertigungsgemeinkosten zu berücksichtigen, die den einzelnen Kostenstellen nicht zugerechnet werden können, wie z. B. Magazin, Labor, Grundstückskosten.

## 22.2.2 Kalkulation ohne Trennung der Fertigungsgemeinkosten nach Kostenstellen

Hier werden die Fertigungsgemeinkosten nicht nach Kostenstellen getrennt, sondern mit einem einheitlichen Zuschlagssatz auf die Einzelkosten umgelegt. Die beiden Varianten ① und ② unterscheiden sich nur durch eine Erweiterung der Zuschlagsbasis „Lohnkosten" im Verfahren ① und auf die Zuschlagsbasis „Lohn- und Stoffkosten" im Verfahren ②. Für diese Kalkulationsverfahren ergibt sich folgende Gliederung:

|   | Stoffkosten |
|---|---|
| + | Lohnkosten |
| = | Einzelkosten |
| + | Fertigungs-Gemeinkosten ($\triangleq$ Gemeinkosten d. Baust.) |
| = | Herstellkosten |
| + | Verwaltungs- und Vertriebskosten |
| + | Kosten der technischen Bearbeitung |
| = | Selbstkosten des Werkes |
| + | Transport- und Montagekosten |
| = | Gesamtkosten |
| + | Gewinn und Wagnis |
| = | Angebotspreis (ohne Mehrwertsteuer) |

## 22.2.3 Kalkulation bei Trennung der Fertigungsgemeinkosten nach Kostenstellen

Beim Kalkulationsverfahren ③ werden die Gemeinkosten nach Kostenstellen getrennt. Die Restgemeinkosten werden in einem einheitlichen Zuschlagssatz, wie die Verwaltungs- und Vertriebskosten, den Herstellkosten zugerechnet. Die Kalkulation ist wie folgt gegliedert:

|   | Stoffkosten |
|---|---|
| + | Fertigungslöhne |
| = | Einzelkosten |
| + | direkt erfassbare Gemeinkosten |
| = | direkt erfassbare Herstellkosten |
| + | Restgemeinkosten |
| = | Herstellkosten |
| + | Verwaltungs- und Vertriebskosten |
| + | Kosten der technischen Bearbeitung |
| = | Selbstkosten des Werkes |
| + | Transport- und Montagekosten |
| = | Gesamtkosten |
| + | Gewinn und Wagnis |
| = | Angebotspreis (ohne Mehrwertsteuer) |

## 22.2.4 Kalkulationsbeispiele

Die folgenden Beispiele behandeln die Kalkulation für ein Fertigteil nach den drei Kalkulationsverfahren; es sollen die Auswirkungen auf den Einheitspreis eines Trägers gezeigt werden. Dabei sind die Kosten der technischen Bearbeitung mit den zugehörigen Gemeinkosten in einer gesonderten, hier nicht im Einzelnen aufgeführten Berechnung ermittelt. Transport und Montage sind als Fremdleistung (Vertragsunternehmen) vorgesehen und aus den Selbstkosten ausgegliedert. Sie können aber auch unter den Selbstkosten aufgeführt werden.

**Ausgangswerte**

Der Aufbau der Kalkulation lässt sich am besten anhand der Zahlen eines Modellwerkes mittlerer Größe verfolgen. Den Ermittlungen wird die in Tabelle 18 aufgeschlüsselte Jahreskostenstruktur des Fertigteilwerks zugrunde gelegt. Zur Vervollständigung seien noch die nachstehenden Angaben gemacht:

| | | | |
|---|---|---|---|
| - | Jahreskapazität | 32.000,00 | t |
| - | Fertigungslohnstunden | 71.509,00 | h |
| - | Mittellohn | 32,00 | €/h |
| - | Betonstahl | 0,60 | €/kg |
| - | Stoffkosten für 1 t Frischbeton | 24,00 | €/t |
| - | Kosten Schalung | 1,50 | €/m² |

Tabelle 18: Jahreskostenstruktur des Fertigteilwerks

| | Einzelkosten | | Gemeinkosten |
|---|---|---|---|
| | Löhne [T€ ] | Stoffe [T€ ] | [T€ ] |
| Fertigungslöhne | 2.288,30 | | |
| Hilfslöhne | | | 133,95 |
| Aufsicht | | | 141,90 |
| Zuschlagstoffe, Zement | | 768,00 | |
| Stahl | | 938,47 | |
| Spannstahl | | 422,73 | |
| Einbauteile | | 255,36 | |
| Hilfsstoffe | | | 55,81 |
| Betriebsstoffe | | | 112,16 |
| Holzschalung | | 18,37 | |
| Stahlschalung | | 23,45 | |
| Großgeräte | | | 141,00 |
| Kleingeräte | | | 49,20 |
| Gebäude | | | 113,40 |
| Stapelplatz | | | 7,00 |
| Grunderwerb / Erschließung | | | 35,00 |
| Summen | 2.288,30 | 2.426,38 | 789,42 |
| Herstellkosten | 5.504,10 | | |
| Verwaltungs- und Vertriebskosten | 550,41 | | |
| Technische Bearbeitung | 440,33 | | |
| Transportkosten | 400,00 | | |
| Montagekosten | 955,00 | | |
| Gesamtkosten | 7.849,84 | | |

Der Einheitspreisvergleich soll am Beispiel einer Durchschnittsposition durchgeführt werden:

10 Stück Träger b/d/l = 20/40/500 cm aus B 35

| | |
|---|---|
| Stahlbedarf | 40,00 kg |
| Gewicht pro Träger | 1,00 t |
| Schalungsfläche | 5,00 m² |
| Arbeitsstunden | |
| Stahl schneiden, biegen, flechten | 0,48 h (= 18 h/t x 0,04 t/St) |
| Holzschalung überholen 3,60 h/10 | 0,36 h |
| Ein- und Ausschalen | 0,70 h |
| Betonieren und Abheben | 0,60 h |
| Stapeln und Verladen | 0,60 h |
| Gesamt | 2,74 h |

Im Rahmen dieses Beispiels werden für Wagnis und Gewinn 5 % angesetzt.

**Durchführung der Kalkulation**

**Ermittlung der Kosten für technische Bearbeitung, Transport und Montage**

Die betrachtete Durchschnittsposition ist aus einem Auftrag für eine Werkhalle entnommen. Für diesen Auftrag sind insgesamt 823,0 t Fertigteile herzustellen und zu montieren.

**– Technische Bearbeitung**

| | | |
|---|---|---|
| Statiker: | 0,12 h/t × 823 t × 69 €/h ≈ | 6.810 € |
| Konstrukteur: | 0,27 h/t × 823 t × 54 €/h ≈ | 12.000 € |
| Kosten der technischen Bearbeitung | ≈ | 18.810 € |

Damit ergeben sich pro Tonne Fertigteil:

$$\frac{18.810\ €}{823\ t} = 22,86\ €/t$$

**– Transport**

Die Transportkosten berechnen sich aus den entsprechenden Frachtsätzen in Abhängigkeit von der Transportentfernung; sie betragen hier: 24,00 €/t

**– Montage**

| | | |
|---|---|---|
| Mannschaft : | 5 Arb. × 40 €/h | = 200,00 €/h |
| Autokran: | Gerätemiete einschl. Fahrer | = 160,00 €/h |
| | | = 360,00 €/h |

**Umlage ①: Fertigungslöhne als Umlagebasis**

Mit den Zahlenwerten der Tabelle 18 ergeben sich folgende Umlagesätze:

– Gemeinkostenumlage auf Fertigungslöhne:

$$U_1 = \frac{\text{Gemeinkosten}}{\text{Fertigungslöhne}} = \frac{789,42}{2.288,30} = 34,50\ \%$$

– Umlage für Verwaltungs- und Vertriebskosten auf die Herstellkosten:

$$U_2 = \frac{\text{Verwaltung- und Vertriebskosten}}{\text{Herstellkosten}} = \frac{550,41}{5.504,10} = 10,00\ \%$$

**Ermittlung des Verrechnungslohns**

| | | |
|---|---|---|
| Fertigungslöhne | | 32,00 €/h |
| Gemeinkostenumlage auf Fertigungslöhne | 34,50 % von 32,00 €/h = | 11,04 €/h |
| | | 43,04 €/h |
| Umlage für Verwaltungs- und Vertriebskosten | | |
| | 10,00 % von 43,04 €/h = | 4,30 €/h |
| | **Verrechnungslohn** | **47,34 €/h** |

**Umlage auf Stoffe**

Umlage für Verwaltungs- und Vertriebskosten: + 10,0 %

Faktor auf Stoffe    **= 1,10**

Die Berechnung des Einheitspreises wird in Tabelle 19 vorgenommen.

Tabelle 19:     Berechnung des Einheitspreises (Fertigungslöhne als Umlagebasis)

| Beschreibung Mengenangaben Einzelkostenentwicklung | | ohne Umlagen je Einheit | | mit Umlagen je Einheit | | Techn. Büro | Trans- port | Mon- tage | Preis je Einheit | Preis je Teil- leistung |
|---|---|---|---|---|---|---|---|---|---|---|
| | | Std. | Stoffe | Lohn | Stoffe | | | | | |
| ① **Fertigungslöhne als Umlagebasis** | | | | | | | | | | |
| | | | | × 47,34 | × 1,10 | | | | | |
| je Träger 0,2 x 0,4 x 5,0  m³ = 0,40 m³ | 10 t | | | | | | | | | |
| - Beton 0,40 m³/St x 2,5 t/ m³ = 1,0 t/St | | | | | | | | | | |
| (0,6 h/t + 24,00 €/t) x 1,0/St | | 0,60 | 24,00 | | | | | | | |
| - Einbauteile | | | 8,00 | | | | | | | |
| - Stahl 0,040 t/St | | | | | | | | | | |
| (12 h/t + 600 €/t) x 0,04t/St | | 0,48 | 24,00 | | | | | | | |
| - Schalung 5,0 m²/St | | | | | | | | | | |
| (0,70 + 0,36) h/St + 1,50 €/m² x 5,0 m²/St | | 1,06 | 7,50 | | | | | | | |
| - Stapeln und Verladen | | 0,60 | | | | | | | | |
| Techn. Bearbeitung 1,0 t/St x 22,86 | | | | | | 22,86 | | | | |
| - Transport 1,0 t/St x 24,00 €/t | | | | | | | 24,00 | | | |
| - Montage 1,0 t/St x 0,15 h/t x 360,00 €/h | | | | | | | | 54,00 | | |
| | | 2,74 | 63,50 | 129,71 | 69,85 | 22,86 | 24,00 | 54,00 | 300,42 | |
| | | | | | | Wagnis und Gewinn: 5 % | | | 15,02 | |
| | | | | | | | | | 315,44 | 3.154,40 |

② **Umlagekalkulation: Stoffkosten und Fertigungslöhne als Umlagebasis**

$$U_1 = \frac{\text{Gemeinkosten}}{\text{Stoffkosten und Fertigungslöhne}} = \frac{789,42}{2.426,38 + 2.288,30} = 16,74\,\%$$

$$U_2 = \frac{\text{Verwaltung- und Vertriebskosten}}{\text{Herstellkosten}} = \frac{550,41}{5.504,10} = 10,00\,\%$$

**Ermittlung des Verrechnungslohns**

| | | |
|---|---|---|
| Fertigungslöhne | | 32,00 €/h |
| Gemeinkostenumlage auf Fertigungslöhne | 16,74 % von  32,00 €/h = | 5,36 €/h |
| | | 37,36 €/h |
| Umlage für Verwaltungs- und Vertriebskosten | | |
| | 10,00 % von  37,36 €/h = | 3,74 €/h |
| | **Verrechnungslohn** | **41,10 €/h** |

**Umlage auf Stoffe**

| | |
|---|---|
| Umlage für Gemeinkosten: | + 16,74 % |
| Umlage für Verwaltungs- und Vertriebskosten: | + 10,00 % |
| Faktor auf Stoffe: 1,0 x 1,1674 x 1,10 | = **1,28418** |

Die Ermittlung des Einheitspreises für die gewählte Position wird in Tabelle 20 durchgeführt. Einige Fertigteilwerke benutzen ein Kalkulationsblatt, auf dem bereits die möglichen Einzelkostenelemente vorgedruckt sind.

Tabelle 20: Berechnung des Einheitspreises (Stoffkosten und Fertigungslöhne als Umlagebasis)

| Beschreibung Mengenangaben Einzelkostenentwicklung | ohne Umlagen je Einheit | | mit Umlagen je Einheit | | Techn. Büro | Trans- port | Mon- tage | Preis je Einheit | Preis je Teil- leistung |
|---|---|---|---|---|---|---|---|---|---|
| | Std. | Stoffe | Lohn | Stoffe | | | | | |
| ② **Fertigungslöhne und Stoffe als Umlagebasis** | | | | | | | | | |
| | | | × 41,10 | × 1,28418 | | | | | |
| **je Träger 0,2 x 0,4 x 5,0 m³ = 0,40 m³**　　10 t | | | | | | | | | |
| - Beton 0,40 m³/St x 2,5 t/ m³ = 1,0 t/St | | | | | | | | | |
| (0,6 h/t + 24,00 €/t) x 1,0/St | 0,60 | 24,00 | | | | | | | |
| - Einbauteile | | 8,00 | | | | | | | |
| - Stahl 0,040 t/St | | | | | | | | | |
| (12 h/t + 600 €/t) x 0,04t/St | 0,48 | 24,00 | | | | | | | |
| - Schalung 5,0 m²/St | | | | | | | | | |
| (0,70 + 0,36) h/St + 1,50 €/m² x 5,0 m²/St | 1,06 | 7,50 | | | | | | | |
| - Stapeln und Verladen | 0,60 | | | | | | | | |
| - Techn. Bearbeitung 1,0 t/St x 22,86 | | | | | 0,00 | | | | |
| - Transport 1,0 t/St x 24,00 €/t | | | | | | 0,00 | | | |
| - Montage 1,0 t/St x 0,15 h/t x 360,00 €/h | | | | | | | 0,00 | | |
| | 2,74 | 63,50 | 112,61 | 81,55 | 22,86 | 24,00 | 54,00 | 295,02 | |
| | | | | | Wagnis und Gewinn: 5 % | | | 14,75 | |
| | | | | | | | | 309,77 | 3.097,70 |

### ③ Umlagekalkulation mit Kostenstellentrennung

Die Umlagesätze der einzelnen Kostenstellen werden tabellarisch bestimmt (Tabelle 21). Hierbei werden die direkt erfassbaren Gemeinkosten auf die Fertigungslöhne der einzelnen Kostenstellen umgelegt. Die Restgemeinkosten werden durch Umlage auf die direkt erfassbaren Herstellkosten berücksichtigt.

Die Kostenstelle „Mischanlage" erfüllt die Voraussetzungen für die Anwendung der Divisionskalkulation. Die direkt erfassbaren Herstellkosten der Kostenstelle „Mischanlage" betragen:

$$K = 768.000 € + 85.950 € + 24.950 € + 1.750 € = 880.650 €$$

Daraus ergeben sich die Kosten für den Frischbeton

$$k = \frac{880.650 €}{32.000 t} = = 27,52 €/t$$

Tabelle 21: Ermittlung der Kostenstellenumlagesätze

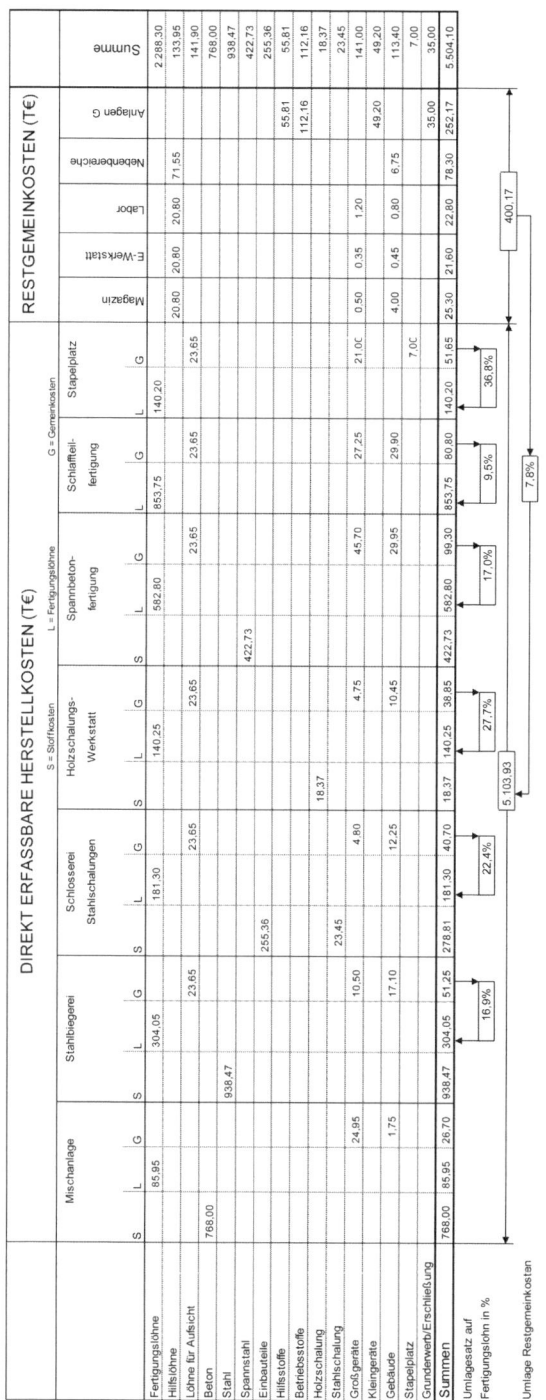

| | Mischanlage S | L | G | Stahlbiegerei S | L | G | Schlosserei Stahlschalungen S | L | G | Holzschalungs-Werkstatt S | L | G | Spannbeton-fertigung S | L | G | Schlaffteil-fertigung S | L | G | Stapelplatz S | L | G | Magazin | E-Werkstatt | Labor | Nebenbereiche | Anlagen G | Summe |
|---|---|---|---|---|---|---|---|---|---|---|---|---|---|---|---|---|---|---|---|---|---|---|---|---|---|---|---|
| Fertigungslöhne | | 85,95 | | | 304,05 | | | 181,30 | | | 140,25 | | | 582,80 | | | 853,75 | | | 140,20 | | | | | | | 2 288,30 |
| Hilfslöhne | | | | | | | | | | | | | | | | | | | | | | 20,80 | 20,80 | 20,80 | 71,55 | | 133,95 |
| Löhne für Aufsicht | | | | | | 23,65 | | | 23,65 | | | 23,65 | | | 23,65 | | | 23,65 | | | 23,65 | | | | | | 141,90 |
| Beton | 768,00 | | | | | | | | | | | | | | | | | | | | | | | | | | 768,00 |
| Stahl | | | | 938,47 | | | | | | | | | | | | | | | | | | | | | | | 938,47 |
| Spannstahl | | | | | | | | | | | | | 422,73 | | | | | | | | | | | | | | 422,73 |
| Einbauteile | | | | | | | 255,36 | | | | | | | | | | | | | | | | | | | | 255,36 |
| Hilfsstoffe | | | | | | | | | | | | | | | | | | | | | | | | | | 55,81 | 55,81 |
| Betriebsstoffe | | | | | | | | | | | | | | | | | | | | | | | | | | 112,16 | 112,16 |
| Holzschalung | | | | | | | | | | 18,37 | | | | | | | | | | | | | | | | | 18,37 |
| Stahlschalung | | | | | | | 23,45 | | | | | | | | | | | | | | | | | | | | 23,45 |
| Großgeräte | | | 24,95 | | | 10,50 | | | 4,80 | | | 4,75 | | | 45,70 | | | 27,25 | | | 21,00 | 0,50 | 0,35 | 1,20 | | | 141,00 |
| Kleingeräte | | | | | | | | | | | | | | | | | | | | | | | | | | 49,20 | 49,20 |
| Gebäude | | | 1,75 | | | 17,10 | | | 12,25 | | | 10,45 | | | 29,95 | | | 29,90 | | | | 4,00 | 0,45 | 0,80 | 6,75 | | 113,40 |
| Stapelplatz | | | | | | | | | | | | | | | | | | | | | 7,00 | | | | | | 7,00 |
| Grunderwerb/Erschließung | | | | | | | | | | | | | | | | | | | | | | | | | | 35,00 | 35,00 |
| Summen | 768,00 | 85,95 | 26,70 | 938,47 | 304,05 | 51,25 | 278,81 | 181,30 | 40,70 | 18,37 | 140,25 | 38,85 | 422,73 | 582,80 | 99,30 | | 853,75 | 80,80 | | 140,20 | 51,65 | 25,30 | 21,60 | 22,80 | 78,30 | 252,17 | 5 504,10 |
| Umlagesatz auf Fertigungslohn in % | | 16,9% | | | 22,4% | | | 27,7% | | | 17,0% | | | 9,5% | | | 36,8% | | | | | | | | | | |
| Umlage Restgemeinkosten | | | | | | | | | | | | | | | | | | | | | | | | | | | |

DIREKT ERFASSBARE HERSTELLKOSTEN (T€) — S = Stoffkosten, L = Fertigungslöhne, G = Gemeinkosten

RESTGEMEINKOSTEN (T€)

S = Stoffkosten: 5 103,93   G = Gemeinkosten: 400,17   7,8%

271

Tabelle 22:     Kalkulationsformular im Betonfertigteilbau

| | | Ein-heit | Menge je Stück | Preis je Einheit | Kosten €/Stück |
|---|---|---|---|---|---|
| | Mischanlage | | | | |
| 1 | Beton | t | 1,00 | 27,52 | 27,52 |
| | Stahlbiegerei, Einbauteile | | 1,00 | 8,00 | 8,00 |
| 2 | Stahl | kg | 40,00 | 0,60 | 24,00 |
| 3 | Fertigungslohn | h | 0,48 | 32,00 | 15,36 |
| 4 | Gemeinkostenzuschlag in % von 3          16,86 % | | | | | 2,59 |
| | Holzschalungswerkstatt | | | | |
| 5 | Schalung | m² | 5,00 | 1,50 | 7,50 |
| 6 | Fertigungslohn | h | 0,36 | 32,00 | 11,52 |
| 7 | Gemeinkostenzuschlag in % von 6          27,70 % | | | | | 3,19 |
| | Schlaffteilfertigung | | | | |
| 8 | Fertigungslohn (0,7 + 0,6) = | h | 1,30 | 32,00 | 41,60 |
| 9 | Gemeinkostenzuschlag in % von 8          9,46 % | | | | | 3,94 |
| | Stapelplatz | | | | |
| 10 | Fertigungslohn | h | 0,60 | 32,00 | 19,20 |
| 11 | Gemeinkostenzuschlag in % von 10          36,84 % | | | | | 7,07 |
| 12 | direkt erfassbare Herstellkosten (1 – 11) | | | | 171,49 |
| 13 | Restgemeinkosten in % von 12          7,84 % | | | | 13,45 |
| 14 | Herstellkosten (12 + 13) | | | | 184,94 |
| 15 | Verwaltungs- und Vertriebskosten in % von 12          10,00 % | | | | 18,49 |
| 16 | Kosten der technischen Bearbeitung lt. besonderer Ermittlung | 1,0 t/St x 22,86 €/t | | | 22,86 |
| 17 | Selbstkosten (14 + 15 + 16) | | | | 226,29 |
| 18 | Transportkosten | | | | 24,00 |
| 19 | Montagekosten | | | | 54,00 |
| 20 | Gesamtkosten (17 + 18 + 19) | | | | 304,29 |
| 21 | Wagnis und Gewinn          5,00 % | | | | 15,21 |
| 22 | Einheitspreis | | | | 319,50 |

Der Vergleich der Einheitspreise zeigt, dass diese nur geringfügig voneinander abweichen, so dass bei ähnlicher Kostenstruktur der Produkte meist Verfahren ① oder Verfahren ② angewendet wird. Das Verfahren ③ ist dann anzuwenden, wenn Produkte mit sehr unterschiedlicher Kostenstruktur hergestellt werden, da eine einheitliche Umlage der Fertigungsgemeinkosten zu unrichtigen Einheitspreisen führen würde.

# 22.3 Kalkulation im Stahlbau

## 22.3.1 Gliederung eines Stahlbauunternehmens nach Kostenstellen

Eine verursachungsgerechte Kalkulation setzt eine Aufgliederung eines Stahlbauunternehmens nach Kostenstellen voraus, in denen sich die funktionale Organisation des Unternehmens widerspiegelt. Bei der Kalkulation müssen die Kostenstellen

– Allgemeine Kostenstellen
– Fertigungshilfskostenstellen
– Verwaltung und Vertrieb

als Gemeinkosten den direkt zurechenbaren Kosten zugerechnet werden.

Daraus ergibt sich folgende Kalkulationsgliederung:

1. Technisches Büro

2. Werkstoffkosten

3. Fertigungskosten

**Fertigungskosten einschl. Fertigungsgemeinkosten**

4. Transportkosten

5. Montagekosten

**Herstellkosten**

6. Verwaltungs- und Vertriebskosten

**Selbstkosten**

Wagnis und Gewinn

**Angebotspreis**

Nach „Ein Leitfaden zur Kostenrechnung im Stahlbau" des Deutschen Stahlbauverbands wird als für den Stahlbau sinnvolles Kalkulationsverfahren die Zuschlagskalkulation empfohlen, bei der die Gemeinkosten der Hauptkostenstellen relativ verursachungsgerecht auf die Kostenträger verrechnet werden. Die Gemeinkosten werden wie folgt verrechnet:

$$\frac{\text{TB-Gemeinkosten}}{\text{TB-Gehälter}} \times 100 = \text{TB-Gemeinkosten-Umlagesatz in \%}$$

$$\frac{\text{Materialgemeinkosten}}{\text{Materialeinzelkosten}} \times 100 = \text{Material-Gemeinkosten-Umlagesatz in \%}$$

$$\frac{\text{Fertigungsgemeinkosten}}{\text{Fertigungslöhne}} \times 100 = \text{Fertigungs-Gemeinkosten-Umlagesatz in \%}$$

$$\frac{\text{Montagegemeinkosten}}{\text{Montagelöhne und Gehälter}} \times 100 = \text{Montage-Gemeinkosten-Umlagesatz in \%}$$

$$\frac{\text{Verwaltungs- und Vertriebs-Gemeinkosten}}{\text{Herstellkosten}} \times 100 = \text{Verwaltungs- und Vertriebs-Gemeinkosten-Umlagesatz in \%}$$

Da insbesondere die zunehmende maschinelle Fertigung den Anteil der Lohnkosten erheblich gesenkt hat, kann es bei sehr unterschiedlichen Produkten empfehlenswert sein, zusätzlich zu den Stundensätzen für Lohnkosten auch Stundensätze für die Maschinenkosten zu verwenden.

Eine weitere Möglichkeit ist die Differenzierung von Stundensätzen abhängig von der Art der einzelnen Fertigungsbereiche. In einem solchen Fall kann die Fertigung z. B. aufgegliedert werden nach

- Entzunderung,
- Ablängen,
- Bearbeiten,
- Schweißen,
- Zusammenbau,
- Oberflächenbehandlung.

Aus Vereinfachungsgründen werden jedoch die Fertigungsgemeinkosten in einem Umlagesatz erfasst. Bei sehr maschinenintensiven Fertigungsstellen entstehen sehr hohe Umlagen, die bis 600 % gehen können.

## 22.3.2 Beispiel

Bei dem Beispiel[1] handelt es sich um eine sehr aufwendige Rohrkonstruktion. Hierbei sind die Material- und auch die Fertigungskosten relativ hoch (s. Tabelle 23 f.). Grundsätzlich schwanken die Preise bei Stahlkonstruktionen sehr stark. Als Bandbreite ergibt sich ein Preis zwischen 1.900 bis 2.800 €/t, bei aufwendigeren Konstruktionen von 3.500 bis 4.500 €/t. Im Einzelfall sind sogar 7.500 €/t möglich. Die Marktpreise für Stahlkonstruktionen können sich wegen der stark schwankenden Stahlpreisentwicklungen erheblich verändern.

Im nachstehenden Beispiel wird mit folgenden Stundensätzen kalkuliert:

| | |
|---|---|
| Technische Bearbeitung | 70,00 €/h |
| Fertigung | 44,00 €/h |
| Montage | 36,00 €/h |

Diese Stundensätze enthalten die zugehörigen Kostenstellen-Gemeinkosten, jedoch nicht die Kosten für Verwaltung und Vertrieb, Materialgemeinkosten (Schrauben, Elektroden) und den Verschnitt.

Bei der Berechnung der Materialkosten werden die Kosten für Schrauben/Elektroden wie folgt angesetzt: Näherungsweise wird hierfür ein Gewicht von 2 % des Gesamtgewichts angenommen (2 % von 109 t = 2,18 t). Der Materialpreis für Schrauben/Elektroden wurde mit 3.330 €/t angesetzt. Hieraus ergeben sich 2,18 t × 3.330 €/t = 7.259,40 €.

Der Zuschlag von 5 % für Materialgemeinkosten auf Materialkosten I berücksichtigt die Kosten der Lagerhaltung. Die Prozentangaben für Fertigungs- und Materialkosten machen deutlich, ob es sich bei der Konstruktion um eine fertigungsintensive oder einfache Konstruktion handelt. Prinzipiell ist dies auch aus der Angabe der Fertigungsstunden zu ersehen. Bei einfachen Konstruktionen kann der Materialanteil übrigens bis zu 50 % der Selbstkosten betragen.

---

[1] Die Verfasser danken Herrn Dr.-Ing. Hans-Walter Haller, Haller Industriebau GmbH, Villingen-Schwenningen, für die Zurverfügungstellung der Unterlagen des Kalkulationsbeispiels.

Tabelle 23:     Kalkulationsformular im Stahlbau, Blatt 1

Bauherr/-in:        Prof. Hirschner

Angebots-Nr. :      195381 Sachb.:      Sygula                    Datum:      11.06.2014
Objekt:
Architekt/-in:

| Stahl-profile | Gewicht [t] | Preis [€/t] | Anstrich [m²/t] | Anstrich gesamt [m²] | Überlängen/ Mehrmengen/ Güte [€/t] | Einheitspreis [€/t] | Gesamtpreis [€] |
|---|---|---|---|---|---|---|---|
| ruhp 219,1×20 110 | 21,000 | 1.500 | | | 0 | 1.500,00 | 31.500,00 |
| 88,9×10 | 4,200 | 1.100 | | | 0 | 1.100,00 | 4.620,00 |
| 88,9×4 | 5,100 | 710 | | | 0 | 710,00 | 3.621,00 |
| 219,1×20 | 5,700 | 1.500 | | | 0 | 1.500,00 | 8.550,00 |
| 273×20 | 7,200 | 1.600 | | | 0 | 1.600,00 | 11.520,00 |
| 88,9×4 | 0,200 | 710 | | | 0 | 710,00 | 142,00 |
| qhp 60×40×4 | 4,500 | 740 | | | 0 | 740,00 | 3.330,00 |
| fl 20 30 | 4,700 | 620 | | | 50 | 670,00 | 3.149,00 |
| hea 100 u 200 | 0,800 | 580 | | | 250 | 830,00 | 664,00 |
| rs 12 24 | 0,500 | 680 | | | 250 | 930,00 | 465,00 |
| 273×20 | 0,300 | 1.600 | | | 0 | 1.600,00 | 480,00 |
| bl 10 | 1,000 | 580 | | | 250 | 830,00 | 830,00 |
| 114,3×12,5 | 0,500 | 980 | | | 0 | 980,00 | 490,00 |
| l 100×50×6 | 0,500 | 710 | | | 250 | 960,00 | 480,00 |
| 101,6×3,6 | 0,200 | 730 | | | 0 | 730,00 | 146,00 |
| ipe 240 | 5,000 | 590 | | | 0 | 590,00 | 2.950,00 |
| ipe 240 | 7,000 | 590 | | | 0 | 590,00 | 4.130,00 |
| ipe 360 | 17,000 | 610 | | | 0 | 610,00 | 10.370,00 |
| hea 100 | 4,000 | 580 | | | 0 | 580,00 | 2.320,00 |
| l u | 5,000 | 750 | | | 0 | 750,00 | 3.750,00 |
| 88,9×4 | 0,500 | 710 | | | 0 | 710,00 | 355,00 |
| qhp 60×404 | 2,200 | 740 | | | 0 | 740,00 | 1.628,00 |
| fl 10 20 | 1,600 | 640 | | | 0 | 640,00 | 1.024,00 |
| rs 12 20 | 0,600 | 620 | | | 0 | 620,00 | 372,00 |
| l 60×6 | 0,200 | 630 | | | 0 | 630,00 | 126,00 |
| hea 100    240 | 7,000 | 580 | | | 0 | 580,00 | 4.060,00 |
| 101,6×3,6 | 2,000 | 730 | | | 0 | 730,00 | 1.460,00 |
| 133×5,6 | 0,500 | 740 | | | 0 | 740,00 | 370,00 |

| | | | | | | | |
|---|---|---|---|---|---|---|---|
| Gesamtgewicht: | 109 | | Zwischensumme: | | | | 102.902,00 |
| | | | Verschnitt: | | 5 % | | 5.145,10 |
| | | | Schrauben/Elektroden: | | 2 % | 3.330,00 | 7.259,40 |

| | | | | | | | |
|---|---|---|---|---|---|---|---|
| Preis I [€/t] | 1.057,86 | | Materialkosten I | | | | 115.306,50 |
| | | | Materialgemeinkosten | | | 5 % | 5.765,33 |
| | | | **MATERIALKOSTEN II** | | | | **121.071,83** |

Tabelle 24:     Kalkulationsformular im Stahlbau, Blatt 2

| Blatt 2 zum Angebot-Nr.: | 195381 | Bauherr/-in:  Prof. Hirschner | | |
|---|---|---|---|---|
| **Technische Bearbeitung** | | | | |
| Statik | 50 Std. | | | |
| Zeichnungen | 400 Std. | | | |
| Abwicklung | 30 Std. | | | |
| **Gesamtstunden** | **480 Std. ×** | **70 €/Std.** | | **33.600,00 €** |
| **Werkstattbearbeitung** | | 109 t | | |
| | 3.399,71 Std | 31,19 Std./t | | |
| **Gesamtstunden:** | **3.399,71 Std. ×** | **44 €/Std.** | | **149.587,24 €** |
| **Transport** | doppelte Entfernung: | 200 km | | |
| Sattelzug | 11 Fahrten | 2 €/km | 4.400 | |
| kleiner LKW | 2 Fahrten | 1,3 €/km | 520 | |
| Autokran | 0 Fahrten | 1 €/km | 0 | |
| Stapler | 0 Fahrten | 0,8 €/km | 0 | |
| Spediteur | 0 Fahrten | 0 € | 0 | |
| **Gesamtkosten:** | | | | **4.920,00 €** |
| **Montage** | 4 Mann | 22 Tage | 10 Std./Tag | |
| | 880 Std. | **8,07 Std./t** | | |
| | 880 Std. | 36 €/h | 31.680 | |
| Auslösung | 88 Tage | 38 €/Tag | 3.344 | |
| Autokran | 280 Std. | 50 €/h | 14.000 | |
| Montagebühne | 22 Tage | 150 €/Tag | 3.300 | |
| Leihkran | 0 Std. | €/Std. | 0 | |
| **Gesamtkosten:** | | | | **52.324,00 €** |
| **Oberflächenbehandlung** | | | | |
| Vorbehandlung      40 my | 24 m²/t | 109 t | | |
| | 2.616 m² | 2,93 €/m² | 7.664,88 | |
| **Gesamtkosten:** | | | | **7.664,88 €** |
| **Fertigungskosten** | 2.276 €/t | 60,00 % Anteil an Selbstkosten | | 248.096,12 € |
| **Materialkosten** | 1.111 €/t | 29,28 % Anteil an Selbstkosten | | 121.071,83 € |
| **Herstellkosten** | 3.387 €/t | 89,29 % | | 369.167,95 € |
| **Verwaltung u. Vertrieb** | 12 % | 10,71 % Anteil an Selbstkosten | | 44.300,15 € |
| **Selbstkosten** | 3.793 €/t | 100,00 % | | 413.468,10 € |
| **Wagnis und Gewinn** | 3 % | | | 12.404,04 € |
| **Angebotspreis** | **3.907 €/t** | | | **425.872,15 €** |
| **Deckanstrich** | 109 t | 200 €/t | | 21.800,00 € |
| + Gemeinkosten | 12 % | | | 2.616,00 € |
| Selbstkosten | | | | 24.416,00 € |
| Wagnis und Gewinn | 3 % | | | 732,48 € |
| Preis Deckanstrich | | | | 25.148,48 € |

# 23 Deckungsbeitragsrechnung in der Kalkulation

## 23.1 Wesen der Deckungsbeitragsrechnung

Unter Deckungsbeitragsrechnung wird ein System der Kostenrechnung verstanden, das die Gesamtkosten einer Abrechnungsperiode in leistungsabhängige (variable) Kosten und Bereitschaftskosten (fixe Kosten) unterscheidet. Der Deckungsbeitrag stellt dabei den Betrag dar, der sich aus der Differenz zwischen der innerhalb einer Abrechnungsperiode erbrachten und bewerteten Leistung eines Abrechnungsprojektes (Einzelauftrag, Hochbau, Gesamtbetrieb) und seinen variablen Kosten ergibt. Er ist also die Differenz aus Erlös und variablen Kosten. Diese Differenz leistet einen Beitrag zur Deckung der Fixkosten und zur Erwirtschaftung eines Gewinns.

Die wesentlichen Unterschiede zwischen der Vollkostenrechnung und der Deckungsbeitragsrechnung sind folgende:

- Bei der Deckungsbeitragsrechnung wird eine Trennung der Kosten nach fixen und variablen Bestandteilen durchgeführt.

- Es wird auf eine Aufschlüsselung und Verrechnung der fixen Kosten auf die Hauptkostenstellen, wie sie bei der Vollkostenrechnung notwendig ist, verzichtet.

Diese Art der Kostenrechnung lässt sich in folgenden Bereichen des Baubetriebs anwenden:

- Kostenkontrolle der Bereitschaftskosten,
- Erfolgskontrolle und -steuerung,
- Preisfindung.

## 23.2 Anwendbarkeit der Deckungsbeitragsrechnung in der Kalkulation

Gerade für die Preisermittlung wird in Zeiten großen Konkurrenzdrucks die Deckungsbeitragsrechnung als Heilmittel gegen zurückgehende Auftragsbestände angesehen, obwohl es sich hier um das schwierigste und wohl auch umstrittenste Einsatzgebiet handelt. Der Hauptgrund, die Deckungsbeitragsrechnung in der Kalkulation anzuwenden, ist in folgender Tatsache zu suchen:

- Bei der Vollkostenkalkulation wird der Angebotspreis unter voller Deckung der Kosten (d. h. einschließlich der fixen Kosten) ermittelt. Bei sinkender Beschäftigung, d. h. nachlassendem Umsatz, führt das zu einer Erhöhung der Gemeinkostenumlage. Hierdurch verringert das Unternehmen seine Auftragschancen, falls es mit Vollkosten rechnet.

- Ein Unternehmen kann die Möglichkeit wahrnehmen, zusätzliche Aufträge mit kurzen Durchführungszeiten unter teilweisem oder völligem Verzicht auf Deckung der fixen Kosten (Teilkosten- bzw. Grenzkostenkalkulation) hereinzunehmen, wenn die Gewinnschwelle erreicht ist. Der Betrieb kann, ohne Substanzverluste hinzunehmen, seine Beschäftigungslage stabilisieren.

Die Deckungsbeitragsrechnung löst sich bewusst vom Einzelauftrag und wendet sich den gesamten Aufträgen einer Bausparte innerhalb des Unternehmens zu. Sie ist nur dann verwendbar, wenn die Gesamtdeckung der Kosten innerhalb einer kurzen Zeitspanne erreicht wird. Die Gefahr bei der Anwendung besteht darin, dass sich über eine nicht erreichte Kostendeckung hinwegsetzt und eine Kostendeckung von einer unbestimmten Zukunft erhofft wird.

Voraussetzung für eine Kalkulation auf der Grundlage der Deckungsbeitragsrechnung ist die Kenntnis der Kostenarten, inwieweit sie der Kategorie der leistungsabhängigen Kosten oder den Bereitschaftskosten zuzurechnen sind.

Eine Definition dieser Kostenbegriffe ist deshalb angebracht.

## Variable (leistungsabhängige) Kosten

Die leistungsabhängigen Kosten entstehen in dem Umfang, in dem zusätzliche Güter produziert werden. Ihre Höhe ändert sich in der Regel proportional mit der Größe der erbrachten Leistung. In der Betriebswirtschaftslehre werden sie häufig auch als Grenzkosten bezeichnet.

## Fixkosten (Bereitschaftskosten)

Hierunter sind die Kosten zu verstehen, die zur Produktion von Gütern notwendig werden und die aus der Führung, Aufrechterhaltung und Entwicklung des Unternehmens entstehen. Sie fallen auch an, wenn keine Güter produziert werden.

## Mischkosten

Verschiedene Kosten setzen sich aus variablen und fixen Kosten zusammen, z. B. die Transportkosten. Die Ursache für die Entstehung dieser Kosten liegt darin, dass sie leistungsabhängige (Fahrerlohn, Betriebsstoffe) wie auch zeitabhängige Bestandteile (Abschreibung und Verzinsung des Fahrzeugs) enthalten.

Als Grundlage der Kostenabgrenzung nach der obigen Definition gilt der Maßstab, inwieweit die Kosten durch die Leistungserstellung direkt beeinflusst werden: Dabei muss die Kostenanalyse aus der Sicht des Unternehmens erfolgen und nicht aus der Sicht des Auftrages. Während langfristig gesehen keine Kosten fix sind (unter Aufgabe der Betriebsbereitschaft einer Unternehmung können sämtliche Kosten reduziert werden), muss bei mittelfristiger Betrachtung ein erheblicher Teil der Kosten als fix angesehen werden, wenn ein Unternehmen seine Betriebsbereitschaft erhalten will.

## Lohnkosten

Ob Lohnkosten als fixe oder variable Kosten anzusehen sind, ist umstritten. Zwar ist es jederzeit möglich, die Lohnkosten – wie auch die Gehaltskosten – durch natürlichen Abgang der Beschäftigten zu verringern, wenn wegen Erreichung der Altersgrenze oder vorzeitiger Berufsunfähigkeit Ausscheidende nicht ersetzt werden. Jedoch sind einer plötzlichen Verringerung in größerem Maßstab Grenzen gesetzt, da Massenentlassungen genehmigungsbedürftig sind und mit der Ausarbeitung eines – kostspieligen – Sozialplans und hohen Abfindungszahlungen verknüpft sind. Häufig wird in solchen Fällen auf Kurzarbeit ausgewichen und erreicht hierdurch eine Anpassung der Lohnkosten an die Beschäftigungsmöglichkeit. Es ist deshalb zulässig, wenn die Lohnkosten zu den leistungsabhängigen (variablen) Kosten zugerechnet werden.

## Beschäftigungsgrad der Fixkostendeckung

Der zur Fixkostendeckung notwendige Deckungsbeitrag nimmt mit wachsender Kapazitätsauslastung des Unternehmens zu. Es ist also notwendig, einen Beschäftigungsgrad zu erreichen, bei dem Deckungsbeitrag und Fixkosten gleich sind. Dies ist am „Break-Even-Punkt 1" der Fall (Abbildung 73). Von diesem Punkt an wird Gewinn erzielt, der bis zum optimalen Beschäftigungsgrad zunimmt. Wird dieser Punkt überschritten, so steigen die variablen Kosten progressiv an, so dass sich der Deckungsbeitrag vermindert, bis er schließlich am „Break-Even-Punkt 2" wieder gleich den Fixkosten ist. Die Gewinnzone des Unternehmens liegt also zwischen den Break-Even-Punkten 1 und 2. Jenseits dieser Punkte entsteht Verlust. Da bei der Durchführung der Vorkalkulation die Unterscheidung in variable und fixe Kosten zu erheblichen Schwierigkeiten führt, ist zunächst eine Vollkostenkalkulation durchzuführen und dann der Fixkostenanteil auszusondern, um eine noch annehmbare Preisuntergrenze zu ermitteln. Hierbei ist die Ausgabenwirksamkeit zu beachten, die Auswirkungen auf die Liquidität des Unternehmens hat.

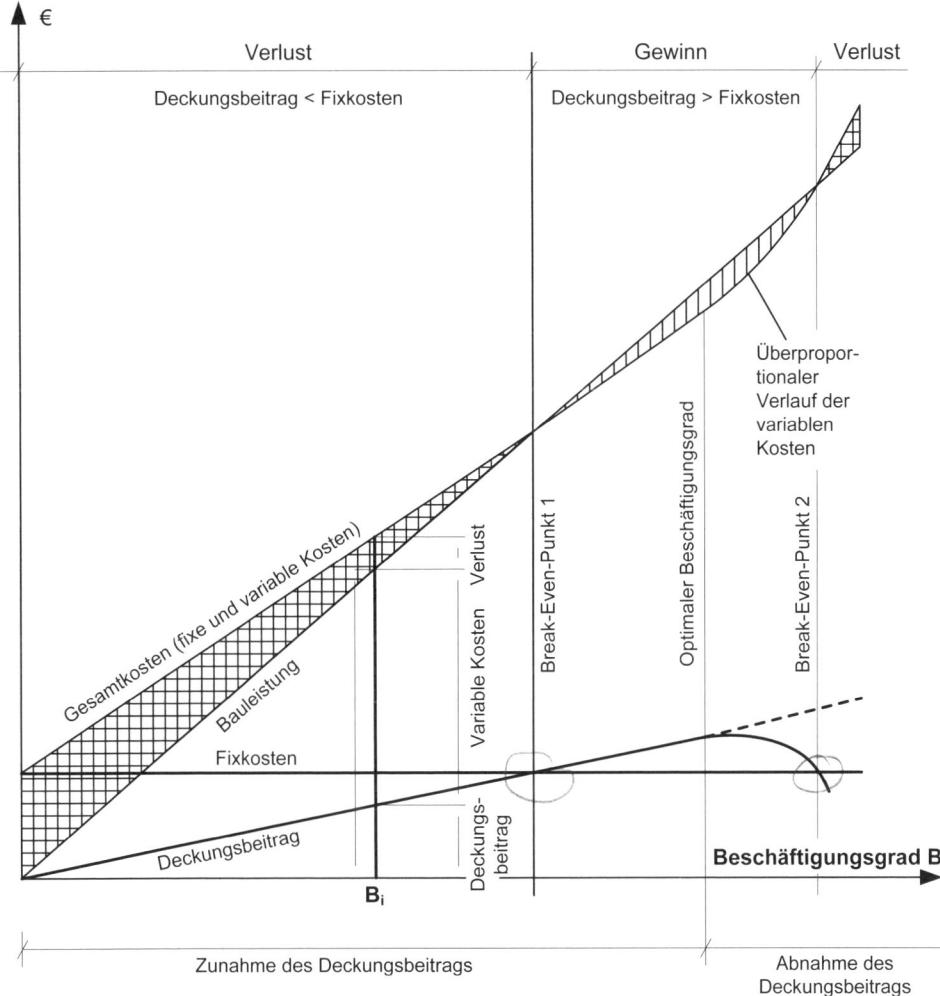

Abbildung 73: Abhängigkeit der Fixkostendeckung vom Beschäftigungsgrad

In Tabelle 25 sind die im Baubetrieb anfallenden Kosten einerseits nach dem Gesichtspunkt der Leistungsabhängigkeit und andererseits nach ihrer Ausgabewirksamkeit zusammengestellt.

Bei der Festsetzung der Angebotspreise können lediglich in außergewöhnlichen Fällen und kurzfristig die leistungsabhängigen (variablen) Kosten die Preisuntergrenze bilden. Diese Grenze wird als **Preisuntergrenze unter Verzicht auf Deckung der Fixkosten** bezeichnet. Besondere Aufmerksamkeit bei der Ermittlung der Preisuntergrenze ist der Liquiditätserhaltung zu widmen. Diese Frage ist für die Bauwirtschaft besonders bedeutsam, weil die Baubetriebe vielfach unterkapitalisiert sind und der Finanzierungsmodus bei der Abwicklung von Bauaufträgen (z. B. Garantieeinbehalte) zur Vorsicht mahnt. Ist die Zahlungsfähigkeit infolge eines Liquiditätsengpasses für einen Betrieb von besonderer Bedeutung, dann ist es erforderlich zu überprüfen, welche Kosten fortlaufend oder in unmittelbarer Zukunft Ausgaben verursachen. Diese Kosten bilden zusammen mit den variablen Kosten **die Preisuntergrenze bei Aufrechterhaltung der Liquidität**.

Tabelle 25:  Kostenaufteilung nach Leistungsabhängigkeit und Ausgabenwirksamkeit

| | | Leistungs- abhängige Kosten (variable Kosten) | Bereit- schafts- kosten (fixe Kosten) | kurzfristig | langfristig |
| --- | --- | --- | --- | --- | --- |
| | | | | ausgabewirksame Kosten | |
| Baustellenlohnkosten | | X | | X | |
| Stoffkosten | | X | | X | |
| **Rüst- und Schalmaterial** | | | | | |
| Rüst- u. Schalholz | | X | | X | |
| Rüst- u. Schalteile | A+V | | X | | X |
| | R | X | | X | |
| Gerätekosten | A+V | | X | | X |
| | R | X | | X | |
| Fremdgerätekosten | | X | | X | |
| Kosten der Fremdleistungen | | X | | X | |
| Baustellengehaltskosten | | | X | X | |
| Transportkosten | | X | X | X | X |
| **Baustellenunterkünfte und Ausstattung** | | | | | |
| Unterkünfte | A+V | | X | | X |
| | R | X | | X | |
| Ausstattung | | X | | X | |
| Kleingeräte/Werkzeuge | | X | | X | |
| **Kosten der örtlichen Bauleitung** | | | | | |
| PKW-Kosten | A+V | | X | | X |
| | R + Sonstige | X | | X | |
| Bürokosten, Werbung etc. | | X | | X | |
| Technische Bearbeitung | | | X | X | |
| Baustellenversicherung | | X | | X | |
| Sonderwagnisse | | X | | X | |
| Sonstige Kosten | | X | | X | |
| Allgemeine Geschäftskosten | | | X | X | |

Soll die Liquidität des Unternehmens kurzfristig nicht verschlechtert werden, so kann nur verzichtet werden auf:

- Gewinn,
- Abschreibung und Verzinsung der Maschinen und Geräte.

Dagegen sind die für die Baustelle notwendigen Neuanschaffungen, die als Ausgabe die Liquidität vermindern, aufzurechnen.

Den anfangs geschilderten Vorteilen, die eine Kalkulation mit Deckungsbeiträgen zumindest theoretisch erwarten lässt, stehen in der praktischen Durchführung jedoch erhebliche Schwierigkeiten, ja sogar Gefahren gegenüber.

1. Weil ein Rückgriff auf bestehende Werte wegen der sich immer wieder verändernden Gegebenheiten oft zu falschen Kalkulationsansätzen führt, ist die Beurteilung der eigentlichen Leistung und damit die Ermittlung der variablen Kosten und des zu erwartenden Deckungsbeitrages mit großen Unsicherheiten verbunden.

2. Die Berechnung des zu erwartenden Deckungsbeitrags bei Angebotsabgabe ist starken Unsicherheiten unterworfen, weil für den Kalkulator die Trennung aller Kosten in fixe und variable Anteile, insbesondere bei Mischkosten – z. B. innerbetrieblichen Verrechnungssätzen – mit

Schwierigkeiten verbunden ist. Auch die Vergabe von Leistungen an Subunternehmer kann erst zum Zeitpunkt der Auftragsdurchführung geklärt werden.

Die Vorkalkulation hat also auch bei Anwendung der Deckungsbeitragsrechnung zunächst von der Errechnung der Selbstkosten eines Angebotes auszugehen und alle weiteren Betrachtungen über die Preisfindung (d. h. Verzicht auf Ansatz von entstehenden Kosten) mit größter Vorsicht vorzunehmen.

# 23.3 Beispiel zur Kalkulation mit Deckungsbeiträgen

## 23.3.1 Kostenstruktur

Die Angebotskalkulation eines Bauprojekts ergibt folgende Kostenstruktur:

| | |
|---|---:|
| Lohnkosten | 1.012.000,00 € |
| Aufsichtsgehälter | 112.000,00 € |
| Sonstige Kosten (Stoffe, Rüst- und Schalholz) | 1.278.000,00 € |
| Gerätekosten | 460.000,00 € |

| Anteil: | | |
|---|---|---|
| | Abschreibung und Verzinsung | 50 % |
| | Reparatur | 30 % |
| | Betriebsstoffe | 20 % |

| | |
|---|---:|
| Fremdleistungen | 383.000,00 € |
| Allgemeine Geschäftskosten | 307.000,00 € |
| Angebotssumme (Vollkosten) ohne Wagnis und Gewinn (W + G) | 3.552.000,00 € |
| Wagnis und Gewinn | 205.000,00 € |
| Angebotssumme ohne MwSt. (Vollkosten) | 3.757.000,00 € |

## 23.3.2 Ermittlung der Preisuntergrenze bei Verzicht auf Deckung der Fixkosten

Auf die Deckung aller fixen Kosten wird verzichtet.

| | |
|---|---:|
| Angebotssumme (Vollkosten) ohne W + G | 3.552.000,00 € |
| ./. Aufsichtsgehälter | − 112.000,00 € |
| ./. A + V Geräte = 0,5 x 460.000,00 | − 230.000,00 € |
| ./. Allgemeine Geschäftskosten | − 307.000,00 € |
| Preisuntergrenze unter Verzicht auf Deckungsbeitrag | 2.903.000,00 € |

## 23.3.3 Ermittlung der Preisuntergrenze bei Aufrechterhaltung der Liquidität

Es kann nur auf Kosten verzichtet werden, die kurzfristig keine Ausgaben verursachen; die notwendigen Investitionen müssen berücksichtigt werden.

| | |
|---|---:|
| Angebotssumme (Vollkosten) ohne W + G | 3.552.000,00 € |
| ./. A + V Geräte = 0,5 x 460.000,00 | − 230.000,00 € |
| + für die Bauausführung notwendige Investitionen (wie z. B. Kauf von Schalmaterial und Maschinen) | 153.000,00 € |
| Preisuntergrenze ohne Beeinträchtigung der Liquidität | 3.475.000,00 € |

# 24    Kalkulation im SF-Bau

Die Kalkulation im Schlüsselfertigbau (SF-Bau) entspricht im Prinzip der Kalkulation von Rohbauarbeiten, jedoch ist der Anteil der Nachunternehmerleistungen sehr hoch. Das betrifft insbesondere die Arbeiten wie Ausbau- und gebäudetechnische Arbeiten. In vielen Fällen wird die gesamte Bauausführung an Nachunternehmer weitervergeben.

Neben den Gemeinkosten der Baustelle für die Rohbauarbeiten ergeben sich weitere Kosten für die Ausbauarbeiten, wie Vorhaltekosten für Bauleitungsbüros und Kosten für die SF-Bauleitung. Zusätzlich einzurechnen sind die Kosten für die Ausführungsplanung sowie die Kosten für Ausschreibung und Vergabe der Nachunternehmer-Leistungen. Die sich ergebenden Herstellkosten aus der Summe der Einzelkosten und der Gemeinkosten der Baustelle werden mit einem von der Geschäftsleitung festzulegenden Prozentsatz für AGK, W+G beaufschlagt. Die Umlage der Gemeinkosten und der angesetzten Wagnis- und Gewinnanteile erfolgt häufig überproportional auf die Rohbauarbeiten, der Rest wird auf die Fremdleistung umgelegt.

Den Detail-Pauschalverträgen liegt ein ausführliches Leistungsverzeichnis mit Mengenangaben zugrunde. Jedoch sind auch hier die Mengen zu überprüfen. Schwieriger sind demgegenüber Global-Pauschalverträge zu kalkulieren. Wichtige Grundsätze hierfür sind Schiffers zu entnehmen. Darin heißt es:

„Schlüsselfertigbau-Unternehmen sollten aber erkennen, dass sie sich in einem Aufgabenfeld bewegen, das nur dann auf Dauer erfolgreich bewältigt werden kann, wenn die Angebotsbearbeitung über alle Fachbereiche der Planung und Ausführung hinweg erfolgt. Angebotsbearbeitung im SF-Bau ist nicht einfach Ermittlung von Mengen und deren Bewertung; Angebotsbearbeitung im SF-Bau ist integrative Durcharbeitung eines Bauobjekts unter den Gesichtspunkten der Funktionserfüllung und Vollständigkeit."[1] ... „Somit geht es bei Pauschalen darum, nicht über Auftraggeber zu lamentieren, die mit vagen Anfragen später ein Traumhaus haben wollen, sondern es geht darum, im Angebotsstadium absichernd zu agieren, damit der Auftraggeber nicht später für einen Minimalpreis eine hochwertige Leistung fordern kann."

Für die Überprüfung der Funktionsfähigkeit und der Vollständigkeit empfiehlt es sich, die DIN 276 „Kosten im Hochbau", Tabelle 1 (DIN 276-1:2008-12) heranzuziehen. Nachstehend sind die ersten beiden Zahlen der Dezimalklassifikation der Tabelle angeführt. Im Einzelfall ist es ratsam, die DIN 276 in ihrer Gesamtheit zu beachten.

**100    Grundstück**

110    Grundstückswert

120    Grundstücksnebenkosten

130    Freimachen

**200    Herrichten und Erschließen**

210    Herrichten

220    Öffentliche Erschließung

230    Nichtöffentliche Erschließung

240    Ausgleichsabgaben

250    Übergangsmaßnahmen

**300    Bauwerk – Baukonstruktionen**

310    Baugrube

---

[1]    Schiffers, K.-H. (1993), S. 41 f.

320 Gründung

330 Außenwände

340 Innenwände

350 Decken

360 Dächer

370 Baukonstruktive Einbauten

390 Sonstige Maßnahmen für Baukonstruktionen

**400 Bauwerk – Technische Anlagen**

410 Abwasser-, Wasser-, Gasanlagen

420 Wärmeversorgungsanlagen

430 Lufttechnische Anlagen

440 Starkstromanlagen

450 Fernmelde- und informationstechnische Anlagen

460 Förderanlagen

470 Nutzungsspezifische Anlagen

480 Gebäudeautomation

490 Sonstige Maßnahmen für technische Anlagen

**500 Außenanlagen**

510 Geländeflächen

520 Befestigte Flächen

530 Baukonstruktionen in Außenanlagen

540 Technische Anlagen in Außenanlagen

550 Einbauten in Außenanlagen

560 Wasserflächen

570 Pflanz- und Saatflächen

590 Sonstige Außenanlagen

**600 Ausstattung und Kunstwerke**

610 Ausstattung

620 Kunstwerke

**700 Baunebenkosten**

710 Bauherrenaufgaben

720 Vorbereitung der Objektplanung

730 Architekten- und Ingenieurleistungen

740 Gutachten und Beratung

750 Künstlerische Leistungen

760 Finanzierungskosten

770 Allgemeine Baunebenkosten

790 Sonstige Baunebenkosten

Weitere Hinweise zur Kostenplanung/-ermittlung sind Kochendörfer/Liebchen/Viering[1] insbesondere im Kapitel 6 zu entnehmen.

---

[1]  Kochendörfer, B., Liebchen, J., Viering, M., (2010), „Bau-Projekt-Management".

# 24.1 Kalkulationsmethoden im Schlüsselfertigbau

Üblich sind im Schlüsselfertigbau folgende Kalkulationsmethoden:[1]

- Kalkulation über Einzelgewerke mit Preisen aus Einzelausschreibungen
- Kalkulation über Einzelgewerke mit Erfahrungswerten
- Kalkulation über Flächenwerte (€/m² BGF oder m² Wohnfläche)
- Kalkulation über Rauminhaltswerte (€/m³ BRI)
- Kalkulation über die Elementmethode.

Eine von Heine durchgeführte Fragebogenauswertung[2] ergibt als häufigste genannte Kalkulationsmethode im SF-Bau die Kalkulation über Einzelgewerke mit Preisen aus Einzelausschreibungen zu 26,19 %, gefolgt von der Kalkulation über Einzelgewerke mit Erfahrungswerten zu 23,81 % und die Kalkulation über Flächen- oder Rauminhaltswerte zu 16,7 %. Erst auf Rang 4 folgt mit 9,5 % die Elementmethode. Diese Fragebogenauswertung deckt sich mit den Ergebnissen eigener Untersuchungen und ist immer noch aktuell.

In der Regel erfolgt eine Kombination der oben angeführten Kalkulationsmethoden im Schlüsselfertigbau. Die Kalkulation für schwierig abzuschätzende oder relevante Teilbereiche erfolgt mit Erstellen eines zugehörigen Leistungsverzeichnisses für die entsprechenden Gewerke und zugehörigen Einzelausschreibungen. Für die LV-Erstellung wird häufig ein Fachingenieurbüro eingeschaltet. Um die Kosten oder die Zeit für die Fachingenieure zu sparen, werden die Einzelgewerke jedoch üblicherweise über Erfahrungswerte kalkuliert. Die Kalkulation über Flächen- und Rauminhaltswerte ist zu ungenau und wird nur in frühen Kalkulationsphasen eingesetzt.

Der Zeitaufwand für die verschiedenen Methoden steigt überproportional; in welchem Verhältnis die Genauigkeit der Kalkulationssumme hierzu steht, kann nicht belegt werden. Voelckner führt folgende Zahlen zur Genauigkeit der Kalkulation an:

| | |
|---|---|
| – nach m³ umbautem Raum | ± 25 % – 30 % |
| – nach m² Nutzfläche | ± 20 % – 25 % |
| – nach Gewerkewägung | ± 10 % – 15 % |
| – nach Elementaufgliederung | ± 10 % – 15 % |
| – nach Positionsbeschreibungen | ± 5 % – 10 % |
| – bei der klassischen Unternehmerkalkulation (...) | |
| liegt die Genauigkeit bei | ± 5 %[3] |

---

[1] Weiterführende Literatur: Berner/Kochendörfer/Schach (2012), „Grundlagen der Baubetriebslehre 1: Baubetriebswirtschaft (Leitfaden des Baubetriebs und der Bauwirtschaft)", Springer Vieweg, S. 283. ff., Kap. 8 „Angebotsbearbeitung im Schlüsselfertigbau".

[2] Heine, S., (1995), „Qualitative und quantitative Verfahren der Preisbildung, Kostenkontrolle und Kostensteuerung beim Generalunternehmer".

[3] Voelckner in Wirth, V. und 3 Mitautoren, (1995), Schlüsselfertigbau-Controlling.

# 24.2 Anteile der Leistungsbereiche im Schlüsselfertigbau

Eine vollständige Darstellung sämtlicher Leistungsbereiche befindet sich in DIN 276, Tabelle 2. Hinzuweisen ist, dass die darin aufgeführten Leistungsbereiche nicht immer mit der Gliederung der Kalkulation im Schlüsselfertigbau übereinstimmen, die sich im Wesentlichen nach der Spezialisierung der ausführenden Unternehmen richtet.

Nachstehend ist eine Auswertung von 20 Kalkulationen von Büro- und Verwaltungsgebäuden aufgeführt. Der Bruttorauminhalt der Projekte betrug 7.000 m³ BRI bis 300.000 m³ BRI mit Preisen je nach Standard von 243 €/m³ bis 450 €/m³ netto. Die wichtigsten Leistungsbereiche sind nachfolgend dargestellt:

Tabelle 26:  Die wichtigsten Leistungsbereiche von Büro- und Verwaltungsgebäuden

| Leistungsbereiche | % | Summe % |
|---|---|---|
| Beton- u. Stahlbetonarbeiten | 21,83 % | 21,83 % |
| Fassade | 14,62 % | 36,45 % |
| Elektroarbeiten + Blitzschutz | 8,20 % | 44,65 % |
| RLT-Anlagen | 4,08 % | 48,73 % |
| Heizung | 3,85 % | 52,58 % |
| Trennwände | 3,69 % | 56,27 % |
| Metallbau | 3,01 % | 59,28 % |
| BE + Gerüste | 2,96 % | 62,24 % |
| Estricharbeiten | 2,62 % | 64,86 % |
| Wasser/Abwasser/Sanitär | 2,61 % | 67,47 % |
| Abgehängte Decken | 2,21 % | 69,68 % |
| Erdarbeiten | 2,20 % | 71,88 % |
| Aufzüge | 2,20 % | 74,08 % |
| Mauerarbeiten | 2,18 % | 76,26 % |
| Herrichten/Abbruch | 2,05 % | 78,31 % |
| Wasserhaltungsarbeiten | 1,95 % | 80,26 % |

## 24.3 Gemeinkostenanteile im Schlüsselfertigbau

Tabelle 27: Gemeinkostenanalyse einer Hochbaustelle im Schlüsselfertigbau

| Kosten (netto) | € | Anteil an Gesamtkosten | |
|---|---|---|---|
| Gehälter | 329.781 | 2,71 % | |
| Eigenlöhne einschließlich Polier | 213.933 | 1,76 % | |
| Baustoffe | 604.919 | 4,97 % | |
| Rüst- u. Schalmaterial | 129.659 | 1,06 % | |
| Gerätemieten | 231.583 | 1,90 % | |
| **Zwischensumme** | | | **12,40 %** |
| Nachunternehmerleistungen: | | | |
| Rohbau einschl. Stuck, Putz, Estrich, Trockenbau, Fassade | 3.063.371 | 25,15 % | |
| Ausbau, Gebäudetechnik | 5.178.385 | 42,51 % | |
| Baureinigung | 47.050 | 0,39 % | |
| **Summe Nachunternehmerleistungen** | | | **68,05 %** |
| Bauhilfsstoffe, Hilfsleistungen | 106.969 | 0,88 % | |
| W+K | 43.493 | 0,36 % | |
| Strom, Wasser, sonstige Betriebsstoffe | 49.100 | 0,40 % | |
| Mieten u. Pachten | 28.294 | 0,23 % | |
| Elektro, Wasser, Abwasseranschluss | 114.806 | 0,94 % | |
| Transporte, Pkw, Kilometergelder | 53.538 | 0,44 % | |
| Unterkunftskosten | 2.218 | 0,02 % | |
| Büromaterial, Telefon, Reisespesen, Bewirtung | 38.298 | 0,31 % | |
| Heizung, Müll, Reinigung, Bewachung, Bauschutt | 68.484 | 0,56 % | |
| Gutachten, Beratung | 248.802 | 2,04 % | |
| Architekten u. Ingenieure | 304.792 | 2,50 % | |
| Gebühren u. Versicherungen | 203.177 | 1,67 % | |
| Sonstige betriebliche Aufwendungen | 42.159 | 0,35 % | |
| **Zwischensumme:** | | | **10,71 %** |
| Umlage für Gewährleistung | 60.966 | 0,50 % | **0,50 %** |
| Umlagen für Verwaltung, Bauhof | 534.916 | 4,39 % | **4,39 %** |
| Rückstellungen | 481.594 | 3,95 % | **3,95 %** |
| **Summe Kosten** | **12.180.287** | | **100,00 %** |

In vielen Fällen wird die gesamte Bauausführung an Nachunternehmer weitervergeben. Jedoch zeigt vorstehende Gemeinkostenanalyse einer Hochbaustelle, dass trotz vollständiger Vergabe der Ausführung an Nachunternehmer der Generalunternehmer 30 % der Kosten aufzuwenden hatte. Von diesen 30 % entfallen gut vier Prozentpunkte auf Gewährleistung und Rückstellung.

# 24.4 Beispiele für die Kalkulationsmethoden im Schlüsselfertigbau

## 24.4.1 Kalkulation eines Verwaltungsgebäudes über Einzelgewerke

Nachstehend ist die Kalkulation eines Verwaltungsgebäudes dargestellt. Diese ist gegliedert in:

- Rohbau,
- Ausbau,
- Gebäudetechnik,
- Außenanlagen.

Die Kosten für die Planungsleistungen sind getrennt unter Nebenkosten erfasst. Die Trennung zwischen der Baustelleneinrichtung, in folgendem Beispiel unter Rohbau – BE + Gerüste – aufgeführt, und den Gemeinkosten der Baustelle ist häufig nicht eindeutig. Bei diesem Beispiel fallen unter die Baustelleneinrichtung folgende Leistungen:

- Auf- und Abbaukosten Baustelleneinrichtung,
- Vorhaltekosten der Geräte und Container einschließlich Ausbauzeit,
- Hilfslöhne,
- Wohnlager,
- Pkw- und Transportkosten.

Die Gemeinkosten der Baustelle umfassen hier die Gehaltskosten. Für die Kalkulation wurde ein Leistungsverzeichnis erstellt, das 160 Positionen umfasst. Hiervon entfallen auf die Rohbauarbeiten 60 Positionen.

Tabelle 28: Beispielhafte Kalkulation eines Verwaltungsgebäudes über Einzelgewerke

| Projektname | BRI | 65.950 | m³ BRI |
|---|---|---|---|
| Ort | davon TG | | m³ BRI |
| Bauherr | BGF | 18.700 | m² BGF |
| Architekt | | | |
| Tragwerksplaner | | | |

| 1 | Rohbau | Mengen | Einheit | Kostensatz €/Einheit | Einzel-kosten | %-Anteil | Kosten/ m³ BRI | Kosten/ m² BGF | ABC-Analyse |
|---|---|---|---|---|---|---|---|---|---|
| 1.01 | Abbruch | | m³ BRI | | | | | | |
| 1.02 | BE + Gerüste | 1 psch | | | 443.583 | 10,26 % | 6,73 | 23,72 | B |
| 1.03 | Verbauarbeiten | 678 m² Verbau | | 118 | 39.833 | 0,92 % | 0,60 | 2,13 | C |
| 1.04 | Erdarbeiten | 31.200 m³ | | 13 | 390.000 | 9,02 % | 5,91 | 20,86 | B |
| 1.05 | Wasserhaltungsarbeiten | | | | | | | | |
| 1.06 | Entwässerungskanalarbeiten | | m³ BRI | 1,00 | 65.950 | 1,52 % | 1,00 | 3,53 | C |
| 1.10 | Beton- u. Stahlbetonarbeiten | | | | | | | | |
| | - Beton | 9.873 m³ | | 100 | 987.300 | 22,83 % | 14,97 | 52,80 | A |
| | - Schalung | 55.866 m² | | 25 | 1.396.650 | 32,30 % | 21,18 | 74,69 | A |
| | - Bewehrung u. Dübelleisten | 1.236 t | | 750 | 927.000 | 21,44 % | 14,06 | 49,57 | A |
| | - Fertigteile | | | | | | | | |
| | - Sonstiges | | | | | | | | |
| 1.20 | Mauerarbeiten | 1.500 m² | | 40 | 60.000 | 1,39 % | 0,91 | 3,21 | C |
| 1.60 | Stahlbauarbeiten | 8 t | | 1.750 | 14.000 | 0,32 % | 0,21 | 0,75 | C |
| 1.70 | Abdichtung gegen drückendes Wasser | | m² | | | | | | |
| 1.80 | Abdichtung gegen nichtdr. Wasser | 8.230 m² | | 25 | 329 | 0,01 % | 0,00 | 0,02 | C |
| | **Summe Rohbau** | | | | **4.324.645** | **100,00 %** | **65,57** | **231,26** | |

| 2 | Ausbau | Mengen | Einheit | Kostensatz €/Einheit | Einzelkosten | %-Anteil | Kosten/ m³ BRI | Kosten/ m² BGF | |
|---|--------|--------|---------|---------------------|--------------|----------|----------------|----------------|---|
| 2.01 | Zimmerer- und Holzbauarbeiten | psch | | | 10.000 | 0,16 % | 0,15 | 0,53 | C |
| 2.02 | Dachdeckungs- / -abdichtungsarbeiten | 3.800 m² | | 60 | 228.000 | 3,74 % | 3,46 | 12,19 | C |
| 2.03 | Klempnerarbeiten | m³ BRI | | 2 | 148.388 | 2,43 % | 2,25 | 7,94 | C |
| 2.04 | Fassade | m² | | | | | | | |
| 2.05 | Fenster/Verglasungsarbeiten | 5.133 m² | | 325 | 1.668.225 | 27,36 % | 25,30 | 89,21 | A |
| 2.06 | Sonnenschutz | 2.000 m² | | 138 | 275.000 | 4,51 % | 4,17 | 14,71 | C |
| 2.07 | Metallbau | 655 m² | | | 395.000 | 6,48 % | 5,99 | 21,12 | B |
| 2.08 | Schreiner- /Tischlerarbeiten | 540 Türen+Theke | | 325 | 175.500 | 2,88 % | 2,66 | 9,39 | C |
| 2.09a | Außenputz (Vollwärme) | 1.200 m² | | 63 | 75.000 | 1,23 % | 1,14 | 4,01 | C |
| 2.09b | Innenputz | 14.770 m² | | 12 | 169.855 | 2,79 % | 2,58 | 9,08 | C |
| 2.10 | Beton-/Naturwerksteinarbeiten | 1.685 m² | | 100 | 168.500 | 2,76 % | 2,55 | 9,01 | C |
| 2.11 | Schlosserarbeiten | m³ BRI | | 4,3 | 280.288 | 4,60 % | 4,25 | 14,99 | C |
| 2.20 | Fliesen- u. Plattenarbeiten | 10.070 m² | | 53 | 528.675 | 8,67 % | 8,02 | 28,27 | B |
| 2.21 | Estricharbeiten | 17.600 m² | | 19 | 334.400 | 5,48 % | 5,07 | 17,88 | B |
| 2.22 | Bodenbelagsarbeiten | 11.770 m² | | 30 | 353.100 | 5,79 % | 5,35 | 18,88 | C |
| 2.23 | Malerarbeiten | 69.500 m² | | 6,8 | 469.125 | 7,69 % | 7,11 | 25,09 | B |
| 2.30 | Abgehängte Decken | 7.111 m² | | 48 | 337.773 | 5,54 % | 5,12 | 18,06 | C |
| 2.40 | Trennwände | 4.760 m² | | 80 | 380.800 | 6,24 % | 5,77 | 20,36 | C |
| 2.50 | Gebäudereinigungsarbeiten | m² BGF | | 4 | 65.450 | 1,07 % | 0,99 | 3,50 | C |
| 2.60 | Doppelboden | m² | | | | | | | |
| 2.90 | Sonstiges: Schließanlagen, Briefkasten | psch | | | 35.000 | 0,57 % | 0,53 | 1,87 | C |
| | **Summe Ausbau** | | | | **6.098.078** | **100,00 %** | **92,47** | **326,10** | |
| **3** | **Haustechnik** | | | | | | | | |
| 3.01 | Aufzüge | 13 Stück | | | 240.000 | 5,22 % | 3,64 | 12,83 | C |
| 3.10 | Elektroarbeiten + Blitzschutz | | | | 1.133.481 | 24,67 % | 17,19 | 60,61 | A |
| 3.20 | Heizung | | Fachingenieur | | 900.000 | 19,59 % | 13,65 | 48,13 | A |
| 3.30 | Wasser/Abwasser/Sanitär | | | | 1.650.000 | 35,91 % | 25,02 | 88,24 | A |
| 3.40 | RLT-Anlagen | | Fachingenieur | | 670.712 | 14,60 % | 10,17 | 35,87 | B |
| 3.50 | Gebäudeautomation | | | | | | | | |
| 3.90 | Sonstiges | | | | | | | | |
| | **Summe Haustechnik** | | | | **4.594.193** | **100,00 %** | **69,66** | **245,68** | |
| **4** | **Außenanlagen** | | | | | | | | |
| 4.10 | Bepflanzte Flächen | | | | | | | | |
| 4.20 | Befestigte Flächen | 169 m² | | | 4.688 | 100,00 % | 0,07 | 0,25 | C |
| | Sonstiges | | | | | | | | |
| | **Summe Außenanlagen** | | | | **4.688** | **100,00 %** | **0,07** | **0,25** | |
| | **Zusammenfassung** | | | | | | | | |
| **1** | **Rohbau** | | | | **4.324.645** | **28,79 %** | **65,57** | **231,26** | |
| **2** | **Ausbau** | | | | **6.098.078** | **40,60 %** | **92,47** | **326,10** | |
| **3** | **Haustechnik** | | | | **4.594.193** | **30,58 %** | **69,66** | **245,68** | |
| **4** | **Außenanlagen** | | | | **4.688** | **0,03 %** | **0,07** | **0,25** | |
| | **Summe Einzelkosten** | | | | **15.021.603** | **100,00 %** | **227,77** | **803,29** | |
| **5** | **Nebenkosten** | | | | | | | | |
| 5.01 | Architekt | | | | | | | | |
| 5.02 | Tragwerksplaner | | | | 200.000 | 31,47 % | 3,03 | 10,70 | |
| 5.03 | HSLE | | | | 435.500 | 68,53 % | 6,60 | 23,29 | |
| 5.04 | Geologe | | | | | | | | |
| 5.05 | Geometer | | | | | | | | |
| 5.09 | Allgemeine Kosten | | | | | | | | |
| 5.11 | | | | | | | | | |
| 5.12 | | | | | | | | | |
| 5.13 | | | | | | | | | |
| | **Summe Nebenkosten** | | | | **635.500** | **100,00 %** | **9,64** | **33,98** | |
| **6** | **Gemeinkosten der Baustelle** | | | | | | | | |
| 6.01 | Gemeinkosten der Baustelle | | | | | | | | |
| 6.02 | (Ermittlung wird detailliert durchgeführt) | | | | | | | | |
| 6.03 | Gehälter | | | | 525.500 | 100,00 % | 7,97 | 28,10 | |
| 6.04 | | | | | | | | | |
| 6.05 | Die restlichen Kosten wurden der | | | | | | | | |
| 6.09 | Baustelleneinrichtung zugeordnet | | | | | | | | |
| 6.11 | | | | | | | | | |
| | **Summe Gemeinkosten der Baustelle** | | | | **525.500** | **100,00 %** | **7,97** | **28,10** | |
| | Summe Herstellkosten | | | | 15.657.103 | | | | |
| | AGK, Bauhofumlage, Gewährleistung, W+G | 9,00 % der Herstellkosten | | | 1.409.139 | | | | |
| | Angebotssumme (netto) | | | | 17.066.242 | | 258,78 | 912,63 | |

Bei diesem Beispiel ergibt sich ein **Kennwert** von 258,78 €/m³ BRI. Dies ist ein Wert an der unteren Grenze. Es muss sich um eine einfache Fassadenkonstruktion handeln.

## 24.4.2 Kalkulation über die Elementmethode

Bei vielfach sich wiederholenden Gebäudearten, wie z. B. im Wohnungsbau, ist eine Kalkulation mit Raum- oder Flächenkennwerten üblich (wie z. B. €/m³ BRI). Dies setzt jedoch eine große Erfahrung und einen genauen Vergleich mit bereits ausgeführten Bauvorhaben voraus. Für die Vergabe der Nachunternehmerleistungen ist der Gesamtpreis nach eigenen Gemeinkosten und Weitervergaben vorzunehmen. Falls solche Kennwerte zu unsicher sind, ist eine Kalkulation nach Kostenflächenarten oder Grobelementen möglich. Die Grobelemente lassen sich aus ersten Vorentwurfszeichnungen ermitteln. Nachfolgendes Beispiel zeigt eine Kalkulation mit Grobelementen.

Tabelle 29: Kalkulation über die Elementmethode (nach BKI Baukosten Gebäude 2014, S. 131)

| Berechnungsbeispiel: Grobelemente | | | | | |
|---|---|---|---|---|---|
| Objekt: | Büro-/Verwaltungsgebäude; Standard: Bürogebäude, hoher Standard | | | | |
| Kosten: | KGr. 300 DIN 276-1:2008-12 - Bauwerk-Baukonstruktionen | | | | |
| Kostenstand: | I. Quartal 2014 / **ohne** MwSt. (Werte in BKI einschl. MwSt.) | | | | |
| 310 | Baugrube | 869 m³ × | 29,41 | €/m³ = | 25.559 € |
| 320 | Gründung | 508 m² × | 300,84 | €/m² = | 152.827 € |
| 330 | Außenwände | 970 m² × | 591,60 | €/m² = | 573.849 € |
| 340 | Innenwände | 930 m² × | 289,08 | €/m² = | 268.840 € |
| 350 | Decken | 642 m² × | 326,89 | €/m² = | 209.864 € |
| 360 | Dächer | 547 m² × | 400,00 | €/m² = | 218.800 € |
| 370 | Baukonstruktive Einbauten | 1.130 m² BGF × | 28,57 €/m² BGF = | | 32.286 € |
| 390 | Sonst. Baukonstruktionen | 1.130 m² BGF × | 61,34 €/m² BGF = | | 69.319 € |
| 300 | Bauwerk - Baukonstruktion **ohne** MwSt. | | | | 1.551.344 € |

Tabelle 30: Bestimmung der Kosten eines Grobelements mit Unterelementen (nach BKI Baukosten Bauelemente 2014, S. 112)

| Berechnungsbeispiel: Unterelemente | | | | | |
|---|---|---|---|---|---|
| Objekt: | Büro-/Verwaltungsgebäude; Standard: Bürogebäude, hoher Standard | | | | |
| Kosten: | KGr. 360 DIN 276/06.93 - Dächer | | | | |
| Kostenstand: | I. Quartal 2014 / **ohne** MwSt. (Werte in BKI einschl. MwSt.) | | | | |
| 361 | Dachkonstruktionen | 540 m² × | 147,06 | €/m² = | 79.412 € |
| 362 | Dachfenster, -öffnungen | 7 m² × | 1607,56 | €/m² = | 11.253 € |
| 363 | Dachbeläge | 543 m² × | 173,95 | €/m² = | 94.455 € |
| 364 | Dachbekleidungen | 467 m² × | 56,30 | €/m² = | 26.293 € |
| 369 | Dächer, sonstiges | 547 m² × | 13,45 | €/m² = | 7.355 € |
| 360 | Dächer (**ohne** MwSt.) | | | | 218.768 € |

## 24.5  Kennwerte im Schlüsselfertigbau

Die Kalkulationsabteilung muss bei der Angebotskalkulation auf der Basis der Leistungsbeschreibung des Bauherrn einen wettbewerbsfähigen Preis zur Beschaffung des Auftrages ermitteln. Dabei ist sie auf vorläufige Annahmen und Erfahrungen aus ausgeführten Vergleichsbauten angewiesen, da genauere Planungen und Recherchen aus Zeit- und Kostengründen häufig kaum möglich sind.

Diese Erfahrungswerte sind die Kostenkennwerte. Sie zeigen die durchschnittlichen Kosten einer Leistung bezogen auf eine Einheit (m² herzustellende Fläche oder m³ BRI). Um auch aus älteren Projektdaten aktuelle Kostenkennwerte abschätzen zu können, werden diese Daten mittels des Baupreisindex angepasst. Der Baupreisindex zeigt die Entwicklung der Baupreise im Vergleich zu einem Basisjahr.

**Beispiele für Kennwerte im Schlüsselfertigbau**

| | |
|---|---|
| Erdarbeiten | Lösen/Laden: 1–2 €/m³, Transport 1–2 €/m³ zzgl. Deponiekosten. Die Deponiekosten müssen angefragt werden. |
| Rohbau | 70 bis 125 €/m³ BRI |
| Aluminiumfenster | 450 €/m² Fensterfläche |
| Holzfenster | 300 €/m² Fensterfläche |
| Türen | je nach Ausführungsart (Holz, Stahl, rauchdicht) verschieden |
| Metallbau und Schlosserarbeiten | Es sind spezielle Untersuchungen notwendig. |
| TGA | In der Regel wird ein spezialisiertes Ingenieurbüro beauftragt. |
| | Die Kosten der Gebäudetechnik betragen ungefähr 1/5 der Gebäudekosten. Zur Überprüfung werden folgende Werte herangezogen: |
| Heizung | 15 €/m³ BRI oder 750 bis 1.000 €/kW |
| Elektro | 13 €/m³ BRI |
| Sanitär | 1.000 bis 1.500 €/Einbauteil |
| Maler | 5 €/m³ BRI |
| Endreinigung | 0,75 €/m³ BRI |

**Kennwerte bei Heizungs- und Wassererwärmungsanlagen**

| Bürogebäude | 6.200 m³ BRI 1.710 m² NF 170 kW | | | |
|---|---|---|---|---|
| | Gesamtkosten | Anteil | Lohnanteil | Stoffe |
| Heizzentrale | 36.600 € | 38 % | 15 % | 85 % |
| Steigleitungen | 5.500 € | 6 % | 70 % | 30 % |
| Wärmeverbraucher und Anbindung | 52.900 € | 55 % | 30 % | 70 % |
| Fertigstellung | 1.100 € | 1 % | 100 % | 0 % |
| Summe Heizungsarbeiten: | 96.100 € | 100 % | 27 % | 73 % |
| je m² NF | 56 € | | | |
| je m³ BRI | 16 € | | | |
| je kW | 565 € | | | |
| Anteil an den Baukosten | 4,3 % | | | |

## Kennwerte bei Sanitärarbeiten

| Büro- und Verwaltungsgebäude | 45.600 m³ BRI 13.900 m² BGF 105 Sanitärobjekte | | | |
|---|---|---|---|---|
| | Sanitärarbeiten | Anteil | Lohnanteil | Stoffe |
| Abwasserleitungen | 109.900 € | 46 % | 36 % | 64 % |
| Wasserleitungen | 21.800 € | 9 % | 57 % | 43 % |
| Übergabestation | 8.000 € | 3 % | 33 % | 67 % |
| dezentraler Speicher | 6.400 € | 3 % | 17 % | 83 % |
| Sanitärobjekte | 66.400 € | 28 % | 19 % | 81 % |
| Feuerlöschanlage | 24.000 € | 10 % | 27 % | 73 % |
| Gesamtsumme | 236.500 € | 100 % | 32 % | 68 % |
| je m² BGF | 17 € | | | |
| je m³ BRI | 5 € | | | |
| je Sanitärobjekt | 2.252 € | (hoher Wert) | | |
| Anteil an den Baukosten | 3,5 % | | | |

## Kostenkennwerte je Person

ca. Werte

| | |
|---|---|
| Büroarbeitsplatz | 50.000 €/Person |
| Hotel | 100.000 €/Person |
| Gefängnis | 150.000 €/Person |

## Abschätzung der Bewehrung(sverteilung)

Immer wieder muss in frühen Phasen die Bewehrungsverteilung abgeschätzt werden. Je nach Ingenieurbüro können die Werte stark streuen.

| Bauteil | Betonstahl [kg/m³] | Betonstahl [kg/m²] | Bevorzugte Stabdurchmesser [mm] |
|---|---|---|---|
| Einzelfundament | 50 – 80 | - | 12 – 16 |
| Streifenfundament | 40 – 60 | - | 12 – 16 |
| Außenwand WU | 120 – 135 | - | 12 – 16 |
| Innenwand | 80 – 100 | - | 12 – 14 |
| Kernwand | 100 – 110 | - | 16 – 20 |
| Bodenplatte WU, d » 30 cm | 130 – 150 | - | 12 – 20 |
| Stützen | 200 – 300 | - | 16 – 28 |
| Unterzug | 200 – 300 | - | 16 – 28 |
| Überzug / Brüstung | 140 – 160 | - | 14 – 20 |
| Decken, Dicke d [cm] | - | d+2 | 10 – 25 |
| Deckenpodeste | - | 18 – 20 | 10 – 14 |
| Mittelwert für kompl. Bauwerk | 110 – 140 | - | - |

Nachfolgend wird die Durchmesserverteilung einer Schule in Ortbetonbauweise dargestellt. Weitere Kennwerte bezogen auf den m³ BRI sind angegeben.

Gebäude: Grund- und Hauptschule im Raum Stuttgart
Baujahr: 1995
Konstruktion: Ortbetonbauweise
BRI: 16.000 m³
Anzahl Geschosse: 1 bis 4

| Bauteil | BSt S [t] | BSt S [%] | BSt M LaMa [t] | BSt M LaMa [%] | Absta [t] | Absta [%] | Gesamt [t] | Gesamt [%] | Beton (Abrechnung) [m³] | Beton [%] | BSt-Gehalt [kg/m³] |
|---|---|---|---|---|---|---|---|---|---|---|---|
| Fundament | 71,00 | 27,78 | 0,00 | 0,00 | 0,00 | 0,00 | 71,00 | 22,19 | 662,00 | 22,75 | 107,25 |
| Bodenplatte | 38,90 | 15,22 | 18,80 | 32,19 | 1,60 | 26,67 | 59,30 | 18,53 | 461,00 | 15,84 | 128,63 |
| Wand+Stütze | 53,40 | 20,89 | 17,50 | 29,97 | 0,00 | 0,00 | 70,90 | 22,16 | 721,00 | 24,78 | 98,34 |
| Treppe | 4,20 | 1,64 | 0,00 | 0,00 | 0,10 | 1,67 | 4,30 | 1,34 | 67,00 | 2,30 | |
| Decke | 88,10 | 34,47 | 22,10 | 37,84 | 4,30 | 71,67 | 114,50 | 35,78 | 999,00 | 34,33 | 114,61 |
| Gesamt | 255,60 | 100,00 | 58,40 | 100,00 | 6,00 | 100,00 | 320,00 | 100,00 | 2.910,00 | 100,00 | 109,97 |

| Betonstahl | Gesamt [t] | Gesamt [%] | 1.OG (Flach-)Decke [t] | 1.OG (Flach-)Decke [%] | Decken gesamt [t] | Decken gesamt [%] | 1.OG Wand [t] | 1.OG Wand [%] | Wände gesamt [t] | Wände gesamt [%] |
|---|---|---|---|---|---|---|---|---|---|---|
| LaMa | 1,50 | | 6,00 | | 22,10 | | 12,60 | | 17,50 | |
| Absta | | | 1,50 | | 4,30 | | | | | |
| BSt S d=6 | 1,50 | 0,59 | 0,10 | 0,31 | 0,10 | 0,11 | 0,40 | 4,35 | 1,20 | 2,25 |
| BSt S d=8 | 54,80 | 21,46 | 9,10 | 28,35 | 21,60 | 24,60 | 3,50 | 38,04 | 17,20 | 32,27 |
| BSt S d=10 | 69,40 | 27,17 | 7,30 | 22,74 | 19,60 | 22,32 | 1,80 | 19,57 | 17,10 | 32,08 |
| BSt S d=12 | 46,60 | 18,25 | 6,10 | 19,00 | 18,30 | 20,84 | 1,30 | 14,13 | 6,50 | 12,20 |
| BSt S d=14 | 23,30 | 9,12 | 2,90 | 9,03 | 6,60 | 7,52 | 1,30 | 14,13 | 4,40 | 8,26 |
| BSt S d=16 | 15,10 | 5,91 | 0,70 | 2,18 | 6,30 | 7,18 | 0,60 | 6,52 | 3,10 | 5,82 |
| BSt S d=20 | 27,30 | 10,69 | 4,90 | 15,26 | 9,60 | 10,93 | 0,30 | 3,26 | 1,10 | 2,06 |
| BSt S d=25 | 11,70 | 4,58 | 1,00 | 3,12 | 5,30 | 6,04 | 0,00 | 0,00 | 1,90 | 3,56 |
| BSt S d=28 | 5,70 | 2,23 | 0,00 | 0,00 | 0,40 | 0,46 | 0,00 | 0,00 | 0,80 | 1,50 |
| BSt S Gesamt | 255,40 | 100,00 | 32,10 | 100,00 | 87,80 | 100,00 | 9,20 | 100,00 | 53,30 | 100,00 |

Beton:
| C 8/10, C 12/15 | 305,00 | m³ |
| C 20/25-C30/37 | 2.910,00 | m³ |

Schalung (Abrechnung):
| Wand | 4.900,00 | m² |
| Decke | 3.850,00 | m² |

Weitere Kennwerte:

| Schalung je m³ BRI | 0,55 | m²/m³ BRI |
| Beton je m³ BRI | 0,18 | m³/m³ BRI |
| Wandschalung/Wandbeton | 6,80 | m²/m³ |
| Deckenschalung/Deckenbeton | 3,85 | m²/m³ |
| Schalung/Beton | 5,09 | m²/m³ |

# 24.6    Ablaufplanung im Schlüsselfertigbau

**Vergabe der Gewerke**

Aus der Gliederung des Projektes in Teilbereiche sind zusammenhängende Vergabeeinheiten (VE) zusammenzustellen. Eventuell sind mit Fachplanern Alternativen zu erarbeiten, damit dem Bauherrn eine wirtschaftlichere Lösung unterbreitet werden kann.

Bei Übernahme des Bauherren-LV sind folgende Punkte zu beachten:

– In Absprache mit dem Bauherren sind spezifische Ausschreibungen möglichst zu verallgemeinern. Häufig helfen Fachfirmen bei der Ausschreibung, die dann i. d. R. ihr System beschreiben. Hierauf ist schon bei der Angebotsabgabe zu achten.

– Um eine zu starke Abhängigkeit vom Nachunternehmer zu vermeiden, dürfen die einzelnen VE nicht zu groß sein.

– Es sind möglichst alle Lose einer VE gleichzeitig auszuschreiben, da sonst nach Beauftragung des 1. Loses häufig keine Angebote mehr abgegeben werden.

– Die Maßtoleranzen (Anforderungen) der einzelnen Gewerke sind zu beachten.

**Zeitplanung für die Ausschreibung und Vergabe**

Aus dem Ablauf- oder Terminplan wird der Vergabeplan aufgestellt. Spätestens sechs Wochen vor dem Beginn der Ausführung müssen die Ausschreibungsergebnisse vorliegen. Somit steht i. d. R. ausreichend Zeit für die Verhandlungen zur Verfügung, so dass drei bis vier Wochen vor der Ausführung die Vergabe erfolgen kann. Eventuelle Bestell- oder Lieferzeiten z. B. für Fertigteile, Brandschutztüren oder Sonderkonstruktionen sind zu beachten. Die Fassade ist immer getrennt zu planen.

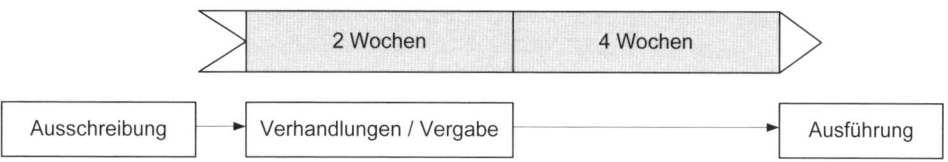

**Kennwerte Ablaufplanung**

Die Planung des Projektes gliedert sich in vier Phasen. Bei allen Gewerken sind die eventuell notwendige Vorlaufzeit der Handwerker (z. B. Fensterbauer), Bestelldauer der Einbauteile (z. B. Türen) und die Wartezeiten zwischen einzelnen Gewerken (z. B. ein bis zwei Wochen Trockenzeit Estrich) einzuplanen.

**1. Phase:    Erdarbeiten, Rohbau, Fassade, Dach**

| | |
|---|---|
| Spatenstich | |
| Erdarbeiten | Leistungswert Bagger (50 m³/h, Abfuhr beachten) |
| Verbau, Wasserhaltung | je nach Verfahren unterschiedlich |
| Fundamente/Bodenplatten | 0,3 – 0,8 h/m³ Beton |
| Rohbau TG/UG | 1,5 – 2,5 h/m³ BRI |
| Rohbau Normalgeschosse | 0,5 – 1,5 h/m³ BRI |
| Rohbau Wohnungsbau | 0,8 – 1,5 h/m³ BRI |
| Einlegearbeiten für Elektro, Heizung, | |
| Sanitär (Leerrohre etc.) | Planung muss abgeschlossen sein |

| | |
|---|---|
| Holzkonstruktion Dach | 0,7 – 1,0 h/m² Dachfläche |
| Richtfest | unbedingt einplanen! |
| Trockenausbau (GiKa-F-Wände) | 0,3 – 0,8 h/m² (GiKa = Gipskarton) |
| Klempner (Dachrinnen, Fallrohre, Verwahrungen) | |
| Dachisolierung, Dachdecker | |
| Fensterbauer | 0,8 – 1,4 h/m² für Holzfenster |
| Fassadenkonstruktion | |

⇨ Gebäude ist regensicher!

| | |
|---|---|
| Bitumenabdichtung erd-berührter Außenwände | 0,3 h/m² Außenwand |
| Baugrubenverfüllung | 0,2 h/m³ Verfüllung |
| Gerüstaufbau | 0,2 h/m² Gerüstfläche |
| Außenputz | 0,5 h/m² Putzfläche (Frostgefahr!) |
| Abdichtungen Decke TG | 1,0 h/m² Deckenfläche |

**2. Phase: Grobausbau**

| | |
|---|---|
| Trockenausbau (GiKa-Wände) | 0,3 – 0,8 h/m² |
| Stahltüren und Tore | 3,0 – 3,5 h/Stück |
| Fördertechnik (Aufzug) | |
| Sanitärinstallationen | 5 h/ 500 € |
| Elektroinstallationen | 6 h/ 500 € |
| Heizungsinstallationen | 8 h/ 500 € |
| Lüftung | |
| Abgehängte Decken | |
| Doppelboden/Hohlraumboden | |
| Schließen der Schlitze und Durchbrüche (vor Innenputz) | |
| Innenputz (auf Zugfreiheit achten) | 0,5 h/m² |
| Montage Heizleitungen und Heizkörper | |
| Estrich (Zugfreiheit) | 0,2 – 0,3 h/m² |

**3. Phase: Feinausbau**

| | |
|---|---|
| Natur-/Kunststeinarbeiten (Treppenhaus) | |
| Fliesen- und Plattenarbeiten | 0,5 – 1,5 h/m² |
| Schlosserarbeiten (Stahltreppen, Geländer, Roste) | |
| Abgehängte Decken | 0,2 h/m² |
| Maler- und Tapezierarbeiten | 0,1 h/m² |
| Feinmontage HLSE und Montage Beleuchtungskörper | |
| Bodenbelagsarbeiten (Teppich, Linoleum) | |

Türen (Holz-, Glastüren)

Schließanlage

MSR-Aufschaltung (Mess-Steuer-Regelungstechnik)

Einregulierungsphasen

Mängelbeseitigung

Endreinigung

Übergabe / Abnahme

Einweihungsfeier

**4. Phase: Außenanlagen**

Außenbeleuchtung

Zaunanlagen und Tore

Landschaftsgärtner

Pflaster-, Plattenlegerarbeiten (Wege, Parkplätze)

Bepflanzungen (Frühjahr oder Herbst)

**Abschätzung Bauzeit**

Zur groben Abschätzung der Bauzeit eines Projekts kann von der in folgender Abbildung gezeigten Bauzeitaufteilung ausgegangen werden. Rohbau und Ausbau überschneiden sich um ca. 1/3 der Gesamtbauzeit.

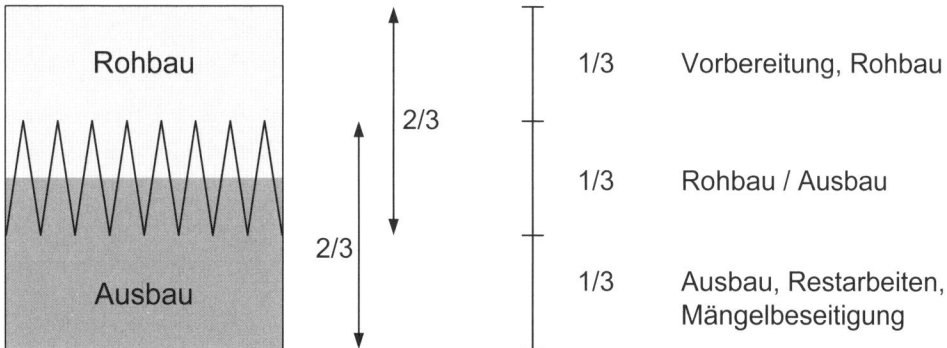

Abbildung 74: Überlappung von Roh- und Ausbau

Nachfolgend werden die ungefähren Zeiten für den Ausbau in Abhängigkeit des Schwierigkeitsgrads angegeben:

– einfache Bauten              70 – 100 % des Rohbaus

– mittlere Komplexität        100 – 150 % des Rohbaus

– hohe Komplexität            150 – 300 % des Rohbaus

Zur Bestimmung der Ausführungsdauern der einzelnen Gewerke können entweder Richtwerte herangezogen werden oder genauere Aufwandswerte ermittelt werden.

## 1. Möglichkeit: Richtwerte

In der Grobablaufplanung werden zur größenmäßigen Bestimmung der Ausführungszeiten Richtwerte genommen.

| | |
|---|---|
| Arbeitsstunden/m³ BRI | 0,8 bis 2,7 |
| Arbeiter/Kran | 12 bis 17 |
| Arbeiter/m² Grundrissfläche | 15 |
| Umsatz/Arbeiter | 7.500 bis 10.000 €/Monat u. Arbeiter |

## 2. Möglichkeit: Aufwandswerte

Zur genaueren Bestimmung der Ausführungszeitdauern benutzt man bekannte Aufwandswerte (AW) oder man schätzt diese über den Lohnkostenanteil des Preises für die jeweilige Arbeit.

**Beispiel 1: Berechnung des Zeitaufwandwertes aus dem Lohnkostenanteil:**

| | |
|---|---|
| Gewerk: | Trockenbauarbeiten |
| LV-Position: | Gipskartondecken für Dachschrägen |
| Menge: | 10.000 m² |
| EP: | 30,00 €/m² |

Ist der genaue Lohnkostenanteil aus der Kalkulation bekannt, dann kann der Aufwandswert (AW) durch den Lohnkostenanteil berechnet werden:

| | |
|---|---|
| Lohn | 65 % |
| Soko | 35 % |
| Verrechnungslohn (ASLZ) | 34,00 €/h |

65 % × 30 €/m²/34 €/h = 0,57 h/m²

**Beispiel 2:**

Liegt nur der EP vor, so muss der Lohnkostenanteil geschätzt werden:

- bei geringem Lohnaufwand    20 – 40 %
- mittlerem Lohnaufwand    40 – 60 %
- hohem Lohnaufwand    60 – 80 %

| | |
|---|---|
| Gewerk: | Fliesenarbeiten |
| LV-Position: | Verlegen von Wandfliesen |
| EP: | 50,00 €/m² |
| ASLZ: | 33,00 €/h |
| Geschätzter Lohnkostenanteil: | 60 % |

Somit kann der Aufwandswert berechnet werden zu:

60 % × 50 €/m²/33 €/h = 0,91 h/m²

Zur Kontrolle kann hier ein Erfahrungswert benutzt werden:

Eine Kolonne mit 3 Mann verlegt 100 – 120 m² / Woche ⇨ 1 h/m²

**Zusammenstellung von Lohnanteilen für Ausbauarbeiten (Durchschnittswerte)**

| | |
|---|---|
| Aufzüge | 40 % |
| Bodenbelagsarbeiten | 60 % |
| Dachdeckerarbeiten | 30 % |
| Abgehängte Decken | 65 % |
| Elektro (Schwachstrom) | 40 % |
| Elektro (Starkstrom) | 45 % |
| Estricharbeiten | 45 % |
| Fliesen- und Plattenarbeiten | 65 % |
| Glaserarbeiten | 15 % |
| Heizung | 40 % |
| Isolierarbeiten | 55 % |
| Kunststeinarbeiten | 65 % |
| Malerarbeiten | 60 % |
| Metallbauarbeiten | 60 % |
| Putz- und Stuckarbeiten | 70 % |
| Sanitär | 40 % |
| Schreinerarbeiten | 50 % |
| Stahlbauarbeiten | 60 % |
| Stahltüren | 35 % |
| Teppichboden | 50 % |
| Treppengeländer | 50 % |
| Trennwände, variabel | 40 % |
| Zimmererarbeiten | 60 % |

# 25 Risikobeurteilung in der Baupreisermittlung

## 25.1 Allgemeines

Unter Risiko wird die Möglichkeit verstanden, dass eine Handlung oder Aktivität mit nachteiligen Folgen verbunden ist, die zu körperlichen oder materiellen Schäden führen.[1]

Bauleistungen sind stets Unikate, da ihre Ausführung an einen Ort und eine Zeit gebunden ist und – selbst bei scheinbarer Identität der Bauleistung – dieser Herstellungsprozess nur bedingt reproduzierbar ist. Die Produktion selbst gleichartiger Bauwerke ist stets mit Abweichungen von vorliegenden Erfahrungen und Annahmen verbunden, die ein Risiko beinhalten, das eine sorgfältige Analyse der Verdingungsunterlagen und der Baupreiskalkulation notwendig macht. Die bei vielen Bauvorhaben anzutreffenden Verluste der ausführenden Unternehmen, die bis zur Insolvenz führen, zeigen insbesondere im Schlüsselfertigbau, dass die Risikoanalyse entweder fehlerhaft war oder vollständig fehlte. Erfahrungsgemäß werden aber auch spekulative Angebote abgegeben, die bewusst fehlerhaft oder nicht kostendeckend sind, in der Hoffnung, dass die spätere Bauausführung von der vorgegebenen Leistungsbeschreibung abweicht und eine Preiskorrektur in Form von Nachträgen möglich ist.

Üblicherweise wird bei der Kalkulation ein Pauschalzuschlag „Wagnis und Gewinn" angesetzt, der das unternehmerische Risiko, das Bonitätsrisiko des Auftraggebers und das technische Risiko der Bauausführung abdecken soll. Dieser undifferenzierte Zuschlag hat keine Steuerungswirkung, da ihm nur in wenigen Fällen eine Risikoanalyse vorausgeht. Bezeichnend ist, dass „Wagnis und Gewinn" oft als reiner Gewinnzuschlag angesehen wird, der bei starker Konkurrenzsituation auch weggelassen werden kann, um ein preisgünstiges Angebot abgeben zu können.

Für die Kreditinstitute, die für ihre Kreditnehmer ein internes Rating (Einstufung des Kreditnehmers in Bezug auf seine Bonität) durchführen, ist das Risikomanagement des Unternehmens von großer Bedeutung. Ein Bauunternehmen, das keine analytische Risikobeurteilung durchführt, hat ein schlechtes Rating und läuft Gefahr, als bonitätsmäßig zweifelhafter Schuldner eingestuft zu werden. Das führt entweder zum Ausschluss bei der Kreditvergabe oder zu einem Risikozuschlag beim Kreditzins.

Hinzuweisen ist dabei auf die Bankrichtlinien zur Unterlegung der gegebenen Kredite mit Eigenkapital des Kreditinstituts (Basel III). Ein schlechtes Rating erfordert ein höheres Eigenkapital, das hoch verzinst werden muss und somit den Kredit verteuert. Gefordert wird vom Kreditnehmer eine Erfassung, Messung und Steuerung der Unternehmensrisiken, die beim Bauunternehmen vor allem in der Bauausführung, der Bonität des Auftraggebers und der Liquidität liegen.

Die Rating Agentur Standard & Poor's, die allerdings nur Großunternehmen „rated", stuft die Kreditnehmer von AAA (beste Qualität des Schuldners) bis D (bereits eingetretener oder zu erwartender Verzug bei der Kreditrückzahlung) ein. Auch das interne Rating der Kreditinstitute wendet ähnliche Bonitätsstufen an.

## 25.2 Risikoidentifikation

Um ein Risiko beurteilen zu können, muss dieses zunächst identifiziert werden. Die Analyse von Insolvenzen zeigt immer wieder, dass dem Unternehmen nicht bewusst war, welches Risiko

---

[1]  Die Unterlagen zu diesem Kapitel wurden von Herrn Prof. Dr.-Ing. E. h. Manfred Nußbaumer, ehemaliger Vorsitzender des Vorstands der Ed. Züblin AG, zur Verfügung gestellt.

eingegangen wurde; oftmals wurde aber auch ein Risikoansatz vernachlässigt, um mit einem preisgünstigen Angebot den Zuschlag für die Bauausführung zu erhalten.

Zu unterscheiden sind nach Nußbaumer folgende Risiken im Bauunternehmen:

- Leistungsbedingtes Risiko (Risiko der Ausführung der Bauleistung),
- internes Risiko (Risiken aus Management und Organisation),
- finanzwirtschaftliches Risiko und
- externes Risiko.

## 25.2.1 Leistungsbedingtes Risiko

### 25.2.1.1 Akquisitionsphase

Zu prüfen ist in der Akquisitionsphase, ob das ausgeschriebene Bauvorhaben überhaupt angeboten werden soll. Das betrifft folgende Fragen:

- Passt das Bauvorhaben in den Erfahrungsrahmen des Unternehmens?
- Ist das für die Bauausführung notwendige Personal und Gerät vorhanden?
- Hat der Auftraggeber die notwendige Bonität?
- Kann die Finanzierung der Bauausführung bereitgestellt werden?
- Sind die Produktionsmittel zu einem konkurrenzfähigen Preis zu beschaffen?
- Sind leistungsfähige Subunternehmer zu einem angemessenen Preis vorhanden?

### 25.2.1.2 Kalkulationsphase

**Vertragsbedingungen**

Vor Beginn der Kalkulation sind die in den Verdingungsunterlagen vorhandenen Risiken zu analysieren. Das betrifft vor allem die Vertragsbedingungen und die Leistungsbeschreibung. Bereits die Vertragsbedingungen können Risiken enthalten, die vom Bieter nur begrenzt getragen werden können, insbesondere dann, wenn sie außerhalb seines Einflussbereichs liegen. Das betrifft z. B.

- Baugenehmigung,
- extrem kurze Termine verbunden mit hohen Vertragsstrafen,
- Hochwasserschutz,
- Baugrund und Altlasten,
- weitreichende Haftung,
- Vermietungsgarantie,
- Betreibergarantie,
- ungünstige Zahlungsbedingungen,
- Übernahme der Finanzierung.

Aber auch erhöhte Forderungen nach Maßgenauigkeit und eine besondere Oberflächengestaltung (Sichtbeton) können zu Mehrkosten bei der Herstellung führen, die abgedeckt werden müssen.

**Leistungsbeschreibung**

In der Leistungsbeschreibung können ebenfalls erhebliche Risiken liegen, wie z. B.

- Ungenauigkeit und Mehrdeutigkeit der Leistungsbeschreibung,
- unzureichende Ausschreibungspläne,
- fehlerhafte und unvollständige Texte,
- unzutreffende Mengenangaben,
- Einhaltung geforderter betrieblicher Eigenschaften, wie z. B. Raumtemperatur, Energieverbrauch, Garantie der Betriebskosten.

Besonders risikoreich sind hierbei Pauschalangebote, die der Generalunternehmer oder Generalübernehmer abzugeben hat. Hierdurch hat der Unternehmer ein Risiko zu tragen, das weit über das eines Einheitspreisvertrags hinausgeht. Er hat allerdings auch größere Gewinnchancen, wenn es ihm gelingt, in einem so genannten Global-Pauschalvertrag das Bauwerk kostengünstig herzustellen. Bei dieser Vertragsform schreibt der Auftraggeber bewusst nicht detailliert aus, sondern überlässt es dem Bieter, ein Bauwerk herzustellen, das den beschrieben Anforderungen genügt (Leistungsprogramm, performance concept). Bei besonders anspruchsvoll planenden Ingenieuren oder Architekten oder schwierigen Auftraggebern empfiehlt es sich, bei Global-Pauschalverträgen bereits im Vorfeld nähere Erkundigungen über das zu erwartende Verhalten einzuziehen, um Risiken zu erkennen, die aus den Verdingungsunterlagen nicht hervorgehen. Der Versuch, ausführungstechnisch schwer zu verwirklichende Entwürfe von Stararchitekten zu ändern, ist in der Regel zum Scheitern verurteilt und kostet die Unternehmen viel Geld.

Beim Detailpauschalvertrag hat der Auftraggeber dagegen das Bauwerk genau darzustellen, so dass dem Bieter die Kalkulation erleichtert wird und ihm bei Abweichungen von der Leistungsbeschreibung eine zusätzliche Vergütung zusteht. Das Mengenrisiko bei nicht veränderter Leistung verbleibt jedoch beim Bieter.

**Fehlerhafte Kalkulationsansätze**

Eines der größten Risiken des Bieters ist die Fehleinschätzung der Kalkulationsansätze. Das Risiko gerade der Global-Pauschalverträge lässt sich meist nur dann vermindern, wenn der Leistungsinhalt durch eine Vorplanung näher definiert wird. Hinzuweisen ist auf folgende Gebäudeteile, bei denen es immer wieder zu einer Unterkalkulation kommt:

– Fassaden,

– anspruchsvolle Dachtragwerke,

– Gebäudetechnik.

Zu recherchieren ist auch, ob die Materialversorgung zu einem Festpreis in der notwendigen Qualität zur Verfügung steht, ob geeignete Subunternehmer vorhanden sind und ob der Verrechnungslohn und die Baugeschwindigkeit zutreffend eingeschätzt wurden. Zu prüfen ist auch, ob das gewählte Bauverfahren – besonders im Spezialtiefbau und Tunnelbau – mit Sicherheit für das anzubietende Objekt geeignet ist. Schließlich sollten das Wetterrisiko und das geologische Risiko noch einmal analysiert werden, um Stillstandstage zutreffend beurteilen zu können, die vor allem im Erdbau und Untertagebau große Kostenauswirkungen haben.

## 25.2.2 Finanzwirtschaftliche Risiken

Ein Bauunternehmen muss eine erhebliche Vorfinanzierung übernehmen, da Abschlagszahlungen erst nach Herstellung des Bauabschnitts und Prüfung der Abschlagsrechnungen gestellt werden können und nur nach Abzug des Sicherheitseinbehalts ausgezahlt werden. Gemäß VOB/B beträgt die Zahlungsfrist 18 Werktage, jedoch wird diese oft überschritten. Finanzschwache Auftraggeber neigen dazu, Zahlungen wegen angeblicher Mängel zurückzuhalten und lange Prüffristen in Anspruch zu nehmen oder die Richtigkeit der Abschlagsrechnungen und der Schlussrechnung zu bestreiten.

Besonders risikoreich sind solche Bauvorhaben, bei denen der Auftraggeber zunächst das für ihn erstellte Gebäude verkaufen muss, um seinen Zahlungsverpflichtungen nachkommen zu können. Der Bieter hat dabei das Zahlungsrisiko zu überprüfen, wenn der voraussichtliche Verkaufspreis nicht marktgerecht ist. Das kann z. B. auf Bauträger von Eigentumswohnungen zutreffen, bei denen selbst das Baugrundstück über Kredite finanziert ist.

Übernimmt sich das Bauunternehmen mit einer zu hohen Zahl von Bauvorhaben, so kann es wegen der notwendigen Vorfinanzierung zu Liquiditätsengpässen kommen. Schließlich kann auch der Ausfall von bonitätsmäßig mangelhaften Nachunternehmern das Unternehmen in hohe Verluste stürzen, da der Baufortschritt gestört wird, der Auftraggeber Behinderung geltend macht und ein neuer Nachunternehmer gefunden werden muss, der für die Restarbeiten in der Regel einen höheren Preis verlangt. Das betrifft auch das Gewährleistungsrisiko, so dass bei schlüsselfertigen Bauvorhaben der Generalunternehmer stets damit rechnen muss, Gewährleistungsarbeiten selbst übernehmen zu müssen.

Für Auslandsbauvorhaben kann das Währungsrisiko erheblich sein; deshalb ist eine Währungssicherung unumgänglich, falls in einer Landeswährung abgerechnet wird. Eine wirkliche Katastrophe bahnt sich jedoch dann an, wenn der Schuldner insolvent wird und keine Kreditversicherung abgeschlossen wurde. Wegen der Prämien, die den Erlös schmälern, wird aber meist darauf verzichtet. Bei Auslandsbauvorhaben ist auf die Hermes-Deckung hinzuweisen, die eine Garantie abgibt, falls der Schuldner ein insolvenzfähiges privates Unternehmen ist, oder eine Bürgschaft, wenn der Schuldner ein ausländischer Staat oder eine staatliche Institution ist. Es handelt sich dann um eine Absicherung gegen politisches Risiko, das vom privaten Versicherungsmarkt nicht abgedeckt werden kann.

## 25.2.3   Risiken aus Management und Organisation

Obwohl diese Risiken geringer sind als die vorerwähnten, können sie trotzdem eine erhebliche Rolle spielen. Das betrifft insbesondere bei Auslandsbauvorhaben die Logistik, d. h. den Lieferservice des eigenen Unternehmens als auch des externen Lieferanten.

Die Logistik beinhaltet aber ganz allgemein beim Bauen auch die termin- und sachgerechte Planversorgung, die erst die Voraussetzung für ein störungsfreies Bauen bildet. Hier treten häufig Schwachpunkte auf, die zur Behinderung führen können und zu Regressansprüchen des Auftragnehmers. Jedenfalls ist das Behinderungsrisiko ein nicht zu unterschätzender Faktor bei der Herstellung von Bauwerken.

Auch die Fluktuation von Führungspersonal stellt ein erhebliches Organisationsrisiko dar, weil mit jedem Wechsel Wissen verloren geht. Häufig ist dieses Phänomen bei Unternehmen – oder auch bei Subunternehmern – anzutreffen, die insolvenzgefährdet sind und bei denen das Führungspersonal rechtzeitig einen Stellenwechsel vornimmt, bevor die Insolvenz eintritt.

Es sei auch auf das Risiko der Kostensteigerung und Bauzeitverzögerung hingewiesen, wenn die „Chemie" zwischen Auftragnehmer, Auftraggeber, Planer und Nachunternehmer nicht mehr stimmt, das Bauvorhaben nur noch unter verbalen und schriftlichen Auseinandersetzungen mit gegenseitigen Schuldzuweisungen realisiert werden kann und Fehler und Qualitätsprobleme auftreten.

Die Risiken aus möglichen Behinderungen sind in der Kalkulationsphase schwer einzuschätzen. Selbst wenn diese Risiken in der Ausführung eintreten, sind die Nachweise komplex. Es zeigt sich immer wieder, dass bei einer Behinderung der Auftragnehmer nicht alle anfallenden Mehrkosten nachweisen kann. Viele Produktivitätsverluste lassen sich nicht der Höhe nach beziffern, selbst wenn eine sauber durchgeführte Dokumentation vorliegt. Welcher Mehraufwand ergibt sich aus den von Arbeitsvorbereitung und Bauleitung vorgenommenen Änderungen? Die Erfahrung zeigt, dass in üblichen Behinderungsfällen mit Mehrkosten in Höhe von 20 %[1] zu rechnen ist. Hält der Auftraggeber am ursprünglich vereinbarten Endtermin fest und ordnet eine Beschleunigung an, so dürften die Mehrkosten weitere 20 % betragen. Die angegebenen Prozentsätze gehen von einer guten Arbeitsvorbereitung in Kalkulation und Bauausführung schon vor Eintritt der Behinderung und ihren Folgen aus. Bei den heute vorgegebenen sehr knappen Bauzeiten ist jedoch davon auszugehen, dass trotz erhöhter Anstrengungen der Endtermin i. d. R. nicht mehr zu halten ist.

---

[1]   Für vorliegenden Fall nicht ganz zutreffend, aber als Indiz durchaus heranzuziehen ist folgende Aussage: „Baubegleitende Planung, …, verursacht dagegen in der Regel Nachträge und damit verbunden Kostensteigerungen von 20 bis 30 Prozent."
Quelle: arge baurecht im DeutschenAnwaltVerein, www.arge-baurecht.com, Stichwort „Presse".

## 25.2.4    Externe Risiken

Externe Risiken ergeben sich

- aus einem möglichen Baustopp durch die Rücknahme von Genehmigungen (s. hierzu auch D 25.2.3 Risiken aus Behinderungen),
- aus Naturgewalten,
- durch politische Veränderungen z. B. durch Aufruhr oder Krieg,
- durch Veränderung von wirtschaftlichen Rahmenbedingungen z. B. Steuern und Zölle, oder Löhne und Material,
- durch die Rücknahme von Risikoabsicherungen durch Versicherungen.

# 25.3    Beurteilung der durch den Risikoeintritt entstehenden Mehrkosten in der Kalkulationsphase

Ohne Zweifel ist die Beurteilung des Risikos durch einen Kostenansatz ein schwieriges Problem. Manche Risiken entziehen sich überhaupt einer zahlenmäßigen Festlegung und stellen den Bieter von vornherein vor die Frage, ob er sich an der Ausschreibung beteiligen soll.

Das Risiko lässt sich nur durch eine versicherungswirtschaftliche Lösung unter Anwendung des Kolmogorow'schen Axionensystems für zufällige Ereignisse zahlenmäßig beurteilen. Danach sind die Risikokosten das Produkt aus

**Schadensfallkosten x Eintrittswahrscheinlichkeit.**

Jedoch setzt die Anwendung dieses Axioms voraus, dass eine genügende Anzahl von zufälligen Ereignissen unter stets gleichen Bedingungen vorhanden ist und eine statistische Regelmäßigkeit vorliegt. Demnach lässt sich die Eintrittswahrscheinlichkeit des Schadensfalls bei der Beurteilung des Risikos im Bauwesen nur eingeschränkt festsetzen, weil die mathematischen Voraussetzungen nicht vorliegen. Sind mehrere voneinander unabhängige Risiken vorhanden, wovon man beim Bauen meist ausgehen muss, dann setzen sich die Gesamt-Schadensfallkosten aus der Summe der Schadensfallkosten des einzelnen Risikos zusammen. Je mehr Risiken der Bieter erkennt und somit Zweifel an dem anzubietenden Projekt bekommt, desto mehr Schadensfallkosten können auftreten und desto weniger wird er sich am Wettbewerb beteiligen können.

Jedoch ist bei der Beurteilung der Schadensfallkosten auf Folgendes hinzuweisen:

Ein extrem hoher Schaden bei selbst extrem geringer Eintrittswahrscheinlichkeit wird den Bieter auch zu der Überlegung zwingen, ob er das Risiko des „worst case" überhaupt auf sich nehmen will, wenn damit eine Insolvenz verbunden ist, und zwar auch dann, wenn das vorerwähnte Produkt nur einen sehr geringen Wert hat.

Das Unternehmen, dem die notwendige Erfahrung fehlt, schätzt meist die Risiken und deren Eintrittswahrscheinlichkeit zu niedrig ein und kommt deshalb zu einer mit hohem Risiko behafteten Unternehmensstrategie, die bis zur Insolvenz gehen kann. Das kann auch zur Übernahme von außerhalb des Bauens liegenden Risiken führen, wie z. B. Mietgarantien.

Die Kalkulation und insbesondere die Risikobeurteilung in der Kalkulation verlangen mutige Entscheidungen und sehr viel Erfahrung. Selbst wenn einzelne Risiken in der Bauausführung eintreten, lassen sich die Risikoauswirkungen oft nicht genau ermitteln. Deshalb lässt die Rechtsprechung grundsätzlich Schätzungen zu.

# 26 Kalkulationsanalyse

Die Anwendung der Datenverarbeitung für die Kalkulation ist heute allgemein üblich, da hierdurch die Ausführung wesentlich erleichtert und der Arbeitsaufwand gesenkt wird. Von besonderem Vorteil ist dabei die schnelle Veränderbarkeit der Kalkulationsansätze, wie z. B. der Aufwands- und Leistungswerte, der Gemeinkostenzuschläge und der Baustoffpreise, so dass Vergleichskalkulationen mit unterschiedlichen Angebotssummen schnell erstellt werden können. Für die Angebotsabgabe macht die EDV die Erstellung einer selbstgefertigten Kurzfassung der Leistungsverzeichnisse gemäß § 13 Abs. 1 Nr. 6 VOB/A möglich, so dass das lästige Eintragen der Preise in das Leistungsverzeichnis entfällt und damit auch eine wesentliche Fehlerquelle.

## 26.1 ABC-Analyse

Das Verfahren der ABC-Analyse stellt eine Zuordnung von Elementen zu drei verschiedenen Bereichen dar. Die Elemente werden dabei nach ihrer Bedeutung sortiert:

- A-Bereiche: hohe Bedeutung,
- B-Bereiche: mittlere Bedeutung,
- C-Bereiche: geringe Bedeutung.

Elemente bei der ABC-Analyse der Angebotskalkulation können sein:

- Gesamtpreise der Teilleistungen,
- Einzelkosten der Teilleistungen,
- Objektstammdaten.

Bei der ABC-Analyse von Teilleistungen besteht die Schwierigkeit, gleichartige Elemente, die im Leistungsverzeichnis in verschiedenen Positionen ausgeschrieben sind, zusammenzufassen, z. B. bei mehreren gleichartigen Schalungspositionen. Besondere Schwierigkeiten bei der ABC-Analyse ergeben sich, wenn in großem Umfang Zulagepositionen ausgeschrieben sind.

Am Beispiel der Stützwand wird eine ABC-Analyse der Gesamtpreise gezeigt. Im Bereich A befinden sich die Positionen, deren Gesamtpreise einen großen Anteil an der Angebotssumme haben. Eine Position des Bereichs B hat weniger Einfluss auf die Höhe der Angebotssumme und eine Position des C-Bereichs ist praktisch ohne Einfluss auf die Höhe der Angebotssumme. Für eine schnelle und trotzdem ausreichend genaue Überarbeitung des Angebots sind deshalb vorwiegend die Positionen des Bereichs A zu überprüfen. Mit Hilfe der ABC-Analyse werden die Positionen nach ihrem Anteil sortiert; dem Kalkulator wird hierdurch eine zeitintensive Suche von Hand erspart.

Das Stützwandbeispiel zeigt nur die wichtigsten Positionen im Leistungsverzeichnis. Es fehlen viele „kleine" Positionen. Deshalb zeigt das folgende Beispiel zu wenige C-Positionen. In der Praxis ergeben 20 % der Positionen (die A-Positionen) 80 % der Angebotssumme. Über 60 % der Positionen (die C-Positionen) ergeben dagegen nur ca. 15 % der Angebotssumme.

Tabelle 31:     Ergebnis der ABC-Analyse für das Stützwandbespiel in Tabellenform

| ABC - ANALYSE | | | | Angebotssumme: | 360.746,72 € |
|---|---|---|---|---|---|
| Pos. Num. | Kurztext | GP | Anteil (%) | Anteilsumme (%) | Bereich |
| 9 | Betonstahl IV S | 89.065,47 | 24,69 % | 24,69 % | A |
| 8 | Schalung Wand | 44.330,00 | 12,29 % | 36,98 % | A |
| 1 | Vorhalten der BE | 43.282,92 | 12,00 % | 48,98 % | A |
| 6 | Ortbeton Wand | 43.046,50 | 11,93 % | 60,91 % | A |
| 5 | Ortbeton Fundament | 35.947,80 | 9,96 % | 70,87 % | A |
| 3 | Fundamentaushub | 31.660,00 | 8,78 % | 79,65 % | A |
| 12 | Abdichtung | 23.911,20 | 6,63 % | 86,28 % | B |
| 10 | Betonstahl IV M | 15.240,25 | 4,22 % | 90,50 % | B |
| 4 | Sauberkeitsschicht | 11.105,50 | 3,08 % | 93,58 % | B |
| 7 | Schalung Fundament | 9.782,40 | 2,71 % | 96,29 % | C |
| 2 | Einrichten und Räumen | 7.861,80 | 2,18 % | 98,47 % | C |
| 11 | Fugenband | 5.514,30 | 1,53 % | 100,00 % | C |

Die tabellarisch dargestellten Ergebnisse können auch übersichtlich grafisch dargestellt werden.

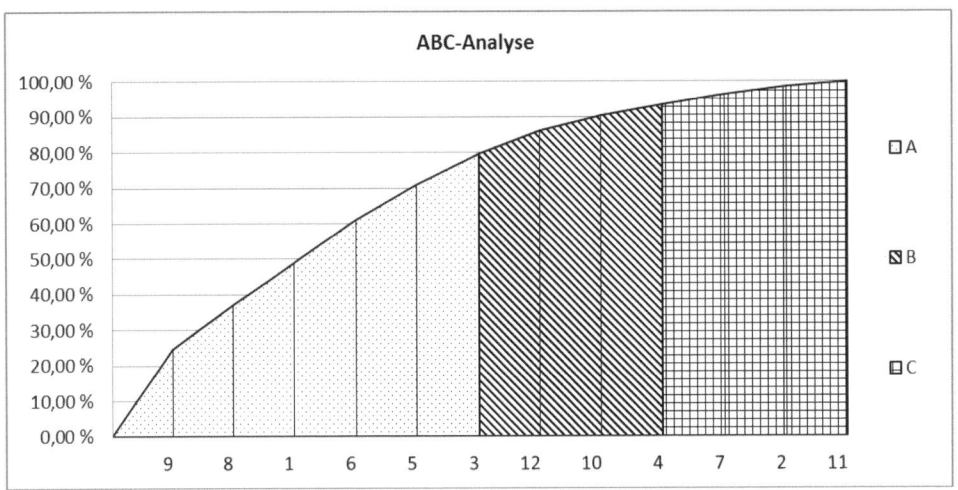

Abbildung 75:     Grafische Darstellung der ABC-Analyse für das Stützwandbeispiel

## 26.2     Durchführung der Analyse einer Kalkulation

Schon in der Kalkulationsphase sind die getroffenen Kalkulationsannahmen über die Bauzeit zu überprüfen. Für die Vorbereitung einer Baustelle und für die Berechnung der notwendigen Kapazität ist die Analyse einer Kalkulation unabdingbar. In der Bauausführung ist ständig zu kontrollieren, ob der zur Verfügung gestellten Kapazität auch die zugehörige Leistung gegenübersteht.

Die Kalkulation des Rohbaus eines Verwaltungsgebäudes mit 90.000 m³ BRI hat folgende Kostenstruktur:

Tabelle 32:     Kalkulation des Rohbaus eines Verwaltungsgebäudes

| Einzelkosten der Teilleistungen: | h | Kosten insgesamt | |
|---|---|---|---|
| | | ohne Umlagen | mit Umlagen |
| Einrichten und Räumen der Baustelle (je 50 %) | 4.200 | 182.000 € | 251.300 € |
| Erdarbeiten, Verbauarbeiten, Gründung | 5.000 | 450.000 € | 558.400 € |
| Entwässerungskanalarbeiten | 2.000 | 110.000 € | 145.600 € |
| Schalarbeiten (60.000 m²) | 60.000 | 2.100.000 € | 3.034.800 € |
| Betonarbeiten (13.500 m³) | 10.800 | 1.404.000 € | 1.686.200 € |
| Bewehrungsarbeiten | 12.000 | 1.060.000 € | 1.318.000 € |
| Sonstige Arbeiten, insbesondere Mauerarbeiten | 22.600 | 1.178.000 € | 1.573.000 € |
| Stundenlohnarbeiten | 3.400 | 102.000 € | 153.000 € |
| *Summe Einzelkosten der Teilleistungen bzw. Angebotssumme* | **120.000** | **6.586.000 €** | **8.720.300 €** |
| | | | |
| *Gemeinkosten der Baustelle:* | h | | |
| Gehälter Bauleiter + Poliere | | 300.000 € | |
| Gerätevorhaltung einschl. Unterkünfte | | 250.000 € | |
| Hilfslöhne | 3.000 | 90.000 € | |
| Kranführer | 8.910 | 267.300 € | |
| Werkzeug und Kleingerät | | 100.000 € | |
| Energiekosten | | 75.000 € | |
| Heizung, Beleuchtung, Wasser, PKW, Instandhaltung, Baustraßen | | 80.000 € | |
| Sonstige Kosten (einmalige Kosten) | | 100.000 € | |
| *Summe Gemeinkosten der Baustelle* | **11.910** | **1.262.300 €** | |
| | | | |
| *AGK, Wagnis und Gewinn* | | | |
| Allgemeine Geschäftskosten (8 %) | | 697.600 € | |
| Wagnis und Gewinn (2 %) | | 174.400 € | |
| *Summe AGK, W+G (10 % der AS)* | | **872.000 €** | |
| *Angebotssumme* | **131.910** | **8.720.300 €** | |

| | |
|---|---|
| Mittellohn ASL | 30,00 €/h |
| Verrechnungslohn | 45,02 €/h |
| Zuschlag auf Stoffe, Geräte und Subunternehmer | 11,11 % |

**Das Bauvorhaben hat folgende Zwischentermine:**

a) Anlauf der Baustelle:

Einrichten der Baustelle, Erd-, Verbau-, Gründungs-

und Entwässerungskanalarbeiten      3,0 Monate      01.03.2013 – 31.05.2013

b) Bauausführung      16,5 Monate      01.06.2013 – 15.10.2014

incl. Winterpause von 1,5 Monaten      01.01.2014 – 15.02.2014

c) Hauptbauzeit      01.08.2013 – 15.08.2014

d) Auslauf der Baustelle:

Abschlussarbeiten, Räumen der Baustelle      2,0 Monate      15.10.2014 – 15.12.2014

**Vergaben an Subunternehmer:**

| | |
|---|---:|
| – Erd-, Verbau- und Gründungsarbeiten | 5.000 h |
| – Entwässerungskanalarbeiten | 2.000 h |
| – Bewehrungsarbeiten | 12.000 h |
| – Abdichtungs- und sonstige Arbeiten | 2.500 h |
| | **21.500 h** |

**Annahmen:**

– Die Stundenlohnarbeiten (3.400 h) verteilen sich gleichmäßig auf die gesamte Bauzeit mit Ausnahme der ersten drei Monate (Anlauf der Baustelle).

– Hilfslöhne (3.000 h) verteilen sich gleichmäßig über die gesamte Bauzeit.

– Je Kranführer sind 180 h/Monat über die gesamte Bauzeit vorgesehen.

– Die zwei ersten und zwei letzten Monate der Bauausführung sind nur mit 80 % der Stunden während der Hauptbauzeit anzusetzen.

– Für die Abschlussarbeiten werden 3.000 h angesetzt.

## 26.2.1 Kalkuliertes Stundenbudget

**Kranführer:**

| | |
|---|---|
| 01.03. – 15.04.2013 und 15.11. – 15.12.2014 | 180 h/Mon |
| 15.04. – 30.06.2013 und 15.09. – 15.11.2014 | 360 h/Mon |
| 01.08.2013 – 15.09.2014 | 540 h/Mon |

**Stundenlohnarbeiten:**

| | | |
|---|---|---|
| 31.05.2013 – 15.12.2014 | 3.400 h / 17 Mon | 200 h/Mon |

**Hilfslöhne**

| | | |
|---|---|---|
| 01.03.2013 – 15.12.2014 | 3.000 h / 20 Mon | 150 h/Mon |

**Anlauf der Baustelle:**

Einrichten der Baustelle 2.100 h in 3 Monaten      700 h/Mon

**Auslauf der Baustelle:**

| | |
|---|---|
| Abschlussarbeiten 3.000 h  in 2 Monaten | 1.500 h/Mon |
| Räumen der Baustelle 2.100 h in 2 Monaten | 1.050 h/Mon |
| | 2.550 h/Mon |

**Bauausführung:**

„effektive Bauzeit": 4 x 0,8 Mon + 11 x 1 Mon =    14,2 Mon

| | | | |
|---|---|---|---|
| Gesamtstunden | | | 131.910 h |
| ./. Subunternehmer | | | – 21.500 h |
| ./. Einrichten und Räumen | | | – 4.200 h |
| ./. Stundenlohnarbeiten | | | – 3.400 h |
| ./. Hilfslöhne | | | – 3.000 h |
| ./. Kranführer | 1,5 x 180 h = | 270 h | |
| | 3,5 x 360 h = | 1.260 h | |
| | 12,0 x 540 h = | 6.480 h | |
| | 2,0 x 360 h = | 720 h | |
| | 1,0 x 180 h = | 180 h | |
| | | 8.910 h | |
| | | | – 8.910 h |
| ./. Abschlussarbeiten | | | – 3.000 h |
| | | | 87.900 h |

87.900 h/14,2 Mon = 6.190 h/Mon = 100 %            (80 % = 4.952 h/Mon)

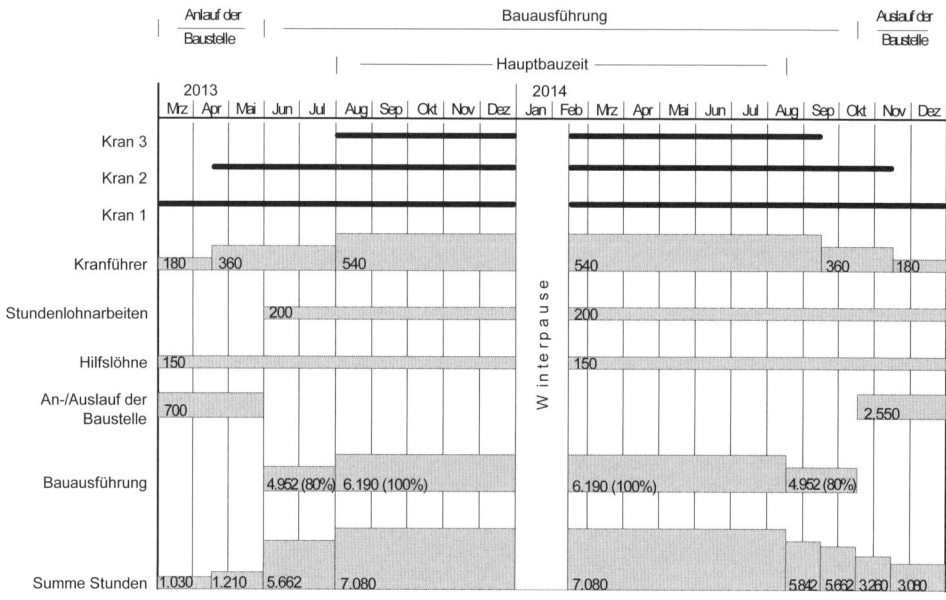

Abbildung 76: Monatliches Stundenbudget (Eigen) laut Kalkulation

## 26.2.2 Arbeiter je Kran

Die mittlere monatliche Arbeitszeit beträgt bei 20 d mit je 8,5 h/d = 170 h. Die Anzahl der eigenen Arbeitskräfte einschließlich Subunternehmer für Bewehrungsarbeiten, ohne Kranführer, Stundenlohnarbeiten und Hilfslöhne, die während der Hauptbauzeit auf einen Kran entfallen, beträgt:

Bewehrungsarbeiten        12.000 h (Verteilung s. o.)

„effektive Bauzeit" = 14,2 Mon

12.000 h / 14,2 Mon = 845 h/Mon  = 100 %                    (80 % = 676 h/Mon)

(6.190 h/Mon + 845 h/Mon)/(170 h/Arb. u. Mon x 3 Kräne) = 13,79 Arb./Kran

## 26.2.3 Bauzeitabhängige monatliche Kosten

Die bauzeitabhängigen monatlichen Kosten einschließlich der Kosten der Kranführer, die gemäß Kalkulation zur Verfügung stehen, werden unter Einhaltung der folgenden Randbedingungen berechnet:

– Zu den Vorhaltekosten gehören auch 70 % der Stoffkosten der Schalung.

– Die Stoffkosten der Schalung ermitteln sich aus den Kosten der Schalarbeiten ohne Zuschlag abzüglich der Lohnkosten Schalung ohne Zuschlag.

– Die Vorhaltekosten der Schalung verteilen sich gleichmäßig über die Vorhaltezeit.

**Weitere Annahmen:**

*Anlauf der Baustelle*                                            3 Monate

Es fallen keine Vorhaltekosten für die Schalung an; die übrigen Kosten sind nur zu 40 % der Kosten während der Hauptbauzeit anzusetzen.

*Bauausführung*                                                  15 Monate

Die 2 ersten und 2 letzten Monate sind nur mit 80 % der Kosten während der Hauptbauzeit anzusetzen.

*Auslauf der Baustelle*                                           2 Monate

(Abschlussarbeiten, Räumen)

Es fallen nur noch 60 % der Kosten während der Hauptbauzeit an.

*Während der Winterpause* von 1,5 Monaten fallen insgesamt 60.000 € für bauzeitabhängige Gemeinkosten an.

| **Gemeinkosten der Baustelle** | 1.262.300 € |
|---|---|
| ./. einmalige Kosten | − 100.000 € |
| ./. Winterpause | − 60.000 € |
| | 1.102.300 € |

Berechnung der Verteilung über die gesamte Bauzeit

„Bauzeit": 3 x 0,4 + 2 x 2 x 0,8 + 11 x 1 + 2 x 0,6 = 16,6 Mon

1.102.300 €/16,6 Mon = 66.404 €/Mon  (= 100 %)

| Phase | Dauer | Kosten/Monat |
|---|---|---|
| Anlauf der Baustelle | 3 Mon | 0,4 x 66.404 € = 26.561 € |
| Bauausführung Hauptbauzeit | 2 Mon | 0,8 x 66.404 € = 53.123 € |
| | 11 Mon | 1,0 x 66.404 € = 66.404 € |
| | 2 Mon | 0,8 x 66.404 € = 53.123 € |
| Auslauf der Baustelle | 2 Mon | 0,6 x 66.404 € = 39.842 € |

**Stoffkosten der Schalung**

| Kosten Schalarbeiten ohne Zuschlag | 2.100.000 € |
|---|---|
| ./. Lohnkosten 60.000 h x 30 €/h | − 1.800.000 € |
| | 300.000 € |
| Vorhaltekosten 70 % von 300.000 € = | 210.000 € |

Verteilung der Vorhaltekosten Schalung

Schalung 210.000 € / (17 + 1,5) Mon = 11.351 €/Mon

**Kosten der Kranführer**

Ermittlung: Arbeitszeit [h/Mon] x ML [€/h]; in den Gemeinkosten der Baustelle enthalten.

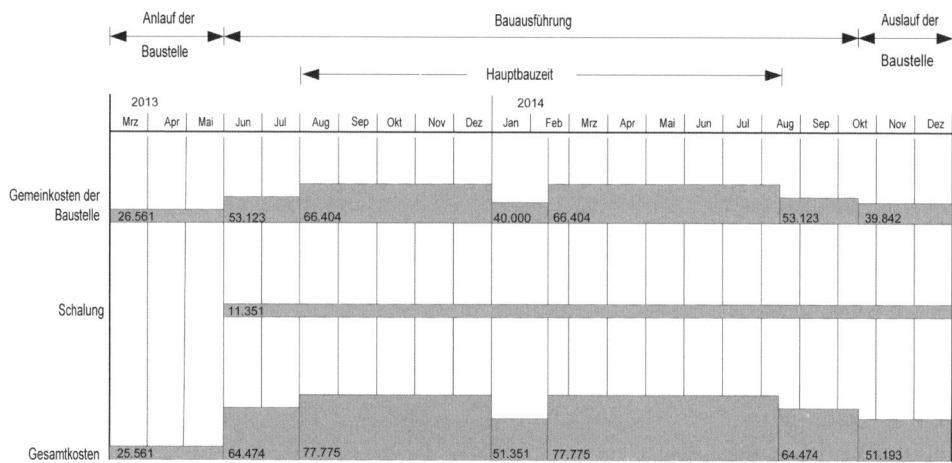

Abbildung 77: Monatliches Kostenbudget laut Kalkulation

Eine weitere Analyse ist der Summenverlauf der einzubauenden Betonmengen und dient der Leistungskontrolle (Stand der Baustelle). Durch diese einfachen Soll-Ist-Vergleiche können schnelle und effektive Baustellenkontrollen durchgeführt werden.

# 27 Modellbasierte Kalkulation und Bausteuerung mit BIM[1]

Building Information Modeling (BIM) ist ein eingeführtes Verfahren zur Beschreibung von Bauwerken mit digital parametrischen Datensätzen. In der Regel werden hierbei hierarchische Bauteilstrukturen (Abbildung 78) mit beschreibenden Merkmalen (Attribute) und geometrischen Ausprägungen versehen.

| Structure | Key | Text |
|---|---|---|
| | | Objects |
| | BW | Office building |
| | BW.2 | Floor_1 [694] |
| | BW.2.1 | Deckenplatte Beton 200mm [117830] |
| | BW.2.2 | Deckenplatte Beton 200mm [124164] |
| | BW.2.3 | Deckenplatte Beton 200mm [124217] |
| | BW.3 | Floor_2 [108027] |
| | BW.3.1 | Deckenplatte Beton 200mm [123980] |
| | BW.3.16 | Deckenplatte Beton 200mm [172971] |
| | BW.3.16.1 | Deckenplatte Beton 200mm:1 [] |
| | BW.3.16.2 | Deckenplatte Beton 200mm:2 [] |
| | BW.3.17 | Deckenplatte Beton 200mm [173034] |
| | BW.4 | Floor_3 [108837] |
| | BW.5 | Floor_4 [110760] |

Abbildung 78:  Strukturierung eines (Teil-)Bauwerksmodells

Die Geometrie mit den Strukturen und den Attributen lässt sich in 3D-Viewern darstellen (Abbildung 79). Je nach Projektphase und Anwendungszweck kann die Detaillierungstiefe erheblich variieren.

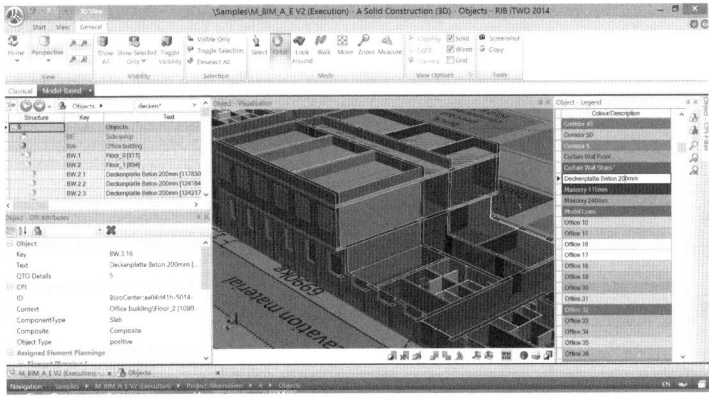

Abbildung 79: 3D-Viewer mit Struktur- und Attributinformationen.

Zur Anwendung kommt BIM traditionell bei architektonischen CAD-Entwurfssystemen (CAAD), Tragwerksplanung mit finiter Elementberechnung (FEM) und Simulationen zur Auslegung der Gebäudetechnik.  Es liegt nahe, BIM auch als Grundlage zur Kalkulation und Steuerung von Baukosten und Bauzeiten heranzuziehen. Grundsätzlich wird unterschieden zwischen sogenannten „Tools" oder „little BIM" mit in sich geschlossenen Teilanwendungen und „integrierten

[1]  Die Verfasser danken Herrn Dipl.-Ing. Wolfgang Müller, Director of Product Management RIB Software AG, Stuttgart, für die Unterstützung und die Ausarbeitung des Abschnitts.

311

End-to-End Systemen" auf Basis von Datenbanken, die den Gesamtprozess aus Sicht eines oder mehrerer Beteiligten abbilden.

Im Folgenden wird im Wesentlichen auf den Gesamtprozess zur Erstellung eines Bauwerks aus Sicht eines General-Unternehmers bzw. -Übernehmers eingegangen. Für diese Anwendung wurde der Begriff der „modellbasierten Kalkulation und Bausteuerung" eingeführt. In der Praxis wird hierfür auch der Begriff „5D" als Kombination der 3 Geometrie-Dimensionen mit der 4. Dimension des Zeitablaufs und der 5. Dimension der Kosten bzw. benötigten Ressourcen verwendet. Die Ausführungen unten basieren auf Erfahrungen mit dem integrierten System iTWO der Firma RIB bei zahlreichen internationalen Investoren, Planern und Ausführern und orientieren sich an den Prozessvorgaben der 5D Initiative, einer Arbeitsgemeinschaft großer europäischer Generalunternehmen. Ein Musterprozess wird in Abbildung 80 dargestellt.

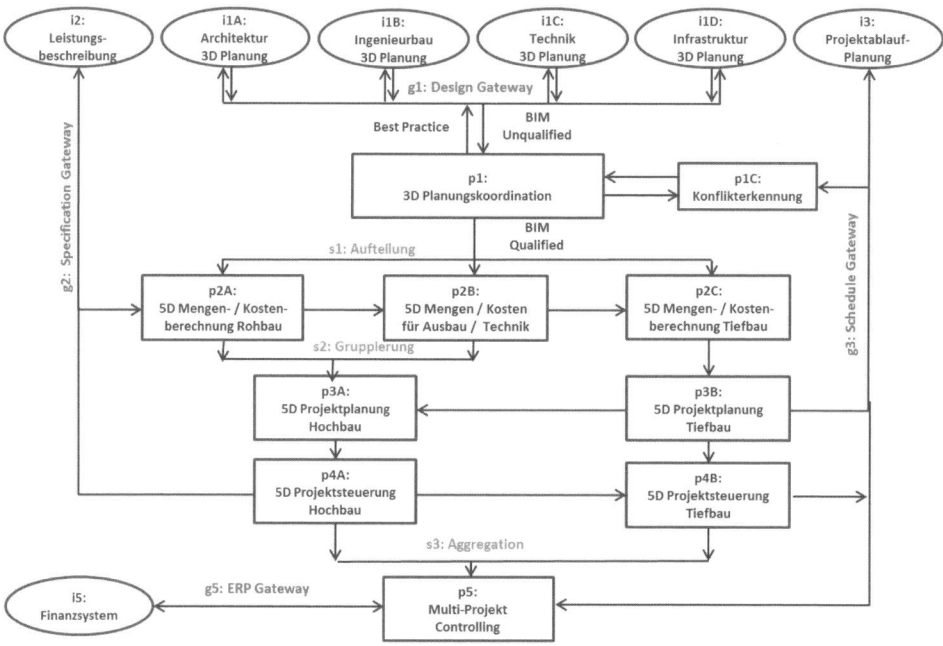

Abbildung 80: Musterprozess zur modellbasierten (5D) Projektsteuerung

Voraussetzung für Planung und Kalkulation des Bauprozesses ist das Vorliegen entsprechender Spezifikationen des Bauzieles in Form von Plänen und Leistungsverzeichnissen. Diese können, müssen aber nicht in BIM Verfahren erstellt sein und werden in der Regel über die Planungs- und Bauphasen ständig aktualisiert. Der modellbasierte Prozess der Kalkulation beginnt mit dem Einpflegen bzw. Aktualisieren dieser Daten in die Datenbank. Dabei wird der jeweilige Planungs- stand in jeweils ausreichender Daten-Detaillierung berücksichtigt. Bei den verschiedenen Pla- nungsständen und deren Detaillierungstiefe spricht man von „Level of Development" (LOD) und dazugehörig „Level of Detail" (LoD) (s. Abbildung 81).

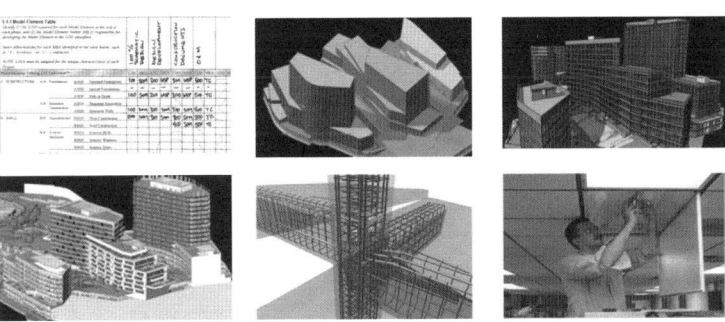

Abbildung 81: Verschiedene LOD analog Mustervertrag (oben links) des „American Institute of Architects"

Erste Kalkulationen mit Erfahrungswerten können beim modellbasierten Prozess schon auf sehr groben Datensätzen von Kenngrößen wie Flächenarten basieren. Der Vorteil beim Einsatz in allen Phasen ist die Vergleichsmöglichkeit der Kosten- und Terminentwicklung mit Rückführung auf die Ursachen von Änderungen über die Projektlaufzeit.

Konzepte und später Pläne des Bauwerks werden dabei mit sogenannten BIM-Modellern oder CAAD-Programmen 3-dimensional erfasst und strukturiert mit Attributen versehen. Diese struktu- rierten Daten werden dann in ein Projektmanagementsystem wie iTWO übertragen und bilden den jeweils aktuellen Stand der Lokalitäten und der bereits definierten Baugruppen ab. Je nach Vertragsform und Vorbereitungstiefe können aus diesen Daten automatisch Leistungsverzeich- nisse als Grundlage der Kalkulation erzeugt werden. In Deutschland werden meist noch externe Leistungsbeschreibungen mit dem etablierten GAEB-Verfahren übertragen und in der sogenann- ten „Bemusterung" mit den BIM-Daten verknüpft (Abbildung 82).

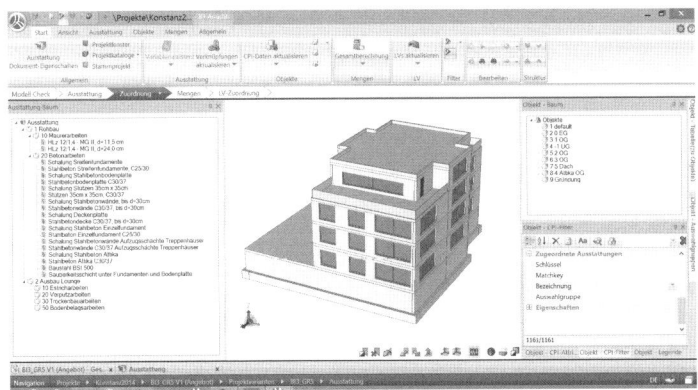

Abbildung 82: Bemusterung von Bauteilen mit Leistungen

Zusätzlich kann in allen Phasen bzw. LOD der jeweilige Projektzeitenplan integriert werden, ebenfalls durch den Import aus Drittsystemen wie MS Project. Sind die drei Dimensionen der Geometrie mit der 4. Dimension der Zeit und 5. Dimension der Ressourcen verknüpft, so lässt sich der Bauablauf als 5D-Simulation darstellen (Abbildung 83).

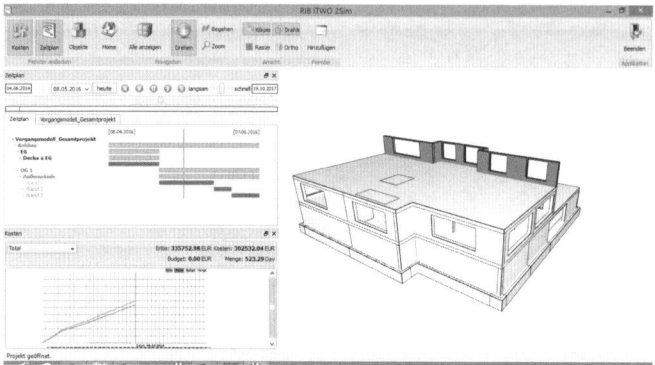

Abbildung 83: 5D-Simulation eines Bauablaufs

Das verknüpfte Bauwerksmodell mit Geometrie und Lage, Leistungen und Terminrahmen bildet die Grundlage für die eigentliche Kalkulation. Diese erfolgt in der Regel in parallelen Verfahren von Ressourcenermittlung pro Teilleistung und Mengenermittlung pro Bauteil für die verbundenen Teilleistungen. Dabei greifen sowohl die Ressourcendefinition als auch die Mengenermittlung auf das jeweils aktuelle Datenmodell zu. Während sich die Ressourcen aus den Leistungsbeschreibungen und den Attributen der verbundenen Bauteile ergeben, greifen die Mengenansätze auf die verknüpften Geometrien zu. Dabei können einfache Verfahren zur Summierung von Anzahl und Kennwerten als auch komplexe Verfahren zur nachvollziehbaren Berechnung entsprechend regionaler Bemessungsstandards wie VOB oder SMM (Standard Methods of Measurement) zum Einsatz kommen. Letztere erfordern in der Regel digitale Kataloge, die firmen- oder marktspezifisch erhältlich sind.

Als Ergebnis entstehen kalkulierte Teilleistungen wie in anderen Kapiteln beschrieben, die jedoch mit einer Verknüpfung über sogenannte Mengensplits den zugehörigen Modellbestandteilen und Terminplänen zugeordnet werden können. Aus diesen Teilleistungen in verschiedenen Detaillierungsgraden leiten sich dann die Kostenberechnungen, die Eigenkalkulation, die Angebotskalkulation und die Arbeitskalkulationen zur Vorbereitung der Planwerte ab (Abbildung 84).

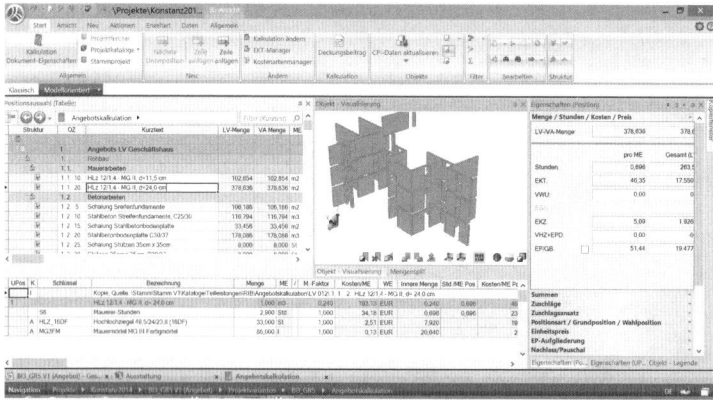

Abbildung 84: Modellbasierte Angebotskalkulation

Inzwischen stehen Austauschformate und Internet-Plattformen bereit, um Leistungsdaten mit Modellbezug auch unter den beteiligten Nachunternehmern, Planern und Bauherrnvertretern auszutauschen. In diesem Fall entsteht ein firmenübergreifendes Datenmodell des Bauablaufes.

Beim Einsatz in der Projektsteuerung oder beim Generalunternehmen werden spätestens bei der Ausführungskalkulation die oben beschriebenen Daten mit Controlling-Strukturen versehen. Auf diesen Strukturen werden die aus der modellbasierten Kalkulation abgeleiteten und aktualisierten Plan- bzw. Soll-Daten (Mengen und Kosten) mit den Ist-Daten des Bauablaufs verglichen. Bei den Ist-Daten wird zwischen den mengenbasierten Leistungsmeldungen (Leistungsstand, Abbildung 85) und den rechnungsbasierten, abgegrenzten Kostenmeldungen (Kostenstand) unterschieden. Unter Berücksichtigung der Zeitachse und des aktuellen Fertigstellungrades können so belastbare Aussagen in die Zukunft getroffen werden. Eine gängige Methode hierzu ist die „Earned Value Methode" (EVM).

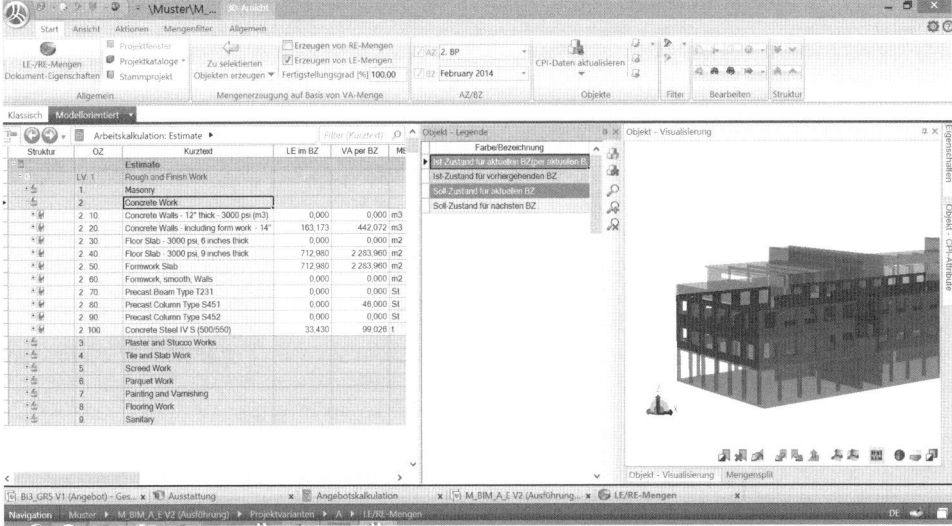

Abbildung 85: Modellbasierte Leistungsstand-Erfassung

# 28 Auswahl von Bauverfahren

## 28.1 Grundsätzliches zum kalkulatorischen Verfahrensvergleich

Unter Bauverfahren ist eine Kombination der so genannten Produktionsfaktoren (Arbeitsleistung, Betriebsmittel, Werkstoffe) zu verstehen, mit deren Hilfe nach vorgegebenen Arbeitsanweisungen in Form von Plänen, mündlichen oder schriftlichen Anweisungen die betriebliche Leistung erstellt wird. Kennzeichnend für die Bauausführung ist, dass ein Bauwerk im Allgemeinen mit sehr verschiedenen Bauverfahren hergestellt werden kann. So kann z. B. der Beton zur Einbaustelle mittels Kran, Betonpumpe, Druckluft, Förderband, Dumper, Lastkraftwagen oder Transportmischer befördert werden. Unter den gegebenen Umständen, die sowohl von den innerbetrieblichen Gegebenheiten als auch von den äußeren Randbedingungen der Baustelle und den vorgeschriebenen Ausführungsbedingungen abhängen, wird sich im Allgemeinen nur ein Verfahren als besonders wirtschaftlich, d. h. also mit minimalen Kosten durchzuführen, herausstellen. Allgemein können solche Ausführungsbedingungen sein:

- – vorhandene Baumaschinen,
- – Qualität,
- – Bauzeit,
- – Technische Normen und Richtlinien,
- – Unfallverhütungsvorschriften.

Um eine Kostenminimierung zu erreichen, ist es oft erforderlich, außer den Bauverfahren auch die Konstruktion zu ändern, da beide eng zusammenhängen. In einem solchen Fall sind nur die vorgegebenen technischen Forderungen an das Bauwerk einzuhalten, z. B. Stützweite, Tragkraft, Schall- und Wärmedämmung, Nutzung usw. Solche infolge eines optimalen Bauverfahrens besonders wirtschaftlichen Konstruktionen werden oft als Sondervorschläge oder Nebenangebote bei Ausschreibungen angeboten. Welches Bauverfahren anzuwenden ist, hängt von dem Ergebnis einer methodisch durchgeführten Kostenvergleichsrechnung, dem kalkulatorischen Verfahrensvergleich, ab.

## 28.2 Durchführung des kalkulatorischen Verfahrensvergleichs

### 28.2.1 Vorbemerkungen

Beim kalkulatorischen Verfahrensvergleich (auch Wirtschaftlichkeitsvergleich oder Wirtschaftlichkeitsrechnung genannt) sind bei den zu vergleichenden Bauverfahren die Kosten zu ermitteln, die von den jeweiligen Verfahren verursacht werden. Diese zum Zwecke des Vergleichs durchgeführte Kostenermittlung wird deshalb auch als Vergleichskalkulation bezeichnet. Voraussetzung für einen Verfahrensvergleich, der zu richtigen Ergebnissen führt, ist eine methodisch richtige Durchführung.

Insbesondere müssen die durch den Auftraggeber, betriebsinterne Verhältnisse und die Gegebenheiten der Baustelle geschaffenen Zwangspunkte berücksichtigt werden. Solche Zwangspunkte werden verursacht

– vom Auftraggeber durch:     Bauzeit, Arbeitszeit, Baukonstruktion;

– vom Auftragnehmer durch:    Betriebsmittel, Arbeitskräfte, Baustoffe, zur Verfügung stehendes Kapital;

– auf der Baustelle durch:      Witterungsverhältnisse, topografische Gegebenheiten, Zufahrtswege, Versorgungsleitungen.

Für die Durchführung des Verfahrensvergleichs kann je nach dem verfolgten Zweck eine der nachstehend beschriebenen Methoden angewendet werden.

## 28.2.2    Ermittlung der Kostendifferenz

Bei der Bestimmung der Kostendifferenz zweier Verfahren wird geprüft, welche Einsparungen sich bei der Verwendung eines Bauverfahrens gegenüber anderen zur Auswahl stehenden ergeben. So werden z. B. Aufwendungen in genau abgegrenzten Zeitabschnitten miteinander verglichen, um Entwicklungstendenzen feststellen zu können. Die Rechnung wird in der Weise durchgeführt, dass nur die Größen Berücksichtigung finden, die durch die zu vergleichenden Bauverfahren verändert werden. Gleichbleibende Größen werden von vornherein ausgeschlossen.

Der absolute Unterschied zweier Größen $K_1$ und $K_2$ ergibt sich zu: $D = | K_1 - K_2 |$

Die Dimension der Größen $K_1$ und $K_2$ muss dieselbe sein, z. B. €/m³. Beim bezogenen Unterschied haben $K_1$ und $K_2$ selbstverständlich ebenfalls gleiche Dimensionen, der Unterschied wird jedoch nicht in absoluten Zahlen, sondern bezogen auf die Größe in % angegeben.

## 28.2.3    Ermittlung der Wirtschaftlichkeitsgrenze

Im Gegensatz zur Unterschiedsrechnung wird bei der Ermittlung der Wirtschaftlichkeitsgrenze untersucht, von welcher Grenze an ein Verfahren wirtschaftlicher als ein anderes arbeitet. Das heißt, es wird der Grenzwert $x_0$ gesucht, für den der Kostenunterschied zweier Verfahren $D = K_1 - K_2 = 0$ wird. Oft gestellte Fragen betreffen z. B. die Stückzahl (Produktmenge), die Transportweite, die Vorhaltezeit oder die Einsatzzahl, von der ab ein Verfahren einem anderen wirtschaftlich überlegen ist. Dieses Vergleichsverfahren ist anzuwenden, wenn etwa beim Ersatz eines Verfahrens durch ein anderes der Zeitpunkt angegeben werden soll, ab dem sich die Investition durch Einsparung bezahlt gemacht hat. Für sich oft wiederholende Vergleiche können auch Nomogramme verwendet werden, aus denen man die zu vergleichenden Größen unmittelbar entnehmen kann. Jeder Verfahrensvergleich baut auf Annahmen auf. Er stellt also nur eine Entscheidungshilfe dar, mit der zwar das Entscheidungsrisiko gemindert, nicht aber ausgeschaltet werden kann.

Bei der Aufstellung der Kostengleichungen, mit denen die Wirtschaftlichkeitsgrenze berechnet wird, wird die zu berechnende Größe als Veränderliche (Variable) eingeführt. Dabei wird zunächst eine Trennung der anfallenden Kosten nach

– fixen (einmaligen) Kosten und

– variablen (zeit- oder mengenabhängigen) Kosten

vollzogen. Alle Kosten werden auf die gewünschte Vergleichsgröße bezogen. Hierbei ist für die fixen Kosten der Entstehungszeitpunkt eine wichtige Größe. Je nach Art ihrer Abhängigkeit zeigen die erfassten Gesamtkosten einen unterschiedlichen Verlauf. In diesem Zusammenhang sei auf Abschnitt A 2.3 – Kostenverläufe in der Kalkulation –, S. 23 ff., hingewiesen.

Allgemein lässt sich jedoch für den Kostenverlauf zweier Verfahren folgende Gleichung angeben:

$$K_1 = A_1 + a_1 \times x \qquad\qquad A_{1,2} = \text{Fixe Kosten}$$

$$K_2 = A_2 + a_2 \times x \qquad\qquad a_{1,2} = \text{Variable Kosten}$$

$$x \quad = \text{Variable}$$

Abbildung 86 zeigt die Kostenverläufe für zwei zu vergleichende Verfahren 1 und 2. Der Schnittpunkt der beiden Funktionen an der Stelle $x_0$ ergibt die Wirtschaftlichkeitsgrenze.

Hierfür gilt:

$$K_0 = A_1 + a_1 \times x_0$$

$$K_0 = A_2 + a_2 \times x_0$$

$$x_0 = \frac{A_2 - A_1}{a_1 - a_2}$$

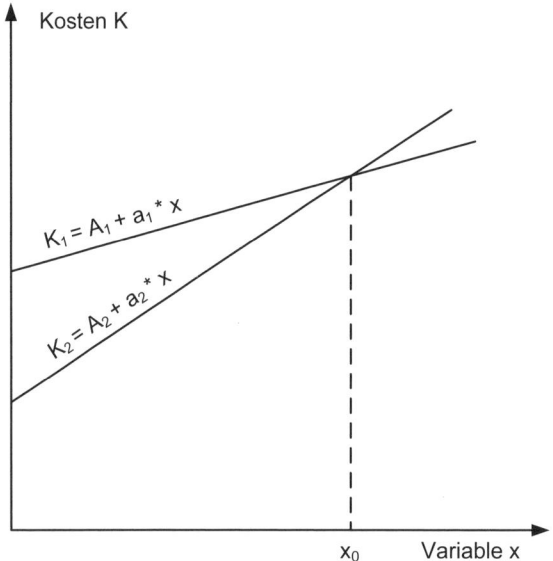

Abbildung 86: Ermittlung der Wirtschaftlichkeitsgrenze

## 28.3 Kalkulatorischer Verfahrensvergleich zweier Schalsysteme

### 28.3.1 Ausgangssituation

Beim Bau eines mehrgeschossigen Verwaltungsgebäudes in Ortbeton-Skelettbauweise sind 20.000 m² Schalung für Flachdecken herzustellen. Im Rahmen der Arbeitsvorbereitung steht das ausführende Unternehmen vor der Frage, welches zweier verfügbarer Schalsysteme zum Einsatz gelangen soll. Als Entscheidungshilfe wird ein kalkulatorischer Verfahrensvergleich durchgeführt, in dem folgende Möglichkeiten verglichen werden:

A – Modul-Leichtschalung aus Aluminium (Mietpreis einschl. Schalungswechsel),

B – Großflächenschalung aus Deckenschaltischen.

Der anzustellende Kostenvergleich soll unter folgenden Gesichtspunkten durchgeführt werden:

1. Berechnung der Wirtschaftlichkeitsgrenze der beiden Schalverfahren in Abhängigkeit von der Anzahl der Baustelleneinsätze, wenn die Schalhaut der Deckenschaltische nach jeweils 15 Einsätzen erneuert werden muss.

2. Darstellung des Kostenverlaufs für das Schalungsverfahren B, wenn die Schalhaut bereits nach 10 Einsätzen erneuert wird.

### 28.3.2 Angaben zur Kalkulation und zu den Verfahren

| | |
|---|---|
| Mittellohn ASL (angenommen): | 31,00 €/h |
| Nutzungsdauer für Schalmaterial (BGL): | 6 Jahre |
| Verzinsung: | 6,5 % pro Jahr |
| angenommene Reparaturkosten für Schalungen: | ⅓ des Neuwertes |
| angenommene maximale Einsatzzahl beider Schalungen: | 120 Einsätze |

**Schalverfahren A (Modul-Leichtschalung)**

| | |
|---|---|
| Neuwert der Modul-Leichtschalung: | 200,00 €/m² |
| Lohnstunden für Ein- und Ausschalen, Umsetzen und Reinigen: | 0,6 h/m² |

**Schalverfahren B (Schaltische)**

| | |
|---|---|
| Neuwert der Normteile für Schaltische: | 55,00 €/m² |
| Kosten der Vormontage für Schaltische: | 50,00 €/m² |
| Neuwert und Aufbringen der Schalhaut: | <u>25,00 €/m²</u> |
| | 75,00 €/m² |
| Lohnstunden für Ein- und Ausschalen, Umsetzen und Reinigen: | 0,5 h/m² |

## 28.3.3   Durchführung des Kostenvergleichs

**Kosten des Schalsystems A**

| | | | |
|---|---|---|---|
| Abschreibung: | 200,00 €/m²/120 Einsätze | = | 1,67 €/m², Einsatz |

Verzinsung:   $\dfrac{\frac{1}{2} \times 200,00\ \text{€/m}^2 \times 6\ \text{Jahre} \times 0,065}{120\ \text{Einsätze}}$   =   0,33 €/m², Einsatz

| | | | |
|---|---|---|---|
| Reparatur: | $\frac{1}{3}$ × 200,00 €/m² / 120 Einsätze | = | 0,56 €/m², Einsatz |
| **A + V + R** | | **=** | **2,56 €/m², Einsatz** |

**Kosten des Schalsystems B**

| | | | |
|---|---|---|---|
| Abschreibung: | 55,00 €/m²/120 Einsätze | = | 0,46 €/m², Einsatz |

Verzinsung:   $\dfrac{\frac{1}{2} \times 55,00\ \text{€/m}^2 \times 6\ \text{Jahre} \times 0,065}{120\ \text{Einsätze}}$   =   0,09 €/m², Einsatz

| | | | |
|---|---|---|---|
| Reparatur: | $\frac{1}{3}$ × 55,00 €/m² / 120 Einsätze | = | 0,15 €/m², Einsatz |
| **A + V + R** | | **=** | **0,70 €/m², Einsatz** |

**Kostengleichungen für Lösung zu 1 (15 Einsätze)**

**Schalsystem A:**

$K_1 = A_1 + a_1 \times x_0$

$A_1 = 0$

$a_1$ = 2,56 €/m², Einsatz + 0,6 h/m², Einsatz × 31,00 €/h = 21,16 €/m², Einsatz

**Schalsystem B:**

$K_2 = A_2 + a_2 \times x_0$

Fall 1: 0 bis 15 Einsätze

$A_2$ = 75,00 €/m²

$a_2$ = 0,70 €/m², Einsatz + 0,5 h/m², Einsatz × 31,00 €/h = 16,20 €/m², Einsatz

$x_0 = (A_2 - A_1) / (a_1 - a_2)$   = 15,12 Einsätze (außerhalb Wertebereich)

Fall 2: 15 bis 30 Einsätze

$A_2$ = 100,00 €/m²

$a_2$ = 0,70 €/m², Einsatz + 0,5 h/m², Einsatz × 31,00 €/h = 16,20 €/m², Einsatz

$x_0 = (A_2 - A_1) / (a_1 - a_2)$   = **20,16 Einsätze**

Fall 3: 30 bis 45 Einsätze

$A_2$ = 125,00 €/m²

$a_2$ = 16,20 €/m², Einsatz

$x_0 = (A_2 - A_1) / (a_1 - a_2)$   = 25,20 Einsätze (außerhalb Wertebereich)

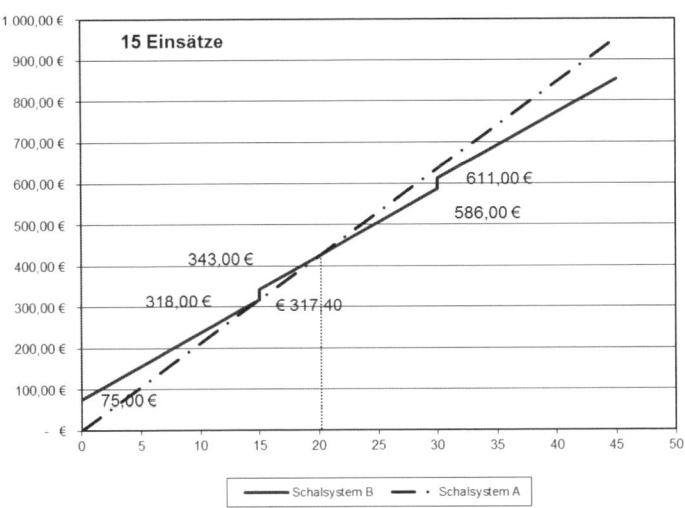

Abbildung 87: Kostenverlauf mit 15 Einsätzen bei Schalsystem B

## Kostengleichungen für Lösung zu 2 (10 Einsätze bei Schalsystem B)

### Schalsystem A (wie Lösung zu 1):

$K_1 = A_1 + a_1 \times x_0$

$A_1 = 0$

$a_1$ = 2,56 €/m², Einsatz + 0,6 h/m², Einsatz × 31,00 €/h = 21,16 €/m², Einsatz

### Schalsystem B:

$K_2 = A_2 + a_2 \times x_0$

Fall 1: 0 bis 10 Einsätze

$A_2$ = 75,00 €/m²

$a_2$ = 0,70 €/m², Einsatz + 0,5 h/m², Einsatz × 31,00 €/h = 16,20 €/m², Einsatz

$x_0 = (A_2 - A_1) / (a_1 - a_2)$ = 15,12 Einsätze (außerhalb Wertebereich)

Fall 2: 10 bis 20 Einsätze

$A_2$ = 100,00 €/m²

$a_2$ = 0,70 €/m², Einsatz + 0,5 h/m², Einsatz × 31,00 €/h = 16,20 €/m², Einsatz

$x_0 = (A_2 - A_1) / (a_1 - a_2)$ = 20,16 Einsätze (außerhalb Wertebereich)

Fall 3: 20 bis 30 Einsätze

$A_2$ = 125,00 €/m²; $a_2$ = 16,20 €/m², Einsatz

$x_0 = (A_2 - A_1) / (a_1 - a_2)$ = **25,20 Einsätze**

## Fall 4: 30 bis 40 Einsätze

$A_2 = 150,00 \text{ €/m}^2$; $a_2 = 16,20 \text{ €/m}^2$, Einsatz

$x_0 = (A_2 - A_1) / (a_1 - a_2) = \textbf{30,24 Einsätze}$

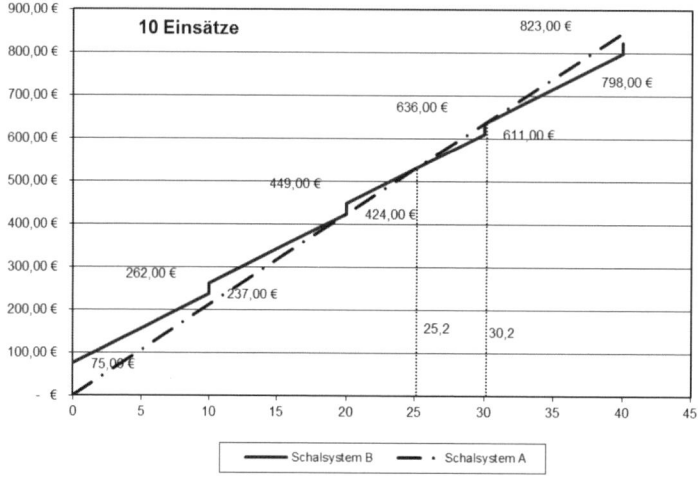

Abbildung 88: Kostenverlauf mit 10 Einsätzen bei Schalsystem B

# Abschnitt E: Nachkalkulation

# 29     Nachkalkulation als Teil des Rechnungs- wesens

Für die Wirtschaftlichkeitskontrolle der Bauausführung werden zwei Kontrollverfahren angewendet:

– Soll-Ist-(Kosten-)Vergleich,

– Nachkalkulation.

Beim Soll-Ist-Vergleich werden die in der Arbeitskalkulation vorgegebenen Soll-Kosten den mit Hilfe der Baubetriebsrechnung ermittelten Ist-Kosten gegenübergestellt. Der Soll-Ist-Vergleich setzt eine exakte Leistungserfassung voraus, um zu richtigen Soll-Kosten zu gelangen. Die Kosten werden nach Kostenarten getrennt.

Bei der Nachkalkulation werden einzelne Kostenarten nach BAS-Positionen (BAS = Bauarbeitsschlüssel) mit Hilfe eines Berichtswesens erfasst und auf die erbrachte Bauleistung bezogen. Hierdurch können

– Ansätze der Vorkalkulation auf ihre Richtigkeit überprüft,

– Vergleiche von Ergebnissen verschiedener Baustellen erleichtert,

– neue Kalkulationsansätze, z. B. Aufwands- und Leistungswerte, ermittelt und

– Verlustquellen lokalisiert werden.

Der Soll-Ist-Vergleich umfasst sämtliche Kostenarten. Die Nachkalkulation beschränkt sich auf einzelne Kostenarten, wie z. B. Lohn- oder Gerätekosten. Bei der Nachkalkulation wird unterschieden in

– Technische Nachkalkulation     = Nachkalkulation der Menge

– Kaufmännische Nachkalkulation     = Nachkalkulation der Preise

# 30 Berichtswesen als Voraussetzung für die Nachkalkulation

## 30.1 Aufgliederung der Leistungen

Mit Hilfe des Berichtswesens sind die Angaben über den Verbrauch an Arbeits- und Gerätestunden sowie über die erbrachte Leistung in Form von Tages-, Wochen- und Monatsberichten so aufzuschlüsseln, dass sie den verschiedenen Arbeitsvorgängen einwandfrei zugeordnet werden können. Da jedoch in den einzelnen Positionen eines Leistungsverzeichnisses u. U. verschiedene Arbeitsvorgänge zusammengefasst sind (wie z. B. Bewehrung liefern, schneiden, biegen **und** verlegen), muss das der Vorkalkulation zugrunde liegende Leistungsverzeichnis in der **Arbeitskalkulation** so umgearbeitet werden, dass man eine Gliederung der Arbeitsvorgänge nach dem Ablauf erhält.

Um für die Berichterstattung einen einheitlichen Rahmen zu schaffen, wurde von einem arbeitskundlichen Arbeitskreis von Bauunternehmen der „Bauarbeitsschlüssel für das Bauhauptgewerbe (BAS)" geschaffen. Dieser BAS gliedert die Bauarbeit in die folgenden 10 Gruppen:

0 Baustelleneinrichtungs- und Randarbeiten

1 Transport- und Umschlagsarbeiten, Stundenlohnarbeiten und Gerätebedienungsstunden

2 Erd-, Entwässerungs- und Abbrucharbeiten

3 Schal- und Rüstarbeiten

4 Beton- und Stahlbetonarbeiten

5 Mauer- und Putzarbeiten

6 Straßenunterbau- und Deckenarbeiten

7 Straßenbauarbeiten an Nebenanlagen

8 Grundbau- und Wasserbauarbeiten

9 Sonder- und Spezialarbeiten

Die einzelnen Gruppen werden in Untergruppen, die Untergruppen nach Arbeitsvorgängen untergliedert, wie es im folgenden Beispiel dargestellt ist:

32    Einfache Konstruktionen einschalen, ausrichten, abstützen bzw. abspannen

       321 m² Fundamente

       322 m² Böden

       323 m² Wände, Stützmauern, Pfeiler und Widerlager

       324 m² Schächte, Dohlen, Heizkanäle usw.

       325 m² Stürze und Ringanker

       326 m² Rechteckige Stützen

       327 m² Massive Decken

       328 m² Rippendecken

       329 m² Fertigteildecken

Die Arbeitsvorgänge werden mit 4 Stellen verschlüsselt. Die vierte Stelle ist einer weiteren Aufgliederung nach betrieblichen Bedürfnissen vorbehalten.

Für den Vergleich der Ergebnisse verschiedener Baustellen und für die Auswertung für Zwecke der Vorkalkulation ist es von großem Vorteil, wenn für alle Baustellen eines Unternehmens ein Arbeitsschlüssel mit einer einheitlichen Kennzeichnung der Arbeitsvorgänge verwendet wird.

Unabhängig davon kann für einzelne Bauvorhaben ein mehr oder weniger stark untergliederter Berichtsschlüssel entwickelt werden.

Ob und wie der BAS-Schlüssel Einsatz in BIM (5D) findet, wird sich noch zeigen. Zumindest die Grundlagen werden ähnlich bleiben.

## 30.2    Erfassung des Lohn- und Gerätestundenverbrauchs

Die technische Nachkalkulation kann sich auf sämtliche Kostenarten, wie z. B. Löhne, Stoffe, Geräte und Fremdleistungen beziehen. Meist beschränkt man sich jedoch auf die

- Erfassung der Arbeitsstunden,
- Erfassung der Gerätestunden.

**Tagesarbeitsbericht** — Blatt

Baustelle ............
Mo | Di | Mi | Do | Fr | Sa | So
Datum ............
Wetter ............
Bemerkungen ............

| Lfd. Nr. | Name | Beruf | Ges. St. | Zulage | Vormontage Wandschalung (311) | Einschalen Fundamente (321) | Betonieren Sauberkeitsschicht (431) | Betonieren Fundamente (431) | Arztbesuch (003) | Aufsicht (001) |
|---|---|---|---|---|---|---|---|---|---|---|
| 1 | Braun, M. | P | 11 | | | | | | | 11 |
| 2 | Kolb, A. | VA | 10 | | 10 | | | | | |
| 3 | Zahn, Y. | FA | 10 | | 7 | | | | 3 | |
| 4 | Pohl, Y. | FA | 10 | | 10 | | | | | |
| 5 | Müller, W. | FW | 10 | | | 4 | 3 | 3 | | |
| 6 | Kaiser, S. | FW | 10 | | | 4 | 3 | 3 | | |
| 7 | Jünger, P. | FW | 10 | | | 4 | 3 | 3 | | |
| 8 | Conradt, X. | W | 10 | | 6 | 4 | | | | |
| 9 | Zondler, M. | W | 10 | | 4 | 4 | | 2 | | |
| 10 | | | | | | | | | | |
| 11 | | | | | | | | | | |
| 12 | | | | | | | | | | |
| 13 | | | | | | | | | | |
| 14 | | | | | | | | | | |
| 15 | | | | | | | | | | |
| | Summe | | 91 | | 37 | 20 | 9 | 11 | 3 | 11 |

Leistungsbeschreibung Arbeitsabschnitt / BAS Nr.

aufgestellt ............    geprüft ............    ausgewertet ............

Abbildung 89:  Beispiel für einen Tagesbericht

Die Arbeitsstunden werden mit Hilfe eines Tagesarbeitsberichts erfasst (s. Abbildung 89). In diesem Bericht werden die Gesamtarbeitsstunden jedes Beschäftigten (u. U. auch Verwendung für die Lohnabrechnung) nach den Schlüsselnummern des BAS für Zwecke der Nachkalkulation aufgegliedert. Die Verwendung eines Arbeitsstundenberichts vermindert die Fehleranfälligkeit, da Unterlagen für die Lohnabrechnung erfahrungsgemäß mit größerer Genauigkeit erstellt werden, und erleichtert die Abstimmung zwischen Baubetriebsrechnung und Nachkalkulation.

Dabei ist zu berücksichtigen, dass außer den so genannten „Leistungsstunden" (oft auch als „produktive Stunden" bezeichnet), bei denen den verbrauchten Arbeitsstunden eine messbare Leistung zugeordnet werden kann, auch solche Lohnstunden anfallen, in denen keine „Leistung" erbracht wird. Dazu gehören beispielsweise die so genannten Randarbeiten, wie etwa Aufräum-,

Transport-, Ladearbeiten oder Arbeitsausfälle auf Grund tariflicher Vereinbarungen, wie z. B. Freistellungen aus familiären Gründen oder Arztbesuche.

Zur Erfassung der Gerätestunden verwendet man ebenso wie bei den Arbeitsstunden üblicherweise einen Tagesbericht (s. Abbildung 90). Hierin werden neben den eigentlichen „Einsatzstunden", in denen das Gerät direkt für die zu erbringende Teilleistung eingesetzt ist, auch diejenigen Gerätestunden erfasst, die beispielsweise für Wartezeiten, für Auf-, Um- oder Abbau oder für Reparatur, Wartung und Pflege anfallen. Im Hinblick auf die Durchführung der Nachkalkulation während der Ausführungszeit sollte die im Berichtszeitraum erbrachte Leistung so genau wie möglich berichtet werden, obwohl hier erhebliche Abgrenzungsschwierigkeiten bestehen. Das Berichtswesen über Gerätestunden bezieht sich nur auf sog. „Leistungsgeräte", wie z. B. Erd- und Tiefbaugeräte, die für bestimmte Teilleistungen eingesetzt werden und deren Kosten demnach auch innerhalb der Einzelkosten der Teilleistungen erfasst werden.

Dagegen ist eine Berichterstattung bei so genannten „Vorhaltegeräten", wie z. B. Turmkrane oder Mischanlagen, wegen der fehlenden eindeutigen Zuordnungsmöglichkeit zu bestimmten Teilleistungen häufig nicht sinnvoll.

Die Kontrolle des Betriebsstoffverbrauchs bzw. der -aufnahme erfolgt meist über einen besonderen Nachweis, wie z. B. über Tankscheine.

| Geräte – Tagesbericht | | Blatt Nr. … | Datum …………………… Mo \| Di \| Mi \| Do \| Fr \| Sa \| So | | Wetter …………… …………………… |
|---|---|---|---|---|---|
| Baustelle ……………………… | | | Gerät …………………… | Inv. - Nr. ………… | |
| Uhrzeit | BAS | Leistungsbeschreibung | | Geräte | Leistung |
| von \| bis | Nr. | Arbeitsabschnitt | | Std. | Menge  Einheit |
| | | | | | |
| | | | | | |
| | | | | | |
| | | | | | |
| | | | | | |
| | | Einsatzstunden | | | Geräteführer |
| | | Wartung | | | ………………… |
| | | Transport | | | ………………… |
| | | Auf-, Um- und Ausbau | | | ………………… |
| | | Reparatur | | | Lohnstunden des Geräteführers |
| | | Stillstand wegen Störungen im Bauablauf | | | |
| | | Stillstand wegen fehlender Einsatzaufgaben | | | |
| | | Gesamt-Gerätestunden | | | |
| Betriebsstoffverbrauch | | | Bemerkungen (Reparaturen, Gründe für Ausfälle, usw.) | | |
| Benzin Diesel Öl Fett | | | | | |
| I       I       I      kg | | | | | |
| ………………… | | | | | |
| Std. | seit dem letzten Ölwechsel | | aufgestellt ………… geprüft …………… ausgewertet …………… | | |

Abbildung 90:  Beispiel für einen Geräte-Tagesbericht

# 31 Beispiele

## 31.1 Beispiel zur Nachkalkulation von Lohnkosten

Für die Lohnkosten, die beim Betonieren der Kammerwände einer Schleuse angefallen sind, soll eine technische und kaufmännische (mengen- und wertmäßige) Nachkalkulation durchgeführt werden.

**Soll-Werte der Arbeitskalkulation**

| | | |
|---|---|---|
| Mittellohn A | 15,52 | €/h |
| Lohnnebenkosten | 2,36 | €/h |
| Aufwandswert | 1,40 | h/m³ |

**Ist-Werte der Nachkalkulation**

| | | |
|---|---|---|
| Lohnkosten | 356003,00 | € |
| Lohnnebenkosten | 46547,00 | € |
| Arbeitsstunden | 22450,00 | h |
| Betonmenge | 15000,00 | m³ |

**Mengenmäßige (technische) Nachkalkulation**

| Aufwandswert | IST | $\dfrac{22.450,00 \text{ h}}{15.000,00 \text{ m}^3}$ | = | 1,50 h/m³ |
|---|---|---|---|---|
| Aufwandswert: | SOLL | | | 1,40 h/m³ |
| Abweichung (Mehraufwand) | | | | 0,10 h/m³ |

**Wertmäßige (kaufmännische) Nachkalkulation**

| Mittellohn: | IST | $\dfrac{356.003,00 \text{ €}}{22.450,00 \text{ h}}$ | = | 15,86 €/h |
|---|---|---|---|---|
| Mittellohn: | SOLL | | | 15,52 €/h |
| Abweichung (Mehraufwand) | | | | 0,34 €/h |
| Lohnnebenkosten: | IST | $\dfrac{46.547,00 \text{ €}}{22.450,00 \text{ h}}$ | = | 2,07 €/h |
| Lohnnebenkosten: | SOLL | | | 2,36 €/h |
| Abweichung (Minderaufwand) | | | | − 0,29 €/h |

**Gesamtabweichung**

| | | |
|---|---|---|
| Ist-Lohnkosten (Mittellohn AL) | 356.003,00 € + 46.547,00 € = | 402.550,00 € |
| Soll-Lohnkosten (AL) 15.000 × (15,52 + 2,36) × 1,4 € | | 375.480,00 € |
| **Abweichung (Mehraufwand)** | | **27.070,00 €** |

## 31.2 Beispiel einer Nachkalkulation zur fertigungsbegleitenden Kontrolle der Lohn- und Gerätekosten bei Straßenbauarbeiten

Bei einem Autobahn-Deckenlos sollen die Kosten für eine Einbaukolonne (einschl. der erforderlichen Geräte) arbeitstäglich in Abhängigkeit von der Einbauleistung und der Arbeitszeit kontrolliert werden. Die Vorgehensweise wird anhand der Teilleistung „Einbau der Zementbetontragschicht" erläutert. Die Einzelkosten sind tabellarisch in Tabelle 33 zusammengestellt.

Einbauleistung:       lt. Vorkalkulation durchschnittlich 40 m³/h

Einbaukosten:       162,04 [€/h]/40 [m³/h]               = 4,05 €/m³

In Abbildung 91 ist der Verlauf der Einbaukosten in Abhängigkeit von der Soll-Einbauleistung dargestellt. Mit Hilfe eines Diagramms lässt sich arbeitstäglich durch den Vergleich von geplanter Durchschnittsleistung pro Arbeitstag und tatsächlicher Einbauleistung der bei den Einzelkosten (ohne Baustoffkosten) entstandene Mehr- oder Minderbetrag errechnen.

Tabelle 33:      Einzelkosten der Teilleistung „Einbau der Zementbetontragschicht" (ohne Baustoffkosten)

| | | | | €/h |
|---|---|---|---|---|
| Lohnkosten | Einbaukolonne: | 2 Geräteführer (10 % Zuschlag für Wartungs- und Pflegearbeiten) + 4 Mann Beihilfe | | |
| | Mittellohn A: | 15,52 €/h | | |
| | Lohnkosten: | 2 h/h × 1,1 + 4 h/h = 6,2 h/h; 6,2 h/h × €/h = | | 96,22 |
| Stoffkosten | Baustoffe: | Kosten der Baustoffe werden nicht in die Kontrolle einbezogen, da sie direkt proportional zur eingebauten Menge Beton sind. Ein Mehrverbrauch kann nur auftreten, wenn die vorgeschriebene Einbauhöhe nicht eingehalten wird. | | |
| | Betriebsstoffe: | Gerätegruppe: 1 Fertiger + 1 Plattenverdichter Installierte Motorleistung: 120 kW Betriebsstoffverbrauch: 0,18 l/kW, h Kosten: 0,18 l/kW, h × 120 kW × 1,39 € /l | | 30,02 |
| Gerätekosten | A + V + R: | lt. Vorkalkulation | | 35,79 |
| | | | | 162,03 |

**Beispiel ①:**     Arbeitszeit 8 h/d

                Soll-Einbauleistung 320 m³/d

                Ist-Einbauleistung 160 m³/d

                Mehrkosten (320 − 160) m³/d × 4,05 €/m³               = 648,00 €

**Beispiel ②:**     Arbeitszeit 10 h/d

                Soll-Einbauleistung 400 m³/d

                Ist-Einbauleistung 480 m³/d

                Minderkosten (480 − 400) m³/d × 4,05 €/m³            = 324,00 €

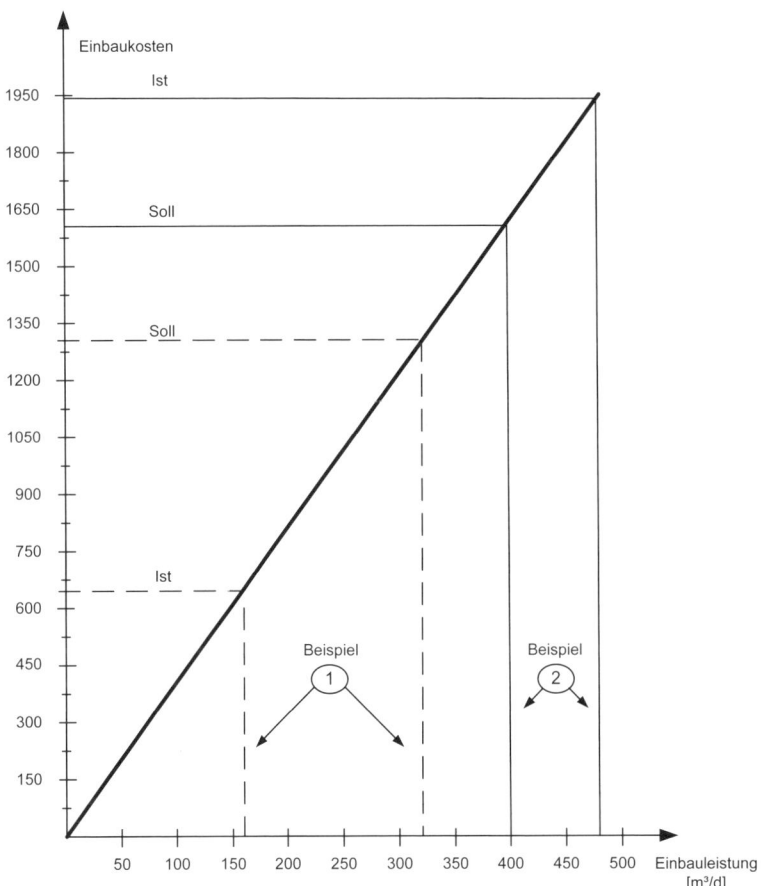

Abbildung 91: Einbaukosten in Abhängigkeit von der Soll-Einbauleistung

Beim Beispiel ① wird die geplante Durchschnittsleistung von 320 m³/d bei einer Arbeitszeit von 8 h/d nur zu 50 % erreicht. Dadurch ergeben sich Mehrkosten in Höhe von 648,00 €. Im Beispiel ② wird gezeigt, welche Kostenentwicklung sich ergibt, wenn die zum Ausgleich der Einbauleistung fehlenden 160 m³ durch eine überdurchschnittliche Einbauleistung (320 m³ + 160 m³ = 480 m³) bei einer Arbeitszeit von 10 h/d nachgeholt werden. Dadurch wird zwar die Einbauleistung ausgeglichen, bei den Einzelkosten besteht jedoch trotzdem eine Kostendifferenz von 648,00 € − 324,00 € = 324,00 €.

Während an dieser Stelle nur die Möglichkeiten einer fertigungsbegleitenden Kontrolle vorgestellt werden, müssten für eine Nachkalkulation der Einzelwerte der Arbeitskalkulation selbstverständlich Einzeluntersuchungen für die Ansätze, wie z. B.

- Mittellohn,
- Aufwands- bzw. Leistungswert,
- Betriebsstoffkosten,
- Gerätekosten

vorgenommen werden.

# Anlage 1: Tarifverträge

Soweit nach Drucklegung dieser Auflage Änderungen von Tarifverträgen oder Gesetzen erfolgt sind, können die jeweils neuesten Werte an den besonders gekennzeichneten Stellen eingetragen werden. Ebenso besteht die Möglichkeit, die hier gezeigten Berechnungswege parallel zur vorgeführten Lösung mit „eigenen" Werten zu vollziehen.

# 32    Tarifverträge

Die Tarifverträge werden zwischen der Arbeitnehmervertretung (Industriegewerkschaft Bauen-Agrar-Umwelt) und den Arbeitgeberverbänden (Zentralverband des Deutschen Baugewerbes und Hauptverband der Deutschen Bauindustrie) oder deren regionalen Vertretungen vereinbart. Tarifverträge lassen sich nach ihrem Inhalt unterscheiden in:

– Rahmentarifverträge,

– Lohn- und Gehaltstarifverträge,

– besondere Tarifverträge.

Getrennte Tarifverträge werden abgeschlossen für

– gewerbliche Arbeitnehmer,

– technische und kaufmännische Angestellte,

– Poliere und Schachtmeister.

## 32.1    Tarifverträge für gewerbliche Arbeitnehmer[1]

### 32.1.1    Rahmentarifverträge

#### 32.1.1.1    Bundesrahmentarifvertrag (BRTV) für das Baugewerbe (vom 04.07.2002 i. d. F. v. 17.12.2012)

Im Bundesrahmentarifvertrag (BRTV) werden bundeseinheitlich Vereinbarungen für folgende Bereiche getroffen:

– Durchschnittliche regelmäßige Wochenarbeitszeit im Kalenderjahr (40 h/Woche), Winterarbeitszeit (Jan. – März und Dez.) 38,0 h/Woche, Sommerarbeitszeit 41 h/Woche,

– Überstunden, Nachtarbeit, Sonn- und Feiertagsarbeit (einschl. der dafür zu bezahlenden Zuschläge), Erschwerniszuschläge,

– Arbeitsversäumnis und Arbeitsausfall,

– Grundlagen der Eingruppierung mit Regelqualifikation und Tätigkeitsbeispielen,

– Auswärtsbeschäftigung,

– Urlaubsregelung und Urlaubsentgelt,

– Beginn und Beendigung des Arbeitsverhältnisses,
– Arbeitssicherheit und Gesundheitsschutz.

---

[1]    siehe Elsner (2013/2014), Tarifsammlung für die Bauwirtschaft.

Für die Löhne werden gesonderte Tarifverträge abgeschlossen. Nachstehend sind einige für die Ermittlung der Lohnkosten besonders wichtige Bestimmungen auszugsweise aufgeführt.

Tabelle 34: Tarifliche Arbeitszeitverteilung nach § 3 BRTV (Quelle: Bauwirtschaft Baden-Württemberg e. V.)

| 2014 | tarifliche Arbeitszeitverteilung nach § 3 Nr. 1.2 BRTV[1] | | | | | | Arbeitszeitvolumen im Kalendermonat[2] |
|---|---|---|---|---|---|---|---|
| **Januar** ( 23 Arbeitstage)[3] | 18 AT 5 AT | x x | 8 Std. 6 Std. | + = | | | 174 Stunden |
| **Februar** ( 20 Arbeitstage) | 16 AT 4 AT | x x | 8 Std. 6 Std. | + = | | | 152 Stunden |
| **März** ( 21 Arbeitstage) | 17 AT 4 AT | x x | 8 Std. 6 Std. | + = | | | 160 Stunden |
| **April** ( 22 Arbeitstage) | 18 AT 4 AT | x x | 8,5 Std. 7 Std. | + = | | | 181 Stunden |
| **Mai** ( 22 Arbeitstage) | 17 AT 5 AT | x x | 8,5 Std. 7 Std. | + = | | | 179,5 Stunden |
| **Juni** ( 21 Arbeitstage) | 17 AT 4 AT | x x | 8,5 Std. 7 Std. | + = | | | 172,5 Stunden |
| **Juli** ( 23 Arbeitstage) | 19 AT 4 AT | x x | 8,5 Std. 7 Std. | + = | | | 189,5 Stunden |
| **August** ( 21 Arbeitstage) | 16 AT 5 AT | x x | 8,5 Std. 7 Std. | + = | | | 171 Stunden |
| **September** ( 22 Arbeitstage) | 18 AT 4 AT | x x | 8,5 Std. 7 Std. | + = | | | 181 Stunden |
| **Oktober** ( 23 Arbeitstage) | 18 AT 5 AT | x x | 8,5 Std. 7 Std. | + = | | | 188 Stunden |
| **November** ( 20 Arbeitstage) | 16 AT 4 AT | x x | 8,5 Std. 7 Std. | + = | | | 164 Stunden |
| **Dezember[4]** ( 21 Arbeitstage) | 17 AT 4 AT | x x | 8 Std. 6 Std. | + = | | | 160 Stunden |
| **Summe 2014:** | **259 AT** | | | | | | **2.072,5 Stunden** |
| **Stunden / Monat:** | **2.072,5 Std.** | **/** | **12 Mon. =** | | | | **172,7 Std./Mon.** |

[1] **Winterarbeitszeit** in den Kalendermonaten Januar bis März und Dezember (Mo – Do = 8 Stunden, Fr = 6 Stunden), **Sommerarbeitszeit** in den Kalendermonaten April bis November (Mo – Do = 8,5 Stunden, Fr = 7 Stunden)

[2] Arbeitszeitvolumen **einschließlich Wochenfeiertage**

[3] Arbeitstage (Montag – Freitag) **einschließlich Wochenfeiertage**

[4] ohne 24. und 31. Dezember (unbezahlte Freistellungstage)

*[handschriftliche Notizen am oberen Rand:]* GW = Gesamt Wochen  WM = Wintermon.  GM = Gesamt Bauzeit in Mon  SM = Sommermonate

## Zuschläge für Überstunden, Nachtarbeit, Sonn- und Feiertagsarbeit

(in % vom Gesamttarifstundenlohn)

*[handschriftliche Formel:]* $\frac{(GW-38)}{GW} \cdot WM + \frac{(GW-41)}{GW} \cdot SM$ ... $\times 0,2$  / 10

– für Überstunden (über **38,0** h/Wo. – Winterarbeitszeit[1])   25 %
    (über **41,0** h/Wo. – Sommerarbeitszeit[2])

– für Nachtarbeit (Einschichtbetrieb: 20 – 5 Uhr)

    (Zweischichtbetrieb: 22 – 6 Uhr)

    (Dreischichtbetrieb: Nachtschicht)   20 %

– für Arbeiten an Sonntagen sowie an gesetzlichen

    Feiertagen, sofern diese auf einen Sonntag fallen   75 %

– für die Arbeit am Oster- und Pfingstsonntag, ferner

    am 1. Mai und 1. Weihnachtsfeiertag, auch wenn

    diese auf einen Sonntag fallen   200 %

– für die Arbeit an allen übrigen gesetzlichen Feier-

    tagen, sofern sie nicht auf einen Sonntag fallen   200 %

Sind Überstunden gleichzeitig Nacht- und Feiertagsstunden, so sind die betreffenden Zuschläge zusätzlich zu bezahlen.

## Einteilung der Lohngruppen

Im Rahmentarifvertrag sind folgende Lohngruppen festgelegt:

| Gruppe | Vertreter |
|--------|-----------|
| 1 | Werker, Maschinenwerker |
| 2 | Fachwerker, Maschinisten, Kraftfahrer |
| 3 | Facharbeiter, Baugeräteführer, Berufskraftfahrer |
| 4 | Spezialfacharbeiter, Baumaschinenführer |
| 5 | Vorarbeiter, Baumaschinen-Vorarbeiter |
| 6 | Werkpolier, Baumaschinen-Fachmeister |

Diese Lohngruppeneinteilung bildet die Grundlage für die Abstufung der Tarifstundenlöhne in den Lohntarifverträgen, wobei der Tarifstundenlohn des Spezialbaufacharbeiters gemäß der Lohngruppe 4 als „Ecklohn" festgesetzt wird.

## Erschwerniszuschläge (auszugsweise)

Der Arbeitnehmer hat für die Zeit, in der er mit einer der folgenden Arbeiten beschäftigt ist, Anspruch auf den nachstehend aufgeführten Erschwerniszuschlag:

1. Arbeiten mit Schutzkleidung:

    z. B. Arbeiten, bei denen ein luftundurchlässiger

    Einwegschutzanzug getragen wird   0,40 €/h

---

*[handschriftliche Notiz:]* 5 Mo. Nov – März        ? März ist Winter

[1]   Winterarbeitszeit: 1. bis 12. Kalenderwoche sowie 44. KW bis Jahresende.

[2]   Sommerarbeitszeit: 13. bis 43. Kalenderwoche.

*[handschriftliche Notiz:]* März – Novemb. April – Oktober  7 Mo.

2. Schmutzarbeit:

   z. B. Arbeiten, die im Verhältnis zu den für den

   Gewerbezweig und das Fach des Arbeiters typischen

   Arbeiten außergewöhnlich schmutzig sind       0,80 €/h

3. Hohe Arbeiten:

   z. B. bei der Herstellung und Beseitigung von Gerüsten,

   bei einer Höhe von

   – mehr als 20 m bis mehr als 50 m       1,45 €/h – 2,00 €/h

4. Heiße Arbeiten:

   z. B. Arbeiten in Räumen, in denen eine Temperatur von

   40 bis 50 °C herrscht       1,10 €/h

5. Erschütterungsarbeiten:

   Bedienung von handgeführten Bohr- und Schlaghämmern,

   die vom Hersteller nicht als schwingungsgedämpft gekennzeichnet

   sind, mit einem Eigengewicht von 13 kg und mehr       1,00 €/h

6. Schacht- und Tunnelarbeiten:

   z. B. Unterfangungsarbeiten unter den zu unter-

   fangenden Bauteilen       0,70 – 2,40 €/h

7. Druckluftarbeiten:

   von 100 kPa bis 370 kPa Überdruck       1,70 – 12,05 €/h

8. Taucherarbeiten:

   bei einer Tauchtiefe von 5 bis 30 m       18,10 – 71,60 €/h

## Auswärtsbeschäftigung

Bei auswärts beschäftigten Arbeitnehmern müssen bei der Ermittlung der Lohnkosten bei Vorliegen der entsprechenden Voraussetzungen u. U. noch Kostenfaktoren aus nachstehender Zusammenfassung berücksichtigt werden:

Als „auswärts" beschäftigt gilt dabei, wer außerhalb der Gemeinde tätig ist, in der sich der Sitz des Betriebs (Hauptverwaltung, Niederlassung, Filiale, Zweigstelle oder sonstige Vertretung des Arbeitgebers) befindet.

| Zusätzliche Ansprüche bei Auswärtsbeschäftigung (unter den Voraussetzungen des BRTV) ||
|---|---|
| mit Auslösungsanspruch | ohne Auslösungsanspruch |
| Bezahlung von | Bezahlung von |
| – Auslösung | – Fahrtkostenabgeltung |
| – Reisegeld- und Reisezeitvergütung | – Verpflegungszuschuss |
| – Wochenend-Heimfahrten | |

## Auslösung

Arbeitnehmer, die auf einer mindestens 50 km vom Betrieb entfernten Arbeitsstelle arbeiten, erhalten je **Kalendertag** eine Auslösung. Als zumutbarer Zeitaufwand für den einzelnen Weg vom Wohnort bis zur Arbeitsstelle sind bei Benutzung des zeitlich günstigsten Verkehrsmittels (öffentlich) 1,25 Stunden festgelegt. Die Auslösung ist Ersatz für den Mehraufwand für Verpflegung und Übernachtung im Sinne der steuerlichen Vorschriften.

Die Auslösung beträgt für jeden Kalendertag 34,50 €. Für An- und Abreise hat der Arbeitnehmer für die erforderliche Zeit Anspruch auf seinen Gesamttarifstundenlohn ohne jeden Zuschlag.

Im Rahmentarifvertrag sind außerdem weitere Regelungen für die Auslösung bei Wochenend-Heimfahrten, bei schuldhaftem Versäumen der Arbeit und bei Krankenhausaufenthalten vereinbart.

### Reisegeld- und Reisezeitvergütung

Arbeitnehmer mit einem Anspruch auf Auslösung erhalten für die Anreise zur neuen Arbeitsstelle sowie für die Rückfahrt nach Beendigung der auswärtigen Tätigkeit bei Benutzung eines öffentlichen Verkehrsmittels die hierfür notwendigen Kosten erstattet. Benutzt er für die Fahrt ein von ihm gestelltes Fahrzeug, so erhält er eine Fahrtkostenabgeltung in Höhe von 0,30 € je Entfernungskilometer (Kilometergeld). Außerdem wird die erforderliche Reisezeit mit dem jeweiligen Gesamttarifstundenlohn (ohne jeden Zuschlag) vergütet. Der Anspruch entfällt, wenn die Möglichkeit der kostenlosen Beförderung mit einem Fahrzeug gegeben ist.

### Tarifliche Wochenend-Heimfahrten

Arbeitnehmer, die Auslösung erhalten, haben Anspruch auf freie Wochenend-Heimfahrt (Fahrtkosten) zu ihrer Wohnung (Erstwohnung) und zurück zur Baustelle.

Darüber hinaus ist der Arbeitnehmer alle 8 Wochen unter Fortzahlung seines Gesamttarifstundenlohns von der Arbeitsleistung freizustellen:

a)  bei einer Entfernung über 250 km        1 Arbeitstag

b)  bei einer Entfernung über 500 km        2 Arbeitstage

### Verpflegungszuschuss

Ein auswärts beschäftigter Arbeitnehmer, dem kein Auslösungsanspruch zusteht, hat Anspruch auf einen Verpflegungszuschuss in Höhe von 4,09 € pro Arbeitstag, wenn er dem Arbeitgeber schriftlich bestätigt, dass er ausschließlich aus beruflichen Gründen mehr als 10 Stunden von seiner Wohnung abwesend ist.

### Fahrtkostenabgeltung

Der Arbeitnehmer, der auf einer mindestens 10 km von seiner Wohnung entfernten Arbeitsstelle arbeitet und dem kein Auslösungsanspruch zusteht, hat Anspruch auf Fahrtkostenabgeltung.

Benutzt er für die Fahrt zur Bau- oder Arbeitsstelle (Hin- und Rückfahrt) ein öffentliches Verkehrsmittel, so erfolgt die Fahrtkostenabgeltung durch Erstattung der entstandenen und nachgewiesenen Kosten für das preislich günstigste öffentliche Verkehrsmittel.

Benutzt er für die Hin- und Rückfahrt ein von ihm zur Verfügung gestelltes Fahrzeug, so erfolgt die Fahrtkostenabgeltung durch Zahlung eines Kilometergelds. Es beträgt je Arbeitstag und Entfernungskilometer 0,30 €. Der arbeitstägliche Anspruch auf die Fahrtkostenabgeltung ist der Höhe nach auf die Fahrtkostenabgeltung für eine Entfernung von 50 km (= 15,00 €) begrenzt.

Besteht die Möglichkeit der kostenlosen Beförderung mit einem vom Arbeitgeber zur Verfügung gestellten ordnungsgemäßen Fahrzeug, entfällt der Anspruch auf Fahrtkostenabgeltung.

### Urlaubsregelung und Urlaubsentgelt

In § 8 BRTV sind folgende Urlaubsdauern vereinbart, wobei die Samstage nicht als Urlaubstage gelten:

Der Arbeitnehmer hat im Kalenderjahr Anspruch auf 30 Arbeitstage bezahlten Erholungsurlaub. Für Schwerbehinderte verlängert sich der Jahresurlaub um fünf Arbeitstage.

Die Urlaubsvergütung beträgt für den ab dem 01.01.2008 entstandenen Urlaub 14,25 v. H., bei Schwerbehinderten im Sinne der gesetzlichen Bestimmungen 16,63 v. H. des Bruttolohns.

Des Weiteren sind im BRTV gewisse Ausgleichsvergütungen für Ausfallstunden durch Krankheit, Wehrübung, „Schlechtwetterzeiten" oder Kurzarbeit festgelegt.

### 32.1.1.2 Rahmentarifvertrag für Leistungslohn (vom 29.07.2005)

Dieser Tarifvertrag wurde für das Baugewerbe erstmals 1971 abgeschlossen. Neben allgemeinen Bestimmungen zur Abgrenzung von Arbeiten im Leistungslohn sind darin z. B. Regelungen für folgende Punkte enthalten:

- Grundlagen für die Bestimmung von Vorgabewerten,
- Leistungsbedingungen,
- Lohnabrechnung und Leistungslohnvergütung
- Mängelrüge und Mängelbeseitigung,
- Haftung,
- Arbeitszeit
- Prämienlohn.

Der Rahmentarifvertrag enthält jedoch keine Vereinbarungen über Vorgabewerte für Arbeiten, die im Leistungslohn ausgeführt werden. Hierzu werden gesonderte Tarifverträge, die sog. „Akkordtarifverträge" abgeschlossen (s. unter Punkt 32.1.3 dieser Anlage).

## 32.1.2 Lohntarifverträge

Im Zuge der Angleichung und der bundeseinheitlichen Neuregelung der Löhne und Ausbildungsvergütungen im Baugewerbe sowie zur Verbesserung der Lohnrelation wurden von den Spitzenverbänden der Tarifvertragsparteien besonders zentrale Tarifverträge (vom 04.07.2002) abgeschlossen. Dort wurden u. a. der Bundesecklohn sowie die verschiedenen Lohngruppen festgesetzt. Der **Bundesecklohn** West (Tarifstundenlohn Lohngruppe 4 nach BRTV § 5 Nr. 1) beträgt ab 01.06.2014 17,16 €/h, der Bundeseklohn Ost 15,75 €/h.

Zum Ausgleich der besonderen Belastungen, denen der Arbeitnehmer durch den ständigen Wechsel der Baustelle und die Abhängigkeit von der Witterung außerhalb der gesetzlichen Schlechtwetterzeit (vom 01.04. bis 31.10.) ausgesetzt ist, erhält der Arbeitnehmer einen zusätzlichen Betrag, den Bauzuschlag in Höhe von 5,9 % seines Tarifstundenlohns. Der **Gesamttarifstundenlohn** setzt sich aus dem Tarifstundenlohn und dem Bauzuschlag von 5,9 % des Tarifstundenlohnes zusammen. Die folgende Tabelle enthält einen Auszug aus der Lohntafel, gültig für das Baugewerbe in der Bundesrepublik Deutschland (TV Lohn/West und TV Lohn/Ost). Ab 01.06.2014 gelten folgende Lohnregelungen (TV Lohn/West und TV Lohn/Ost) in €:

Tabelle 35: Lohnregelungen, gültig ab 01.06.2014 (TV Lohn/West und TV/Lohn/Ost)

| Lohn-gruppe | Bezeichnung | TL [€] | | GTL [€] | |
|---|---|---|---|---|---|
| | | West | Ost | West | Ost |
| 6 | Werkpolier, Baumaschinen-Fachmeister | 19,71 | 18,10 | 20,87 | 19,17 |
| 5 | Vorarbeiter, Baumaschinen-Vorarbeiter | 18,01 | 16,56 | 19,07 | 17,53 |
| 4 | Spezialfacharbeiter | 17,16 | 15,75 | 18,17 | 16,67 |
| 4 | Baumaschinenführer | 17,44 | 16,01 | 18,47 | 16,95 |
| 4 | Fliesen, Platten- und Mosaikleger | 17,71 | 16,26 | 18,75 | 17,21 |
| 3 | Facharbeiter, Baugeräteführer, Berufskraftfahrer | 15,71 | 14,45 | 16,64 | 15,30 |
| 2a | Fachwerker, Maschinisten, Kraftfahrer | 15,30 | 14,06 | 16,20 | 14,89 |

**Mindestlöhne** siehe nächste Seite

Für Arbeiten im **Leistungslohn** sind die Gesamttarifstundenlöhne anzuwenden, da ein Anspruch auf den Bauausgleichsbetrag und Sommerlohnausgleichsbetrag für die tatsächlich geleisteten Arbeitsstunden besteht, jedoch nicht für Leistungslohn-Mehrstunden (Überstunden im Akkord).

## 32.1.3 Besondere Tarifverträge

### Auslösungssätze für gewerbliche Arbeitnehmer

Der Tarifvertrag über die Auslösungssätze für die gewerblichen Arbeitnehmer des Baugewerbes ist zum 31.08.2002 außer Kraft getreten. Seit 01.09.2002 gilt ein einheitlicher Auslösungssatz von 34,50 € je Kalendertag für die gewerblichen Arbeitnehmer und die Angestellten (siehe auch BRTV § 7 Nr. 4 und RTV Angestellte § 7 Nr. 4.1).

**Tarifvertrag über die Gewährung vermögenswirksamer Leistungen** (vom 01.04.1971 i. d. F. vom 15.05.2001)

Auf Verlangen des Arbeitnehmers, mindestens 0,02 € je geleistete Arbeitsstunde für ihn vermögenswirksam anzulegen, hat der Arbeitgeber ihm einen zusätzlichen vermögenswirksamen Betrag in Höhe von 0,13 € je geleistete Arbeitsstunde zu gewähren.

### Tarifvertrag über Sozialkassen im Baugewerbe

Von den Tarifvertragsparteien wurden mehrere gemeinsame Einrichtungen (die „Sozialkassen") geschaffen, deren Aufgabe darin besteht, einen Erstattungsausgleich für Aufwendungen, die aus den sog. „Sozialtarifverträgen" resultieren, zu schaffen.

Im Einzelnen sind dies:

- Urlaub,
- Berufsbildung,
- Zusatzversorgung.

Von den Arbeitgebern wird ein gemeinsamer Betrag für diese „Sozialkassen" in Höhe von 20,40 % in den alten Bundesländern und 17,2 % in den neuen Bundesländern (geändert zum 01.01.2014) des lohnsteuerpflichtigen Bruttolohns erhoben (unterschiedlich für die einzelnen Bundesländer geregelt). Aus diesen Beitragsleistungen werden den Arbeitgebern die Aufwendungen für Ansprüche aus o. g. tariflichen Vereinbarungen erstattet.

### Akkord-Tarifverträge

In einzelnen Tarifgebieten der Bundesrepublik werden Akkord-Tarifverträge für bestimmte baugewerbliche Arbeiten abgeschlossen. Wegen des eng begrenzten räumlichen und zeitlichen Geltungsbereichs wird hier auf die regionalen Tarifverträge hingewiesen.

### Gewährung eines Teils eines 13. Monatseinkommens (vom 29.10.2003)

Arbeitnehmer, deren Arbeitsverhältnis am 30.11. des laufenden Kalenderjahrs (Stichtag) mindestens 12 Monate (Bezugszeitraum) ununterbrochen besteht, haben Anspruch auf ein 13. Monatseinkommen in Höhe des 93-Fachen ihres in der Lohntabelle ausgewiesenen Gesamttarifstundenlohns. Durch freiwillige Betriebsvereinbarung oder, wenn kein Betriebsrat besteht, durch einzelvertragliche Vereinbarung kann eine von Satz 1 abweichende Höhe des 13. Monatseinkommens vereinbart werden, wobei ein Betrag von 780,00 Euro nicht unterschritten werden darf.

**Tarifvertrag zur Regelung eines Mindestlohnes (TV Mindestlohn)**

Gewerbliche Arbeitnehmer haben auf Grund des Tarifvertrags TV Mindestlohn Anspruch auf Bezahlung eines Mindestlohns. Der Mindestlohn beträgt ab 01.01.2015:

a) im Gebiet der Bundesrepublik Deutschland, ausgenommen die Gebiete der Länder Berlin, Brandenburg, Mecklenburg-Vorpommern, Sachsen, Sachsen-Anhalt

Lohngruppe 1:    11,15 €
Lohngruppe 2:    14,20 €

b) im Gebiet des Landes Berlin

Lohngruppe 1:    11,15 €
Lohngruppe 2:    14,05 €

c) im Gebiet der Länder Brandenburg, Mecklenburg-Vorpommern, Sachsen, Sachsen-Anhalt und Thüringen

Lohngruppe 1:    10,75 €
Lohngruppe 2:    –

## 32.2 Tarifverträge für technische und kaufmännische Angestellte

### 32.2.1 Rahmentarifvertrag für die Angestellten und Poliere des Baugewerbes (RTV Angestellte)

In diesem Tarifvertrag vom 04.07.2002 in der Fassung vom 05.06.2014 werden außer der Gehaltshöhe und den Auslösungssätzen inhaltlich die dem Rahmentarifvertrag für gewerbliche Arbeitnehmer (s. unter Punkt 32.1 dieser Anlage) entsprechenden Festlegungen für folgende Bereiche getroffen:

- Arbeitszeit,
- Arbeitsversäumnis und Arbeitsausfall,
- Gruppeneinteilung und Gehaltsregelung,
- Fahrtkostenabgeltung, Verpflegungszuschuss und Auslösung,
- Urlaub,
- Beendigung des Arbeitsverhältnisses,
- Arbeitssicherheit und Gesundheitsschutz.

**Arbeitszeit (§ 3 Nr. 1.1 RTV Angestellte)**

Für Poliere sowie für Angestellte, deren Tätigkeit unmittelbar mit derjenigen der gewerblichen Arbeitnehmer in Verbindung steht, beträgt die regelmäßige werktägliche Arbeitszeit, sofern betrieblich nicht die werktägliche Arbeitszeitverteilung nach Absatz 1 vereinbart worden ist (montags bis freitags acht Stunden), in den Monaten **Januar bis März und Dezember** ausschließlich der Ruhepausen **montags bis donnerstags 8 Stunden** und **freitags** 6 Stunden, die wöchentliche Arbeitszeit 38 Stunden (Winterarbeitszeit). In den Monaten **April bis November** beträgt die regelmäßige werktägliche Arbeitszeit ausschließlich der Ruhepausen **montags bis donnerstags 8,5 Stunden** und **freitags 7 Stunden**, die wöchentliche Arbeitszeit 41 Stunden (Sommerarbeitszeit). Die durchschnittliche regelmäßige Wochenarbeitszeit im Kalenderjahr beträgt 40 Stunden.

**Gruppeneinteilung (§ 5 Nr. 2 RTV Angestellte)**

| A I | Angestellte, die einfache Tätigkeiten ausführen, die eine kurze Einarbeitungszeit und keine Berufsausbildung erfordern. |
|---|---|
| A II | Angestellte, die fachlich begrenzte Tätigkeiten nach Anleitung ausführen, für die<br>– eine abgeschlossene Berufsausbildung oder<br>– eine durch Berufserfahrung erworbene gleichwertige Qualifikation erforderlich ist. |
| A III | Angestellte, die fachlich begrenzte Tätigkeiten nach allgemeiner Anleitung ausführen, für die<br>– eine abgeschlossene Berufsausbildung und die entsprechende Berufserfahrung oder<br>– eine durch Berufserfahrung erworbene gleichwertige Qualifikation erforderlich ist. |
| A IV | Angestellte, die fachlich erweiterte Tätigkeiten teilweise selbstständig ausführen, für die<br>– eine abgeschlossene Ausbildung an einer staatlich anerkannten Technikerschule oder an einer vergleichbaren Einrichtung (z. B. Berufsakademie, Verwaltungs- und Wirtschaftsakademie) oder<br>– eine durch umfassende Berufserfahrung erworbene gleichwertige Qualifikation erforderlich ist. |
| A V | Angestellte, die schwierige Tätigkeiten teilweise selbstständig und teilweise eigenverantwortlich ausführen, für die<br>– eine abgeschlossene Ausbildung an einer staatlich anerkannten Technikerschule oder an einer vergleichbaren Einrichtung (z. B. Berufsakademie, Verwaltungs- und Wirtschaftsakademie) eine entsprechende Berufserfahrung oder<br>– eine durch umfassende Berufserfahrung erworbene gleichwertige Qualifikation erforderlich ist. |

| | |
|---|---|
| A VI | Angestellte, die schwierige Tätigkeiten weitgehend selbstständig und teilweise eigenverantwortlich ausführen, für die<br>– eine abgeschlossene Ausbildung an einer Fachhochschule oder an einer vergleichbaren Einrichtung (z. B. Berufsakademie, Verwaltungs- und Wirtschaftsakademie jeweils mit Diplomabschluss) oder<br>– eine abgeschlossene Berufsausbildung und zusätzliche durch berufliche Fortbildung erworbene Fachkenntnisse oder<br>– eine durch umfassende Berufserfahrung erworbene gleichwertige Qualifikation erforderlich ist. |
| A VII | Angestellte, die schwierigere Tätigkeiten selbstständig und weitgehend eigenverantwortlich ausführen, für die<br>– eine abgeschlossene Ausbildung an einer Technischen Hochschule oder Universität oder<br>– eine abgeschlossene Ausbildung an einer Fachhochschule oder an einer vergleichbaren Einrichtung (z. B. Berufsakademie, Verwaltungs- und Wirtschaftsakademie jeweils mit Diplomabschluss) und die entsprechende Berufserfahrung oder<br>– eine abgeschlossene Berufsausbildung und zusätzliche durch berufliche Fortbildung erworbene Fachkenntnisse oder<br>– eine durch umfassende Berufserfahrung erworbene gleichzeitige Qualifikation erforderlich ist<br>und<br>Poliere, welche die Prüfung gemäß der „Verordnung über die Prüfung zum anerkannten Abschluss „Geprüfter Polier" erfolgreich abgelegt haben und als Polier angestellt wurden oder die als Polier angestellt wurden, ohne diese Prüfung abgelegt zu haben, sowie Meister. |
| A VIII | Angestellte, die besonders schwierige Tätigkeiten selbstständig und eigenverantwortlich ausführen, für die<br>– eine abgeschlossene Ausbildung an einer Technischen Hochschule oder Universität und die entsprechende Berufserfahrung oder<br>– eine abgeschlossene Ausbildung an einer Fachhochschule oder an einer vergleichbaren Einrichtung (z. B. Berufsakademie, Verwaltungs- und Wirtschaftsakademie jeweils mit Diplomabschluss) und eine vertiefte Berufserfahrung oder<br>– eine durch vertiefte Berufserfahrung erworbene gleichwertige Qualifikation erforderlich ist<br>und<br>Poliere welche die Prüfung gemäß der „Verordnung über die Prüfung zum anerkannten Abschluss Geprüfter Polier" erfolgreich abgelegt haben und als Polier angestellt wurden oder die als Polier angestellt wurden, ohne diese Prüfung abgelegt zu haben, sowie Meister. |
| A IX | Angestellte, die umfassende Tätigkeiten selbstständig und eigenverantwortlich ausführen, für die<br>– eine abgeschlossene Ausbildung an einer Technischen Hochschule oder Universität und eine vertiefte Berufserfahrung oder<br>– eine abgeschlossene Ausbildung an einer Fachhochschule oder an einer vergleichbaren Einrichtung (z. B. Berufsakademie, Verwaltungs- und Wirtschaftsakademie jeweils mit Diplomabschluss) und eine vertiefte Berufserfahrung oder<br>– eine durch vertiefte Berufserfahrung erworbene gleichwertige Qualifikation erforderlich ist. |
| A X | Angestellte, die umfassende Tätigkeiten selbstständig ausführen, eine besondere Verantwortung haben sowie über eine eigene Dispositions- und Weisungsbefugnis verfügen, für die<br>– eine abgeschlossene Ausbildung an einer Fachhochschule oder Universität und eine vertiefte Berufserfahrung oder<br>– eine abgeschlossene Ausbildung an einer Fachhochschule oder an einer vergleichbaren Einrichtung (z. B. Berufsakademie, Verwaltungs- und Wirtschaftsakademie jeweils mit Diplomabschluss) und vertiefte Berufserfahrung oder<br>– eine durch vertiefte Berufserfahrung erworbene gleichwertige Qualifikation erforderlich ist. |

**Auslösungssätze für Angestellte (§ 7 Nr. 4.1 RTV Angestellte)**

Seit 01.09.2002 gilt für alle Gehaltsgruppen (wie auch Arbeitnehmer) ein einheitlicher Auslösungssatz von 34,50 € je Kalendertag.

**Urlaubsentgelt und zusätzliches Urlaubsgeld (§ 10 Nr. 5 und 6 RTV Angestellte)**

Neben der Bezahlung des Erholungsurlaubs mit der Dauer von 30 Arbeitstagen im Kalenderjahr (Bemessung nach dem Durchschnittsverdienst in den 3 Kalendermonaten vor Urlaubsantritt) erhalten die Angestellten und Auszubildenden ab dem 01.01.2008 ein zusätzliches Urlaubsgeld:

für Auszubildende     16,00 €/Urlaubstag (Angestellte)

für Angestellte     24,00 €/Urlaubstag (Angestellte)

**Kündigungsfristen**

| | |
|---|---|
| Probezeit (max. 6 Monate zulässig) | 2 Wochen |
| bei einer Betriebszugehörigkeit | |
| bis zu 3 Jahren | 4 Wochen zum 15. oder letzten Tag des Monats |
| 3 Jahre | 1 Monat zum Monatsende |
| 5 Jahre | 2 Monate zum Monatsende |
| 8 Jahre | 3 Monate zum Monatsende |
| 10 Jahre | 4 Monate zum Monatsende |
| 12 Jahre | 5 Monate zum Monatsende |
| 15 Jahre | 6 Monate zum Monatsende |
| 20 Jahre | 7 Monate zum Monatsende |

Auf die Betriebszugehörigkeit zählen nur die Dienstjahre, die nach Vollendung des 25. Lebensjahres abgelegt wurden. Kündigt der Arbeitnehmer selbst, gilt unabhängig von der Dauer der Betriebszugehörigkeit die gesetzliche Kündigungsfrist von 4 Wochen zum 15. oder letzten Tag des Monats.

## 32.2.2   Gehaltstarifvertrag

**Tarifvertrag zur Regelung der Gehälter und Ausbildungsvergütungen für die Angestellten und Poliere des Baugewerbes**

Der Gehaltstarifvertrag hat ebenso wie die Lohntarifverträge eine relativ kurze Geltungsdauer. Für die Gruppeneinteilung gelten die Bestimmungen des § 5 Nr. 2 des Rahmentarifvertrags für die Angestellten und für die Poliere des Baugewerbes (RTV Angestellte).

Seit 01.06.2014 gelten für die einzelnen Gehaltsgruppen die nachstehenden Gehälter je Monat:

| Gehaltsgruppe | West und Bayern € | Ost € | Land Berlin € | €*) |
|---|---|---|---|---|
| A I | 2.024,00 | 1.859,00 | 2.002,00 | |
| A II | 2.333,00 | 2.148,00 | 2.312,00 | |
| A III | 2.674,00 | 2.458,00 | 2.651,00 | |
| A IV | 3.030,00 | 2.782,00 | 3.000,00 | |
| A V | 3.394,00 | 3.118,00 | 3.359,00 | |
| A VI | 3.772,00 | 3.467,00 | 3.733,00 | |
| A VII | 4.170,00 | 3.830,00 | 4.127,00 | |
| A VIII | 4.580,00 | 4.208,00 | 4.533,00 | |
| A IX | 5.108,00 | 4.690,00 | 5.057,00 | |
| A X | 5.712,00 | 5.246,00 | 5.654,00 | |

*) Raum für eigene Eintragungen.

## 32.2.3    Besondere Tarifverträge

**Tarifvertrag über die Gewährung vermögenswirksamer Leistungen (19.03.2002)**

Werden vom Arbeitgeber mindestens 3,07 € aus seinem Monatsgehalt vermögenswirksam angelegt, so hat ihm der Arbeitgeber einen monatlichen Zuschuss von 23,52 € zu gewähren.

**Tarifvertrag über die Gewährung eines 13. Monatseinkommens (29.10.2003)**

Angestellte haben einen tariflichen Anspruch auf Bezahlung eines Betrags in Höhe von 55 v. H. ihres Tarifgehalts.

**Tarifvertrag über eine Zusatzrente im Baugewerbe (TV TZR vom 31.03.2005)**

Die Arbeitnehmer haben zur Finanzierung von Altersversorgungsleistungen Anspruch auf einen Betrag (Arbeitgeberanteil) in Höhe von 30,68 € für jeden Kalendermonat, wenn sie zugleich eine Eigenleistung in Höhe von 9,20 € im Wege der Entgeltumwandlung erbringen und den monatlichen Gesamtbetrag in Höhe von 39,88 € vom Arbeitgeber für diesen Zweck verwenden lassen.

**Tarifvertrag über Rentenbeihilfen im Baugewerbe (TVR vom 05.12.2007)**

Für jeden Angestellten hat der Arbeitgeber einen Beitrag von 53,00 € für jeden vollen Kalendermonat des Bestehens des Arbeitsverhältnisses ab Januar 2008 und von 67,00 € ab Januar 2009 an die ZVK-Bau abzuführen; anderenfalls sind 2,65 € für jeden Arbeitstag der Kalendermonate des Jahres 2008 und 3,35 € für jeden Arbeitstag der Kalendermonate ab 2009 zu zahlen.

# Anlage 2: Sozialkosten (Lohnzusatzkosten)

Wegen der Bedeutung des Zuschlags für gesetzliche und tarifliche Sozialkosten werden in diesem Abschnitt die Sozialkosten für gewerbliche Arbeitnehmer und Angestellte berechnet. Es werden dabei nur die Aufwendungen berücksichtigt, die auf Grund von Gesetzen oder Tarifverträgen mit dem Stand vom 01.01.2014 entstehen. Sofern freiwillige Sozialleistungen wie z. B. Weihnachtsgeld, Prämien, Zuschüsse zum Kantinenessen o. Ä. bezahlt und nicht in den Allgemeinen Geschäftskosten verrechnet werden, sind diese hier ebenfalls zu berücksichtigen.

# 33 Ermittlung der Sozialkosten (Lohnzusatzkosten)

## 33.1 Ermittlung der Sozialkosten für gewerbliche Arbeitnehmer

Die Sozialkosten für gewerbliche Arbeitnehmer werden als Zuschlagssatz, der auf die „produktiven Löhne" bezogen ist, in zwei Schritten ermittelt:

- Berechnung der tatsächlichen Arbeitstage/Jahr[1]
- Berechnung des Zuschlages auf Löhne für gesetzliche und tarifliche Sozialkosten.

### 33.1.1 Ermittlung der tatsächlichen Arbeitstage/Jahr

| Kalendertage | | 365 Tage |
|---|---|---|
| ./. | Sonntage | 52 |
| ./. | Samstage | 52 |
| ./. | Gesetzliche Feiertage, soweit nicht Samstage, Sonntage | 9 |
| | 24.12. und 31.12. | 2 |
| ./. | Regionale Feiertage, soweit nicht Samstage oder Sonntage | 2 |
| ./. | Urlaubstage nach § 8 BRTV | 30 |
| | Tarifliche und gesetzliche Ausfalltage nach § 4 BRTV, | |
| ./. | Betriebsverfassungs-, Arbeitsförderungsgesetz, UVV u. a. | 2 |
| ./. | Schlechtwetter-Ausfalltage (Flexibilisierung berücksichtigt) | 12 |
| | Ausfalltage außerhalb der Schlechtwetterzeit: 2 | |
| | Davon durch Flexibilisierung ausgeglichen: 2 | |
| ./. | | 0 |
| ./. | Ausfalltage wegen Kurzarbeit | 2 |
| ./. | Lohnausgleichszeitraum, soweit nicht Samstage oder Sonntage | 0 |
| | Krankheitstage mit EFZ-Anspruch *(Betriebsdurchschnitt)* 8 | |
| | Krankheitstage ohne EFZ-Anspruch *(Betriebsdurchschnitt)* 2 | |
| ./. | Krankheitstage | 10 |
| **Summe Ausfalltage** | | **173 Tage** |
| **Tatsächliche Arbeitstage/Jahr** | | **192 Tage** |

---

[1] In Anlehnung an die Ausarbeitung des Fachverbands Bauwirtschaft Baden-Württemberg e. V.

## 33.1.2 Berechnung des Zuschlags auf Löhne für gesetzliche und tarifliche Sozialkosten (Lohnzusatzkosten)

| | | Spalte 1 | Spalte 2 | Spalte 3 |
|---|---|---|---|---|
| **a) Ermittlung der Soziallöhne** | | | | |
| – Bezahlte arbeitsfreie Tage: | | | | |
| Feiertage | 11 | | | |
| Ausfalltage | 2 | | | |
| Krankheitstage mit EFZ | 8 | | | |
| Summe arbeitsfreie Tage | 21 | | | |
| Umrechnung (21 d x 100 / 192 d) | | | 10,94 % | |
| – 13. Monatseinkommen; abzüglich 2 h je Ausfalltag | 44,27 h | | 2,09 % | |
| – Betriebliche Soziallöhne | | | 0,00 % | |
| **Zwischensumme Soziallöhne** | | | | **13,03 %** |
| – Ausgleichsbetrag für umlagefinanzierte WAG-Empfänger | | | 0,00 % | |
| – Ausgleichsbetrag für WAG-Empfänger | | | 0,00 % | |
| – Ausgleichsbetrag für Kurzarbeitergeldempfänger | | | 0,00 % | |
| – Ausgleichsbetrag für Krankengeldempfänger ohne EFZ | | | 0,00 % | |
| – Lohnausgleich | | | | |
| (wurde außer Kraft gesetzt) | | | 0,00 % | |
| Soziallöhne (Zwischensumme 2) | | | **13,03 %** | |
| – Urlaub, zusätzl. Urlaubsgeld abzgl. 13. Monatsgehalt | 14,25 % | | | |
| (100 + 13,03 – 2,09) × 14,25 / (100 – 14,25) | | | 18,44 % | |
| **Soziallöhne als Basis Sozialkostenberechnung** | | | **31,47 %** | |

**b) Ermittlung der Sozialkosten (Stand 01.01.2014)**
**Gesetzliche Sozialbeiträge**

| | Spalte 1 | Spalte 2 | Spalte 3 |
|---|---|---|---|
| – Rentenversicherung | 9,45 % | | |
| – Arbeitslosenversicherung | 1,50 % | | |
| – Krankenversicherung | 7,30 % | | |
| – Pflegeversicherung | 1,03 % | | |
| – Pflegeversicherung für Kurzarbeiter | | 0,76 % | |
| – interner Lastenausgleich | 0,71 % | | |
| – Unfallversicherung | 6,50 % | | |
| – Insolvenzgeld | 0,15 % | | |
| – Rentenlast-Ausgleichsverfahren | 0,00 % | | |
| – Arbeitsmedizinischer Dienst | 0,14 % | | |
| – Schwerbehindertenausgleich | | 0,20 % | |
| – Aufwendungen für Krankheit (Umlage) | 0,33 % | | |
| – Mutterschaftsgeld (Umlage) | 0,33 % | | |
| – Arbeitsschutz und Arbeitssicherheit | | 0,99 % | |
| – Betriebliche Sozialkosten | | 0,00 % | |
| – Tarifliche Zusatzrente | | 0,00 % | |
| | | **1,48 %** | |
| Sozialkosten Spalte 1 Umrechnung auf Basis | **27,44 %** | | |
| Grundlohn: 27,44 % × 131,47 % = 36,07 % | | **36,07 %** | **37,55 %** |

**Tarifliche Sozialbeiträge**

| | Spalte 1 | Spalte 3 |
|---|---|---|
| – Urlaub und Lohnausgleich | 15,30 % | |
| – Zusatzversorgung | 3,20 % | |
| – Berufsausbildung | 2,30 % | |
| – Winterbauumlage | 1,20 % | |
| | **22,00 %** | |

Umrechnung auf Basis Grundlohn (abzgl. 13. Monatseinkommen):
   22,00 % × (131,47 % – 2,09 %) = 28,46 %           **28,46 %**

**Zuschlag für lohngebundene Kosten insgesamt**           **79,04 %**

**Anmerkungen zur Ermittlung der Sozialkosten (Lohnzusatzkosten)**

Soziallöhne sind Stunden (Tage), die dem Arbeitnehmer vergütet werden, an denen er jedoch nicht im Betrieb anwesend ist. Bei der Ermittlung der Soziallöhne werden diese lohnzahlungspflichtigen Tage auf die tatsächlichen Arbeitstage/Jahr bezogen. Einschließlich der Urlaubstage ergibt sich somit ein Soziallohn-Zeitraum von 31,47 % (Berechnung zum 01.01.2014), bezogen auf die tatsächlichen Arbeitstage. Die ermittelten Sozialkosten (27,44 % + 22,00 % − 1,20 % = 48,24 %) fallen dabei sowohl für die tatsächlichen Arbeitstage als auch für den Soziallohn-Zeitraum an. Ausgenommen sind davon jedoch die in der zweiten Spalte aufgeführten Sozialkosten. Im darauffolgenden Schritt müssen die Sozialkosten auf die tatsächlichen Arbeitstage umgelegt werden. Weitergehende Informationen sind den Verbandsmitteilungen zu entnehmen.

Der Zuschlag für lohngebundene Kosten von 79,04 % stellt einen Wert dar, der den regionalen und betrieblichen Verhältnissen angepasst werden muss. Andere Sätze bei der Kranken- und Unfallversicherung sowie vor allem eine andere Anzahl von Ausfalltagen infolge Schlechtwetter und Krankheit ergeben erhebliche Änderungen des Zuschlags für Sozialkosten (Lohnzusatzkosten).

# 34 Ermittlung der Sozialkosten für Angestellte

Bei den Beschäftigten im Angestelltenverhältnis ergeben sich Sozialkosten im Wesentlichen aus den Beiträgen zur Renten-, Arbeitslosen-, Kranken-, Pflege- und Unfallversicherung. Freiwillige Sozialleistungen bleiben hier ebenso wie bei den gewerblichen Arbeitnehmern außer Betracht. Für die Ermittlung der Höhe der Sozialkosten gibt es die beiden folgenden Möglichkeiten:

– Basis „Tatsächliche Arbeitszeit"

– Basis „Monatsgehalt"

## 34.1 Basis „Tatsächliche Arbeitszeit"

Bei der Berechnung der tatsächlichen Arbeitszeit werden die Urlaubs-, Krankheits- oder sonstigen Ausfalltage abgezogen.

| Kalendertage | | 365 Tage |
|---|---|---|
| ./. Sonntage | 52 | |
| ./. Samstage | 52 | |
| ./. Gesetzliche Feiertage, soweit nicht Samstage, Sonntage | 9 | |
| 24.12. und 31.12. | 2 | |
| ./. Regionale Feiertage, soweit nicht Samstage oder Sonntage | 2 | |
| ./. Urlaubstage nach § 8 BRTV | 30 | |
| ./. Tarifliche und gesetzliche Ausfalltage nach § 4 BRTV, | | |
| Betriebsverfassungs-, Arbeitsförderungsgesetz, UVV u. a. | 2 | |
| ./. Schlechtwetter-Ausfalltage (Flexibilisierung berücksichtigt) | 0 | |
| ./. Ausfalltage wegen Kurzarbeit | 0 | |
| Krankheitstage mit EFZ-Anspruch *(Betriebsdurchschnitt)* | 8 | |
| Krankheitstage ohne EFZ-Anspruch *(Betriebsdurchschnitt)* | 2 | |
| ./. Krankheitstage | 10 | |
| **Summe Ausfalltage** | | **159 Tage** |
| **Tatsächliche Arbeitstage/Jahr** | | **206 Tage** |

## 34.2 Berechnung des Zuschlags auf Gehälter für gesetzliche und tarifliche Sozialkosten (Lohnzusatzkosten)

**a) Ermittlung der Sozialgehälter**
- Bezahlte arbeitsfreie Tage:

| | |
|---|---:|
| Feiertage, 24.12. und 31.12. | 13 |
| Ausfalltage | 2 |
| Krankheitstage mit EFZ | 8 |
| Urlaubstage | 30 |
| Summe arbeitsfreie Tage | 53 |

| | |
|---|---:|
| Umrechnung (53 d x 100 / 206 d) | 25,73 % |
| – 13. Monatseinkommen (55 % Monatsgehalt)/( 12 x Monatsgehalt) | 4,58 % |
| – Vermögensbildung (50 % d. Angest., 23,52 € monatl.) | 0,29 % |
| – Urlaubsgeld (24 € je Urlaubstag x Urlaubstage x 100/Jahresgehalt) | 1,35 % |
| Umrechnungsfaktor | **31,95 %** |

**b) Ermittlung der Sozialkosten (Stand 01.01.2014)**
**Gesetzliche Sozialbeiträge**

| | | |
|---|---:|---:|
| – Rentenversicherung | 9,45 % | |
| – Arbeitslosenversicherung | 1,50 % | |
| – Krankenversicherung | 7,30 % | |
| – Pflegeversicherung | 1,03 % | |
| – Unfallversicherung | 6,50 % | |
| – Insolvenzgeld | 0,15 % | |
| – Arbeitsmedizinischer Dienst | 0,14 % | |
| – Schwerbehindertenausgleich | | **0,20 %** |
| – Mutterschaftsgeld (Umlage) | 0,33 % | |
| – Arbeitsschutz und Arbeitssicherheit (ca. 50 % gew. AN) | | **0,50 %** |

**Tarifliche Sozialbeiträge**

| | | |
|---|---:|---:|
| – Zusatzversorgung (67 € monatl.) | 1,51 % | |
| – Pauschalversteuerung | 0,00 % | |

| | |
|---|---:|
| Sozialkosten Spalte 1 Umrechnung auf Basis | **27,91 %** |
| Grundgehalt: 27,91 % × 131,95 % = 36,82 % | **36,82 %** |

| | |
|---|---:|
| **Zuschlag für gehaltsgebundene Kosten (Basis tatsächliche Arbeitszeit) insges.** | **69,47 %** |

Es werden die Angestellten betrachtet, die in der Bauausführung tätig sind, wie Bauleiter und Poliere. Der größte Unterschied aus dem Vergleich mit den gewerblichen Arbeitnehmern ergibt sich aus den Ausfalltagen. Bei den Angestellten werden keine Ausfalltage wegen Schlechtwetter oder Kurzarbeit berücksichtigt. So ergibt sich bei den Angestellten ein um ca. 10 Prozentpunkte geringerer Zuschlag. Der hier ermittelte Zuschlag wird für Abrechnungen nach **Stundenaufwand** verwendet.

In der Kalkulation werden die Gehaltskosten der Bauleiter und Poliere z. B. in den Gemeinkosten der Baustelle auf Basis „Monatsgehalt" verwendet. Wird jedoch der Polier im Mittellohn APSL berücksichtigt, ist der Zuschlag auf Basis „Tatsächliche Arbeitszeit" zu verwenden.

# 34.3    Basis „Monatsgehalt"

Der Zuschlag auf Basis „Monatsgehalt" wird für die Berechnung des zu kalkulierenden monatlichen Gehaltskosten verwendet.

**a) Ermittlung der Sozialgehälter (Bauleiter, Poliere)**

| | |
|---|---:|
| – 13. Monatseinkommen (55 % Monatsgehalt)/(12 x Monatsgehalt) | 4,58 % |
| – Vermögensbildung (50 % d. Angest., 23,52 € monatl.) | 0,29 % |
| – Urlaubsgeld (24 € je Urlaubstag x Urlaubstage x 100/Jahresgehalt) | 1,35 % |
| Umrechnungsfaktor | **6,22 %** |

**b) Ermittlung der Sozialkosten (Stand 01.01.2014)**
**Gesetzliche Sozialbeiträge**

| | | |
|---|---:|---:|
| – Rentenversicherung | 9,45 % | |
| – Arbeitslosenversicherung | 1,50 % | |
| – Krankenversicherung | 7,30 % | |
| – Pflegeversicherung | 1,03 % | |
| – Unfallversicherung | 6,50 % | |
| – Insolvenzgeld | 0,15 % | |
| – Arbeitsmedizinischer Dienst | 0,14 % | |
| – Schwerbehindertenausgleich | | **0,20 %** |
| – Mutterschaftsgeld (Umlage) | 0,33 % | |
| – Arbeitsschutz und Arbeitssicherheit (ca. 50 % gew. AN) | | **0,50 %** |

**Tarifliche Sozialbeiträge**

| | | |
|---|---:|---:|
| – Zusatzversorgung (67 € monatl.) | 1,51 % | |
| – Pauschalversteuerung | 0,00 % | |

| | | |
|---|---:|---:|
| Sozialkosten Spalte 1 Umrechnung auf Basis | **27,91 %** | |
| Grundgehalt: 27,91 % × 106,22 % = 29,64 % | | **29,64 %** |

| | |
|---|---:|
| **Zuschlag für gehaltsgebundene Kosten (Basis Monatsgehalt) insgesamt** | **36,56 %** |

# Anlage 3: Gemeinkosten der Baustelle

Tabelle 36:   Beispielhafte Darstellung der ersten Seite eines Formulars für die Ermittlung der Gemeinkosten der Baustelle

| | Kostenentwicklung | Lohn [h] | Soko | Gerät | Fremd |
|---|---|---|---|---|---|
| **2.1** | **Zeitunabhängige Kosten** | | | | |
| **2.1.1** | **Kosten der Baustelleneinrichtung** | | | | |
| | **Ermittlung des gesamten Verladegewichtes** | | | | |
| | **aus Geräteliste:** | | | | |
| | Geräte ohne Kräne                     = .................... t | | | | |
| | Schalungsgeräte, Träger u. a.         = .................... t | | | | |
| | sonstige Ausstattung                  = .................... t | | | | |
| | Summe ohne Kräne                      = .................... t | | | | |
| | Kräne                                 = .................... t | | | | |
| | Gesamtgewicht                         = .................... t | | | | |
| | selbstfahrende Geräte                 = .................... t | | | | |
| | **Verlade- und Transportkosten**          ( Frachtzone ............. ) | | | | |
| | Ladekosten des Bauhofes | | | | |
| | Gesamtgewicht                  ............... t x 2 x ............. € | | | | |
| | selbstfahrendes Gerät          ............... t x 2 x ............. € | | | | |
| | Ladekosten der Baustelle mit An- und Abtransport | | | | |
| | Summe ohne Kräne               ............. t x 2 x ( ........ h + ............. €) | | | | |
| | Fremdgeräte | | | | |
| | Tieflader               ......... Fahrten x 2 x ( ........ h + ............. €) | | | | |
| | **Geräte und Unterkünfte auf- und abbauen** | | | | |
| | aus Geräteliste | | | | |
| | Umsetzen auf der Baustelle | | | | |
| | Kranfundamente einschließlich Kranverankerung | | | | |
| | | | | | |
| | **Erschließung und Räumung des Baugeländes** | | | | |
| | Zufahrt/Baustraße        ............. m² x  ( ........ h + ............. €) | | | | |
| | Lager/Arbeitsplatz       ............. m² x  ( ........ h + ............. €) | | | | |
| | Geländepachten | | | | |
| | Schlussräumung / Rekultivierung | | | | |
| | | | | | |
| | *Übertrag* | | | | |

# Literaturverzeichnis

Arbeitsgemeinschaftsvertrag (2000), Hrsg.: Zentralverband des Deutschen Baugewerbes e. V., Bonn-Bad Godesberg, Hauptverband der Deutschen Bauindustrie e. V., Wiesbaden, Wibau Holding und Service GmbH, Düsseldorf, 2000

Arbeitszeit – Richtwerte – Hochbau (2001), Hrsg.: Zentralverband des Deutschen Baugewerbes e. V., Bonn-Bad Godesberg, Hauptverband der Deutschen Bauindustrie e. V., Wiesbaden, und Industriegewerkschaft Bau-Agrar-Umwelt, Frankfurt/M., ztv, Frankfurt, 2001

Baugeräteliste 2007 (BGL) (2007), Hrsg.: Hauptverband der Deutschen Bauindustrie, Bauverlag, Wiesbaden-Berlin, 2007

Baustellenausstattungs- und Werkzeugliste 2001 (BAL) (2001), Hrsg.: Hauptverband der Deutschen Bauindustrie e.V., Bauverlag, Wiesbaden-Berlin, 2001

Berner/Kochendörfer/Schach (2012), Grundlagen der Baubetriebslehre 1: Baubetriebswirtschaft (Leitfaden des Baubetriebs und der Bauwirtschaft), Springer Vieweg, Wiesbaden, 2012

Berner/Väth (2011), Der Grundstein der Kostensicherheit – Baubetrieb als Basis für die Erstellung von Leistungsverzeichnissen, Festschrift anlässlich des 60. Geburtstages von Univ.-Prof. Dr.-Ing. Rainer Schach, A-Z Druck Dresden, 2011

BKI Baukosten Bauelemente 2014 Teil 2 (2014), BKI Baukosteninformationszentrum Deutscher Architektenkammern, Stuttgart, 2014

BKI Baukosten Gebäude 2014 Teil 1 (2014), BKI Baukosteninformationszentrum Deutscher Architektenkammern, Stuttgart, 2014

Blecken/Gralla (1998), Entwicklungstendenzen in der Organisation des Bauherren, in: Bautechnik 75 (1998), Heft 7, 1998

Caterpillar Inc. (2003), Caterpillar-Performance-Handbook, edition 34, Selbstverlag der Fa. Caterpillar, Illinois, USA, 2003

Dähne, H. (1978), Gerätevorhaltung und Schadenersatz nach § 6 Nr. 6 VOB/B – ein Vorschlag zur Berechnung, Baurecht 6/78, S. 429 ff., Zeitschrift für das gesamte öffentliche und zivile Baurecht, Werner Verlag, Düsseldorf, 1978

Deutscher Stahlbau-Verband (1983), Kostenrechnung Kalkulation Kostenkontrolle, Ein Leitfaden zur Kostenrechnung im Stahlbau, Stahlbau-Verlagsgesellschaft, 1983

Elwert/Flassak (2010), Nachtragsmanagement in der Praxis – Grundlagen – Beispiele – Anwendung, 3. Auflage, Springer-Vieweg Verlag, 2010

Elsner (2014/2015), Tarifsammlung für die Bauwirtschaft, Hauptverband der Deutschen Bauindustrie e. V., Otto Elsner Verlagsgesellschaft mbH & Co. KG, Dieburg, 2014

Gabler (2013), Gabler Wirtschaftslexikon 18. Auflage, Betriebswirtschaftlicher Verlag Dr. Th. Gabler GmbH, Wiesbaden, 2013

Handbuch für die Vergabe und Ausführung von Bauleistungen im Straßen- und Brückenbau HVA B-StB (Ausgabe August 2012), Deutscher Bundesverlag GmbH, Bonn, 2012

Heine, S. (1995), Qualitative und quantitative Verfahren der Preisbildung, Kostenkontrolle und Kostensteuerung beim Generalunternehmer, Schriftenreihe des Lehr- und Forschungsgebietes Bauwirtschaft Bergische Universität GH Wuppertal, Herausgeber: Univ.-Prof. Dr.-Ing. C.J. Diederichs, DVP-Verlag, Wuppertal, 1995

HOAI in VOB HOAI
VOB Vergabe- und Vertragsordnung für Bauleistungen Teil A und B. HOAI-Verordnung über die Honorare für Leistungen der Architekten und der Ingenieure, Stand: 01.08.2013, Beck-Texte, 2013

Ingenstau/Korbion (2013), VOB, Teile A und B, Kommentar, 18. Auflage, Werner Verlag, Düsseldorf, 2013

Kapellmann, K. (1993), Ansprüche des Bauunternehmers bei Abweichungen vom Bauvertrag, 2. Auflage, Wibau-Verlag, 1993

Kapellmann, K./Messerschmidt, B. (2013), VOB, Teile A und B, Kommentar, Vergabe- und Vertragsordnung für Bauleistungen. 4. Auflage. Hrsg. v. Klaus D. Kapellmann u. Burckhard Messerschmidt, Beck'sche Kurzkommentare Band 58, Verlag C. H. Beck München, 2010

Kapellmann, K./Schiffers, K.-H. (2011a), Vergütung, Nachträge und Behinderungsfolgen beim Bauvertrag, Band 1: Einheitspreisvertrag, 6. Auflage, Werner Verlag, Düsseldorf, 2011

Kapellmann, K./Schiffers, K.-H. (2011b), Vergütung, Nachträge und Behinderungsfolgen beim Bauvertrag, Band 2: Pauschalvertrag einschließlich Schlüsselfertigbau, 5. Auflage, Werner Verlag, Düsseldorf, 2011

Kochendörfer, B., Liebchen, J., Viering, M., Bau-Projekt-Management. Leitfaden des Baubetriebs und der Bauwirtschaft, 4. Aufl., B. G. Teubner Verlag, Wiesbaden, 2010

Kosten- und Leistungsrechnung der Bauunternehmen – KLR Bau (2001), 7. Auflage, Hrsg.: Hauptverband der Deutschen Bauindustrie e. V. und Zentralverband des Deutschen Baugewerbes e. V., Bauverlag, Wiesbaden-Berlin, 2001

Krämer, M., Die Gründe für Nachträge bei Hochbauprojekten mit Einzelvergabe, Masterarbeit am Institut für Baubetriebslehre der Universität Stuttgart, 2013. Sperrvermerk.

Racky (1997), Entwicklung einer Entscheidungshilfe zur Feststellung der Vergabeform, in: Fortschrittberichte VDI Reihe 4: Bauingenieurwesen, Nr. 142, zugleich Dissertation an der Technischen Hochschule Darmstadt, 1997

Roquette, A., Viering, M., Leupertz, S. (2013), Handbuch Bauzeit, 2. Auflage, Werner Verlag, Düsseldorf, 2013

Schiffers, K.-H. (1993), Ansprüche des Bauunternehmers bei Abweichungen vom Bauvertrag, 2. Auflage, Wibau-Verlag, 1993

Statistisches Jahrbuch der Bundesrepublik Deutschland (2013), Hrsg.: Statistisches Bundesamt Wiesbaden, Verlag W. Kohlhammer, Stuttgart und Mainz, 2013

Vergabe- und Vertragshandbuch für die Baumaßnahmen des Bundes VHB 2008, Hrsg.: Bundesministerium für Verkehr, Bau und Stadtentwicklung, Bundesanzeiger Verlagsges. mbH, Köln Stand: 2008

Voelckner in Wirth, V. und 3 Mitautoren (1995), Schlüsselfertigbau-Controlling, Erfolgreiche Steuerung und Abwicklung von Schlüsselfertigbauprojekten und Generalunternehmeraufträgen in Bauunternehmen, expert-Verlag, Renningen,1995

# Abbildungsverzeichnis

# Tabellenverzeichnis

# Abkürzungsverzeichnis

| | |
|---|---|
| A | Abschreibung oder Arbeiterlöhne |
| Ad | Arbeitstage |
| AfA | Absetzung für Abnutzung |
| AGK | Allgemeine Geschäftskosten |
| AP | Arbeiter und Poliere oder Arbeiterlöhne + Poliergehälter |
| APS | Arbeiterlöhne + Poliergehälter + Sozialkosten |
| Arge | Arbeitsgemeinschaft |
| AS | Angebotssumme oder Arbeiterlöhne + Sozialkosten |
| ASL | Arbeiterlöhne + Sozialkosten + Lohnnebenkosten |
| ASLZ | Verrechnungslohn |
| ASPL | Arbeiterlöhne + Poliergehälter + Sozialkosten + Lohnnebenkosten |
| AT | Arbeitstage |
| ATV | Allgemeine Technische Vertragsbedingungen |
| AW | Aufwandswerte |
| BAB | Bundesautobahn |
| BAL | Baustellenausstattungs- und Werkzeugliste |
| BAS | Bauarbeitsschlüssel |
| BE | Baustelleneinrichtung |
| BGF | Brutto-Gesamtfläche |
| BGK | Baustellengemeinkosten |
| BGL | Baugeräteliste |
| Bh | Betriebsstunden |
| BIM | Building Information Modeling |
| BKI | Baukosteninformationszentrum Deutscher Architektenkammern |
| BM | Beschreibungsmerkmale |
| BPVO | Baupreisverordnung |
| BRI | Bruttorauminhalt |
| BRTV | Bundesrahmentarifvertrag |
| Bst | Betonstahl |
| BWE | Bundesverband Wirtschaftsverkehr und Entsorgung |
| CAAD | CAD-Entwurfssysteme |
| d | Arbeitstage |
| DEGT | Deutscher Eisenbahn-Gütertarif für Bahntransporte |
| EFB-Preis | Einheitliche-Formblätter-Preis |
| EFZ | Entgeltfortzahlung |

| | |
|---|---|
| Eh | Einsatzstunden |
| EKT | Einzelkosten der Teilleistung |
| EP | Einheitspreis |
| EVM | Earned Value Methode |
| FEM | Finite Elementarberechnung |
| G | Gewinn |
| GAEB | Gemeinsamer Ausschuss Elektronik im Bauwesen |
| GiKa | Gipskarton |
| GkdB, GKB | Gemeinkosten der Baustelle |
| GNT | Güternahverkehrstarif |
| GP | Gesamtpreis |
| GTL | Gesamttarifstundenlohn |
| h | Arbeitsstunde |
| HOAI | Honorarordnung für Architekten und Ingenieure |
| HSK | Herstellkosten |
| HVA B-StB | Handbuch für die Vergabe und Ausführung von Bauleistungen im Straßen- und Brückenbau |
| i. d. R | in der Regel |
| Kd | Kalendertag |
| KL | Kalkulationslohn |
| KLR | Kosten- und Leistungsrechnung |
| KT | Kurztext |
| KURT | Kostenorientierte Unverbindliche Richtsatz-Tabellen |
| kW | Kilowatt |
| l | Liter |
| L | Lohn |
| LB | Leistungsbereich |
| LKW | Lastkraftwagen |
| LoD | Level of Details |
| LOD | Level of Development |
| LT | Langtext |
| lt. | laut |
| LV | Leistungsverzeichnis |
| ML | Mittellohn |
| Mon. | Monat |
| MWG | Mehraufwands-Wintergeld |
| MwSt. | Mehrwertsteuer |

| | |
|---|---|
| ND | Nutzungsdauer |
| NP | Nachtragspreis, -position |
| OZ | Ordnungszahl |
| p. a. | pro Jahr |
| Pos. | Position |
| R | Reparatur |
| RKT | Reichskraftwagentarif |
| RLK | Regionale Leistungskataloge |
| RSV | Rüst-, Schal- und Verbaustoffe |
| RTV | Rahmentarifvertrag |
| RZ | restliche verlängerte Vorhaltezeit |
| S. m. U. | Summe mit Umlage |
| S. o. U. | Summe ohne Umlage |
| SF | Schlüsselfertigbau |
| SMM | Standard Methods of Measurement |
| Soko | Sonstige Kosten |
| St  bzw. Stck | Stück |
| STLB-Bau | Standardleistungsbuch BAU |
| STLB-BauZ | Standardleistungsbuch für Zeitvertragsarbeiten |
| STLK | Standardleistungskatalog für den Straßen- und Brückenbau |
| STLK-W | Standardleistungskatalog für den Wasserbau |
| SW | Schlagwort |
| SZ | stillstandsbedingte Vorhaltezeit |
| t | Tonne |
| TL | Tarifstundenlohn |
| TLG | Teilleistungsgruppen |
| TV | Tarifvertrag |
| TV TZR | Tarifvertrag über eine Zusatzrente im Baugewerbe |
| TVR | Tarifvertrag über Rentenbeihilfen im Baugewerbe |
| UP | Unterposition |
| UVV | Unfallverhütungsvorschrift |
| V | Verzinsung |
| VE | Vergabeeinheiten |
| Vh | Vorhaltestunden |
| VHB-Bund | Vergabe- und Vertragshandbuch für die Baumaßnahmen des Bundes |
| VOB | Verdingungsordnung für Bauleistungen |
| VZ | Vorhaltezeit |

| | |
|---|---|
| W | Wagnis |
| WAG | Winterausfallgeld |
| ZVB | Zusätzlichen Vertragsbedingungen |
| ZVK | Zusatzversorgungskasse |
| ZWG | Zuschuss-Wintergeld |

# Stichwortverzeichnis